中国石榴研究进展（三）

The research progress of pomegranate (III)

曹尚银　李好先　主编

中国林业出版社

图书在版编目（CIP）数据

中国石榴研究进展．三 / 曹尚银，李好先主编．-- 北京：中国林业出版社，2019.9
ISBN 978-7-5219-0253-2

Ⅰ．①中… Ⅱ．①曹…②李… Ⅲ．①石榴-研究-中国 Ⅳ．① S665.4

中国版本图书馆 CIP 数据核字（2019）第 186271 号

中国石榴
研究进展（三）

出版发行　中国林业出版社（100009 北京西城区德内大街刘海胡同 7 号）
E-mail：shula5@163.com　电话：（010）83143566
http://www.lycb.forestry.gov.cn
印　　刷　固安县京平诚乾印刷有限公司
版　　次　2019 年 9 月第 1 版
印　　次　2019 年 9 月第 1 次
开　　本　787mm×1092mm　1/16
印　　张　18.5　　彩插 24 面
字　　数　505 千字
定　　价　158.00 元

第二届中国石榴博览会暨第七届全国石榴科研研讨会

■ 第二届中国石榴博览会代表合影（李好先供图）

■ 中国园艺学会石榴分会第七次常务理事会（李好先供图）

■ 第二届中国石榴博览会果品及产品评奖会（李好先供图）

■ 第二届中国石榴博览会暨怀远石榴节开幕式（李好先供图）

■ 曹秋芬研究员主持学术报告（李好先供图）

■房经贵教授做学术报告（李好先供图）

■李文祥教授做学术报告（李好先供图）

■侯乐峰研究员做学术报告（李好先供图）

■张立华教授做学术报告（李好先供图）

■郑晓慧教授做学术报告（李好先供图）

■郝兆祥高工做学术报告（李好先供图）

■陈利娜博士做学术报告（李好先供图）

■秦改花博士做学术报告（李好先供图）

■骆翔博士做学术报告（李好先供图）

■会议代表合影（李好先供图）

■ 石榴果品及加工品展览（李好先供图）

■ 参观怀远石榴种植基地（李好先供图）

■ 怀远石榴（李好先供图）

■ 石榴展台（李好先供图）

■ 举行第三届中国石榴博览会承办城市交旗仪式（李好先供图）

■ 第二届中国石榴博览会暨第七届全国石榴科研研讨会闭幕式（李好先供图）

第三届中国园艺学会石榴分会代表大会及首届中国泗洪软籽石榴高峰论坛

■ 中国园艺学会石榴分会第八次常务理事会（李好先供图）

■ 曹尚银理事长主持会议（李好先供图）

■ 李文祥名誉理事长发言（李好先供图）

■ 尹燕雷副理事长发言（李好先供图）

■ 郝庆副理事长发言（李好先供图）

■ 冯玉增副理事长发言（李好先供图）

■ 姚方教授发言（李好先供图）

张迎军站长发言（李好先供图）

中国园艺学会石榴分会第八次全国石榴优质果品及产品评奖会（李好先供图）

专家评选优质石榴果品（李好先供图）

专家评选优质石榴加工品（李好先供图）

第二届中国园艺学会石榴分会代表大会及首届中国泗洪软籽石榴高峰论坛开幕式（李好先供图）

中共泗洪县委副书记武联同志发言（李好先供图）

中国农业科学院郑州果树研究所所长曹永生同志发言（李好先供图）

中国农业科学院郑州果树研究所成果转化处处长田鹏同志主持开幕式（李好先供图）

■ 中国石榴产业杰出、突出贡献奖人物颁奖（李好先供图）

■ 中国石榴王颁奖（李好先供图）

■ 中国优质石榴基地颁奖（李好先供图）

■ 中国优质种苗基地颁奖（李好先供图）

■ 房经贵教授做大会邀请报告（李好先供图）

■ 第三届中国园艺学会石榴分会换届大会（李好先供图）

■ 中国园艺学会石榴分会学习十九大精神（李好先供图）

■ 第三届中国园艺学会石榴分会代表大会及首届中国泗洪软籽石榴高峰论坛代表合影（李好先供图）

国家石榴产业科技创新联盟成立筹备暨石榴设施栽培技术交流会议

■ 国家石榴产业科技创新联盟成立筹备暨设施栽培技术交流会议在山东省枣庄市峄城区召开（孙启路供图）

■ 大会现场（李好先供图）

■会议代表考察峄城石榴加工企业（孙启路供图）

■会议代表考察峄城石榴盆景 （孙启路供图）

国内石榴科研与生产

■ 曹尚银理事长在河南淅川查看石榴花生长发育（李好先供图）

■ 曹尚银理事长在江苏泗洪指导石榴修剪（李好先供图）

■ 美国农业部无性系国家种质资源圃加州戴维斯中心主任 John Ppreece 博士来访（李好先供图）

■ 以色列 ARO 专家 Doron Holland 博士来访（李好先供图）

■ 日本岩手大学寿松木章教授来访（李好先供图）

■ 李好先秘书长服务石榴基地（李好先供图）

中国石榴博览会淅川县第一届石榴节筹备座谈会（冯玉增供图）

云南永胜防治石榴茎腐病（李好先供图）

云南永胜提高石榴坐果率试验（李好先供图）

江苏泗洪石榴育苗工厂及高效栽培模式示范基地（李好先供图）

石榴容器苗（李好先供图）

石榴嫁接育苗（冯玉增供图）

石榴园行间生草（李好先供图）

石榴园机械除草（李好先供图）

林下养鹅除草（陈延惠供图）

石榴园物理方法防虫（李好先供图）

河南豫淅红石榴园（李好先供图）

软籽石榴设施栽培（冯玉增供图）

河南中农华盛石榴园（陈延惠供图）

■ 河南仁和康源石榴园（李好先供图）

■ 河南洛阳石榴园（李好先供图）

■ 山东省枣庄标准化石榴园（郝兆祥供图）

■ 安徽怀远石榴基地（姚登波供图）

安徽怀远石榴园（李好先供图）

江苏泗洪石榴园（李好先供图）

四川会理石榴园（李好先供图）

云南姚安石榴园（李好先供图）

云南弥勒石榴园（李好先供图）

新疆叶城石榴园（李好先供图）

新疆石榴树（李好先供图）

西藏察隅石榴古树（李好先供图）

'中石榴8号'软籽石榴（李好先供图）

'慕乐'软籽石榴（李好先供图）

'玛丽斯'软籽石榴（李好先供图）

'CR01'超软籽石榴（李好先供图）

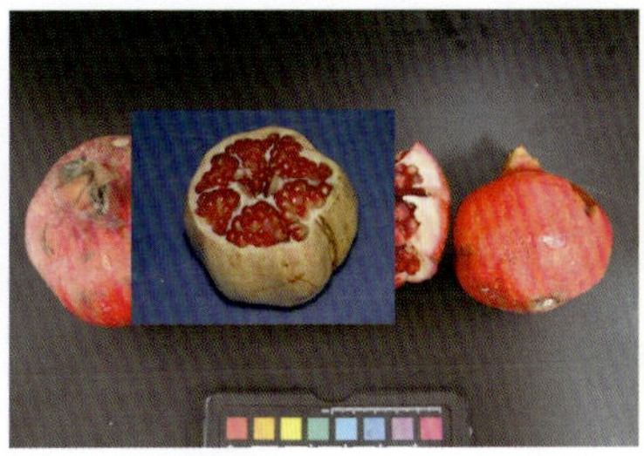

'CR02'超软籽石榴（李好先供图）

'CR03'超软籽石榴（李好先供图）

'CR04'超软籽石榴（李好先供图）

'CR05'超软籽石榴（李好先供图）

'CR06'超软籽石榴（李好先供图）

'TR01'特软籽石榴（李好先供图）

‘TR02’特软籽石榴（李好先供图）

‘TR03’特软籽石榴（李好先供图）

‘TR04’特软籽石榴（李好先供图）

‘赤艳’（侯乐峰供图）

‘红绣球’（郝兆祥供图）

‘黑金刚’（罗华供图）

国外石榴科研与生产

曹尚银团队与意大利国家农业委员会 Davide Neri 博士合影（李好先供图）

意大利国家农业委员会石榴资源圃（李好先供图）

曹尚银团队与意大利国家农业委员会果树研究中心人员合影（李好先供图）

意大利石榴杂交试验基地（李好先供图）

曹尚银团队考察意大利图西亚大学（UNIV. OF TUSCIA）（李好先供图）

曹尚银团队考察意大利图西亚大学（UNIV. OF TUSCIA）石榴资源圃（李好先供图）

曹尚银团队考察意大利石榴家庭农场（李好先供图）

意大利石榴园(李好先供图)

第四届国际石榴及地中海小水果大会现场(李好先供图)

曹尚银团队成员与西班牙 Julián Bartual 博士合影(李好先供图)

曹尚银团队与国外参会人员合影(李好先供图)

曹尚银团队考察西班牙埃尔切石榴生产(李好先供图)

曹尚银团队成员与西班牙石榴种植者交流(李好先供图)

西班牙石榴种植公司(李好先供图)

西班牙石榴园（李好先供图）

西班牙石榴定植园（李好先供图）

西班牙石榴果树（李好先供图）

西班牙石榴（李好先供图）

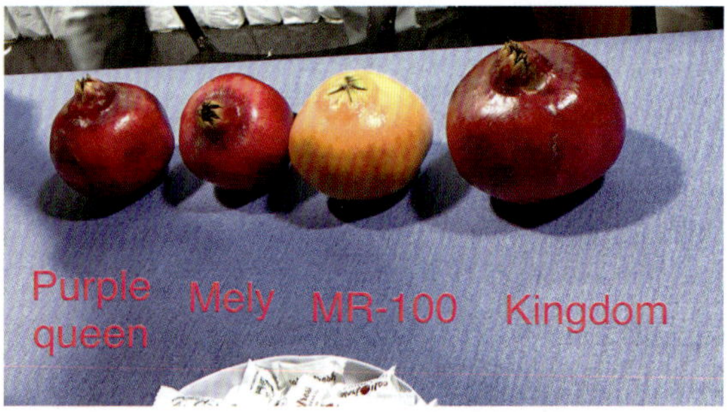

西班牙石榴新品种（李好先供图）

曹尚银在日本岩手大学进行石榴交流（李好先供图）

‘MOLLAR’石榴（李好先供图）

■ ‘WALUNCIA’石榴（李好先供图）

■ ‘ACCO’石榴（李好先供图）

■ ‘WONDERFUL'石榴（李好先供图）

■塔吉克斯坦石榴（李好先供图）

■塔吉克斯坦石榴园（李好先供图）

土耳其石榴种植园（李好先供图）

土耳其石榴（李好先供图）

以色列老石榴果园（李好先供图）

以色列石榴新种植园（李好先供图）

《中国石榴研究进展（三）》编撰委员会

主　任	曹尚银				
副主任	李好先	郝兆祥			
委　员	丁志强	上官凌飞	王文战	王全林	王守本
	王春梅	王雪蓉	王　晨	王跃华	尹燕雷
	冯玉增	冯立娟	朱　博	刘　斌	汤　玮
	孙　蕾	李文祥	李好先	李念峰	李贵利
	杨　莉	杨景社	吴星磊	余正波	余昌国
	辛长永	肖　飞	张卫峰	张立华	张华荣
	张迎军	张春芬	张　莹	张鸿祥	张富红
	陆丽娟	陈　书	陈延惠	苑兆和	尚　毅
	周耘峰	郑晓慧	房经贵	孟玉平	赵　勇
	赵亚伟	赵弟广	赵艳莉	郝兆祥	郝　庆
	胡青霞	钮得文	侯乐峰	姚　方	姚　岗
	姚登波	骆　翔	秦改花	柴丽娜	徐小彪
	高　槐	郭长富	郭晓成	郭　磊	黄　云
	黄建宇	曹尚银	曹秋芬	康林峰	董怀亭
	韩武装	谢深喜	谢小波	薛茂盛	
主　编	曹尚银	李好先			
副主编	郝兆祥	骆　翔			

第三届中国园艺学会石榴分会会员代表大会选举产生的组织机构、常务理事及理事名单

名誉理事长(按姓氏笔画排序)

李文祥　陈延惠　苑兆和　曹秋芬

理事长

曹尚银

副理事长(按姓氏笔画排序)

尹燕雷　冯玉增　张华荣　张鸿祥　肖　飞
房经贵　郝　庆　纽得文　侯乐峰　徐小彪
郭晓成　谢深喜

秘书长

李好先

常务副秘书长

郝兆祥

副秘书长(按姓氏笔画排序)

上官凌飞　张富红　陆丽娟　郑晓慧　骆　翔

常务理事(按姓氏笔画排序)

丁志强　上官凌飞　王文战　王全林　王守本
王春梅　王雪蓉　王　晨　王跃华　尹燕雷
冯玉增　冯立娟　朱　博　刘　斌　汤　玮
孙　蕾　李文祥　李好先　李念峰　李贵利
杨　莉　杨景社　吴星磊　余正波　余昌国
辛长永　肖　飞　张卫峰　张立华　张华荣
张迎军　张春芬　张　莹　张鸿祥　张富红

陆丽娟　陈　书　陈延惠　苑兆和　尚　毅
周耘峰　郑晓慧　房经贵　孟玉平　赵　勇
赵亚伟　赵弟广　赵艳莉　郝兆祥　郝　庆
胡青霞　钮得文　侯乐峰　姚　方　姚　岗
姚登波　骆　翔　秦改花　柴丽娜　徐小彪
高　槐　郭长富　郭晓成　郭　磊　黄　云
黄建宇　曹尚银　曹秋芬　康林峰　董怀亭
韩武装　谢小波　谢深喜　薛茂盛

理　事　名　单(按姓氏笔画排序)

丁志强　万　然　上官凌飞　王文战　王全林
王守本　王春梅　王　菲　王雪蓉　王　晨
王跃华　王新军　尹燕雷　史江莉　冯玉增
冯立娟　朱　博　刘　斌　汤　玮　孙　蕾
李文祥　李好先　李念峰　李建武　李贵利
杨　莉　杨雪梅　杨景社　吴星磊　余正波
余昌国　冷翔鹏　辛长永　肖　飞　张卫峰
张立华　张汉修　张华荣　张迎军　张春芬
张　莹　张　娟　张鸿祥　张　斌　张富红
陆丽娟　陈　书　陈延惠　陈重权　苑兆和
尚　毅　罗　华　周军永　周耘峰　郑晓慧
房经贵　孟玉平　赵登超　赵　勇　赵亚伟
赵弟广　赵艳莉　郝兆祥　郝　庆　胡青霞
钮得文　侯乐峰　姚　方　姚　岗　姚登波
骆　翔　秦英石　秦改花　柴丽娜　徐小彪
徐长奎　唐海霞　高　槐　郭长富　郭芳芹
郭晓成　郭　磊　黄　云　黄建宇　曹尚银
曹秋芬　康林峰　寇丽萍　董怀亭　韩武装
谢小波　谢深喜　简在海　薛茂盛

前　言

石榴具有较高的经济价值、生态价值、药用保健价值和文化价值，受到越来越多国内外消费者的青睐。自20世纪80年代以来，中国石榴生产进入了快速发展时期，石榴种植规模不断扩大，石榴鲜果质量和加工水平不断提高。近几年来，河南、云南、四川产区的‘突尼斯软籽’石榴生产迅猛发展，加速了中国石榴的品种种植结构的调整，改变了中国石榴市场的消费观念；山东、河南等北方产区以防寒为主要目的、南方高温高湿地区以避雨为主要目的的石榴设施栽培正在探索中发展，将会进一步扩大中国石榴的适种区域和变革中国石榴的栽培模式；随着国家对外开放力度的加大和世界经济的一体化进程的加快，国外先进的品种、技术、产品也越来越多地进入到中国的石榴产业领域，促进中国石榴产业水平的不断提高和国内外的合作交流。完全可以说，中国石榴生产和石榴产业即将迎来一个变革的历史新时期，迎来一个拉近与世界石榴生产先进国家距离的历史新阶段。

中国石榴生产和产业发展之所以取得这样的成就，既得益于国家产业政策和产业体制的全力促进，也得益于石榴科技进步的强力支撑，更离不开国内众多石榴科技工作者、石榴种植者、石榴营销者、石榴加工者的共同努力和辛勤付出。

中国园艺学会石榴分会作为凝聚全国石榴科研与生产者智慧的学术性、公益性组织，自2010年9月成立以来，一直致力于团结和带领广大石榴产业从业者，在石榴科研与推广、开展学术交流、编辑出版科技专著、参与各地石榴产业建设等方面做了大量卓有成效的工作，为促进我国石榴领域的产、学、研结合，推动我国石榴产业的可持续发展发挥了主力军的带头作用。

中国园艺学会石榴分会借“第三届中国石榴博览会暨第九届全国石榴生产与科研研讨会”在河南省南阳市淅川县召开的机会，编辑出版《中国石榴研究进展(三)》，是近几年我国石榴生产与科研工作的阶段性总结，也是指导今后一段时间我国石榴生产与科研工作的需要，更是顺应我国石榴产业逐步现代化、高端化、国际化态势的需要。《中国石榴研究进展(三)》共收集论文37篇，其中：既有分子水平的基础理论研究，也有栽培技术、病虫害防控、贮藏加工等应用研究，还有着眼于全局、全产业链的产业发展研究。这些金玉之论，必将为今后中国石榴发展提供科学借鉴和参考。

因时间仓促和编者水平有限，本书遗漏和错误之处敬请读者、专家给予指正。

编者

2019年7月

曹尚银同志在第二届中国石榴博览会暨第七届全国石榴生产与科研研讨会开幕式上的致辞

（2017 年 10 月 12 日）

尊敬的张秘书长，尊敬的秦市长、潘县长，
各位领导，各位代表，朋友们：

大家好！

今天，在美丽的怀远召开第二届中国石榴博览会暨第七届全国石榴生产与科研研讨会和中国怀远第三届石榴节。我代表中国园艺学会石榴分会向在百忙之中出席这次会议的各位领导和各位嘉宾表示衷心的感谢，向怀远县人民政府、怀远县石榴协会、安徽上谷农产品物流园有限公司及有关单位对这次会议的大力支持和协助表示衷心的感谢！

石榴原产于地中海沿岸国家，引入我国已有 2000 多年的栽培历史，是一种集生态、经济、社会效益、观赏价值与保健功能于一体的优良果树，而且也是深受世界各国人民喜爱的一种传统果树，耐贫瘠，抗干旱，是农民致富、环境绿化、观光旅游的首选树种。

改革开放以来，我国石榴产业发展迅猛，面积和产量迅速增加，栽培技术也有了大幅度的提高。据不完全统计，全国石榴栽植面积 200 万余亩，年产量 200 万 t，栽培面积和产量均居世界第一位。其中四川、陕西、河南、山东、云南、安徽、新疆等石榴主产区的栽培面积和产量约占全国的 90%。

近年来，我国石榴科研和推广工作在各地普遍得到重视和加强。有关科研院所、学校，一直注重石榴资源的收集、新品种选育、航天育种和新技术的研究、开发和应用。为满足全国石榴生产与科研的需要，中国园艺学会还专门成立了石榴分会。安徽省怀远县、山东省枣庄市、陕西省临潼区、四川省会理县、云南省蒙自县等专门成立了石榴研究机构，在石榴资源调查与育种、石榴丰产优质栽培、病虫害防治等方面进行了研究和推广，有力地推进了当地石榴产业的发展。

目前，我国各石榴主产区已形成了自己的特色品种和特色产业，为了适应石榴国际市场的需要、满足国内消费者的需求，各石榴主产区都确定了一些地方标准和生产操作规程。开展了多种形式的标准化宣传、培训，无公害、绿色、有机等标准化技术得到普及和推广。生产逐渐规范化，品牌化。但是，我国石榴生产还存在着很多问题：如栽培品种老化问题，软籽石榴品种抗性问题；石榴标准化技术普及率问题，商品果率低等问题；石榴贮藏的技术和深加工产业还有待提高；国际市场的信息不足，出口销售还缺乏经验。

石榴作为“丝绸之路”上古老而重要的树种，习总书记在今年 5 月召开的“‘一带一路’

国际合作高峰论坛”上，提到石榴是古丝绸之路上重要的东西方交流的产物。我们以此为契机，配合国家的发展战略，大力推进我们石榴产业的发展和国内外的交流合作。自从 2015 年 9 月在河南荥阳召开“第一届中国石榴博览会”，极大扩大石榴行业的从业人数，吸引越来越多的石榴爱好者参与这个甜蜜的事业。此次石榴博览会旨在促进我国石榴产业发展和科技创新，交流石榴科研最新成果，展示石榴最新技术，推动石榴果园标准化建设和深加工技术发展，切实提高石榴产品质量和附加值、增强产业竞争力、促进加工水平提升和农民持续增收。借此契机，我们召开此次盛会为解决我国石榴产业存在的问题出谋献策，共同推动我国的石榴事业的发展。让我们携起手来共同努力，把我国的石榴产业做强做大！

最后，我预祝本次大会圆满成功！

祝各位领导和各位代表身体健康，万事如意！

张彦同志在第二届中国石榴博览会暨第七届全国石榴生产与科研研讨会开幕式上的致辞

（2017 年 10 月 12 日）

各位代表，各位嘉宾，朋友们：

大家好！

今天，很荣幸参加第二届中国石榴博览会暨第七届全国石榴生产与科研研讨会。我代表中国园艺学会向为本次博览会辛勤付出的各位同志表示衷心的感谢！对各位代表和来宾表示衷心的欢迎！

石榴作为一种普通果树，在我国通过 2000 多年的繁衍发展，其分布范围几乎遍及全国各地，在人们日常生活的方方面面都可寻觅到石榴的踪影，这是其他果树不多见的。除了食用价值高、适应性强等特性外，其用途多样性的文化内涵和美好象征意义的文化外延也是其重要原因。其独特的花、叶、枝、干、果实等形态特征，以及春华秋实、多籽等特性，使石榴极具社会价值，成为历代文人墨客吟咏的对象和古人最喜爱的植物之 ，并被古代中国人赋予了以吉祥为中心的象征意义，在漫长的人类历史中演化成为一种文化植物。

石榴作为人民崇尚吉祥、向往和谐、追求幸福的“精神属性”，与中华民族的传统文化已是水乳交融，并随着时代的变迁赋予了新的含义，是一笔不可替代的重要精神财富。

石榴在中国传统文化中，石榴、桃和佛手被古人视为三大吉祥果，而石榴喻为团圆、和谐、团结、喜庆、红火、繁荣、昌盛、和睦、多子多福、金玉满堂、爱情、友情，以及辟邪趋吉的象征。在现代石榴文化中，石榴则成为促进经济社会发展的一个有效载体，成为打造生态旅游产业最具特色的亮点，成为城市形象、对外开放的标志，成为现代文化产业的重要组成部分。

各石榴主产区都以石榴资源、石榴文化为媒介，定期或不定期举办各种形式的石榴节庆活动，做足做活石榴产业文章。如：怀远石榴文化节、会理国际石榴节、峄城石榴采摘节、荥阳河阴石榴文化节、淮北石榴旅游采摘文化节、临潼石榴节、攀枝花国际石榴节、蒙自石榴节、叶城石榴花节等。这些节庆活动，都以“石榴为媒、文化搭台、经贸唱戏”为主要内容，经贸洽谈和招商引资均取得了丰硕成果，有力促进了地方经济和社会发展。

怀远石榴栽培历史悠久，品质优异久负盛誉，据传从唐代已有栽植，到了清代怀远石榴已诸正史，《怀远县志》中记有：“榴，邑中以此果为最，曹州贡榴所不及也。红花红实，白花白实，玉籽榴尤佳。”可见，怀远石榴在很久已形成了独特的地方特色，并以其艳丽的色彩，端正的果形，晶莹剔透的籽粒，佳美的风味，赢得了中外人士的好评。怀远石榴远销东南亚、英国、罗马尼亚等国，引种到前苏联、保加利亚等国。怀远石榴色泽艳丽，果皮呈红色，黄白相间，布着红晕，并有青翠光泽，如玉琢脂凝，十分奇观。怀远石榴有驰名中外的玉石籽、玛瑙籽、红玛瑙，果大而美的大笨子、二笨子、青皮等，红艳悦目的粉皮、红葫芦、美人蕉等。有白花白籽白实的三白石榴，还有花大艳美的千层花石榴。

在我国，石榴栽培历史悠久，栽培面积大。产量较高的有陕西、河南、山东、安徽、四川、云南、新疆等省(自治区)，栽培面积占88%左右，产量占90%以上。其中，陕西省西安市临潼区、咸阳市礼泉县；河南省荥阳市、巩义市、信阳市平桥区；山东省枣庄市峄城区、薛城区、市中区、山亭区；安徽省淮北市烈山区，蚌埠市怀远县；四川省凉山会理县、西昌市，攀枝花市仁和区；云南省红河蒙自市、建水县，大理宾川县，楚雄禄丰县、元谋县，昭通市巧家县及曲靖市会泽县；新疆维吾尔自治区和田地区皮山县、和田市、策勒县，喀什地区叶城县等是我国石榴栽培的主产区。除上述石榴主产区外，山西省运城市临猗县，河北省石家庄市元氏县，江苏省徐州市贾汪区，甘肃省陇南市、甘南藏族自治州等地也具有一定的生产规模，系我国石榴相对集中栽培区。随着国家政策和各级政府对石榴产业的大力支持，湖南省娄底市和贵州省大力发展软籽石榴种植。

本次会议的召开在中国石榴产业发展史上具有里程碑意义，它是一个纽带把我们大家召集在一起，群策群力，集思广益，为解决我国石榴产业存在的问题献计献策，共同推动石榴产业更快更好的向前发展。

我预祝本次博览会圆满成功！

祝各位代表身体健康，万事如意！

中国园艺学会石榴分会第二届理事会工作报告

（2018年9月26日）

尊敬的各位领导，各位嘉宾，各位会员代表：

我受中国园艺学会石榴分会第二届理事会的委托，向大会报告过去四年来的工作，请审议。

石榴分会第二届理事会在中国农业科学院、中国园艺学会等单位的正确领导下，在中国农业科学院郑州果树研究所等单位的大力支持下，经过全体理事、会员的共同努力，在学术交流、编辑出版科技专著、参与产业建设、科研和推广、自身组织建设等方面做了大量卓有成效的工作，均取得了较大的成绩，为繁荣我国石榴科技，促进石榴科技与产业的结合，推动石榴产业可持续发展等方面发挥了积极作用。

一、大力开展学术交流活动

开展学术交流活动是石榴分会的中心工作。四年来，以分会名义主办或参加的国内外大型学术交流活动4次。

一是第二届中国园艺学会石榴分会会员代表大会暨第五届全国石榴生产与科研研讨会。2014年9月26~28日在安徽省淮北市烈山区举办；中国园艺学会石榴分会筹备组主办，安徽省淮北市烈山区人民政府、中国农业科学院郑州果树研究所承办，安徽省农业科学院园艺研究所协办。出席这次会议的实到代表156人，有来自全国11个省（自治区、直辖市）的科研、教学、生产、销售及业务主管部门。在开幕式上，安徽省淮北市人民政府副市长谌伟同志致欢迎词，中国农业科学院郑州果树所所长刘君璞同志致词，中国园艺学会中国园艺学会副秘书长张彦同志作了重要讲话。研讨会上西昌学院郑晓慧教授等10位代表分别作了内容丰富的专题报告，与会代表就我国石榴产业现状、生产形势、存在问题、解决途径、新品种选育、种质资源研究、基因克隆、石榴加工产业进展、产业管理经营等方面进行了充分认真的交流讨论。

本次大会还开展了第四届全国石榴果品及系列加工品和第二届全国石榴优秀论文评比活动，共评出16篇优秀论文，金奖13个，银奖15个。会议编辑出版《中国石榴研究进展（二）》论文集。会议还开展了中国园艺学会石榴分会优质石榴基地挂牌及淮北市烈山区“石榴博物馆”揭牌仪式。

二是2015年第一届中国石榴博览会暨第六届全国石榴生产与科研研讨会。2015年9月19~21日，由中国园艺学会石榴分会和中国农业科学院郑州果树研究所主办，郑州市休闲观光农业协会、荥阳市河阴石榴产业基地承办，河南农业大学协办，在郑州荥阳隆重召开，来自全国20多个省区的石榴基地负责人、专家学者、客商等800多人参会。

开幕仪式于荥阳体育中心举行，河南省荥阳市政协副主席刘阳同志致欢迎词，中国园艺学会名誉理事长朱德蔚同志以及中国园艺学会石榴分会名誉理事长、中国农业科学院郑州果树所所长刘君璞同志作了重要讲话。

本次博览会以“互联网+石榴”为主题，为期3天，主会场分石榴、农副产品、休闲观光和房产展区，设展位136个。博览会期间，除设置相关展览外，还举办“一带一路”战略与石榴产业国际化发展论坛、石榴生产与产业发展研讨会、全国石榴优质产品评比及中国石榴产品、荥阳市农特产品展销及商贸洽谈会等。云南农业大学洪明伟博士等10余位代表分别作了内容丰富的专题报告；意大利的育种专家Ferdinando Cossio阐述了意大利石榴在品种选育、高效集约化栽培技术、快速标准化育苗技术方面的最新进展；土耳其专家Dr. Erol Küçük介绍了土耳其优良的石榴品种、育种方法及石榴品质的检测方法；中国人民大学的孔祥智教授介绍了石榴在“一带一路”上的发展历史和演变过程。会议还开展了中国优质石榴基地的授牌仪式，对评出金奖15个、银奖20个分别进行了表彰。

三是2017年中国园艺学会石榴分会年会暨第三届全国石榴生产与科研研讨会。2017年10月11~13日在安徽省怀远县隆重召开。本次大会由中国园艺学会石榴分会主办，怀远县石榴协会、安徽上谷农产品物流园有限公司，淮商集团、怀远县电子商务协会、怀远县摄影协会协办。出席本次会议的代表有201人。安徽省蚌埠市人民政府副市长秦武同志致词，中共安徽省蚌埠市怀远县县委副书记、县长潘明生同志致欢迎词，中国园艺学会秘书长张彦同志致辞，中国园艺学会石榴分会理事长曹尚银同志作了重要讲话。

会议期间召开了中国园艺学会石榴分会第七届常务理事会，郭磊等23位常务理事参加了本次会议，大会增补了4位常务理事，评选出7个优质石榴基地。会议建议着眼于石榴产业的长期发展，要求在产区建设优质石榴示范基地，创建适合本地石榴发展的技术规程，在此基础上成立石榴产业联盟。大会讨论了第三届届中国石榴博览会的召开地点，一致同意“第三届中国石榴博览会暨第九届全国石榴生产与科研研讨会”于2019年在河南淅川召开。

枣庄学院张立华教授等19位代表作了内容丰富的专题报告。本次大会还开展了第二届中国石榴博览会果品、衍生品及论文评比活动，共评出金奖15个，银奖20个，一等奖论文6篇，二等奖论文8篇，优秀奖论文14篇。会议编辑出版《果树学报(石榴专刊)》。会议还开展了中国园艺学会石榴分会优质石榴基地挂牌及获奖果品和论文的颁奖仪式。

四是曹尚银理事长代表中国园艺学会石榴分会赴西班牙参加第四届国际石榴及地中海气候小水果学术研讨会。2017年9月18~22日在西班牙埃尔切举办；此次会议由国际园艺学会主办，西班牙石榴协会承办，共有来自世界11个国家的石榴专家100余人参加了会议；国际园艺学会石榴工作组主席苑兆和博士、西班牙Julián Bartual博士等专家出席会议；共有35个报告，主要围绕石榴育种，遗传与生物技术；石榴砧木，品种鉴定及快繁技术；石榴生理生长调控和花芽分化的分子生物学；石榴生产与果园管理等专题进行了深入的交流与研讨；还开展了4个主题报告，分别是：石榴养分积累与水分的关系，印度石榴产业的最新进展，以色列石榴病害鉴定和控制的最新策略，加州石榴产业发展实践，土耳其采后裂果的防治技术。

二、编辑、出版《中国石榴地方品种图志》

《中国石榴地方品种图志》是“中国果树地方品种图志”丛书的一部分，作为“十三五”国家重点图书出版规划项目和国家出版基金项目。本书中的石榴种质资源的收集与整理是在中国园艺学会指导下，由中国农业科学院郑州果树研究所牵头，全国22个研究所和大学、100多位科技人员同时参与，首次对我国石榴地方品种进行较全面、系统调查研究的阶段性总结，工作量大，内容翔实。

本书共收集到石榴地方品种218份。主体内容分为总论和各论两部分。总论部分从各地方品种资源调查收集的重要性、品种种类与分布情况、调查和收集的思路和方法、果树产业的市场前景和发展现状以及资源遗传多样性分析等方面进行介绍。各论按照东部片区、西部片区、南部片区、北部片区、中部片区等五个片区分别介绍了各树种资源分布情况；对每份资源，从基本信息(包括提供人、调查人、位置信息、地理数据、样本类型等)、生境信息、植物学信息、果实经济性状、生物学信息和品种评价等方面入手，切实展示该品种资源的特征热性，以便于育种工作者辨识并加以有效利用。

三、积极促进石榴产业发展

石榴分会的会员来自科研院所、高等院校、石榴产区的业务主管部门和石榴相关种植、加工企业，主要从事石榴科研和生产工作，直接或者间接为当地的石榴产业服务。成立八年来，石榴分会的影响力逐年扩大，石榴分会会员作为为国石榴科研和推广的中间力量，为促进我国石榴产业可持续发展做出了应尽的贡献。

一是加强科研和交流，推进国际合作。四年来，石榴分会紧紧围绕石榴植物学分类研究、种质资源鉴定评价、品种选育及遗传特性、加工研究、分子生物学研究等技术流域，开展了广泛而深入的研究和探讨，都取得了显见成效，发挥了探讨中国石榴产业发展中面临的科技与文化问题，为中国石榴产业发展把脉导航，进一步加快石榴产业现代化、高端化、国际化进程的重要作用。四年来，通过石榴分会这一平台，科研机构、学校、有关主管部门、石榴企业等进一步紧密联系，在石榴基因组研究和软籽石榴新品种培育等关键研究领域，充分各自发挥优势，通力合作，起到了以石榴为媒，增进友谊、加强交流、合作共赢的效果。安徽省农科院徐义流研究团队在《The Plant Journal》在线发表了的研究论文“The pomegranate (*Punica granatum* L.) genome and the genomics of punicalagin biosynthesis”。该研究以安徽传统品种“大笨籽”为材料，利用二代基因组测序技术，组装基因组大小328Mb(约占预测大小的92%)，预测出蛋白编码基因29229个。对石榴的系统进化、种皮结构发育与进化、功能性成分花青素、鞣花酸、安石榴苷等的代谢机理进行了研究。南京林大苑兆和教授研究团队研究成果刊发于国际植物学科权威期刊《Plant Biotechnology Journal》。该研究以山东传统品种“泰山红”为材料，石榴基因组约为336Mb，组装大小为274Mb，重复序列比例高达51. 2%，共预测出30903条基因。该研究从分子层面确立了石榴分类学地位，支持石榴属划归为千屈菜科，系统阐释了石榴基因组重复序列的进化和功能。2015年10月，中国园艺学会石榴分会理事长曹尚银博士受Davide Neri博士的邀请到意大利农业(CREA-Council for Agricultural Research and Economics, Fruit Tree Research Centre)委员会果树研究中心进行学术交流，并参观其石榴种质资源圃。还访问了位于 Viterbo 的图西亚大学(UNIV. OF TUSCIA)和意大利最大的育苗公司 Vitro Plant，考虑在中国建立石榴育苗公司。2018 年 8 月曹尚银博士应日本岩手大学(Iwate University)高畑義人教授的邀请，访问了岩手大学农学部果树研究室，考察了石榴在当地的发展，当地石榴种植较少，基本靠国外进口。这对于促进我国的石榴产业发展和石榴果品走出去创造条件。

二是举办石榴博览会，沟通石榴产业上下游发展。在这方面，河南荥阳的做法值得各地学习、借鉴。2015 年 9 月在荥阳举办第一届中国石榴博览会，参加人数 800 多人，创历史新高。主会场分石榴、农副产品、休闲观光和房产展区，设展位 136 个。展销结合，会是平台、销是目的，达到了宣传石榴和当地特色产业的目的，扩大举办地石榴产业和其他产业知名度和影响力的双重效果。

三是通过优质石榴示范基地建设促进产业发展和带动脱贫致富。四年来，石榴分会举办了三届全国石榴优质示范基地评比活动。共评选出 20 个中国优质石榴基地，并派当地产业专家进行扶持，这些基地的健康、可持续发展是石榴产业示范推广的窗口和平台，有利推动了当地石榴技术标准的建设，对带动当地农民脱贫致富、美丽乡村建设做出较大贡献。

四、不断加强自身组织建设

四年来，石榴分会坚持民主办会原则，继续加强学会的组织建设与制度管理。初步拟定了《常务理事会议事规则》《经费使用管理办法》《办事机构工作细则》等规章制度；坚持常务理事会每年召开 1 次以上的原则，召开了 4 次常务理事会。重大活动安排和重要事项，经过理事会或常务理事会研究决定，建立了秘书处会议——理事会议——会员大会三级议事机制，使分会工作有章可循。加强与会员单位和会员的联系，平常注意采取多种形式和会员沟通、交流，传达学会的工作事宜和学术信息，收集会员的研究成果和有关信息，增强了学会的亲和力、凝聚力和影响力。

四年来，石榴分会工作取得了较大的成绩，但是我们的工作也有许多不足之处，分会管理在某些方面还不够完善，分会的学术活动与石榴产业发展的联系还需进一步加强。我国是世界石榴生产大国，在现代园艺和现代园艺科技中，石榴产业和石榴科技的地位日显重要。在中国石榴产业和石榴科技发展的关键时刻，中国园艺学会石榴分会要进一步团结广大会员，加大科技创新，密切石榴科技与产业的联系，吸收更多的单位参加学会活动，要更进一步加强组织建设，更广泛地吸收会员，扩大会员队伍，规范分会的管理，要进一步加强学术活动，加快我国石榴产业现代化、高端化、国际化进程。

报告完毕，请大会审议。谢谢各位领导，各位嘉宾，各位会员代表！

第二届中国石榴博览会暨
第七届全国石榴生产与科研研讨会会议纪要

“第二届中国石榴博览会暨第七届全国石榴生产与科研研讨会”于2017年10月11~13日在安徽省怀远县隆重召开。本次大会由中国园艺学会石榴分会主办，怀远县石榴协会、安徽上谷农产品物流园有限公司，淮商集团、怀远县电子商务协会、怀远县摄影协会协办。出席本次会议的代表有201人，他们来自全国14个省(自治区、直辖市)的科研、教学、生产、销售及业务主管部门。在开幕式上，安徽省蚌埠市人民政府副市长秦武同志致词，中共安徽省蚌埠市怀远县县委副书记、县长潘明生同志致欢迎词，中国园艺学会秘书长张彦同志致辞，中国园艺学会石榴分会理事长曹尚银同志作了重要讲话。

会议期间召开了中国园艺学会石榴分会第七届常务理事会，郭磊等23位常务理事参加了本次会议，大会增补了4位常务理事，评选出7个优质石榴基地。会议建议着眼于石榴产业的长期发展，要求在产区建设优质石榴示范基地，创建适合本地石榴发展的技术规程，在此基础上成立石榴产业联盟。大会讨论了第三届届中国石榴博览会的召开地点，一致同意“第三届中国石榴博览会暨第九届全国石榴生产与科研研讨会”于2019年在河南淅川召开。

研讨会上，枣庄学院张立华教授等19位代表作了内容丰富的专题报告，与会代表就我国石榴产业发展现状、生产形势、栽培技术革新、新品种选育、种质资源研究、基因克隆、病虫害防治、组织快繁技术、国外石榴产业发展、石榴产业大数据等方面进行了充分认真的交流讨论。

本次大会还开展了第二届中国石榴博览会果品、衍生品及论文评比活动，共评出金奖15个，银奖20个，一等奖论文6篇，二等奖论文8篇，优秀奖论文14篇，并进行了表彰。会议编辑出版《果树学报(石榴专刊)》。会议还开展了中国园艺学会石榴分会优质石榴基地挂牌及获奖果品和论文的颁奖仪式。

与会代表参观了怀远县石榴丰产园、石榴酒加工企业及电商服务中心，代表们对怀远县石榴产业的发展给予高度评价，并表示要把先进的经验带回去，为自己当地的石榴产业发展提供服务。

这次会议的胜利召开，促进了全国石榴行业的交流，加强了我国石榴生产、教学、科研等的联系，有力地推动了生产、贮藏、加工、运输、营销等的发展，极大地提升了石榴产业在全国的影响。

最后，在闭幕式上举行交旗仪式。

（中国园艺学会石榴分会 2017年10月13日）

第三届中国园艺学会石榴分会会员代表大会暨首届中国泗洪软籽石榴高峰论坛、国家石榴产业科技创新联盟筹备会会议纪要

“第三届中国园艺学会石榴分会会员代表大会暨首届中国泗洪软籽石榴高峰论坛、国家石榴产业科技创新联盟筹备会”于 2018 年 9 月 25~28 日在江苏省宿迁市泗洪县和山东省枣庄市峄城区隆重召开。本次大会由中国园艺学会石榴分会主办，江苏省泗洪县人民政府、山东省峄城区人民政府和中国农业科学院郑州果树研究所承办。出席这次会议的代表有 235 人，他们来自全国 14 个省(自治区、直辖市)的科研、教学、生产、销售及业务主管部门。在开幕式上，江苏省宿迁市泗洪县委副书记武联同志致词，中国农业科学院郑州果树研究所所长曹永生同志作了重要讲话。

会议期间召开了中国园艺学会石榴分会第八届常务理事会，并选举产生了第三届中国园艺学会石榴分会理事会，曹尚银当选为理事长，李文祥、曹秋芬、苑兆和、陈延惠当选为名誉理事长，李好先当选为秘书长，郭晓成、侯乐峰、房经贵、张鸿祥、钮得文、徐小彪、郝庆、肖飞、尹燕雷、冯玉增等 11 位同志当选为副理事长，郝兆祥当选为常务副秘书长；郑晓慧、陆丽娟、上官凌飞、骆翔、张富红等 5 位同志当选为副秘书长，中国园艺学会石榴分会第三届理事会共选举出常务理事 73 名，理事 92 名。

交流会上，山东果树研究所尹燕雷副研究员等 8 位代表作了内容丰富的专题报告，与会代表就我国个主产区石榴产业现状、生产形势、存在问题、解决途径、设施栽培、病虫害防治、果树施肥、果品销售、产业供给侧改革等方面进行了充分认真的交流讨论。高峰论坛上，中共泗洪县县委书记王晓东同志听取了专家有关石榴产业的“产前、产中、产后”的报告，并进行了充分的交流，以期对泗洪软籽石榴的发展提供智力支持。

本次大会还开展了第八届全国石榴果品及系列加工品评比活动，共评出金奖 10 个，银奖 20 个，并进行了表彰。会议还开展了“中国石榴产业杰出贡献奖”和“中国石榴产业突出贡献奖”颁奖，授予吴小刚等 1 人杰出贡献奖，授予李文祥、陈延惠、曹秋芬、柏永耀、诸思毅、王新军、苑兆和等 7 人突出贡献奖；授予江苏泗洪、河南荥阳、山东枣庄和云南永胜等 4 家单位“中国优质石榴种苗基地”称号，授予河南省丹圣源农业开发有限公司等 11 家单位“中国优质石榴基地”称号。

本次大会还召开了“国家石榴产业科技创新联盟成立筹备会暨石榴设施栽培技术交流会”，山东省枣庄市峄城区区委副书记、区长张熙同志致辞，会议宣读了“国家石榴产业科技创新联盟(征求意见稿)”和“国家石榴产业科技创新联盟协议书(征求意见稿)”。

与会代表参观了中农科软籽石榴研究院泗洪有限公司石榴石榴示范园、育苗工厂、石榴博览园及国外石榴栽培模式园，以及峄城区中华文化石榴博览园、美果来食品有限公司和石榴盆景园，代表们对泗洪县和峄城区软籽石榴产业的发展给予高度评价，并表示要把先进的经验带回去，为自己当地的石榴产业发展提供服务。

这次会议的胜利召开，促进了全国石榴行业的交流，加强了我国石榴生产、教学、科研等的联系，有力地推动了生产、贮藏、加工、运输、营销等的发展，极大地提升了石榴产业在全国的影响。

（中国园艺学会石榴分会 2018 年 10 月 10 日）

目　录

第一篇　石榴科研与生产动态

第二篇　石榴栽培与生产

第三篇　石榴遗传育种和生物学研究

第四篇　石榴果实试验和评价

第五篇　石榴病虫害防治

第六篇 石榴贮藏与加工

第一篇 石榴科研与生产动态

陕西省石榴产业发展研究

郭晓成　杨莉
(西安市果业技术推广中心，西安　710061)

摘要：针对陕西石榴产业发展现状和存在的问题，明确了陕西石榴主栽品种和选择要求，将陕西石榴产区划分为渭北唐陵、秦岭北麓、陕南亚热带3个石榴产业带，明确了每个产业带的区域划分、产业类型、发展方向和品种要求，提出陕西石榴产业发展模式。

关键词：陕西省；石榴；产业；区划；品种；模式；研究

Research on Development of Pomegranate Industry in Shaanxi Province

GUO Xiaocheng, YANG Li
(*Xi'an Fruit Technology Promotion Center*, *Xi'an* 710061)

Abstract: This paper based on the development status and existing problems of pomegranate industry, and clarified the main cultivars and selection requirements of pomegranate in Shaanxi Province. The pomegranate production areas in Shaanxi were divided into three pomegranate industrial belts, were Tangling and Weibei areas, the north of Qinling and subtropical zone in southern Shaanxi, and were identified the region division, industry type, develop orientation and requirement of variety. Then raised the development pattern of pomegranate industry in Shaanxi Province.

Key words: Shaanxi Province; Pomegranate; Industry; Regionalization; Variety; Pattern; Research

陕西是我国石榴种质资源最多、最丰富的地区，现有石榴面积15万亩以上，主要分布在关中地区，以西安市临潼区、咸阳市礼泉县、渭南市潼关县出产的石榴最为有名。陕西这三大石榴主产区，面积10万多亩，占全省石榴总面积的70%左右。目前石榴产业存在如下

作者简介：郭晓成，男，1966年2月生，大学本科，农业推广硕士，中国园艺学会石榴分会副理事长，陕西省石榴产业技术体系首席科学家，西安市果业技术推广中心推广研究员。通讯地址：西安市长安南路134号；邮编：710061；电话：13991859368；邮箱：286375049@qq.com。

问题：规划滞后导致产区发展目标不明确，产区间发展同质化严重，特色不突出；缺乏品种和先进理念、模式和技术支撑，导致产区优势下降。

1 陕西石榴主栽品种的选择与确定

1.1 陕西石榴品种资源

陕西省传统的石榴品种有 33 个，分别为：‘大红甜’‘净皮甜’‘软籽净皮甜’‘天红蛋’‘三白甜’‘鲁峪蛋’‘软籽白’‘软籽红’‘软籽天红蛋’‘软籽鲁峪蛋’‘御石榴’‘红皮甜’‘白皮甜’‘红籽白’‘玫籽白’‘粉花白’‘大红酸’‘鲁峪酸’‘一串铃’‘晚霞红’‘围项子’‘垢痂皮’‘银边红’‘火石榴’‘笨石榴’‘绿皮小甜’‘麻皮小甜’‘红皮酸’‘黑皮酸’‘青皮’‘酒石榴’‘甜石榴’‘代家坝’等。

科研机构选育的品种有张军老师的临选 1～14 号和柏永耀老师临研 1～96 号系列品种，民间选育的品种有‘陕西大籽’‘临潼星’‘铁炉红’‘大白皮’‘黄皮’‘临潼软籽’‘净皮酸’‘朝霞红’‘黄皮早红’‘黄皮软籽’‘鲁峪酸’等；引进的品种有‘突尼斯软籽’‘泰山红’‘蒙阳红’‘新大甜’‘青皮软籽’‘江驿石榴’‘滑皮沙子’‘驿红一号’‘红玛瑙’‘红珍珠’等。

2016—2017 年，我们开展了陕西石榴古树品种资源调查。调查的石榴古树树龄在均在百年左右或以上，发现石榴古树 712 株，含石榴古树群 19 处，其中单群 20 株以上古树群 12 个，有 1 个完全野生的石榴古树群。树龄最大的为华清池五间厅贵妃手植石榴 1200 年，华清池景区 200 年以上树龄的有 4 株，农家古树 150 年树龄有 15 株。我们还发现，临潼区 50 年以上的石榴大树有万株以上。临潼石榴三大系列品种如‘净皮’‘天红蛋’‘三白甜’在华清池景区五间厅都有古树保存。另外，在斜口街办芷阳村柏家山及冷水沟、骊山街办东安村高家堡等发现了‘三白甜’‘青皮软籽’‘红皮软籽’‘大红酸’等传统品种古树。另外，在礼泉、富平等石榴产区，我们也发现近 10 株百年以上当地农家品种古树资源。

2018 年我们重点对陕西省石榴农家品种资源进行了调查。调查工作历时两个多月，足迹遍布我省临潼、礼泉、富平等石榴老产区，共收集到石榴传统农家品种资源 87 份，其中临潼 74 份、礼泉 11 份、富平 2 份。石榴品种涉及‘净皮甜’‘天红蛋’‘鲁峪蛋’‘三白甜’等临潼本地石榴系列；‘薄皮酸’‘短枝密’‘大红袍’‘大叶红’等礼泉本地石榴以及富平独有的‘大青叶’‘铁杆红酸’石榴等。通过调查发现软籽品种 5 个，半软籽优良品种 27 个，红皮白籽、紫色籽粒、白籽一点红珍稀品种资源各 1 个，礼泉御石榴品种 5 个类群资源。同时，采用 ISSR 分子标记技术对临潼区 48 个石榴农家品种资源的亲缘关系进行研究。

1.2 陕西石榴主栽品种要求

在此基础上，结合国内外石榴品种发展趋势，我们提出了陕西石榴品种选育目标和主栽品种指标：单果重 300g 以上，百粒重 50g 以上，半软籽、软籽或完全软籽，果面全红，高品质(纯甜、酸甜、有香味)，耐贮运，抗性强。

1.3 当前陕西石榴主栽品种

按照新的品种选育要求，通过传统农家品种调查、新优品种引进、民间和体系杂交育种，目前已经确定‘临潼星’‘铁炉红’‘御石榴’‘陕西大籽’‘突尼斯软籽’石榴等 5 个适合陕西省石榴产区发展的主栽品种。

2 陕西石榴产业发展区划

陕西省是我国石榴栽培最早和作为生产利用最久的地区，也是我国石榴种质资源最多、最丰富的地区，是我国石榴栽培最主要的地区之一。自汉代张骞出使西域将石榴引入长安后，栽培历史已有2000多年。陕西地区尤其是陕西的临潼区，不但是石榴引入的落脚地，而且是石榴走向全国的发源地。近代，以临潼石榴为主的陕西石榴产业居于我国四大石榴产区之首。进入本世纪，传统管理经验和丰富品种资源的艰难取舍，制约了新品种、新模式、新技术的应用与推广，陕西石榴产业逐渐落后于国内石榴产区，特别是软籽石榴品种的引进与推广，使得这一差距进一步拉大。2014年，陕西省果业管理局制订的《陕西省现代果业发展规划》(2014—2020)，将陕西石榴产区规划在关中地区，分别是临潼石榴产区、礼泉乾县石榴产区、渭南石榴产区，忽略了陕西省传统石榴的陕南安康、汉中和商洛产区，规划的引领作用是导致陕西省石榴产业落后于国内其他产区的主要原因。为此，根据陕西省石榴传统产区人文地理气候情况，以冬季最低气温-17℃和-10℃分别为普通石榴和软籽石榴栽培北线为依据，结合国内外石榴产业品种特性及技术发展趋势，提出陕西省石榴产业发展区划。

渭北唐陵石榴带：包括乾县、礼泉、泾阳、三原、富平、蒲城等县北部唐陵沿线，为酸甜型石榴产区。以御石榴、黑籽甜、新大甜、陕西大籽等品种为主，鲜食加工并重。该区域可以发展软籽石榴设施栽培。

秦岭北麓石榴带：包括周至、户县、长安、蓝田、临潼、临渭、华州、华阴、潼关等秦岭北麓区县及富平、蒲城的南部平原地区，为特色大粒、硬籽、半软籽石榴产区。以‘净皮甜’‘临选2号’‘临潼星’‘铁炉红’等传统品种为主，利用小气候适当发展软籽石榴品种，打造我国北方最大的鲜食石榴产区。该区域可以发展软籽石榴，但需要采取设施栽培或多种防寒措施，防止冬季冻害。

陕南亚热带石榴带：包括汉江流域的宁强、城固、南郑、勉县、西乡、洋县、镇巴、石泉、旬阳、汉阴、紫阳、岚皋、平利、白河及商洛丹江流域的丹凤、商南等区县的河谷平原和中低山区，为软籽石榴产区。以‘突尼斯软籽’及其同类鲜食软籽品种为主，打造我国北部最大的软籽石榴产区。该区域可以发展早熟大籽半软籽品种。

3 陕西石榴产业发展模式

为了适应现代石榴产业发展，参考陕西省苹果产业发展经验和教训，经充分调研，省石榴产业技术体系提出优化规划，培育嫁接大苗、带花定植，宽行密植，起垄栽培，单主干树形，水肥一体化，人工授粉，无袋化，病虫害绿色防控等石榴产业发展模式。

3.1 优化规划

优先考虑机械化和降低劳动力成本，选择交通便利的平地或缓坡地集中连片规模化建园，合理规划功能区和小区，建设防风林带，不要拘泥于特殊地形和小气候，采用现代果业发展模式、技术和理念发展石榴产业。如果需要在山区发展，必须做到水电路等基础设施到位，水源充足，道路设计合理，沿等高线栽植，适合机械进入。如果是陡坡梯田的，务必隔3~5条梯面留出一条可供机械和运输工具进出的操作道。

3.2 培育大苗、带花定植

目前，我省石榴生产上采用的苗木普遍为1~2年生扦插苗，而且苗木地径细、高度低、分支多。石榴本身萌芽就迟，一年生扦插苗往往到6月份还不萌芽，影响了苗木的生长；石榴萌芽率和成枝率高，加上新梢分枝多，导致建园后树形不整齐、生长弱。

3.2.1 培育单干苗

插穗萌芽后，选留一生长健壮的新梢作为主干，插杆诱引直立生长，其余新梢全部抹除。对直立新梢上基部的副梢也要疏除，确保主梢直立生长的绝对优势。

3.2.2 培育大苗

将1年生苗木在萌芽前采用宽窄行排栽或容器栽植，培育大苗。要求地径1cm、高度1.5m以上的2~3年生大苗，地面上50cm以内无分枝，上部分枝可以采用拉枝、拧枝等方法开张角度，促进成花，保持主干直立生长。大苗定植后，可以实现当年开花见果，翌年有一定产量的目标。大幅度压缩果园幼树期，快速收回成本。

3.2.3 培育嫁接苗

为了提高石榴品种抗寒、抗旱、抗瘠薄等抗逆性，选择当地传统农家品种、野生种、观赏种和酸石榴种子或插穗繁育实生苗和扦插苗，当年秋季或翌年春季进行嫁接，生长1~2年后出圃。嫁接苗的优点除提高新优品种的抗逆性外，还能确保苗木单主干生长。

3.2.4 推广容器育苗

1年生苗木采用地膜大田高密度扦插培育。借鉴园林容器育苗经验，移栽1年生苗木于塑料容器内，宽窄行摆放，保持中干直立生长。1~2年生容器苗，一方面配制的营养土和集中管理均有利于幼树的发育；另一方面可以减少大田管理成本。可以不受季节影响随时大田栽植，而且没有了缓苗期，几乎无死苗现象，有利于快速成园。

3.3 宽行密植

宽行密植，是现代果园建园的首选模式。宽行是果园通风透光的基本要求，密植是提高前期产量的保障。同时，宽行密植，可以让机械和运输工具能走到每一株树体旁边，大大减少过去三角形、梅花状这些“老土”定植方式的人力成本。现代果园建立，土地利用率不是优先考虑的因素，土地成本是可控的，而劳动力成本是不可控的。石榴宽行密植的行距5~6m，株距1~3m。

3.4 起垄栽培

石榴苗木基本上都是茎源根系，对土壤的通透性要求很高，而且耐旱怕涝。在沙性土壤里，石榴根系可以全部长达1m以上。起垄栽培可以提高土壤通透性和温度，相对增加土层厚度和降低地下水位，而且结合宽行密植可以采用现代果业最新架材栽培和高密树形，树盘园艺地布覆盖，行间牛草。石榴起垄栽培在地下水位高的地方可以实行宽度1m的高垄(高度40~60cm)，地下水位低的地方可以实行宽度2~3m的低垄(高度在20~30cm)。

3.5 单主干整形

单主干整形适合高密度栽植，包括单主干开心形、纺锤形、分层形等，适合简约化栽培。单主干有利于根茎部防寒及防病虫处理，有利于及时清理根蘖苗和树盘覆盖，减少营养浪费。单主干树形是省力化树形，减少了树体级次，把传统的“四级”树体结构简化成“二级”结构，即在主干上直接着生结果枝组，结构简单，技术容易掌握，成形快，管理方便，省工省力。

3.6 水肥一体化

石榴对水肥特别是水分要求很严格，苗期缺水难以发芽，花期缺水缺肥严重影响坐果和产量，果实膨大期缺水缺肥影响果个大小，成熟期水多易裂果，水肥一体化是现代石榴园采用的关键技术。一个水泵，一些管道，连肥带水输送到每一株果树的根系生长区域。水肥一体化技术是一项近乎革命性的变革，最大限度的实现了省力化，我们只要管住电源和开关就可以了。现在加上智慧农业的运用，连电源和开关都不用管了，全自动运作。过去我们施肥，讲究施肥三、六、九，就是说果树施肥要分 3 月、6 月、9 月等几个关键时间施肥。而在欧美发达国家，果树生长季几乎每周都要供应 1~2 次肥水，全年供应肥水 15~20 次，而每次的供应量却极少，薄肥勤施，全年总的肥水供应量加起来反而比我们少，但它所支撑的果园平均产量却是我们的 3~5 倍。显而易见，我们浪费得多，不光是肥料的浪费，而且是劳动力的浪费。

3.7　人工授粉

“石榴花开红似火”。石榴的花期从 4 月下旬到 10 月份，是落叶果树中花期最长的。石榴不仅花期长，而且花量大，大部分是不完全花，消耗了树体大量养分。每年有 4 茬花，具有经济利用价值的是第 1 和第 2 茬花。石榴能够受精、坐果的花占总花的 40%~50%，平均在 29%，但是由于石榴落果严重，所以成果率很低，一般 100 个坐果，在采摘时仅存 20~40 个，平均在 35 个左右。成果占坐果 35%，占总花的 10.3%，占正常花的 20.7%。另外，石榴花粉具有直感效应，自花结实率极低且品质不佳，需要合理配置授粉树。在石榴花期大量疏除不完全花，可以节省树体营养，促进坐果和果实膨大；石榴花花粉量大，选择最佳授粉树的不完全花，人工采集花粉并集中对优良品种完全花点授或喷施授粉，充分发挥花粉直感效应生产优质石榴果品。

3.8　无袋化栽培

传统石榴栽培就是无袋化的，但由于桃蛀螟、桃小等蛀果害虫的危害和果品质量安全的要求，陕西石榴生产从无袋到纸袋、低压塑膜袋、PE 袋、OPP 袋，发展到现在的 BOPP 袋和防日烧纸袋，套袋的成本越来越大，套袋果面着色差、籽粒颜色差、白籽化现象多，而且耐贮运、防病、防裂果效果并不显著，徒增管理成本。欧洲发达国家石榴全部是裸袋栽培，果面颜色和籽粒着色好，极耐贮运。即便在机械化水平很高的欧美国家，也没有会套袋的机械，所以在欧美根本没有套袋技术。而在套袋技术的原发地日本，随着务农人口的不断减少，这项技术已不是果业发展的关键技术，而且处于逐步减少的状态中。现在，全世界也只有中国还在大规模地做这种需要耗费大量劳动力的果实套袋技术，和国际接轨，减少果园管理成本，无袋化栽培无疑是现代石榴产业发展的方向。

3.9　设施栽培

设施栽培是现代果业发展的方向，对于提高育苗复种指数、延长树体生长发育时间、抗寒抗涝、防晒、促成和延后栽培都具有十分重要的意义。石榴是适应性极强的亚热带水果，在亚热带和温带就是落叶果树，在热带地区就是常绿果树，制约石榴产业发展的限制因子就是冬季低温，-19℃是石榴自然分布的极限温度。目前世界主流品种软籽石榴成树在-10℃半天就会冻死、苗木-4℃就会冻死。近年来，石榴采前降雨或灌水引起的裂果和夏季日晒形成的日烧果成为提高石榴商品率的拦路虎。利用设施覆膜防冻害、开展避雨和促成延后栽培，夏季高温季节敷遮阳网避免日晒，绿枝扦插加快新品种尤其是软籽石榴品种苗木的繁育和推广，是石榴设施栽培的应用重点。通过设施栽培，实现石榴品种的快速升级换代，将石榴的成熟期提早或采收期延后 1~2 月，解决困扰石榴产业发展的冻害、裂果、日晒等问题，大幅扩大石榴的栽培区域。

3.10 病虫害绿色防控

影响石榴主要病虫害就是干腐病、根腐病和食心害虫、蚜虫、蛀干害虫等，干腐病等病害可以采用矿质农药如石硫合剂、波尔多液等进行预防，加大土壤改良力度，增施有机肥和微生物菌肥，减少根腐病危害；害虫可以采用生物农药、性诱剂和物理方法进行防除。减少农残、绿色防控，确保石榴产业健康发展，满足消费者对果品质量安全的诉求。

河南省石榴产业发展模式

刘静敏[1]　冯玉增[2]
([1] 修武县森林检疫站，修武　454350；[2] 开封市农林科学研究院，开封　475004)

摘要：本文阐述了河南省的石榴生产、科学研究、新品种选育与利用概况，分析了影响河南省石榴产业发展方面存在的主要障碍因子，论述了当前河南省石榴产业发展的基本模式。

关键词：石榴；生产；科研；发展模式

Development Model of Pomegranate Industry in Henan Province

LIU Jingmin[1]　FENG Yuzeng[2]
([1] *Forest Quarantine Station of Xiuwu County*, *Henan Xiuwu*, 454350;
[2] *Research Institute of Agricultural and Forestry of Kaifeng City*, *Henan Kaifeng*, 475004)

Abstract: This paper expounds the general situation of pomegranate production, scientific research, breeding and utilization of new varieties in henan province, analyzes the main obstacle factors affecting the development of pomegranate industry in henan province, and discusses the basic mode of the development of pomegranate industry in henan province at present.

Key words: Pomegranate; Production; Scientific research; Development model
中图分类号：s665.4　**文献标识码**：A

河南省为我国石榴主产省区之一，近年来发展迅速，特别是软籽石榴品种发展较快，面积、产量、全国石榴果品市场占有率，都居前列。总结探索河南省石榴种植模式，期望能对全国其他石榴产区的发展能有借鉴意义

1　河南省的石榴生产和科研概况

1.1　生产概况

河南省为我国石榴主产省区之一，已有2000多年的栽培历史。全省石榴规模栽培统计

作者简介：刘静敏，电话：15938189580，邮箱：502263026@qq.com；冯玉增，电话：13938630498，邮箱：kffyz@163.com。

面积约10000hm^{2}以上，年产果在150000t以上。许多地区大力发展以石榴为主的主导产业，并融入产业扶贫项目中，着力变资源优势为经济优势，如荥阳市、巩义市、济源市、平顶山市、淅川县、新安县、灵宝县、信阳市平桥区等主产县、区，均具有一定规模的生产，平顶山卫东区结合绿化郊区荒山营建的千亩石榴园，开发了具有显著特色的石榴旅游产业；郑州市在荥阳市邙山岭上建立了占地530hm^2、号称国内最大的品种园区；大的石榴产区均成立了石榴生产合作社，基本形成了生产、贮藏、销售、加工一体化，林、工、商协调发展的格局。河南省发布实施了《石榴果品质量等级》地方标准，促进了全省石榴标准化生产的快速发展。一些主产县市在推行国家林业标准《石榴栽培技术规程》的同时，还制定了适合当地生产实际的地方标准，如淅川县的《软籽石榴栽培技术规程》、荥阳市的《河阴石榴生产技术规程》等。重点产区推广普及了配方施肥、疏花疏果、果实套袋等技术，农药残留得到控制，果实品质、高质量的商品果率明显提高。不少产区还建立了标准化石榴生产基地，推广标准化生产技术，有些还通过了绿色、有机产品和产地认证，并辐射带动了周边石榴产地绿色、有机标准化生产的发展。此外，驻马店、新乡两市，定石榴为“市花”，作为园景树种在市区公园和行道普遍发展。

近年软籽石榴在全省发展迅速，新发展石榴绝大部分为软籽石榴品种，特别是以公司化为主体的种植，均为软籽石榴品种。

1.2 科研概况

河南省自20世纪80年代初即全面开展石榴方面的研究，是国内开展石榴系统研究比较早的省份之一。由开封市农林科学院、中国农业科学院郑州果树所、河南农业大学等科研院所、大学，先后完成了河南省的石榴品种资源调查与利用、生长发育规律、良种选育、病虫害防治、高效栽培、果品质量和苗木标准制定等方面的系统研究[6,7,10]。20世纪80、90年代择优推广利用了一批优良品种，如大红袍、大红甜、大白甜、软籽石榴、大岗麻籽等。同时进行了系统育种工作，通过芽变、实生、杂交育种等方法选育出‘豫石榴1、2、3、4、5号’‘绿丰’‘秋艳’‘豫大籽’等8个新品种，并通过省级良种审定；新选育出‘中农红’‘中农黑’‘蜜露软籽’‘蜜宝软籽’等新品种；引进利用了‘突尼斯软籽’‘黑籽甜’等国外优良品种(图1、图2)。在栽培技术方面，进行了修剪整形、施肥灌水、抗灾栽培、主要害虫的发生规律和防治方法研究应用等。对石榴的植物学特征、年生长动态、花器构造、开花结果习性等生育规律方面进行了较为深入的观察研究[8]。在石榴科研方面共获得省、市科技进步奖10余项，发表研究论文40余篇，主编出版专著10余部，主持制定国家林业行业标准和省地方标准3项。

A

B

图1　优良石榴新品种

A. 豫石榴1号；B. 豫石榴2号；C. 豫石榴3号；D. 豫石榴4号；
E. 豫石榴5号；F. 豫大籽果实；G. 豫大籽籽粒

Fig. 1　New pomegranate varieties

A. Yushiliu 1；B. Yushiliu 2；C. Yushiliu 3；D. Yushiliu 4；
E. Yushiliu 5；F. fruits of Yudazi；G. seeds of Yudazi

‘蜜露软籽’‘突尼斯软籽’等软籽类品种，由于其籽(核)软可咀嚼吞咽，更是果品中的极品，应大力发展，但‘突尼斯软籽’由于其抗寒性较差只宜在冬季不易受冻地区栽植。

A　　　　B

图 2　两个优良软籽品种

A. 蜜露软籽；B. 突尼斯软籽

Fig. 2　Two soft-seed pomegranate varieties

A. Miluruanzi；B. Tunisiruanzi

2　全省石榴分布特点及限制发展因素

2.1　全省石榴分布特点

全省除豫西的伏牛山、豫西北的太行山高海拔地区外，各地均有分布。分布区海拔 80~1000m，年平均气温为 12.6~15.1℃，≥10℃年积温为 3700~5000℃，年极端最低温度多年平均值，多数地区在-10~-14℃、部分地区低于-20℃左右，最低值为 23.6℃；年日照时数 2000~2600h，年降水量 500~1200mm，无霜期 190~230d。适应温带、亚热带 10 余个土种，pH4~8.5。石榴在全省初分为 7 个栽培区[8](图 3)。

即位于河南省西北部的太行山地丘陵散生栽培区(Ⅰ)、位于东部及东北部的黄河平原栽培区(Ⅱ)、位于西部的黄土台地丘陵栽培区(Ⅲ)、位于西南部的低山丘陵散生栽培区(Ⅳ)、位于东南部的淮河平原散生栽培区(Ⅴ)、位于南部的低山丘陵散生栽培区(Ⅵ)，以及位于西南部的南阳盆地散生栽培区(Ⅶ)。

2.2　影响石榴发展的限制因素

生产方面：一是低温影响。经常出现周期性冻害，影响了石榴的持续发展，一些历史上的老产区也因树被冻死而改种其他；而近年大面积发展的软籽石榴，因其抗寒能力更差，因不同年份冬季的冻害，对发展影响更大。二是品种布局不合理，缺乏技术，盲目发展，不了解品种特性，大面积发展突尼斯软籽品种，或其他软籽品种，致使品种不适合，部分产区种植效益不高，挫伤了发展石榴生产的积极性；三是产业链条不完善，缺乏后期贮藏、加工能力，个别集中产区因卖难而影响了进一步发展。

研究方面：河南省石榴品种资源遗传多样性非常丰富，对品种资源亟待进行系统鉴定，归类整理[1,2,3]；亟待开展贮藏保鲜、加工利用及病害防治技术研究和普及；开展花粉形态及发育、花芽形态分化及发育等观察研究；开展石榴叶片光合效能、各生育时期需水、肥规律、抗逆性等生理学方面研究。

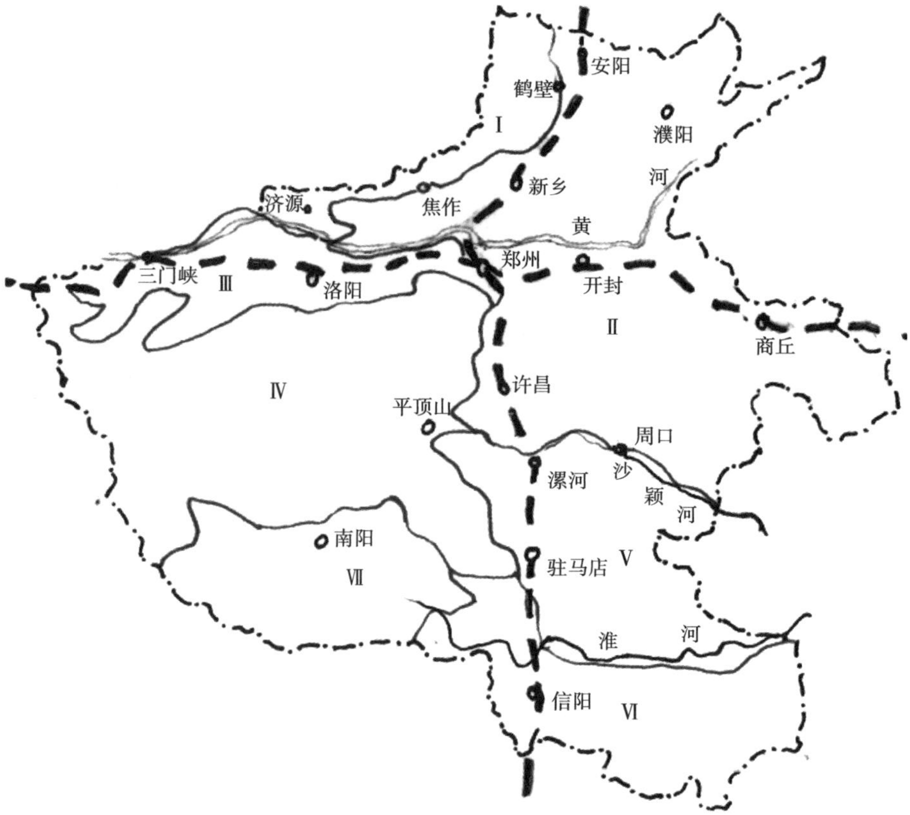

图 3 河南省石榴栽培区分布

Fig. 3 Distribution of pomegranate cultivation areas in Henan province

3 产业发展模式

随着人民消费水平的提高和市场及国家粮食安全形势的发展要求，农业种植结构也在进行着相应的调整变化，石榴作为消费水果也不例外，单纯果园生产正在俏然发生着变化，目前河南各地石榴生产也出现了具有生命力的新模式。

3.1 土地流转后的集约经营

这是近年出现的一种新的石榴大面积发展模式，原来在其他行业发展较好的企业家，具备了一定的原始积累，通过土地流转的方式，在适宜石榴发展的地区，流转不同规的土地，发展优质石榴生产。由于资金基础较雄厚，所建石榴园起点较高，路、渠、水电等基础设施配套，并取得了地方政府的项目支持。多以公司化方式经营，具有较为完善的管理、技术和管护队伍，基本上采用标准化、规范化、集约化生产模式；一般以石榴为主，配多种果树；具有生产、加工、销售完整产业链；在发展石榴的同时，发展包括休闲、垂钓、餐饮等其他产业，集吃、住、游、购、娱于一体。位于河南省荥阳市的河南中农华盛农业科技有限公司，流转土地 1.2 万亩，投资超过亿元，涉及 2 个县级市、4 个乡镇，全部种植突尼斯软籽品种，注册了“子满堂”商标，目前已进入盛果期。

3.2 传统的石榴生产基地

河南各地利用得天独厚的自然地理条件发展石榴生产，建立了一定规模的生产基地，这些基地仍以传统的果业生产为主，为了做大做强当地的石榴产业，制定了适合当地生产实际的栽培技术规程，进行标准化生产，规范产地、产品、包装、贮藏、运输等各环节，并通过举办农业博览会、农产品展销会、评优会等商业化运作，采取实物展示、图片宣传、各种媒体推介等形式，为宣传自己的石榴产品搭建了很好的展示平台，实现了产品与市场的对接。如荥阳市的河阴石榴文化节、淅川县石榴文化节、巩义市一年一度的石榴节、济源市朱庄村的石榴网站等。多数产区都注册了商标，如淅川县的“淅川红”、荥阳市的“河阴石榴”、封丘县的“陈桥”牌、巩义市的“南河渡”牌、济源市的“愚公家乡”牌，荥阳市被中国果品流通协会命名为“中国石榴之乡”等。各地创立了一批精品名牌，开拓了国内市场。

3.3 城郊生态石榴园

现代社会，都市人群生存空间及绿地减少，噪音、空气污染的影响，使得人们对乡间田野式生活的向往与日俱增；城市学生渴望走进大自然，多了解一些农业科普知识。应运而生在经济发达的城市近郊，出现了面积不大的精品观光采摘生态果园，便于市民在周末和短的节假日就近休闲娱乐。这类生态果园有别于市区公园，强调回归自然，突显果园特色，增加果树造景，以石榴为主，搭配2~3个其他果树品种，布景范围注重不同树种，同一树种的早、中、晚熟品种搭配，做到园中花香四溢，硕果累累，花果期长，显示出浓厚的传统田园气息，满足了城市人追求新、奇、特、异的心理愿望和体验亲手采摘果实的真实感受，提高了人们游览观光的兴趣。

3.4 旅游观光石榴园

旅游观光石榴园，处于自然风景区、旅游景点内或附近，具有吸引游人的优势。游人在游玩之后能品尝到具有地方特色的新鲜果品，欣赏到美丽的果园生态景观，既得到休息，又为旅游业增添了一处亮丽的景点。这类观光石榴园依托自然风景区或旅游景点，以石榴观赏为主，休闲为辅，大力发展果园采摘。利用现代园艺科学技术，改变传统石榴销售模式，让观光旅游者在风景区游览的同时，又能享受到石榴园生产、石榴园风光、石榴园生态赋予的乐趣。比如平顶山市郊区的金牛山风景区，园区内石榴栽植面积占相当比例。既美化城市周边生态环境，同时大力发展了石榴生产。

3.5 休闲观光石榴园

休闲观光果园，一般处于城市的远郊。这些地方的石榴园面积较大，一般是对原有的石榴园加以改造融入公园的特色与功能，开辟公园化的石榴园。对石榴园或石榴基地进行规划布局，增加各类服务功能。并结合石榴树整形修剪，盆景造型等，使其景色更加丰富多彩，果实更加丰硕亮丽，更具观赏价值。在这些大型石榴园、石榴基地内都修建有休闲、娱乐、餐饮、观赏、游览设施，使果园走向公园化，更好地满足了现代都市人的休闲需求，也发展了石榴生产，提高了农民的收入。

3.6 盆景、盆树等精品石榴园

随着人民生活水平的提高，以及城市居住生活空间的狭小，家庭居室，庭院阳台放一盘果树盆景，会提高主人的生活品味和改善生活环境。应运而生地出现了不少以石榴为主的盆景、盆树精品果园，面积几十亩至数十亩不等；这些果园一般位于城市郊区，除传统的盆景、盆树养植外，都辟有一定面积的房屋，赋予了丰富的文化内涵：诗词、石榴文化、书法、茶文化、工艺品等，文人雅士不定期聚会，品茶论榴，画榴写榴说榴。

3.7 生态庄园式石榴园

此类果园，一般处于交通便利的城市近郊、或远郊的旅游景区附近，以休闲、娱乐消费为主。面积少则几十亩，多则上千亩，森林植被、周边生态环境很好，对原有的森林绿化进行适当的改造，以石榴为主，配以多种果树和多种植物，庄园内休闲、娱乐、餐饮等服务设施一应俱全，有些还建有寺院，既可休闲娱乐小住，又可长住养生。

3.8 石榴的销售

传统销售方法：通过举办各种石榴节、会、中国特产宣传、依靠营销大户跨区域外销等渠道销售。

直接超市销售：石榴采摘后直接入冷库，通过冷藏车运输，直接进入超市的全程冷链销售。

互联网：通过日益发达的互联网进行网上销售，一些主产区一个网店一个石榴销售季节，可以销售数万斤。

微信：通过微信朋友圈，广泛宣传，口碑相传销售。

参考文献

[1]中国植物志编委会．中国植物志：第 52 卷第 2 分册[M]．北京：科学出版社，1960：202-203.
[2]冯玉增，等．石榴优良品种与高效栽培技术[M]．郑州：河南科学技术出版社，2000.
[3]冯玉增．河南省的石榴品种资源评价与利用[J]．果树科学．1998，(4).
[4]冯玉增，等．3 个石榴新品种的选育[J]．中国果树，2000，(4)：3-4.
[5]冯玉增，等．石榴生育规律研究[J]．河南农业科学，1991，(8)：29-33.
[6]冯玉增，等．我国石榴种质资源概况[J]．中国果树，2006，(4)：57-59.
[7]王泉水．封丘石榴品种资源[J]．中国果树，1983，(2)：20-22.
[8]冯玉增，等．石榴冻害的发生与气温变化关系研究[J]．林业科技开发，2002，(6)：19-21.
[9]冯玉增，等．石榴病虫草害鉴别与无公害防治[M]．北京：中国科学技术文献出版社，2010.
[10]冯玉增，等．软籽石榴智慧栽培[M]．北京：金盾出版社，2017.
[11]曹尚银．石榴标准化生产技术[M]．北京：金盾出版社，2008.

荥阳河阴石榴种植现状及产业发展建议

郭玉婷[1]　张延[1]　张保英[2]　张星伟[1]

（[1] 中化化肥有限公司河南分公司，郑州　450006；[2] 郑州青云端农业科技有限公司，郑州　450100）

摘要：河南省是我国重要的石榴主产区之一，栽培历史悠久，尤其是荥阳河阴石榴因籽粒大、核软无渣、汁多味甜等特征享有盛名。目前河阴石榴因管理粗放等原因导致果实商品性差，加之当地果农的品牌意识较弱，河阴石榴发展亟需进行有效的产业化布局。本文结合笔者在刘沟、官峪、枣树沟等地的调研结果，分析荥阳河阴石榴的产业现状，针对当前存在问题就河阴石榴的产业化发展提出建议。

关键词：河阴石榴；种植现状；产业发展

Planting Status and Industrial Development Suggestions of Heyin Pomegranate in Xingyang

GUO Yuting[1], ZHANG Yan[1], ZHANG Baoying[2], ZHANG Xingwei[1]

([1] *Sinochem Fertilizer Co. Ltd Henan branch*, 450000, *Henan*, *China*, [2] *Zhengzhou Qingyun Duan Agriculture Technology Co.*, *Ltd*, 450006, *Henan*, *China*)

Abstract: Henan Province is one of the main producing areas of pomegranate in China. It has a long history of cultivation. In particular, Xingyang Heyin pomegranate enjoys a reputation for its large grains, seedless soft residue and juicy sweetness. At present, the local fruit farmers' brand awareness is weak, and the planting management is extensive, that leads to poor commodity quality of fruit. The development of Heyin pomegranate urgently needs effective industrial distribution and development. Based on the author's investigation results in major pomegranate planting Villages (Liugou, Guanyu and Zaoshugou), this paper analyses the present situation of Heyin pomegranate industry in Xingyang, and puts some suggestions on the industrialization development of Heyin pomegranate in combination with the existing problems.

Key words: Heyin pomegranate; Planting status; Industrial development

作者简介：郭玉婷，女，硕士，研究方向为测土配方施肥及作物水肥管理技术。电话：18903860998，邮箱：guoyuting1@sinochem.com；指导老师：冯玉增，中国园艺学会石榴分会副理事长，电话：13938630498，邮箱：kffyz@163.com。

石榴原产于伊朗、阿富汗等中亚地区。在古河阴县(今荥阳市高村乡、广武镇一带，位于北纬 34°36′05″~34°58′01″、东经 113°09′36″~113°28′48″)，此地产石榴统称河阴石榴。据史书记载，河阴石榴栽植始于汉，盛于唐，从唐至明清一直被列为向朝廷进献的贡品，被誉为“中州名果”，是国内石榴栽培较早和传播中心。据《河阴县志》载：“河阴石榴名三十八子盖一房”“渣殊软子稀而大且甘”“土产石榴，自古著名”。石榴在我国已经有 2000 余年的栽培历史，2007 年被国家质检总局认定为“中华人民共和国地理标志保护产品”，同年 11 月荥阳市荣获“中国石榴之乡”称号；2008 年，荥阳石榴栽培技艺被列入郑州市市级非物质文化遗产名录；2013 年被确定为中国八大石榴产区之一、中国夏季十大赏花地[1]。此外，当地政府大力发展河阴石榴，促进石榴产业发展和生态观光旅游业，已连续举办十四届石榴文化节。

1 荥阳河阴石榴种植现状

1.1 自然条件

荥阳河阴石榴主要分布于荥阳市北部邙岭丘陵区的中上部，东起广武镇，西至巩义市的河洛镇，形成了东西长约 40km 的种植带。而核心区高村乡的刘沟村、官峪村、枣树沟村、广武镇的陈沟村以及寨子峪村，基本保持原生态地貌，为黄土高原的延伸地带，北临黄河，平均海拔高度 250m 左右，土层深厚、土质砂壤；春夏秋冬四季分明，属暖温带季风性干旱气候，平均年日照为 2322h，阳光充沛；年平均气温 14.3℃、极端最低气温度-16.5℃；年均无霜期 222d；年均降水量 645.5mm，夏季多雨，汛期 7~9 月三个月占年降水量的 65%左右[2]；冬季少雨雪。该区域特有的地势、坡度及昼夜温差大等产地优势，较适宜石榴的种植。而且，该地区交通便利，近年对全国软籽石榴生产起到了很好的示范带动作用。

1.2 主要种植品种

本产区当前主栽品种有‘突尼斯软籽’‘中农红软籽’等，其中‘突尼斯软籽’品种约占总栽种面积的 95%以上。

‘突尼斯软籽’品种由原国家林业部于 1986 年引种到荥阳。该品种在当地表现优异，果实近圆形，平均单果重 410g，最大果实重 700g 以上；果皮薄、果面底色黄绿、阳面红色、光洁，百粒重 56.2g，出汁率 91.4%，平均含糖量 10.78%，籽核特软可食[3]。该品种抗旱、抗病，适应范围较广，择土不严，在丘陵地区中上部、土层深厚的地方生长良好。

1.3 生产概况

2004 年以来，在当地党委、政府的大力推动下，以荥阳河阴石榴原产地核心地区向周边辐射，开始大面积种植软籽石榴。

现有种植多以家庭种植为主，近年来也有外来资金注入，一些大的农业公司种植软籽石榴。农户石榴种植面积多为 0.2~0.6hm^2，少数在 1hm^2 以上；而大的农业公司，如中农华盛农业公司，面积在 700hm^2 以上；树龄大多是 10 年以上的老树，多以本地铜皮石榴为砧木，高接软籽石榴品种；种植密度为 100~130 株/亩；一般产量在 1500~2000kg/亩。

核心区及周边辐射区总面积约 5 万亩，年产量 3000 万 kg，年效益约为 3 亿元[3]，河阴软籽石榴已成为当地的金字品牌。

石榴种植从业人员多为 50 岁以上的中老年人，相对文化水平较低，接受新技术、新知识的能力较差。

1.4 产品销售

当地石榴销售的以批发为主。大多数果农在果实成熟时开始售卖，以批发的形式销售给前来收购的果品收购商。少部分果农在果实还未成熟时就开始在网上进行预售，最终制成精品石榴礼盒进行网上销售。由于当地距离省会郑州近，前来观光采摘的人较多，在当地会形成自然销售，同时有郑州本地企业集中采购石榴礼盒。当地用于销售的包装箱，种类复杂，各家各户在当地自行购买成品或定制专用包装箱，包装样式五花八门，没有统一对外形象的包装。

1.5 加工

当地的石榴以鲜食为主。在石榴加工方面技术欠缺，没有形成规模化的加工。目前，种植户以每家为单位进行石榴的加工，一般以后期自然裂果的石榴、品相差、个头小、难以出售的石榴为加工原料。石榴经过简单清洗、去皮、发酵，酿造制成石榴酒、石榴醋等产品。不能用作发酵的石榴皮，一般农户采用晾晒、风干的方式进行加工保存，制成简单的中药原材料。

2 荥阳河阴石榴产业存在的问题

2.1 种植管理科学化程度有待提升

当地多为传统种植模式，以家庭分散种植为主，栽培体系不完善。在石榴的栽培管理技术中，施肥、灌溉、修剪、套袋等技术还不规范，没有全面进行栽培标准化和无公害生产。部分果农科技意识不强，管理粗放，导致果实产量低、果面不光洁、前期坐果率低、品质差，大小年现象突出，优质果率不高等问题。在病虫害防治方面，主要是依靠化学农药防治，“见虫打虫，见病打药”，缺少“预防为主，防治结合，综合防治”的理念，生物防治、物理防治、生物农药等防治没有得到广泛推广和应用，生产过程中多为“轻防重治”的传统方式，影响了果实品质和优质果品率[5]。

2.2 基础设施不配套

荥阳河阴石榴生产基地水利电力等基础设施落后老化，水肥一体化等农业先进设备，因一家一户的种植模式等原因还无法使用和推广。只有少数大的农业公司在一定面积范围内实现了水肥一体化。缺乏大型规范分拣场地和贮藏保鲜设施，储存能力严重不足，产品供应周期短，多是即时采摘及时销售模式；石榴的深加工严重滞后，产品主要以初级农产品，即果品销售为主，产业链较短，石榴附加值较低。农村旅游公共配套设施缺乏，面临游客“留不住”的问题，制约旅游业发展。

2.3 农业生产机械化程度低

目前荥阳河阴石榴产区的石榴生产，各个管理环节，如施肥、浇水、打药、除草、修剪、土壤耕翻等，主要以人工操作为主，种植劳动强度大，机械投入少，效率低，从业者年龄偏大，接受新知识、新技术的能力较差，制约了当地石榴产业向高水平发展。提高机械化程度，降低劳动强度和劳动力成本，是保证石榴产业健康发展的先决条件[6]。

2.4 市场营销方式亟须完善

荥阳河阴石榴因“一家一户”种植模式存在的先天不足，农户间竞争激烈，果品标准不一，各自为战，竞相压价，难以形成品牌合力。荥阳河阴石榴果品牌销售体系建设和市场配套服务比较滞后，尚未形成完整的石榴储存、集散、销售市场，以乡、村或石榴大户牵头组成的销售公司统一外销的模式较少。虽然近几年电商销售比例逐渐上升，但是外销市场渠道还比较受限。再则，石榴采收后的储藏，加工举措不配套，或者企业规模小，造成了潜在资源的挖掘的深度和广度不够，导致石榴的附加值降低[7]，直接影响市场的营销。

2.5 品牌宣传滞后，品牌优势利用不足

荥阳河阴石榴具有独特的地理优势和产品特色，河阴是中国石榴原产地标识，2009年“河阴石榴”被评为“中国农产品区域公用品牌兼职百强”第六名，品牌价值高达50.24亿元[4]。河阴石榴虽作为国家地理保护产品，但是在产品销售上没有树立真正的品牌意识，多数果农存在着重“内”轻“外”，重“基础”轻“包装”，“重生产、轻品牌”的思想倾向。另外，品牌包装不规范，现有包装箱有多种，品牌有“河阴石榴”“软籽石榴”“安石榴”“刘沟石榴”等，少数果农有自己的商标，缺少对“河阴石榴”品牌形象的整体维护、宣传和开发。

3 荥阳河阴石榴发展建议

3.1 科学栽培，实现产区标准化管理

发挥中化农业等农业服务型企业的技术和农资产品优势。大力推广、普及石榴丰产栽培技术和标准化种植管理方案。加强优质农资产品的应用，注重绿色生态友好型农药的使用，同时促进幼树早结果，成年树稳产、丰产[8]。与当地技术带头人和科研院所合作，根据不同树龄建设树苗、幼树、成年树规范化种植示范田。研发积累不同树龄的全套种植管理方案。在石榴关键生长期，及时开展课堂和田间技术培训。积极尝试探索套袋、滴灌、飞防、水肥一体化等新技术。

建立并推广标准化示范园。引导果农向绿色化、无公害化方向发展，用实际效果带动当地石榴提升品质，从而逐渐辐射周边及全省石榴种植主产区。不断提高石榴的采后商品化处理水平和石榴保鲜贮藏水平，通过清洗、打蜡、分级、包装、加工、贮存等商品化处理，提高市场竞争力。

制定科学的石榴评定标准，依据果体大小、果品颜色、品种种类等，将不同等级的石榴进行认真精选、分级。实行精细包装，分级销售，提升价位，提高石榴经济价值。

3.2 强化产业体系建设，助力石榴产业振兴

荥阳市高村乡石榴基地，目前主要以“一家一户式”的个体发展为主，相互之间形成竞争关系，难以形成品牌合力。应统一推广有特色的农产品区域品牌。组建“公司、合作社+农业服务型企业+农户”的生产体系[9]。组建以市级以上石榴产业协会协调组织、石榴产业龙头企业示范带动，石榴行业公司、专业合作社、个体工商户积极参与的产业供应体系。拓宽传统批发市场(超市、批发市场)和电商平台的营销渠道，建立农产品营销体系。通过搭建产供销一体化总体系，实现石榴产业化发展和订单农业的发展。进而推动石榴产业振兴。

3.3 强化宣传推介，提升产业区域品牌竞争力

积极调整荥阳农业产业政策，制定荥阳石榴产业的长效管理规范。充分利用各种传媒，广泛宣传“河阴石榴”品牌。结合省、市(区)其他文化、经贸活动，召开或冠名新闻发布会、促销会和推介会，评选石榴王、石榴种植状元、石榴盆景创作奖和石榴优质产品奖等，给予表彰奖励。此外，积极参加全国性的林、果、蔬、花卉等博览会或产品交易会，扩大河阴石榴的影响力和知名度。

3.4 综合利用石榴价值，做长石榴产业链条

荥阳河阴石榴每年有大量的残、次果，应予充分利用，利用国内外现有成熟的技术，进行石榴的深加工，酿造石榴酒，从石榴皮中提取丹宁，从石榴籽中榨油，提取石榴汁作物化妆品的原料，这些都具有较高的市场价值，石榴果汁、石榴饮料，也有很好的市场前景[10]。建议研发和利用石榴的综合价值，发展石榴的同时，考虑石榴的深加工，延伸石榴产业链，丰富石榴相关产品，充分发挥石榴的产业优势，获取更多、更高的经济价值。

4 结语

抓住乡村振兴战略的历史机遇，引导政策及资金，在土地整治、灌溉、运输、储存等多方面，为石榴生产基础设施建设提供支持；推广应用石榴标准化种植技术，实现石榴的标准化种植，全面提高荥阳河阴石榴商品品质；统一荥阳河阴石榴品牌，推进品牌建设；探索推广电商经营，与传统店商模式相结合，积极开拓省内外及国际市场，线上线下共同发力发展荥阳石榴产业；整体推进智慧农业发展，提升荥阳河阴石榴综合实力。

参考文献

[1]李文峰．以河阴石榴产业为依托的美丽乡村建设研究——以荥阳市刘沟村为例[J]．农村经济与科技，2015，26(04)：43-45.

[2]马骏，蒋锦标．果树生产技术[M]．北京：中国农业出版社，2005：12.

[3]李增文．荥阳市河阴石榴品种资源调查及栽培技术研究[J]．中国农学通报，2009，25(03)：175-178.

[4]陈宁．地域特色农产品产业化发展路径研究——以荥阳河阴石榴产业为例[D]．郑州：郑州大学公共管理学院，2016：12.

[5]尹伊君，李娟．荥阳河阴石榴产业化发展对策研究[J]．粮食科技与经济，2018，43(12)：85-88.

[6]周楠楠，于海霞．山东省果树种植产业现状及发展方向[J]．中国果蔬，2018(11)：47-49.

[7]冯玉增，胡清波．软籽石榴智慧栽培[M]．北京：金盾出版社，2017.

[8]冯玉增，陈志麟．河南省石榴生产现状与发展建议[J]．河南林业，2002(5)：12.

[9]冯玉增，王松林，王运钢，等．我国石榴研究概况[C]//中国园艺学会石榴分会．中国石榴研究进展(一)．北京：中国农业出版社，2011.

[10]张朝阳．河南河阴石榴销售经验[J]．果树实用技术与信息，2015(1)：34-36.

永胜县软籽石榴产业发展的几点建议

余正波
(云南省丽江市科学技术协会，丽江 674100)

摘要：为促进丽江市永胜县软籽石榴产业的健康快速发展，提出三点建议：一是加快成熟技术的推广应用，同时组织科技人员联合攻关，解决软籽石榴生产实践中遇到的技术难题，研究制定软籽石榴生产技术标准体系，以推进软籽石榴产业科技进步；二是采取请进来、走出去等方式大力进行宣传推介，并力争统一产品标识，从而尽快培育壮大永胜软籽石榴品牌；三是积极开拓中心城市销售市场，加快当地批发市场及配套设施建设，积极扶持发展电商销售，从而很好地开拓销售市场。

关键词：农业；软籽石榴；建议

Several Suggestions on the Development of Soft-seed Pomegranate Industry in Yongsheng

YU Zhengbo
(*Science and Technology Association of Lijiang City in Yunnan Province*, *Li Jiang*, 674100)

Abstract: In order to promote the healthy and rapid development of the soft-seed pomegranate industry in Yongsheng County, which located in Lijiang City. Three suggestions are proposed: Firstly, mature technologies should be promoted and applicated rapidly, technology personals would be called for solving technical problems in the practice of soft-seed pomegranate production. Moreover, setting the technical standard system for soft-seed pomegranate production to promote the scientific and technological progress of the soft-seed pomegranate industry. Secondly, we should publicize by means of ‘coming in’ and ‘going out’, and strive to unify the product identification to strengthen the ‘Yongsheng soft-seed pomegranate’ brand as soon as possible. The third is to actively explore the central city sales market, accelerate the construction of local wholesale markets and supporting facilities, and actively support the devel-

---

作者简介：余正波，男，汉族，1969 年 6 月生，现在丽江市科学技术协会工作，任丽江市科协副主席。联系地址：丽江市古城区金甲下段 13 号，邮编：674100，电话：13988828558，邮箱：247421647@qq.com。

opment of e-commerce sales, thus opening up the sales market.

Key words: Agricultural; Soft-seed pomegranate; Suggestions

1 关于推进软籽石榴产业科技进步的建议

永胜县的许多地方，自古就有栽种石榴的历史，因此，很多人认为种植软籽石榴也很简单，栽下石榴树，只需要浇浇水、施施肥，就会带来收益。而一旦真的栽下软籽石榴，却完全不是那么一回事。栽培管理技术跟不上，几年下来，石榴树虽然真的会结果，但挂果少、产量低、品质差，一亩石榴根本卖不了几个钱，连农药肥料钱都收不回来，目前，永胜县挂果的近 1.5 万亩软籽石榴，有一半以上的农户和企业，因为管理不到位，产量低，优质果品率更低，产品卖不上好价钱，收入远远低于预期，处于亏本状况。而有两成左右的农户和企业，管理水平相对较高，果树产量高，优质果品率高，因此，在 2018 年软籽石榴市场波动较大的情况下，仍然取得了非常好的经济效益。收入好的农户，都是种了十多年会理石榴的老种植户，他们在种植会理石榴的过程中，已经摸索出了一套较好的栽培管理技术，对果园的水、肥、药、树等管理基本到位；收入好的企业，都雇有专门的技术人员，管理也是到位的。而绝大部分的新种植户和种植企业，对果园管理知识知之甚少，管理不到位，所以产量低、优质果品率低，最终入不敷出。栽培管理技术对永胜县软籽石榴产业的健康发展，起到举足轻重的决定性作用，如果每个种植户和企业都能做到规范化栽培，使亩产不低于 1.5t，精品果不低于 60%，那么，即便市场波动再大，种植户和企业也会取得不错的经济效益，软籽石榴产业也才能健康发展。怎样才能让绝大多数种植户和种植企业掌握和正确运用先进的管理技术？

1.1 加快成熟技术的推广应用

永胜县片角镇卜甲村委会种植会理石榴近 20 年，这里的许多群众摸索出一套行之有效的栽培管理技术，比如三枝干开心型矮化密植栽培技术，成为永胜县大面积发展软籽石榴所推广的主要技术；三川坝也有长年种植冰籽石榴的历史，也总结出一套有效的栽培管理技术。尽快把这些成熟的栽培管理技术运用到软籽石榴生产中，对推动产业的健康快速发展至关重要，要通过开展大面积的实用技术培训，用三至五年时间，使绝大多数种植户熟练掌握和正确运用不同季节的管理技术。近几年，永胜县的农业、林业、人社、工、青、妇、科协等部门和种植软籽石榴的乡镇都在组织培训，但培训覆盖面不大、季节性不强，没有一个统一的计划和安排，各种资源统筹不起来，各部门从完成各自培训任务的角度出发，单打独斗，培训零敲碎打，与软籽石榴生产管理环节不配套，好钢没有用在刀刃上，结果，培训对提高种植户的管理水平作用不大，效果不明显。

根据软籽石榴生长周期，在果园管理中必须做好几个关键的技术环节，一是开春后的水肥管理、病虫害防治及抹芽，这个时候的水肥跟不上，会导致开花不整齐，头花果少；病虫害防治不及时，会造成蚜虫、蓟马等虫害蔓延，带来其他病害的发生蔓延，影响果树的健康生长；抹芽不及时，则会导致徒长枝疯狂生长，造成大面积落花，挂果减少；二是花期、坐果期、套袋期的管理，这个时候的水肥不当，会造成大面积落花落果；病虫害防治不力、防风措施不力、套袋不及时不规范，会造成花麻果，影响石榴品质；抹芽不及时，会造成徒长枝旺盛，只长枝、不长果；三是膨果期的管理，这个时期的水肥药等管理跟不上，会造成果园杂草丛生，病虫害蔓延，果品质量下降；四是采摘期的管理，缺乏采摘技术，会给果品造成划伤、碰伤，让优质果直接成为废果；缺乏分级技术，农户卖不到好价，也给收购商带来不必要的工作量；五是果园的秋季管理，这个时期的水肥管理跟不上，果树修剪不到位，都会影响果树来年的产量。

加快成熟技术的推广应用，要紧紧围绕上述五个关键节点，由政府指定牵头部门来统筹整合各部门的资源，有针对性、有计划、有组织地开展大面积的培训，使新老种植户都熟练掌握和使用不同生长期的栽培管理技术，提高优质果品比例，为市场提供优质产品。

1.2 组织科技人员联合攻关，解决软籽石榴生产实践中遇到的技术难题

在永胜县软籽石榴种植面积迅速扩大的同时，出现了许多以前没有遇到的新情况新问题，比如金沙江沿线石榴开花少、挂果率低以及头花果籽粒不红的问题，给种植户带来非常大的经济损失和心理压力，许多人甚至怀疑金沙江沿线是否适宜种植软籽石榴。沿江边一线的几万亩石榴怎么解决这些问题？这就需要组织科技人员深入生产第一线，开展科学研究，找出原因，给出对策。市、县、乡镇的许多科技人员已经在关注和研究这些问题，但毕竟层级低、条件差、资源少，很难在较快时间内解决这些问题。永胜县相关部门也邀请了省内外的一些专家实地调研，但毕竟走马观花，也说不出一个所以然来。为助力永胜县软籽石榴产业健康发展，市科协联系引进了全国石榴首席专家、中国园艺学会石榴分会会长曹尚银博士领衔的专家团队，于2018年9月在永胜建立了“中国农业科学院郑州果树研究所永胜县软籽石榴专家工作站”。曹尚银博士团队是全国石榴生产上顶级的专家团队，在石榴优质品种引进推广、栽培管理技术应用、品牌包装塑造、市场开拓对接等方面均有强大力量，用好这一资源，必将推动永胜软籽石榴的更好发展。当地政府要充分发挥当地土专家和外来洋专家的积极作用，加大科研力度，对石榴生产过程中出现的技术难题开展集中攻关，及时解决软籽石榴产业发展进程中出现的各种技术性问题，确保产业健康发展。

1.3 研究制定软籽石榴生产技术标准体系

一是苗木生产技术标准。永胜县苗木引进推广大致经历了两个阶段，第一阶段是自主引进苗木发展阶段。2004年，永胜县热区水果开发技术经济合作协会的王敏忠最先从河南郑州中国农科院郑州果树研究所引进5株‘突尼斯软籽’石榴栽于自家果园，后逐渐在永胜县期纳镇、涛源镇、程海镇等地繁育推广。2011年8月，永胜县科协组织有关人员对境内栽种的软籽石榴进行现场鉴定，确认“突尼斯”软籽石榴确实是一个非常好的优良品种，自此，‘突尼斯软籽’石榴在永胜县的名声越来越响，栽种的农户越来越多。2012年，永胜县软籽石榴产业技术经济合作协会成片种植了80亩、后陆续广大至200多亩软籽石榴，成为第一家连片种植软籽石榴的基层协会。2013年，永胜县片角果蔬经济技术合作协会的雷志洪等将自家的会理石榴果园嫁接改造为软籽石榴，取得了非常好的经济效益，使软籽石榴在当地得到了较快的推广。这一时期的苗木引进杂而乱，大多是农户自行从外地购买引进，结果是苗木品种不纯，软籽硬籽混杂，即便都是软籽，其果型、成熟期、籽粒软硬度、糖分含量等均有较大区别，这为生产高品质产品埋下了隐患。第二阶段是本地育苗发展阶段。2012年前后起，期纳金沙江水果开发协会、片角果蔬协会、永胜县软籽石榴协会等组织和基地以及部分种植农户陆续生产销售软籽石榴种苗，2016年以来，永胜县以政府采购的方式为库区移民提供软籽石榴苗，但鉴于其本身的种源不纯，所生产的苗木也仍然存在品种杂乱的问题。基于上述原因，为提高软籽石榴产品品质，很有必要制定出台软籽石榴苗木生产技术标准，对苗木生产中的土壤消毒、品种纯度等作出强制性规定，并严格执行三证一签(生产经营许可证、检疫证、检验证、苗木标签)管理制度，通过生产许可证管理，使软籽石榴苗木生产实现规范化、规模化，通过检疫、检验管理，使苗木少带病虫害，通过苗木标签管理，实现苗木可追溯。

二是田间管理技术标准。优质的软籽石榴产品是靠精细的田间管理生产出来的。粗放管理，虽然也会开花结果，也会有部分优质果、精品果，但优质果品率低，残次果占很大比重，效益差。只有在石榴生产的每一个环节，都严格按照科学的技术要求进行田间管理，才能提高优质果品率，提高产量，增加收入。在当地石榴产业迅猛发展的现阶段，非常期盼一套因地制宜的石榴生产田间管理技术来指导果农的生产活动。市场上虽然能够买到一些石榴生产方面的书籍，但毕竟是外来的经验，对本地生产的指导作用不明显。要组织力量对实际生产中的有效技术进行归纳总结，形成适合当地生产管理的规范性种植标准。从 2017 年以来，市科协组织市县科技工作者，经过两个生长周期的探索实践，编辑出版了《丽江市软籽石榴规范化栽培管理技术》科教片和《丽江市软籽石榴规范化栽培管理技术手册》，为软籽石榴生产管理提供了一个技术规范。但由于技术力量不足，存在标准不细致、不全面等问题，且对近年来石榴生产中出现的诸如低海拔地区开花少、籽粒不红等问题未提出具体解决方法，很有必要组织专业的专家团队深入调查研究，进行系统的试验示范，形成权威性的田间管理技术标准，为软籽石榴产业发展提供强有力的技术支撑。建议专家工作站实质性工作以后，将此问题列入工作重点之一，尽快制定出台软籽石榴田间管理技术标准。

2　关于品牌培育的建议

云南省石榴产区主要分布在红河哈尼族彝族自治州蒙自市、建水县，昭通市巧家县，曲靖市会泽县，楚雄彝族自治州禄丰县、元谋县，大理白族自治州宾川县，保山市隆阳区等地，这些地方早已形成了自己的品牌，比如“蒙自甜绿籽”“建水红玛瑙”等在全国都有较大知名度。与丽江山水相连的四川，更是全国石榴生产规模最大的产区之一，“会理石榴”品牌享誉全国，永胜县、华坪县一些地方早些年发展的石榴，正是引进的“会里石榴”。但这些品牌，都是硬籽石榴的品牌。软籽石榴是近 10 年特别是近 5 年来才快速发展起来的产业，永胜县、宾川县、砚山县、姚安县等地将软籽石榴作为新兴产业进行大力扶持和发展，蒙自市、会泽县及四川会理县等地则对老果园进行改造，将软籽石榴嫁接改造为软籽石榴，软籽石榴大有后来居上的发展态势。在众多发展软籽石榴的地方，永胜县可谓是异军突起，短短三四年时间，种植面积便接近 5 万亩，且计划进一步发展至 10 万亩，发展势头强劲，但毕竟是新产区，品牌塑造要从头开始，而周边老产区，软籽石榴品牌的树立，可以借助原有品牌，品牌树立相对容易。现在，无论是新产区还是老产区，都在想方设法树立自己的软籽石榴品牌，谁率先把自己的软籽石榴树立成为全国响当当的品牌，谁就占领了西南地区软籽石榴销售市场的制高点，当地的软籽石榴产业就能最大限度的分享品牌带来的红利。永胜软籽石榴虽然发展势头强劲，但从现在开始，就必须花大力气进行品牌塑造，在最近的两三年时间里把永胜的软籽石榴塑造成全国的知名品牌，否则，一但周边县市的软籽石榴品牌率先突围成功，尽管我们的种植面积大、产量多、质量好，也必须依托别人的品牌才能很好地融入全国大市场。2018 年的产品销售就是活生生的例子，永胜的软籽石榴，很大一部分被印有

"会理石榴"的包装箱销往全国市场。尽快培育自己的品牌，势在必行。

软籽石榴品牌的培育和推广，主要涉及两个大的方面，一是提升软籽石榴产品的质量，提高优质石榴比例。金沙江干热河谷地区独特的气候土壤环境，非常适合软籽石榴生长。永胜县生产的软籽石榴，个大，平均单果重不低于300g，最大单果重超过1600g；味甜，据中国农业科学院郑州果树研究所对河南省19个有代表性的石榴品种进行调查，含糖量最高的"白花重瓣"石榴，含糖量也只有12.41%(引自《中国果树志·石榴卷》79页)，永胜县生产的软籽石榴，含糖量一般都在13%以上，高的达15%甚至16%；另外，永胜县产出的软籽石榴，外观漂亮，果皮粉里透红，籽粒红里透紫，农残留不超标，果品整体品质上乘，优质果品品牌的基础条件已经具备。二是石榴产品的包装、宣传和推介。创立农业品牌有一些特殊性，在培育品牌的过程中，需要地方政府、营销企业和种植户三位一体共同努力，特别是要发挥政府的带动作用。现阶段，永胜县软籽石榴品牌的培育和塑造，可以从以下三个方面开展工作。

2.1 请进来宣传推介

每年的石榴成熟季节，通过策划和组织一些宣传推介活动，广泛邀请各级各类媒体到永胜进行采访，集中宣传报道永胜软籽石榴的特点和优势，形成一个大的宣传声势。近年来，永胜县在宣传推介上也做了许多尝试和探索，比如2017年、2018年，永胜县委政府连续两年举办了"永胜软籽石榴节"，邀请媒体进行了宣传报道，这种推介活动起到了一定的宣传效果，可以长期坚持。当然也存在一些不足之处，一是参与活动的媒体层级低，数量少，仅有少量的几家市、县级媒体到现场采访报道，没有形成宣传声势，更多的受众只是本地市民，对外的宣传效果不明显。建议在今后的类似活动中，要更多地邀请各级各类媒体参与，特别是利用中秋、国庆等传统佳节，挖掘石榴所蕴含的"团结、团圆、多子多福"等寓意，积极策划与云南电视台、中央电视台、新浪网、腾讯网等媒体合作开展一些现场直播活动，形成连续不断的宣传声势，让更多受众知晓"永胜软籽石榴"。二是提供给媒体的宣传材料准备不充分，重点不突出，没有把永胜软籽石榴的优点表现出来。由于资料少，媒体更多的是以活动报道活动，效果不明显。建议当地相关部门深入挖掘永胜软籽石榴的优点和特色，对有利于塑造永胜软籽石榴品牌的内容，提前形成文字和图片材料提供给媒体，引导媒体说我们想说的话，一个声音把永胜软籽石榴的优点和特色宣传出去。三是活动内容少，主题不突出，没有让人记得住的亮点。参与对象范围小，有自娱自乐的感觉。在活动内容上，建议把重点放在对石榴产业发展的研究讨论、品尝评比、现场推销上；在参与对象上，可以广泛邀请全省全国知名专家、各大种植区代表、企业和销售商参加。可以举办软籽石榴产业发展论坛，邀请各级各类专家、各大种植区政府、企业、经销商代表带着自己的研究成果参与讨论，带着自己的石榴产品参与品尝活动和评比活动，参与活动的对象越广泛，石榴评比活动就越有公信力、权威性和影响力，就越容易成为品牌塑造的亮点。可以依托中国农科院郑州果树研究所永胜县软籽石榴专家工作站，把中国园艺学会石榴分会的各项活动引进到永胜县来开展，以此提升永胜软籽石榴的知名度和影响力。

2.2 走出去宣传推介

近年来，永胜县相关部门和种植、销售石榴的一些企业、协会、合作社及个人纷纷走出永胜，参加或组织一些宣传活动，积极推介永胜软籽石榴，比如，2015年，由永胜县江海种养专业合作社选送的软籽石榴，参加中国园艺学会石榴分会组织的石榴评比，被评为优质石榴金奖；2018 年，涛源镇上六村果农史永红参加宾川县石榴评比，荣获“石榴王”称号；2018 年 9 月，市科协带队参加第三届中国园艺学会石榴分会会员代表大会暨首届中国泗洪软籽石榴高峰论坛，其中，由丽江市软籽石榴产业协会副理事长、永胜正和农业综合开发责任有限公司王正合选送的石榴参加第八次全国优质石榴产品评奖活动，荣获“中国石榴王”殊荣及“中国优质石榴银奖”称号，唯一的“中国石榴王”成为与会媒体和代表的追捧对象，由永胜县金垚源农业开发有限公司选送的石榴荣获“中国优质石榴金奖”称号；县农业局、科协等单位积极组织下属合作社、农技协参加各地举办的博览会、展览等，这些宣传推介活动，为打造永胜县软籽石榴品牌作了很好的实践和探索，取得了一些成效，今后，要加大走出去宣传推介的力度，努力提高永胜软籽石榴的知名度和美誉度，建议从以下两个层次开展工作：第一个层次，以官方名誉外出宣传推介，比如，由党委政府组团参加全国各地举办的石榴节、石榴论坛、石榴评比活动，只要更多地拿下评比的大奖，就容易让永胜软籽石榴在全国石榴界声名鹊起；以永胜县党委政府名誉，在古城举办软籽石榴品尝推介活动，面对来丽游客开展宣传；每一两年确定一个目标销售城市，在那里组织开展一些宣传推介活动。第二个层次，组织广大种植、销售企业外出宣传推介，积极参加各级各地举办的农博会、农产品展销会等，既宣传推介了企业自身，同时也树立了永胜软籽石榴品牌。

2.3 统一产品标识

近年来，永胜县种植销售软籽石榴的公司、合作社、协会等注册了“卜甲红”“程海宏穗”“滇胜红”“沧阳红”“王正合”“梦沧阳”等商标，2018 年，永胜县邮政公司制作销售了一批印有“永胜软籽石榴”标识的包装盒，这些商标或包装盒，有的冠与“突尼斯软籽石榴”名号，有的冠与“永胜软籽石榴”名号，都对宣传推介永胜软籽石榴起到了一定作用，但由于冠名不统一，没有形成合力。建议由政府相关职能部门倡议各企业，在产品包装盒上，统一印制“永胜软籽石榴”标识，在此标识下再使用各自的商标，政府可以在最初的一两年里对统一使用“永胜软籽石榴”标识的企业给予适当的补贴，这样，在“永胜软籽石榴”大旗下，各企业、各商标百花齐放、百家争鸣，一起推动培育壮大“永胜软籽石榴”品牌。

3 关于市场开拓的建议

好产品生产出来，还需要一个稳定的好价格，才能保证产业的健康长远发展，要有稳定的好价格，必须培育一个稳定的销售市场，培养和引进一批稳定的、有实力的销售队伍，建设与之配套的集散、存储、物流设施。永胜软籽石榴是近几年才迅猛发展起来的新兴产业，进入盛果期的面积不大，总产量不多，产品销售还处于依托一些小商贩连接终端市场的阶段，缺乏专业的销售人才和团队，当地的批发集散市场、物流冷链设施建设严重滞后，大的果品销售企业、大型超市还没有参与进来，比较稳定的销售市场和比较健全的销售体系还没有培育出来，这样的市场基础，根本无法满足大批量产品上市的需要，一旦大面积石榴挂果，永胜软籽石榴总产量将迅猛增加，大批量产品找不到市场，石榴的价格便会急速降低，2018 年，随着永胜软籽石榴产量增加，精品石榴从 2017 年的 10 元左右一斤下降到 4 元左右一斤，不但大幅度减少了果农的收益，还对全国软籽石榴市场造成冲击，使永胜在全国软籽石榴市场留下了坏名声。从 2019 年开始，近 2 万亩软籽石榴将进入盛果期，近 3 万亩将陆续挂果，年产量将更加快速增加，如果不提前开拓市场，大量石榴销售不出去，价格还会进一步下降。加快培育和开拓永胜县软籽石榴销售市场，迫在眉睫、刻不容缓！就目前情况看，开拓软籽石榴销售市场，需要做好以下几方面的工作。

3.1 积极开拓中心城市销售市场

前几年，永胜软籽石榴总产量不大，依靠小商小贩勉强完成了销售任务，但从2019年开始，石榴大面积挂果上市，产量有望突破30000t，并逐年快速增长。这么多的石榴，如果不采取一些特殊的办法措施，仍然按照前几年的销售模式，只依靠十几个小商小贩的小打小闹，肯定会出现大量石榴滞销的情况，所以，在石榴产量快速增长的这几年，要更多地发挥政府的主导作用，积极扶持发展壮大当地的销售企业，引进一些大批发商和销售商，要把目光放到各大城市，努力把北、上、广、深等大城市培养成永胜软籽石榴稳定的销售市场。建议在每年石榴成熟前，由县政府组织推销团队到一个城市开拓销售市场，推销团队成员包括政府领导、相关部门负责人和当地有影响力的销售企业负责人等。推销团队主要有两项任务，一是摸清楚石榴各大销售市场行情，避免坐井观天、被小商小贩忽悠而任由其压级压价的情况发生；二是请对方县(区)政府及相关部门帮助联系当地批发商和各大超市，积极对接洽谈石榴销售事宜，力争把销售市场与石榴产地连接起来。2019年开始，可以把市场开拓重点放在上海市，特别是抓住滇沪扶贫协作的机遇，首先开拓杨浦区市场，把杨浦区打造成永胜软籽石榴的稳定销售市场。

3.2 加快批发市场及配套设施建设

前几年，因石榴挂果面积不大，对生产地批发市场的需求不是很迫切，大部分的销售都需要销售商亲自到石榴地里查看品质、商定价格后采摘。2017年以来，片角、涛源、程海等乡镇先后建设了几个批发市场，但普遍场地狭小，配套设施严重滞后，入驻客商只有一两个，销售方式仍然是销售商亲自到石榴地里查看品质、商定价格后采摘的点对点销售，批发市场的作用还远远没有发挥出来。2019年开始，随着石榴挂果面积和产量的迅猛增加，现有批发市场容量不够、冷库等配套设施严重缺乏等问题必将凸显出来，成为石榴产业发展的重要瓶颈。建议政府加快建设批发市场的力度，在石榴主产区的几个乡镇分别建设一个具有一定规模及冷库等配套设施的批发市场，尽量把收购商吸引到批发市场进行收购，改变以往点对点的收购模式，把当地的绝大多数石榴都吸引到批发市场销售，使石榴产品销售做到公开、透明、竞争，实现优质优价。

3.3 积极扶持发展电商销售

从2018年开始，电子商务成为永胜县软籽石榴又一个重要的销售渠道，丽江天偌祥生物资源开发有限公司、永胜县金垚源农业开发有限公司、永胜正合农业综合开发责任有限公司等企业和个人电商，软籽石榴销售得红红火火。单个电商销售的石榴产品不是很多，但积少成多，最后从电商渠道销售的石榴，量还是非常大的。农产品电商销售是大势所趋，建议政府出台相关政策，积极扶持发展电商销售，成立软籽石榴电商销售联盟，把辖区内所有电商动员起来销售石榴，积少成多，成为石榴销售的一股重要力量。

河南省淅川县石榴产业发展探讨

周桃龙
（河南省南阳市淅川县林业局，淅川 447500）

摘要：淅川县是南水北调中线工程渠首和核心水源区，生态区位十分重要，国家对淅川水质提出更高的要求。近年来，淅川县结合县情，引导林农大力发展石榴产业，促进林业增效和林农增收，但也存在人才缺缺、管理粗放等问题。本文在对淅川县石榴产业发展现状、存在问题进行综合分析的基础上，对淅川县石榴产业发展提了合理化建议。

关键词：淅川；石榴产业；发展

Discussion on the Development of Pomegranate Industry in Xichuan County of Henan Province

ZHOU Taolong
(*Xichuan Forestry Bureau of Henan Province*, *Xichuan Henan*, *China*, 474450)

Abstract: Xichuan County is the head of the South-North Water Transfer Project and the core water source area. The ecological location is very important. The state puts forward higher requirements for the water quality of Xichuan. In recent years, in combination with county conditions, Xichuan County has guided forest farmers to vigorously develop the pomegranate industry, promote forestry efficiency and increase farmers' income, but there are also problems such as lack of talents and extensive management. Based on the comprehensive analysis of the development status and existing problems of pomegranate industry in Xichuan County, this paper puts forward reasonable suggestions for the development of pomegranate industry in Xichuan County.

Key words: Xichuan; Pomegranate industry; Development

作者简介：周桃龙(1976-)，男，安徽省枞阳县人，本科学历，林业高级工程师，现在河南省淅川县林业局从事林业技术推广工作。电话：13803774010；邮箱：zhoutaolong4010@126.com。

1 基本县情

淅川县位于豫、鄂、陕三省七县(市)结合部，是南水北调中线工程的主要水源地、淹没区和渠首所在地，为全国移民安置大县、国家扶贫开发重点县和河南省首批扩权县。属于一个集山区、库区、移民区、革命老区于一体的特殊县份。全县辖 17 个乡镇(办事处)，516 个行政村，74 万人。国土面积 2798km^2(折 2.8×10^{5}hm^2)，其中山地丘陵 1.98×10^{5}hm^2，耕地 4.67×10^{4}hm^2，水面 4×10^{4}hm^2，大体上为“七山一水二分田”。全县林业用地 1.5×10^{5}hm^2，其中有林地 9.1×10^{4}hm^2，宜林荒山荒地 3.5×10^{4}hm^2。

2 淅川县石榴产业现状及做法

2.1 淅川县石榴产业现状

淅川县石榴主要以突尼斯软籽石榴品种为主，种植始于 2011 年，2012 年进一步扩展，2015 年以来成规模大面积发展，催生了河南仁和康源、丹圣源、豫淅红、果然出色等一批龙头企业和大户能人。全县总面积达 4.2 万亩，挂果近 1 万亩，千亩以上基地 8 个，500 亩以下大户 46 个，通过地租、劳务、分红等方式，实现产业带贫 4300 户，有 2 万余贫困人口通过产业发展年人均增收 2200 元以上，石榴产业已成为淅川农民增收致富的重要途径。

2.2 主要做法

2.2.1 政策扶持

坚持“政府引导、市场主导、社会参与”的原则，鼓励公司、种植大户采取土地流转、股份合作等形式，建设软籽石榴规模化种植基地，淅川县出台了《淅川县扶持生态产业发展意见》，对软籽石榴采取一事一议的办法，对石榴产业在基地建设、生产设施、信贷支持、资金扶持等方面给予补贴，对集中连片种植面积在 100 亩以上，经验收合格，县财政每年补助 400 元，连补 3 年。协调银信部门降低信贷门槛，通过林权抵押贷款、林农小额信用贷款和林农职联保贷款等为生态产业发展提供动力。积极整合农业、林业、水利、交通等项目资金，结合实际，捆绑使用，集中投放，做到软籽产业基地建在哪里，项目就跟进到哪里，实现重点区域项目全覆盖。

2.2.2 科技支撑

与省内外高校和科研机构建立合作关系，聘请中国农科院郑州果树研究所、河南农业大学和河南林业职业学院软籽石榴专家作技术顾问，及时解决产业发展中出现的问题。建立“县、乡、村、户”四级技术明白人队伍，为软籽石榴等产业发展提供技术支撑，为产业发展夯实了基础。

2.2.3 构建平台

成立县石榴协会，注册“渠首石榴庄园”“豫淅红”“丹圣源”“榴博士”等地理标志和无公害、绿色食品标志等，举办了“石榴旅游文化节”“采摘节”“榴花节”，打造和宣传淅川软籽石榴品牌。与京东、阿里巴巴等电商联手，构建了县、乡、村网络服务平台，在北京、杭州等地举行产品推介、在淘宝进行网络直播，扩大了软籽石榴的销路。组织企业参加全国石榴博览会，鼓励企业选送石榴参加评比，对获奖进行资金补助。淅川县选送的软籽石榴在安徽怀远和江苏泗洪中国石榴博览会获金奖 4 个，银奖 1 个，圣丹源基地获得中国优秀石榴基地称号。淅川县软籽石榴栽植面积已达 4.2 万亩，挂果 1 万亩，高规格标准化示范建园示范效果明显，通过地租、劳务、分红等方式，实现产业带贫 4300 户，有 2 万余贫困人口通过产业发展年人均增收 2200 元以上，石榴产业已成为淅川农民增收致富的重要途径。

3　存在的问题

3.1　人才缺乏

淅川县、乡石榴技术人员少，特别是果树方面人才少，技术服务严重滞后，仅靠企业和大户各自单兵作战，导致有的企业在苗木品种选择和栽植区域选择上，不讲究科学，一出现冻害，所栽的苗木全部冻死。

3.2　粗放管理

大部分企业重栽轻管，一味膨胀面积，导致在除草、剪枝、浇水、施肥、病虫害防治、套袋等方管理跟不上，影响石榴的产量和质量及经济效益。

3.3　缺少深加工企业

软籽石榴在果实膨大期生长迅速，如果雨水过大，易出现裂果现象。没有深加工企业，这部分果实将白白浪费掉，降低经济效益。如果大面积发展软籽石榴种植面积，没有加工企业和保鲜冷库的支持，仅靠鲜果出售，抵御市场风险的能力不够，容易造成物贱伤农、产品过剩的情况。

4　发展对策

4.1　强化项目支持

根据企业和大户投资额度及规模，整合水利、电力、交通、林业等项目资金予以扶持，打造水、电、路配套齐全，旱能灌、涝能排、路成网的高产高效石榴基地。林业等部门要把符合条件的软籽石榴基地纳入退耕还林补贴范围。发改、农业等部门要加大对上汇报衔接力度，力争把全县软籽石榴产业发展融入国家、省田园综合体项目。

4.2　大力推广优良品种

要从石榴育苗环节抓起，石榴采穗母树只选审定的品种或南北石榴主产区主栽的优良品种，注意发展和选育具有本地特色、抗逆力强及适宜加工的石榴品种，做到建一片、成一片、良种一片、规模化标准化，彻底改变石榴栽培品种良莠不齐的局面。

4.3　加大科技攻关

继续搞好石榴品种的选育工作，选育优质高产、矮化、抗寒性强和抗裂果等综合性状优良，适于鲜食、加工和鲜食加工兼用品种。对选育出的优良品种加大开发推广力度。通过自主研发和对外交流以及引进人才等方式，攻克石榴深加工难题，有选择性地建成符合淅川特色和迎合市场的石榴深加工企业。

4.4　加强管理

加强现有果园土肥水、整形修剪、保花保果，病虫防治等管理；对那些良种化程度低、立地条件差、管理粗放的劣质果园，通过高接换头，行间定植幼树等方法尽快实现更新。严格执行质量监测检测环节，从源头上提高出产石榴果实及产品的质量，保护品牌声誉，树立品牌影响力。

4.5　建立激励机制

改革科技人员管理办法，把科技人员的职称、工资与服务产业发展进行挂钩，促使科技人员深入生产一线开展科技承包技术服务建立科技示范样点，加快科技长入步伐，推动产业持续发展。

4.6 强化金融支持

引导农行、农发行、农信社、村镇银行等县内银信部门，在贷款发放上向软籽石榴产业重点倾斜，及时探索研究新型金融产品。林业部门要及时为石榴基地办理林权证，通过林权抵押贷款，拓宽融资渠道。引导企业和大户积极参加农业保险，最大限度降低灾害风险。

4.7 拉长产业链条

要和高等院校和科研单位合作，依据科技，对石榴进行深加工，开发石榴果汁、果酒加工、石榴茶等系列产品；对石榴形状奇特树根和石榴可以制成盆景花卉品种。以石榴加工为依托，带动采购、运输和销售等行业的发展，形成生产、贮藏、流通、加工和营销一体化，一、二、三产业协调发展的产业化格局，创造更多的就业机会，提高当地农民的收入。

农业项目创新及软籽石榴产业化问题探讨——以十堰为例

陈平

（湖北省十堰市科技学校，丹江口 442701）

摘要： 农业项目创新必须立足经济社会发展和区域资源优势。本研究以地处鄂西北的十堰市为例，把脉农业产业发展痛点，借助大数据，分析石榴产业化形势，提出建设全国优质软籽石榴产区，是十堰及生态相似地区的创新农业项目。

关键词： 软籽石榴；项目创新；优质产区

Discussion on Agricultural Project Innovation and Soft Seed Pomegranate Industrialization ——Take Shiyan as an example

CHEN Ping

（*Shiyan City Agricultural Vocational Education Group Shiyan School of Science and Technology Hubei Province*，*Danjiangkou City*，442701 ）

Abstract： Agricultural project innovation must be based on economic and social development and regional resource advantages. Taking Shiyan City in Northwest Hubei as an example，this study analyzed the situation of pomegranate industrialization with the help of big data and pointed out that the construction of national high-quality soft-seed pomegranate production area is an innovative agricultural project in Shiyan and similar ecological areas.

Key words： Soft-seed pomegranate；Project innovation；High-quality producing areas

农业项目创新离不开资源禀赋和经济社会发展之间的矛盾，一方面人民生活水平的提高对生活品质有了更高的追求，需要选择更加丰富，安全、健康的食品；另一方面传统产业及生产模式无法满足消费升级的需求。

作者简介：陈平，男，1965出生于湖北罗田。十堰市科技学校高级讲师。华中农业大学风景园林专业毕业。中国园艺学会会员。“武当水晶软籽石榴”品种选育人。湖北省中等农业教学研究中心组成员。“陈平创新工作室”负责人（十堰市总工会命名）。电话：13508670964，邮箱：pychenmail@ mail. com。

十堰水果产业历史上以库周发展柑橘为主，属柑橘北缘栽培地带。生产成本较高，柑橘大实蝇时有发生，难以控制，化肥农药投入逐年增加，面源污染日益加大，对库区生态保护形成不利影响。竞争常常处于劣势，产量过剩，市场疲软，价贱伤农。周期性的冻害往往造成毁灭性的打击，严重挫伤农民的积极性，制约地方特色农业发展。

湖北省建设鄂西生态旅游圈，十堰处在核心，特色农业突出休闲功能是发展的客观需要，也充分体现现代农业的多功能性。这就要求农业项目本身具备旅游开发的潜质，仅仅依靠有限的油菜花、樱桃花、草莓等项目，同质化程度高，无法满足消费者个性化需求，盲目发展郁金香、熏衣草等只能观赏、功能单一的园区项目，结局都不乐观，投资风险高，难以为继。

南水北调生态保护，十堰生态立市、建设生态文明先行示范区，客观要求必须转变传统农业生产方式，走出一条生态经济兼备的发展之路。创新产业，创新产业模式是十堰乃至相似地区的必由之路。

1 当前石榴产业存在的主要问题

1.1 传统石榴商品性不佳，安全优质石榴一果难求

石榴是石榴科石榴属落叶灌木或小乔木，原产地中海地区，公元前二世纪时传入中国，历来深受民众喜爱。一年可多次生长、成型快，投产早，营养价值、医用价值、经济价值高。但在人们心目中，石榴以观花为主，食用较少、味道虽不错，但吃来满嘴渣、极为不便。

分析原因主要在以下三个方面：

品种问题。我国目前有石榴品种资源238个，新选育品种50多个，从国外新引进品种4个。长期发展形成了陕西临潼、安徽怀远、河南河阴、四川大理、河北石家庄、云南蒙自等传统产区，西安临潼‘净皮甜’石榴、四川会理的‘青皮软籽’石榴、安徽怀远的‘玉石籽’‘玛瑙籽’、云南巧家的‘铜壳石榴’、云南蒙自的‘甜绿籽’、新疆叶城的‘大籽石榴’等，均为国内著名的优良品种。但大多果个偏小、籽粒小、核硬、外观不好、易裂果，没有特色，食用不太方便，商品性不佳。

传统品种良莠不齐，市场认可度低。生产上缺乏综合性状优良的后备品种群体。皮色红至深红的大果型、且软籽性状较为突出的优良品种极少【标准：软籽(种子硬度<3.67kg/cm^2)、半软籽(种子硬度3.67~4.2kg/cm^2)、硬籽(种子硬度>4.2kg/cm^2)三类】。

技术问题。新技术普及推广不快，现有的技术体系未能满足生产需求，机械化应用、节水灌溉、配方施肥、病虫害防治、有机种植等方面较发达国家还有很大差距。在激烈的国际竞争形势下，如果继续采用“薄利多销”的粗放型发展模式，而不考虑果品品质，将不利于石榴的规模化发展。

管理问题。受技术水平的限制，多数果农对石榴的栽培管理粗放、缺乏科学性，导致果园产量低，果品质量较差，市场价格偏低，《农产品出口分析报告》指出，我国水果产业的优质果率只有30%左右，其中仅有约5%属高档优质果；另一方面，由于标准化生产难以推广，也没有建立统一的分级标准，使得石榴的质量参差不齐，大小统货销售，品牌混杂或者被盗用的情况时有发生，严重削弱了已有品牌的市场竞争力。优质石榴果品全国大部分地区

市场几乎空白，十堰本地和湖北大部地区难见踪影。

2017年在淘宝网(含天猫)平台上，零食/坚果/特产类目为销售额最大的农产品类目，而生鲜相关类目保持了最快的增长率，同比增长194.58%，枣类为销量最大单品，支付宝交易额超过13亿元。当前是农产品电商的蓝海，在农产品电商分类的“四个象限”中石榴属于第Ⅰ象限，即便如此，各大电商平台仍难找到优质石榴(图1)。

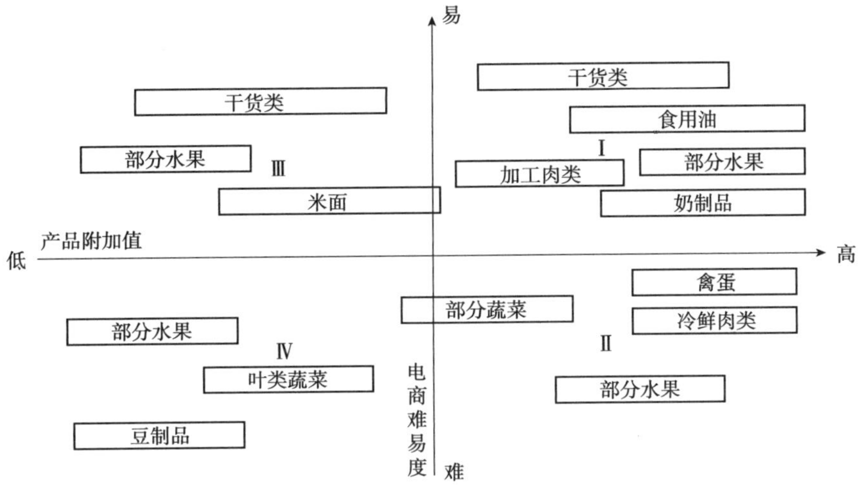

图1　电商销售额最大的农产品类目

Fig. 1　The largest agricultural product categories of e-commerce sales

1.2　石榴产业化程度低

据史料记载公元前1~2世纪，张骞出使西域开辟丝绸之路时期由地中海沿岸将石榴输入我国，开始在新疆叶城、皮山一带种植，继而传至陕西、河南、山东、安徽等地，现遍及全国各地。引入我国有2000多年的历史，中国是世界上石榴栽培面积和产量最大的国家。据不完全统计，我国石榴栽植总面积约175万余亩，分布在亚热带及温带地区的20多个省(自治区、直辖市)，涉及5个主要栽培区域，即陕甘豫地区、新疆地区、安徽怀远地区、山东枣庄峄城地区和西南地区，其中以陕西、安徽、山东、江苏、河南、四川、云南及新疆等地较多，有着非常明显的地域性特点，品种良莠不齐，市场认可度低，标准化生产程度低，鲜果市场供应期短，整体市场供应能力不足；湖北几乎空白。

在石榴果实中，可食部分占15%~40%，糖的含量在11%~15%，可溶性果酸0.5%~0.7%，V_C4.2~10.3mg/100g，磷8.9~10.0mg/100g，钾216.0~249.1mg/100g，钙1.1~2.9mg/100g，镁6.5~6.7mg/100g等。另外，石榴富含蛋白质、氨基酸，以及石榴多酚和花青素。丰富的有机质和无机质组分使得石榴不仅有较高的营养价值，还具有极高的药用价值。据记载，石榴具备的典型药用功效涉及生津化食、抗胃酸过多、软化血管、抗胃溃疡、降血脂和血糖等多种功能。多酚的抗氧化作用还可应用到日用防晒护肤品以及抗氧化防衰老的产品中。关于石榴抗肿瘤活性研究也有报道。

目前国内外对石榴功效的研究多在石榴生物活性分离提取、功效验证上。应用前景十分广阔。但我国因受制于产业规模、加工利用非常有限，目前仅山东和安徽部分产区有石榴酒、石榴茶。表1中列出了石榴各部位的主要生物活性成分与功效。

表1 石榴各部位的主要生物活性成分与功效

Table 1 The main biological active ingredients and effects of various parts of pomegranate

部位	活性成分	生物活性及功效
石榴根	鞣质、异石榴皮碱、伪石榴皮碱、β-谷甾醇、甘露醇等	驱虫、抗菌、抗病毒
石榴叶	熊果酸、白果酸、甘露醇、黄酮苷类化合物、单宁、鞣花酸、短叶苏木酚、没食子酸等	增强胃蛋白酶活性、调血脂、清除氧自由基等
石榴皮	鞣质、石榴皮碱、异槲皮苷、甘露醇、没食子酸、氨基酸等	抗氧化、抗诱变、抗菌、抗肿瘤、抗衰老;治疗心血管疾病、降血脂等
石榴汁	V_C、V_B、有机酸、糖类、脂肪以及多种氨基酸及微量元素	抗炎、抗氧化;进而可以延缓机体衰老,预防、治疗动脉硬化、抵抗性血管疾病
石榴籽	石榴酸	抗氧化、抗癌、降血糖、预防冠心病等

尽管我国石榴种植面积在世界范围靠前,但是与其他国家相比,产业化程度低,具体表现有五种:

(1)区域生产规模还不大、规模化种植程度不高,多为散户种植。

(2)大型龙头企业不多,规模化加工程度不够,使得石榴种植集约化程度低。

(3)是产品深加工程度不高,产品附加值低,发达国家果品加工率很高,并开发出各类石榴产品,国内多为粗加工,原料供给质量的不合格使得加工企业很难批量生产出优质产品,许多指标达不到国际标准,给出口创汇造成影响,在现有的果汁市场份额中,浓缩石榴汁的消费比例不足1%,考虑到目前国内初级农产品和深加工产品之间的价格差较大,我国石榴产业在提升产业附加值方面仍大有可为。

(4)支撑产业发展中的各类组织化程度不高,贸工农一体化产加销一条龙的经营方式和产业组织形式还不健全,石榴"研发—生产—分销—零售"各环节衔接不紧密,未形成有机内在联系的产业链。

(5)好果未必卖出好价钱。我国石榴标准化生产起步较晚,即使被认定的产地、被认证的产品,由于缺乏有效的监督管理办法和完善的检测手段,也不能完全达到绿色有机的要求。其次,企业的品牌意识淡薄,由于营销理念和生产观念的落后,我国的石榴产品在国内和国际市场上还缺少耳熟能详的知名品牌,包装标识不规范致使产品很难引起市场关注,并且因为管理不善,整个行业的经营效率不高。

另外,专业化的销售模式尚未建立,专业的果品经纪人队伍不强,石榴产区的果农多停留在自产自销阶段,直接进入超市精品货柜的石榴并不多。

最后,由于对石榴产品品牌和产地品牌缺乏保护意识,假冒伪劣充斥市场,造成优质产品卖不出好价格。

2 石榴产业发展形势分析

石榴(*Punica granatum* Linn.)别名安石榴、海榴,属石榴科石榴属,自地中海于汉代时传入我国,至今已有2000多年的栽培历史。在我国的分布范围较广,涵盖了平原、丘陵、高原、山地等多种地形地貌。石榴果实营养丰富，V_C 含量比苹果、梨要高出一二倍，是馈赠亲友的吉祥佳品。石榴的果皮、根、花皆可入药。近年来，随着国际国内市场需求的增大，我国石榴生产得到重视，质量和品质逐步提高，贮藏业和加工业也得到发展，市场前景看好。

2.1 发展优势

2.1.1 政策利好

近年来，农村税费改革、退耕还林政策、减免农林特产费政策、农村产业化的扶持政策以及各地出台的相关优惠政策等，对我国石榴产业的发展起到了巨大的推动作用。

乡村振兴，绿色发展是基石。

十九大报告提出，实施乡村振兴战略。要坚持农业农村优先发展，农业绿色发展是基石，实现“三不、两零、一全”的绿色发展总体目标，需要加大力度。在“乡村振兴”战略的号召下，一些投资者将大批资金转移到中西部，利用西部丰富的生态资源，开发绿色果业及推广高产高效的现代农业。其中，生态农业是近年来现代农业的一个发展方向。石榴树本身具有绿化环境、保护生态的功能；发展石榴种植业还可以增加农民收入，符合我国当前现代高效生态农业和社会主义新农村建设需要。符合中央将农业绿色发展的具体目标和远景目标。

特色产业，十堰农业发展战略。

湖北省制定了《湖北汉江生态经济带开放开发规划》(2014–2025 年)，将生态环保、生态水利、生态农业、生态文化旅游纳入到规划中。十堰市提出了利用山水资源，发展特色产业，促进农民增收，推动山区扶贫攻坚的战略。以建设十堰特色的山区现代农业为目标，以丰富而独特的生物资源为依托，以构建生态高效的特色产业体系为主攻，着力推进特色产业基地生产标准化、农产品加工规模化、技术应用集成化、生产经营集约化、农产品品牌化，三产融合，全面实施“611”特色农业发展计划，到 2020 年，把茶叶、中药材、林果、蔬菜、畜牧、水产等六大特色产业均建成综合产值达 100 亿元产业，农产品加工产值突破 1000 亿元，做大做强休闲农业这一新业态，把十堰建成在全省乃至全国都具重大影响的优质特色农产品生产加工基地和以高效生态农业为引领的山区现代农业示范区。

丹江口市委、市政府全面落实十堰市委、市政府建设“汉江生态经济带”战略部署，抢抓国家秦巴山片区区域发展与扶贫攻坚、丹江口库区及上游水土保持项目以及国家惠农强农政策力度持续加大等政策机遇，围绕生态优化、发展提速、民生改善、社会和谐“四大目标”，突出深入推进秦巴山片区扶贫开发、深入推进汉江生态经济带建设、深入推进移民帮扶发展和南水北调对口协作、按照“全域生态化、全域景观化”发展理念，紧紧围绕汉江生态经济带建设，大力发展特色农业和生态休闲观光农业，构建江南(六里坪、官山、丁家营、浪河、土关垭等)生态观光走廊和江北林廊(习家店、蒿坪、石鼓)江北百里生态农业走廊。

十堰市农业局、科技局、扶贫办等部门联合下发《关于共同推进“六个一”科技扶贫示范工程实施方案》，方案要求农业科技人员投入到现代农业建设和精准脱贫主战场，围绕服务特色农业产业发展，推进“六个一”农业科技扶贫示范工程，即一名首席专家联合一名产业顾问，组建一个专家团队，带一个科技项目，领办或服务一个产业示范基地，总结推广一套成熟生产技术流程。武当水晶软籽石榴及生态种植是十堰市专家团队多年研究的成果，十堰市对武当水晶软籽石榴生态种植项目的开发十分重视，推广武当水晶软籽石榴生态种植已列入了十堰市十三五特色水果发展规划，是十堰特色农业重点支持的项目。2018 年度获得 IFAD(国际农发基金)支持。

“石榴小镇”，产业发展的不二选择。

湖北西部山区的环境条件与日本、韩国基本相似，宜推进“一村一品、一乡一业”的农业生产格局，大力发展多种经营的特色产业，围绕生态旅游，加大旅游产品的开发。

武当水晶软籽石榴诞生在石鼓镇，百子园处在丹江库区黄金旅游线上，距 5A 景区武当山 90km，距 4A 景区湖北省地质公园太极峡、河南南阳香严寺均不到 10km；与丹江口水库直线距离 1km，依山傍水、地理位置优越、风景优美，小气候环境温润、土壤中性偏碱，最宜石榴生长，目前占地 600 余亩。该品种多项指标优于国内同类产品：平均单果重 450g、最大 1150g，可溶性固形物 16.69%，可溶性糖 8.85%，总酸 2.43g/kg，V_C89.38mg/kg，是目前石榴中不可多得的优秀品种，也是湖北省唯一的花果兼用型品种，域内越来越多的农民群众认识到武当水晶软籽石榴的市场前景，借助农业结构调整，开展了石榴种植。丹江口市委市政府顺势而为，支持石鼓用 3 年左右时间将软籽石榴发展到 60000 亩，建设“石榴小镇”，是实现产业转型、发挥资源优势、助力精准扶贫的最佳选择。“榴开百子”“丹霞地貌”将使这块沉寂的土地重新焕发生机。

武当水晶软籽生态种植基地作为江北林廊核心项目，主要以石鼓镇区域以及太极峡景区、玉皇顶村、石鼓村、贾寨村等周边适宜种植区域进行规划。涉及 2000 户 7000 多人。石鼓因千年“石鼓关”而得名(石鼓关自古为中原民众朝武当、进川达陕的咽喉要塞)。西南依秦岭余脉，东北濒丹江水库，与河南淅川为邻。道教文化和佛教文化在这里交汇，黄河文明与长江文明在这里融合。自然风光、人文景观极其丰富，太极峡风光秀丽，丹霞地貌神奇罕见，石林景观鬼斧神工，玉皇顶冠赤兽遗址亚洲独一无二，贾寨庄园、明清老街古朴优雅，刘秀胜王莽、建立东汉王朝的故事传诵至今，还有扑朔迷离的神龙传说。旅游资源+“石榴小镇”将使“生态旅游口子镇”的蓝图成为现实。

2.1.2 “小水果”大市场

近年来，随着人们保健意识的提高，已被大众广为认可，国内外市场需求量在逐步增大，石榴产业得到各层面的重视，面积和产量迅速扩大，质量和品质也逐步提高，贮藏和加工业也得到支持和发展，有相当一部分地区已经把石榴产业做成了发展农村经济、增加农民收入的骨干产业。如河南开封县、封丘县，山东枣庄市峄城区，云南会泽县，四川会理县等分别建立了万亩以上生产基地。

业界普遍认为，石榴是许多适生区域农业结构调整的冷门项目，休闲农业的首选树种。有些地方已经发展渗透到农业综合开发项目中，如河南巩义市的“沿黄农业综合开发”，焦作市的“太行山旱地农业开发”等，都把石榴作为主要经济树种栽培。河南新乡市、驻马店市、山东枣庄市、陕西西安市、湖北黄石市、荆门市、十堰市，广东南澳县(海岛)等城市均把石榴定为“市花(树)”，作为市区重要绿化观赏树种予以发展。

目前全国石榴种植面积约 175 万亩，以陕西、安徽、山东、江苏、河南、四川、云南及新疆等地较多，其中大多果个偏小、籽粒小、核硬，食用不便，商品性不佳，市场认可度低。象武当水晶软籽石榴这样色艳、果大、软籽性状突出的优良品种极少，将成为主导品种，但全国面积不到 30 万亩。

考虑到软籽石榴生物学特性及其生态要求和区域性特点，完成现有石榴产区品种升级，发展新的产区，面积达到200万亩，按建园3年投产、5年丰产，一般需要10年左右。以平均1500kg/亩计算，届时，2028年产量为30亿kg，按商品率70%折算，每人平均1.4kg(相当于2个果)，仍不能完全满足市场需求。我们认为，软籽石榴产业发展正处于风口期，而且将持续5~10年，这对于本项目依托自主研发品种资源优势开展推广，是最大的商机。

2.1.3 优质鲜果需求旺涨，供不应求

考察郑州、西安、北京等北方市场，优质软籽石榴均在30元/kg左右，且仅可供应“十一”期间市场；湖北省会武汉市场上很少有软籽石榴供应；本地市场石榴多由陕西引进，果大、籽硬，与软籽石榴难以竞争，武当水晶软籽石榴稳定在30元/kg，且处于供不应求状态。为优质软籽石榴提供了广阔的市场空间。

2.1.4 浓缩汁市场前景广阔

随着消费趋势的变化，纯天然果汁、果蔬汁因其健康、营养和纯正的口感逐渐成为消费主流，2016年我国果汁及果汁饮料2404.9万t，同比增长了0.77%，其中30%进入国际市场，国际果汁贸易量从1999年仅52万t，期间增长10多倍。可以预见纯天然石榴汁的市场前景十分广阔(图2)。而浓缩石榴汁，不仅可以调制成果汁，还可用于果酒、果酱、糕点和冰淇淋等的生产中，具有广泛的工业价值，据英国连锁超市巨头泰斯考(TESCO)统计，浓缩石榴汁饮料已成为英国果汁消费增速最快的饮料，美国石榴浓缩汁消费量最大，除本国生产外还大量进口，年需求超过2万t，日本、澳大利亚、新西兰等也是浓缩石榴汁的主要消费国。

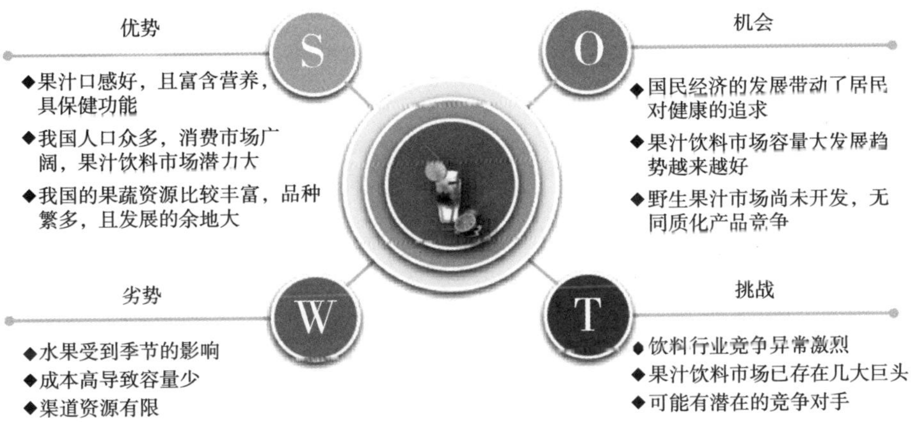

图2 果汁行业SWOT分析

Fig. 2 SWOT analysis of juice industry

2.1.5 药物及日化产品研发潜力巨大

临床研究表明，石榴汁和石榴多酚提取物能延缓糖尿病病人动脉粥样硬化症的发生，鉴于我国现有高血糖人群9240万，高血脂人群17000万，可以预测利用石榴活性成分研发降糖和降血脂现代中药新药，将具有巨大的市场前景。国外的研究发现，石榴鞣花酸有显著的抗氧化及抗癌活性，具有延缓衰老以及抗前列腺癌、结肠癌、肝癌、胰腺癌等的药用潜能。此外，研究开发石榴营养品、护肤品、化妆品等深层次的科技产品也是石榴产业未来的发展方向，目前市场上已经有一些以石榴提取物为原料的美容护肤产品获得消费者的青睐。

石榴作为一种药食两用的中高档水果，凭借其美容养颜、调理机体等方面的保健作用，将越来越受到现代消费者的青睐。

2.2 威胁分析

2.2.1 国内市场竞争

国内市场上，与苹果、柑橘、梨等中国传统果品生产大项相比，石榴在我国水果总产量中所占的比重不足1%，受重视的程度也远不及上述三大传统果品。根据商务部对外贸易司《中国农产品出口分析报告》，鲜苹果是我国水果主要出口品种，2017 年出口量为 133 万 t，出口额 14.6 亿美元，出口量约占全球贸易总量的 60%以上，主销市场包括东盟以及独联体国家。我国苹果产量近几年达到年均 2400 万 t 左右，其中约 30%用于浓缩苹果汁加工行业，是世界上最大的浓缩苹果汁生产和出口国，出口量 2014 年 46 万 t，2017 年增至 66 万 t，同比增加了 29.2%，出口金额为 648227 千美元，同比增长 18.5%。销售市场从美国、欧盟、日本几个主要市场扩展到全球 60 多个国家和地区。浓缩苹果汁市场的旺盛态势暗示着浓缩石榴汁巨大的产业需求。

2.2.2 国际市场竞争

国际市场上，伊朗是世界上最大的石榴生产国，每年有大量的石榴出口，种植面积 74000hm^2，产量达到 53 万 t。印度石榴的优势在于几乎可以全年生产并在淡季供应给欧洲国家，为了增强石榴农产品出口，印度马哈拉施特拉邦建立了农业出口区，其农民需要接受出口优质产品的培训和 Global CAP①的认证注册。美国极为重视石榴种质资源的收集、引进和创新工作，先后收集了 232 个石榴品种，并保存在加利福尼亚大学戴维斯分校的国家石榴种质资源圃，极大地丰富了石榴种质资源。石榴浓缩汁的市场需求很大，国际市场浓缩石榴汁主导品牌主要有：韩国乐天美女石榴汁、台湾绿力石榴汁、美国湖木有机纯石榴汁。而加工的难点在于石榴除皮和分离假种皮，靠人工除皮的成本很高，影响石榴汁的产量和效益，目前美国、以色列、日本等国已具有较先进的除皮机械。(①Global GAP：全球良好农业操作认证，标准旨在通过降低对环境的有害影响，减少化学投入品的使用，保证员工健康、食品安全及动物福利)

2.2.3 绿色贸易壁垒

“绿色贸易壁垒”是国家以保护自然资源、生态环境和人类健康为由，通过制定和颁布一系列复杂多样的环保法规、条例和标准、绿色标志等方式对进口商品设置的障碍。我国的绿色农产品产业起步较晚，技术标准和市场形象的国际权威性还没有树立，我国的“绿标”还没有得到国际的认可。目前我国石榴出口面临的问题主要是农药残留和有害生物，由于农民普遍缺乏科学使用农药的知识，片面追求产量，造成石榴的农残问题比较严重，因为事关食品安全问题，世界各国都对我国果汁质量指标和农残的要求进一步提高。“绿色贸易壁垒”在一定程度上阻碍了我国石榴产品进入国际市场的机会。

3 结论

发展石榴产业，建设优质软籽石榴产区，是十堰的创新农业项目。用好政府利好政策，借助转型发展的机遇，立足资源优势发展生态石榴绿色产业，建立标准化石榴生产基地，增强科研育种、推广优良品种，提升科技水平、提高优果率，提高深加工能力，开发石榴饮品、药品、护肤品等产品，就能实现将资源优势转化为商品优势和经济优势。

参考文献

[1]姚方，吴国新，马贯羊．石榴产业发展的广阔空间和引进新品种的必要性[J]．经济研究导刊，2012(4)：215-216.

[2]李国秀．石榴多酚类物质的分离鉴定和抗氧化活性研究[D]．西安：陕西师范大学，2008.

[3]常占瑛．新疆石榴果实综合加工工艺及石榴皮抗肿瘤活性成分分离[D]．乌鲁木齐：新疆医科大学，2010.

[4]陈雪珊，高晓黎．石榴皮提取液，浓缩液，冷干粉末及石榴皮软膏的体外抑菌试验[J]．新疆医科大学学报，2009，32(5)：565-567.

[5]李国秀，李建科，李劼．石榴汁多酚提取物抗氧化活性及其成分分析[J]．营养学报，2013，35(4)：397-399.

[6]林佳，李琰，徐丽珍．石榴叶的化学成分研究[J]．中南药学，2005，3(2)：70-72.

[7]吕俊丽，刘邻渭．石榴酸的研究进展[J]．中国油脂，2010(011)：44-47.

[8]苏水莲，等．石榴根皮等 9 种中药体外抗人芽囊原虫的效果观察[J]．时珍国医国药，2007，18(3)：616-617.

[9]李道明，周端，王晓琴．我国石榴的研究开发现状及发展展望[J]．农产品加工．学刊，2012(10)：110-112.

[10]马寅斐，等．我国石榴产业的现状及发展趋势[J]．中国果菜，2013(10)：31-33.

[11]陈玉玲，曹尚银，刘中甫，等．突尼斯软籽石榴在河南郑州的试栽表现[J]．中国果树，2005(3)：27-29.

[12]王超然，魏耀远，郭朋，等．突尼斯软籽石榴丰产栽培技术[J]．现代园艺，2007(11)：21-29.

[13]薛华柏，曹尚银，郭俊英，等．突尼斯软籽石榴气候区划分北限及次适宜区的防寒栽培[J]．中国果树，2010(2)：63-64.

[14]樊涛，等．库首源头丹江口 今秋深陷“橘贱伤农”困境[N]．农村新报，2014-11-20.

[15]赵顺卿．丹江口市柑橘产业优势资源调查与发展对策探讨[J]．中国果业信息，2011(06).

[16]郭元成，徐进．丹江口市柑橘需重视的几种重大病虫害[J]．湖北植保，2011(2)：27-28.

[17]王爱伟，孟繁锡，刘春鸽，等．我国石榴产业现状、发展对策及前景分析[J]．中国果业信息，2006，23(6).

Pomegranate Production in Nepal; Strategies, Challenges and Way forward

Krishna Poudel

(*Zhengzhou Fruit Research Institute*, *Henan*)

Abstract: The topographical variation has created an ample space for the commercialization of the horticultural crops focused on the fruits. Due to the subsistence farming system, poor infra-structure, transportation facilities, linkage to the international market and technical know-how, horticulture development in Nepal could not gain momentum as expected. The productivity of pomegranate as compared to the neighbouring countries India and China is very low. The area under the cultivation during the year 2016 is, 468 ha, production 2820 ton with a productivity of 6 t/ha. It is cultivated in a small area and have low productivity which might be due to the lack of the improved varieties, technical know-how and crop management practice. The research on variety evaluation and selection in scientific way is entirely lacking in pomegranate. The existing and exotic genotype needs to be characterized, evaluated, selected and promoted for commercial plantation to reduce Nepal's dependency and substitute the imports. For this purpose, documentation and recommendation of exiting and introduced genotype should be carried out in national level. Therefore it is very urge to select and recommend appropriate and high yielding pomegranate genotype for the particular climatic conditions to cope up market and farmers' demand in the country.

Key words: Pomegranate; Diversified; Productivity; Prospects; Strategies

1 Introduction

Nepal a landlocked country has an area of 147, 181 sq. kmwith about 28 million population. Agriculture contributing to 31.32% to national GDP is the main source of livelihood for more than 65.6% of the total population of the country (MoAD, 2015). The total cultivated area of the country is 3.09 million hectares. The most important crops grown in Nepal are rice, maize, wheat, millet, barely, potato and sugarcane. Among the cultivated area 4.79% is covered by the fruit crops. Among the total AGDP, horticulture sector contributes for about 15%, where, fruit solely contributes about half of the contributions. The comparative advantage of the topography of the country has created varied option in geographical and climatic condition. There is tremendous scope for commercial horticultural crops production to enter into the international market (Thapa and Dhimal, 2017). The altitude ranging 70m (Kechana Kalan in Jhapa) to 8848 m (Mt. Everest) asl creates the diversified area for adaptation of the diversity in the fruit crops. The landscape pattern of the country follows as the Southern Terai regions; suitable for the cultivation of tropical fruits while, mid-hills and high-hills towards north are suitable for sub-tropical to warm and cold temperate fruit and nuts production. This potentiality of growing the fruits all over the country have created good opportunity of employment creation and income generation. Despite more than six decades of effort in the fruit development in Nepal, the productivity of fruit has remained low due to; the orchards established during the past decades(late 20th century) have become old and needs rejuvenation, poor management of fruit orchards, fruit researches during recent past are not getting priority from the Government and other organizations due to the long gestation period for fruiting, mechanization, post-harvest technology and value chain development activities, government investment is also not up to the level expected. Coordination, collaboration and co-working among DOA, NARC, University system and private stakeholders are inadequate. NHPC, 2017 has proposed five strategic pillars as; production increase through increased area under production, increased productivity through better management practices; reduction in postharvest losses through improved postharvest handling including packaging, transportation and storage; infrastructural support for quality planting material production and post-harvest handling; institutional strengthening for research, production and marketing, and increased access to finance for the fruit development in Nepal.

Pomegranate is one of the important fruits cultivated fromterai to mid hills(300 to 1500 m asl) of Nepal. Total cultivated area of the fruit is estimated to be 468 hector and production is 2820 ton with a productivity of 6 t/ha(MoAD, 2016). Ministry of Agriculture Development has estimated that Nepal's pomegranate imports is about 95% in volume as well in monetary value. It is expected to increase the import of the commodity over the next years. Most part of the demands of pomegranate is supplied from India while small fraction of it is also supplied from China. Thus, this article tries to summarize the production of fruit crops esp. pomegranate, development activities, challenges and strategies in the future that has to be adopted by Nepal.

2 Land use pattern

The land of Nepalare categorized as agricultural land cultivated, agricultural land uncultivated, forest, grass land and pastures, water bodies and others. As per the statistical information on Nepalese agriculture 2015, the land use pattern in Nepal is presented in Table 1. The information from the table shows that agricultural land cultivated was 3091 thousand hectare, agricultural land uncultivated was 1030 thousand hectare, forest land including shrub was 5828 thousand hectare, Grass land and pastures was 1766 thousand hectare, water bodies was 383 thousand hectares and other land categories was 2620 thousand hectares.

Table 1 Land use pattern in 2015 in Nepal

Land use pattern	Area in('000 ha)	Percentage of total area
Agricultural Land Cultivated	3091	21.00
Agricultural Land Uncultivated	1030	7.00

(续)

Land use pattern	Area in('000 ha)	Percentage of total area
Forest(including Shrub 1560)	5828	39. 60
Grass Land and Pastures	1766	12. 00
Water bodies	383	2. 60
Others	2620	17. 80
Total area of the country	14718	100. 00

Source: *Statistical information on NepaleseAgriculture*, 2015.

3 Area, production and productivity of fruit crops

Theproduction area, total production and productivity of the fruit has been presented in the Table 2 and Figure 1. The statistics shows that the area under the fruit crops until 2015 has progressively increased with the increase in production while, the productivity trend shows decreasing trend. As compared to the year 2012 and 2016, the productivity of fruit has decreased by 9. 3 % which might be due to the increase in the new plantation area under the fruit crops and the age of some orchards getting old. As compared to the productivity of the neighboring country, India(12. 5 t/ha) there is still huge gap that we can cover by proper management practice from the existing orchards.

Table 2 Area, production andproductivity of fruit crops in Nepal

Year	Area(ha)	Production(ton)	Yield(ton/ha)
2012	101233	1029754	10. 17
2013	101480	938731	9. 25
2014	110617	979542	8. 86
2015	110802	992702	8. 96
2016	110586	976461	8. 83

Source: Statistical information on Nepalese Agriculture, 2016.

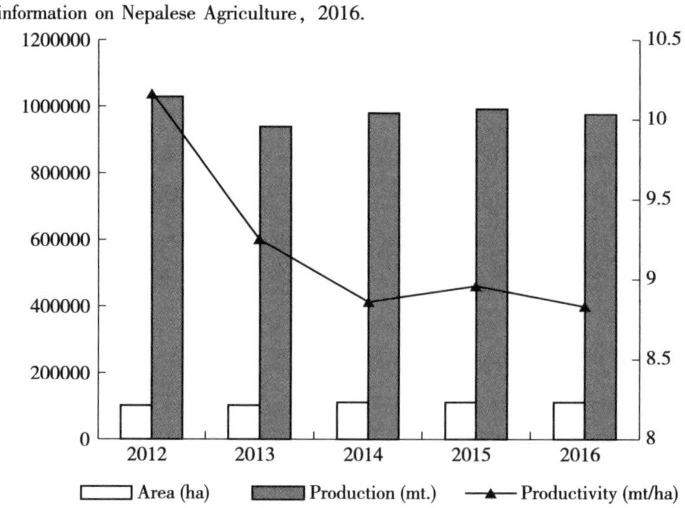

Fig. 1 Trend showing the area, production and productivity of fruits

Pomegranate

The area, production and productivity of pomegranate during last five yearshas been presented in Table 3 and Figure 2. During the five years(2012–2016), the area under the pomegranate crop has been increased by 150% from 185 ha to 468 ha. Similarly, the production has also increased significantly. While looking at the productivity trend, during 2014 it was minimum 2. 84 t/ha and then increased progressively in the following years. Total cultivated area of the fruit is estimated to be 468 ha, production 2820 ton with a productivity of 6 t/ha(MoAD, 2016). From the year 2014, there is increasing trend in production area, total production and the productivity of pomegranate. The present productivity of the crop shows that there is still space for the improvement as it is less than the yield potentiality.

Table 3 Area, production and productivity of pomegranate in Nepal

Year	Area(ha)	Production(ton)	Yield(ton/ha)
2012	185. 4	800. 7	4. 32
2013	183. 95	1036. 4	5. 63
2014	399. 2	1132. 7	2. 84
2015	449	2304	5
2016	468	2820	6

Source: Statistical information on Nepalese Agriculture, 2016.

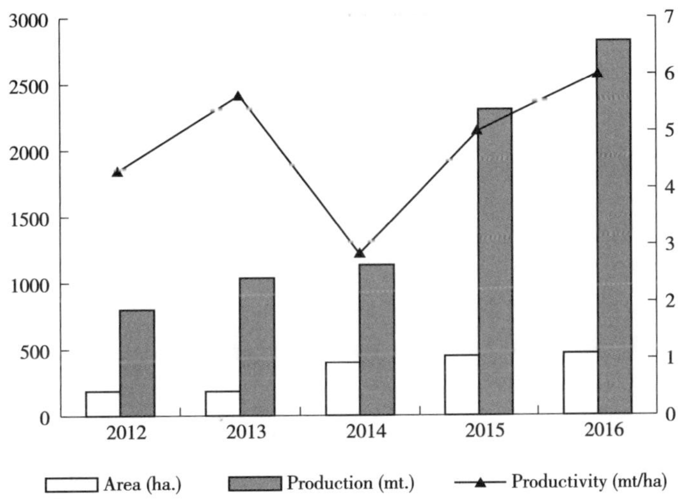

Fig. 2 Trend showing the area, production and productivity of pomegranate

Kalimati fruits and vegetable wholesale market is a leading wholesale market in the country situated in Kathmandu. According to the market information, (www. kalimatimarket. com. np), a total of 128, 775 kg pomegranate was imported from India and 1, 390 kg from China while it was only 120 kg from Nepal's own production in the Fiscal Year 2014. The demand of pomegranate fruit is increasing due to its nutritional benefit and increasing health awareness among consumers. While, comparing the wholesale price situation of pomegranate during whole the year round(2018), fruits in the market during the month May was maximum with an average price of NRs 270 per kg. while, minimum average price was during September with a value of NRs 125 per kg. The average wholesale price trend of pomegranate shows that the fruits during the months April, May and June fetch higher price in Kalimati Fruits and Vegetable Wholesale market. The average wholesale price of pomegranate year round during the year 2018 has been presented in Figure 3.

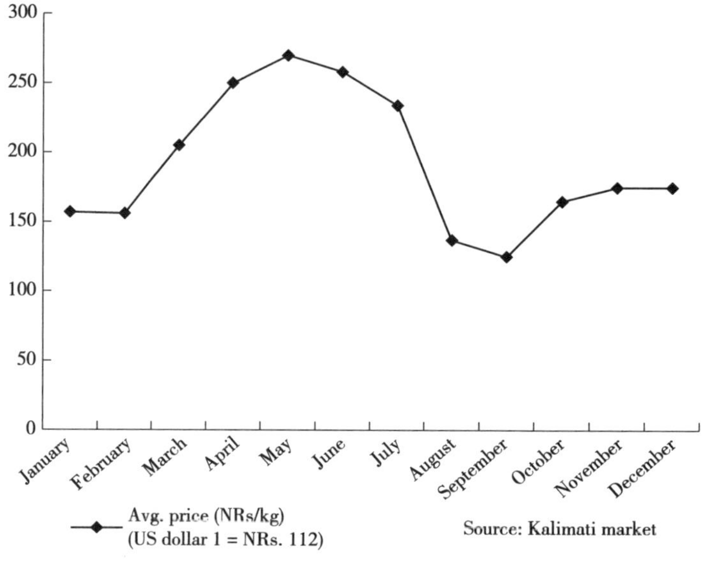

Fig. 3 Average wholesale price of pomegranate per kg in Kalimati Fruits and Vegetable Wholesale Market Kathmandu during 2018

4 Pomegranate development activities

Thefruit research and development in Nepal formally began in late thirties and planned development started in fifties with the introduction of new fruit varieties from India and other countries. There has been several policies being developed and implemented to promote horticulture development in the country. During the year 2014, the government initiated 'Pomegranate Mission Program' in four districts; Nuwakot, Dolakha, Sindhupalchok and Ramechhap. The objective of the mission was to increase production area under the crop through technology transfer and production of quality planting material through the private sector nursery(Gotame et al., 2015). The government has approved and implemented Agriculture Development Strategy, 2015(ADS, 2015). ADS expects to guide agricultural sector for the next 20 years and mentions that horticulture has larger role to play, and points out increasing trend of deficit trade due to import of fruits. Apart to this government has endorsed fruit decade implementation guidelines, 2016 which works in the strategy of first five year of fruit decade quality saplings will be made available to the orchardists as short term strategy and next five years will be emphasized for new technology transfer and post-harvest handling and processing industries development. Under this guidelines, pomegranate has been identified as one of the major warm temperate fruit. Under the program 10 districts have been selected for raising 2 nurseries per district for pomegranate. On the other hand government has endorsed pomegranate in Trishuli,

Nuwakot district as a new emerging fruit and resource centre development programme. Similarly, Prime Minister's Agriculture Modernization Project (PMAMP) – GoN Project, has also prioritized the production of pomegranate crop in a commercial scale.

5 Key development strategies

The government of Nepal has made efforts on the promotion of the horticulture sector both in short and long run. Due tolacking of effective strategic actions, the impact has not yet been explored. Lack of knowledge and adoption of best practice of cultivation, quality planting materials and improper post-harvest handling are reported to be associated with low quality product hindering to maximum exploitation of its potentiality (MoCS, 2010).

Strategies

- Government should give emphasis to produce in large scale within the identified niches
- Make available the quality planting materials
- Research institutions should be strengthened for conductingaction research on pomegranate variety development, adaptation and production practices
- Almostall the total fruits consumed are imported from India and China. Thus, there is a lot of space for market
- Capacity enhancement for the horticulturists and frontline extension workers need to be strengthened
- Foreign aid/ investment need to bediverted to fruit sector development especially, for pomegranate

6 Challenges and Way forward

Despite of comparative advantage of thetopography, suitable micro-climatic niches and potentiality of production of pomegranate crop from 300m – 1500masl, there are various other factors causing constraints for the production and expansion of the area in commercial scale. As a challenges and way forward we can consider following issues;

Challenges

Availability of thearea specific varieties and quality planting materials

Management of fruit borerproblem in the existing orchards

Lack of proper knowledge on cultivation practices

Lack of skilled technical manpower

Weak extension services to transfer technology

Lack of effective research and development

Poor orchard management resulting into low yield

Low priority towards the investment by the government as well from the foreign investors

Way forward

Sufficient land area for the expansion of the plantation area

High demandof the fruit in the domestic market

Increase yield through the adoption of improved production technology

7 Conclusion

The research works on pomegranate has lag far behind except few works that has been started since 2012 by Nepal Agricultural Research Council. There are few findings related to the quality evaluation of some exotic varieties with the local land races as well some effective method on propagation. However, the Government of Nepal (GoN) has not prioritized the crop as an important fruit crop and not recommended genotype for particular agro-ecological niches of the country. It is clear that the potentiality of pomegranate cultivation can be achieved by introducing and selecting exotic genotype suitable for agro-ecological zones.

There is ample space for the expansion of the cropas the area under the fruit cultivation is less and the production and productivity can be increased even from the existing orchards too. The market demand and the import situation of the fruit shows clear way for the success and market of the crop.

References

ADS. 2015. Agriculture Development Strategy, Draft Vision Report, Government of Nepal, Ministry of Agricultural Development, Singhdurbar, Kathmandu, 22-26.

Gotame, TP., Paudyal, KP. and Khatiwada, PP. 2015. Commercial Pomegranate Production Tecnology. Horticulture Research Division, Nepal Agricultural Research Council, Khumaltar, Nepal.

MoAD. 2015. Statistical information on Nepalese Agriculture. Ministry of Agriculture Development. Singh Durbar, Kathmandu, Nepal.

MoAD. 2016. Statistical information on Nepalese Agriculture. Ministry of Agriculture Development. Singh Durbar, Kathmandu, Nepal.

MoCS. 2010. Nepal Trade Integration Strategy 2010: Background Report. Government of Nepal, Ministry of Commerce and Supplies.

NHPC. 2017. Nepal: Fruit Development Project. Nepal Horticulture Promotion Centre, Khumaltar, Lalitpur, Nepal.

Thapa, MB. and Dhimal, S. 2017. Horticulture Development in Nepal: Prospects, Challenges and Strategies. Universal Journal of Agricultural Research 5(3): 177-189. DOI: 10. 13189/ujar. 2017. 050301.

www. kalimatimarket. gov. np.

第二篇

石榴栽培与生产

近地面低温与'突尼斯软籽'石榴冻害发生关系研究

沈晓燕[1,2]　揭波[1,2]　李爽[2]　车笑杰[2]　刘一博[1,2]　冯玉增[3]

([1]河南省软籽石榴工程技术研究中心，荥阳　450100；[2]河南中农华盛农业科技有限公司，荥阳　450100；[3]河南省开封市农林科学研究院，开封　475004)

摘要：据实地观测和调查，石榴树冻害部位主要发生在主干地上距地面50cm范围内。而气象台站记录发布的温度，一般为距地面高度1.2m百叶箱内温度，不能反映局地石榴园不同空间高度的真实温度值。为探究近地面低温对'突尼斯软籽'石榴冻害发生的影响，为该品种的推广种植择地提供指导。试验以10个不同立地条件下的'突尼斯软籽'石榴种植地块为研究对象，于2018年12月1日至2019年2月20日期间，对石榴树树干近地面45~50cm处的温度进行动态监测，并结合当地县级气象台站同时期的气象数据进行比对分析。结果表明，所有温度监测点的近地面低温皆低于当地气象台测定的气温数据，也均在引发石榴冻害的致害低温范围内，但冻害发生的程度不同；近地面温度变化基本与地势高低呈正相关，但因地形、地貌的差异也出现了呈负相关的现象；近地面低温累积时间与地势的高低呈负相关，而低温持续时间直接影响冻害发生程度。种植'突尼斯软籽'石榴品种，前期需做好近地面温度的监测，选择合适的立地条件，而当地气象台记录发布的气温数据可以作为参考。

关键词：近地面低温；软籽石榴；冻害

Effects of Near-surface Low Temperature on Freezing Injury of 'Tunisia soft seed' Pomegranate

SHEN Xiaoyan[1,2], JIE Bo[1,2], LI Shuang[2], CHE Xiaojie[2], LIU Yibo[1,2], FENG Yuzeng[3]

([1]*Henan Soft-seed Pomegranate Engineering and Technology Research Center*, *Xingyang*, *Henan* 45100;
[2] *China Whashine*(*Henan*)*Agriculture Science and Technology Co.*, *Ltd*, *Xingyang*, *Henan* 450100;
[3]*Kaifeng Academy of Agriculture and Forestry*, *Kaifeng*, *Henan* 475004)

Abstract: According to field observations and investigations, freezing injury of pomegranate mainly occurs within 50cm above the ground of the main trunk. However, the temperature re-

作者简介：沈晓燕(1982-)，女，河南荥阳人，助理农艺师，硕士。现从事石榴实用技术研究及推广工作。电话：18737167082，邮箱：306176068@qq.com。

corded by meteorological stations is generally the temperature in a louver 1.2 m above the ground, therefore, it can't reflects the real temperature values of different spatial altitudes in local pomegranate orchard. To explore the influence of the near-surface low temperature on the cultivation of soft-seed pomegranate, and to provide guidance for the development of soft-seed pomegranate planting location selection. Taking 10 soft-seed pomegranate planting plots under different site conditions as research objects, dynamic monitoring of the near-surface low temperature of 45~50cm was conducted from 1 December 2018 to 20 February 2019, and comparative analysis was made based on local meteorological data of the same period. The results showed that the near-surface low temperature of all the temperature detection points was lower than the local meteorological data, and all of them were in the range of low temperature causing freezing injury of pomegranate trees, but the degree of freezing injury was different. The variation of the near-surface low temperature is positively correlated with the elevation of terrain, but negatively correlated with the difference of topography and landform. The accumulation time of the near-surface low temperature is negatively correlated with the elevation of the terrain, while the duration of low temperature directly affects the degree of freezing injury. To develop the cultivation of soft-seed pomegranate, it is necessary to monitor the near-surface temperature in the early stage and select suitable site conditions, while local meteorological data should only be used as a reference.

Key words: Near-surface low temperature; Soft-seed pomegranate; Freezing injury

石榴(*Punica granatum* L.)为石榴科(Punicaceae)石榴属(*Punica* L.)落叶果树，原产于伊朗和阿富汗等中亚地区[1]，自历史上的西汉时期引入，已有2000多年的栽培，种质资源丰富。石榴按照种核硬度大致可分为硬籽、半软籽(或半硬籽)和软籽石榴，在我国仅有1986年从突尼斯引进的'突尼斯软籽'石榴等少数几个真正的软籽石榴品种[2]。软籽类石榴品种因种核革质化，种仁退化，食用品质好，籽粒大，被视为果中珍品[3]。在软籽石榴中，'突尼斯软籽'石榴因其成熟早、籽粒大、色泽鲜、果实美观而备受市场欢迎[4]。该品种是目前国内种植面积最大、分布范围最广的软籽石榴品种，并已成为河南省西部、西南部低山、丘陵地区的主栽品种，近年发展迅速。但该品种抗寒性较差，黄淮产区冬季低温干冷，常有冻害发生。

导致石榴冻害的原因有很多，其中导致石榴冻害发生的最直接外部环境因子是气温，并与绝对低温、降温幅度、低温持续时间以及短时间降温强度等因素有关[6]。探究低温与石榴树冻害关系的研究报道较多，多以结合特定地区冬季低温时段气象资料的方式进行调查研究。冯玉增等[7]研究表明，冬季旬最低温度平均值和极端最低温度是衡量石榴树冻害较为可靠的参考指标，研究认为旬最低温度平均值低于-7℃，极端最低温度低于-13℃时出现冻害；旬最低温度平均值低于-9.0℃，极端最低温度低于-15℃时出现毁灭性冻害。胡园春等[8,9]研究表明，骤然降温和持续低温是造成石榴树冻害发生的主要原因，因此生产上可根据气象预报，在骤变低温天气到来前采取预防冻害的措施。近地面层虽然只是整个边界层空间较小的一部分，但地球对大气的相互影响是通过近地面层进行的[10]。此外，石榴树根颈部位在周年生长期内，由于活动最早、停止生长最晚，且养分积累少，也是最易受冻害的部位[11]。关于石榴冻害的发生与气象温度的关系研究也较多，但气象台记录发布温度与石榴园实地温度差异较大，而关于近地面低温对石榴冻害的研究报道极少。因此，笔者以近地面低温为切入点，探讨不同立地条件下近地面温度对‘突尼斯软籽’石榴树体冻害的影响，旨在为规避风险投资和发展‘突尼斯软籽’石榴种植选择适宜的地点，为引导石榴产业健康发展提供借鉴与指导。

1 材料与方法

1.1 试验区概况

试验区位于河南中农华盛农业科技有限公司的‘突尼斯软籽’石榴种植基地(河南荥阳市河阴石榴核心区，34°81′~34°83′N，113°20′~113°23′E)，该地属于暖温带大陆性季风气候，四季分明，冬季干冷少雨雪，春季干燥多阵风，夏季炎热雨水多，秋季凉爽季节短。试验区分别于2015年、2016年建园，全区东西长3km，南北宽3.25km，覆盖面积3km^2，属于黄土丘陵台地，海拔高度125~185m，土壤类别为砂质壤土，土层深厚，肥力中等。

试验区为‘突尼斯软籽’石榴的3年生嫁接树，砧木为观赏重瓣花石榴。定植株行距为2m×4m，树形为单主干疏散分层形，灌溉条件良好，且在2018年11月底前统一完成了培土防寒工作。

1.2 试验仪器

RC-4 自动温度记录仪，测量误差±1℃。

1.3 试验方法

在试验区不同地点随机选取10处温度监测点，监测点的地理位置分布如图1所示。在

图1 温度监测点地理分布图

注：温度监测点对应的海拔高度分别为J1：150，J2：140，J3：155，J4：175，J5：185，J6：130，J7：145，J8：125，J9：160，J10：170

Fig. 1 The map overlay of temperature detection points

Note: The altitudes corresponding to temperature detection points are J1: 150, J2: 140, J3: 155, J4: 175, J5: 185, J6: 130, J7: 145, J8: 125, J9: 160, J10: 170, respectively

选定的温度监测点处采用 RC-4 自动温度记录仪，对石榴树近地面 45~50cm 处的温度进行动态监测。将 10 个已做编号的自动温度记录仪装入塑料自封袋内密封，对应埋放于随机选取的各个监测点，深度为地面 10cm 以下土层内，连接线探头外置，距离地面高度为 45~50cm，绑在石榴树枝干上，设置温度记录仪的记录时间间隔为 0.5h，记录时间为 2018 年 12 月 1 日至 2019 年 2 月 20 日，每 10d 采集一次数据。收集同时期当地县级气象台发布的气温数据，以与试验区温度记录仪监测温度进行对比。

1.4 数据统计

采用 Microsoft Excel 软件进行数据统计及图表制作，低温参数均为 2018 年 12 月 1 日至 2019 年 2 月 20 日的数据。

2 结果与分析

2.1 石榴越冬期的气象低温

石榴越冬期本地气象低温如表 1 所示，本地最低温度出现在 12 月下旬至 1 月中旬，旬最低温度平均值分别为-3.64℃和-4.1℃，极端最低温为 12 月 28 日的-7℃。

表 1 观测期气象最低气温

Table **1** The meteorological minimum temperature of during observation period

项目	12 月			1 月			2 月	
	上旬	中旬	下旬	上旬	中旬	下旬	上旬	中旬
最低温日期(月-日)	12-08	12-11	12-28	01-02	01-15	01-30	02-10	02-14
最低温平均值(℃)	-0.9	-1.1	-3.64	-4.1	-2.9	-1.09	-1.1	-2.9
极端最低温度(℃)	-6	-6	-7	-5	-6	-4	-6	-5

2.2 近地面低温与气象低温的差异

当地县级气象台记录发布的气象数据因受环境、观测地点等的影响，不能准确反映具体产地的真实气象要素。试验区实地观测的近地面 45~50cm 处的低温，与气象台记录发布温度温差如图 2 显示。各温度监测点近地面 45~50cm 处的旬最低温度平均值和极端最低温度，均低于当地县级气象台发布的温度。在海拔 125~185m 处的旬最低温度平均值和极端最低温度，分别比气象台记录发布数据低 1.96~4.58℃和 3.4~6.1℃，说明各温度监测点的近地面低温，均比当地气象台公布的低温数据要低。原因可能是地面附近存在冷辐射，影响到近地面的微环境，从而形成了温度差异，同时还与各温度监测点的海拔高度、坡向、地形和地貌等因子有关。因此，本地可根据当地气象台记录发布的温度，加上旬最低温度平均值(1.96~4.58℃)，来估算本地的近地面低温，以保障石榴正常越冬，减少冻害的发生。

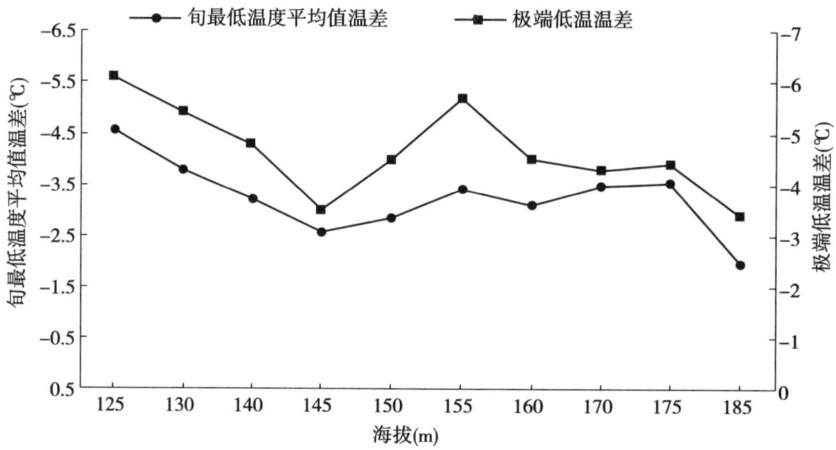

图 2　近地面低温与气象低温的温差

Fig. 2　Temperature difference between the near-surface low temperature and the meteorological low temperature

2.3　近地面低温与石榴冻害的发生

近地面低温是影响石榴冻害的直接环境因子。由图 3 可以看出，温度监测点 J1、J2、J5、J7 和 J9 近地面 45~50cm 处的旬最低温度平均值低于-7℃，高于-9℃，极端最低温均高于-11℃；监测点 J3、J4、J6 和 J10 近地面 45~50cm 处的旬最低温度平均值低于-9℃，但极端最低温度均高于-13℃。近地面 45~50cm 处的旬最低温度平均值在监测点 J8 出现了最低值-10.18℃，极端最低温度达到了-13.1℃。从石榴树越冬期冻害情况调查发现，各温度监测点均有不同程度的冻害发生，尤其是监测点 J8 的石榴树冻害最严重，且受冻部位集中在石榴树根颈部，其症状表现为木质部与韧皮部间形成层组织坏死，产生离层。原因在于近地面 45~50cm 处石榴树的树干，是细胞和水分最为特殊、敏感的部位，也是石榴树年生长活动最早而停止生长最晚、养分积累也少的器官，因此根颈部抗寒力较差，最易遭受冻害。其他温度监测点树梢出现细枝干枯、主干或主枝木质部变成红色或者褐色等现象，受害程度相对较轻。

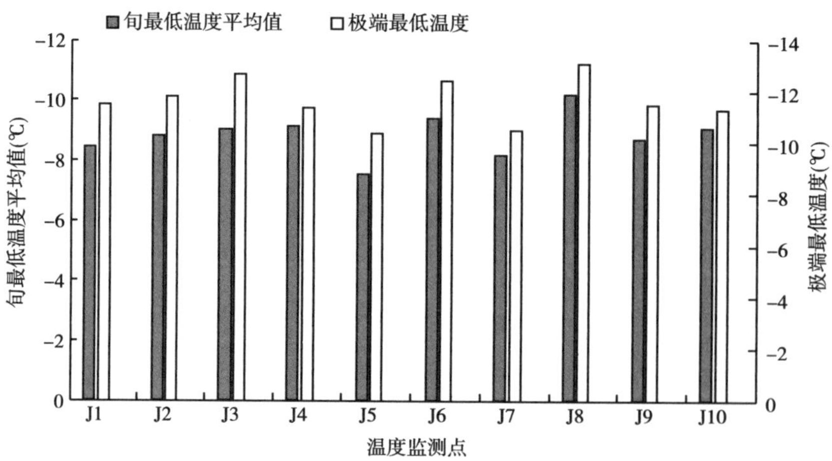

图 3　不同温度监测点处的低温参数

Fig. 3　The low temperature parameters at different temperature detection points

2.4 不同立地条件对近地面低温的影响

由图4和图5可知，各温度监测点近地面45～50cm处的旬最低温度平均值和极端最低温度随着海拔高度的升高，其变化趋势基本一致，均与海拔高度呈正相关，即海拔越高，地面附近温度也越高，尤其是在一定的海拔高度125～145m和155～185m范围内。分析认为，试验区地理环境为中间高、四周为深沟的台地，寒流降温时，冷空气因比重大，下沉、聚集于海拔较低也即地势较低的地方，地面附近温度因受冷空气影响而随之降低。

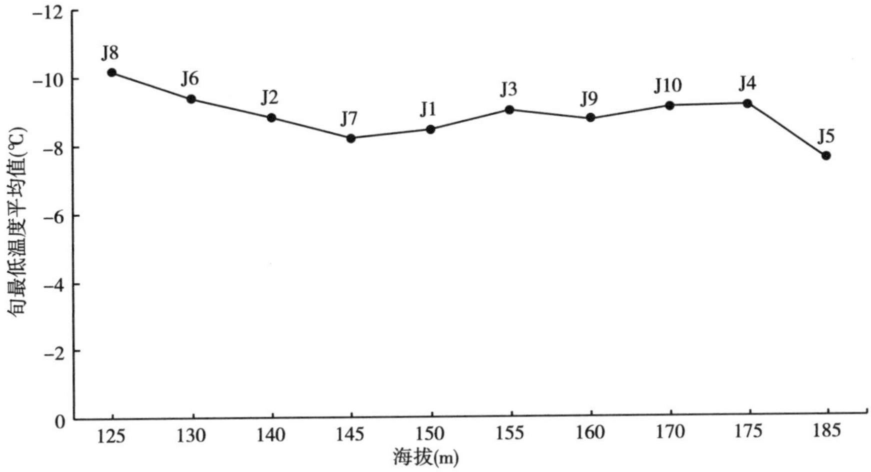

图4 不同海拔高度的旬最低气温平均值

Fig. 4 The mean ten-day minimum temperature at different altitudes

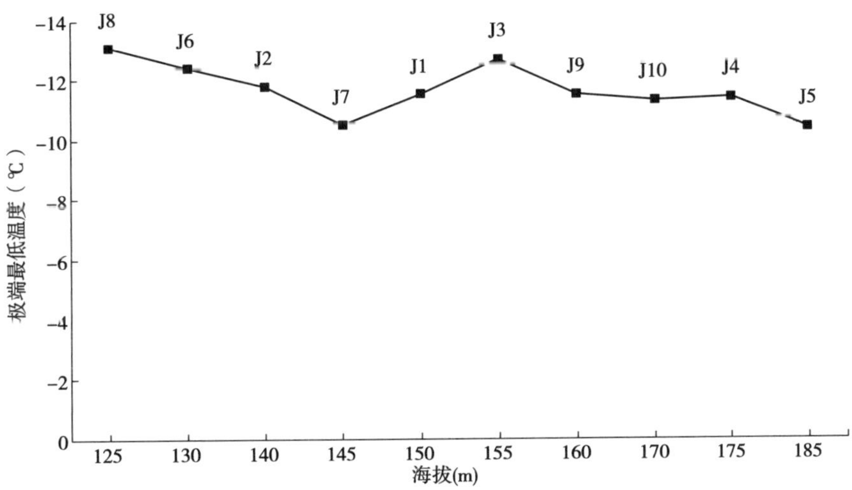

图5 不同海拔高度的极端最低温度

Fig. 5 The extreme minimum temperatures at different altitudes

而在海拔高度145～155m范围内，地面附近的旬最低温度平均值和极端最低温度均与海拔高度呈负相关，随着海拔高度的升高，地面附近的旬最低温度平均值和极端最低温度反而下降，结合图1中监测点J7、J1和J3的地形、地貌特点分析认为，J7和J1均属岭地，四周植被丰富，可形成屏障保护，有效阻隔冷空气侵袭，且J7处于阳坡，J1处于阴坡沟沿；J3则属沿路平地，四周空旷，对冷空气无任何阻隔。因此，受冷空气影响大小排序应为J3>J1

>J7，而地面附近温度高低排序则正好相反。

2.5 不同地形对近地面低温累积时间的影响

2018 年 12 月 28 日出现了极端最低温-7℃，当日各监测点≤-7℃的低温累积时间有明显差异，选取地形地貌条件相近的 3 个监测点(J1、J6 和 J9)进行低温累积时间比对分析。由图 6 可以看出，当地形、地貌特点相近时，近地面低温累积时间与海拔高度呈负相关，地面附近低温累积时间随着海拔高度的升高而减少。此现象发生的原因是地形不同蓄冷能力不同，即不同地形条件下，冷空气的聚积情况和滞留时间不同。当寒流降温时，因冷空气比重大，会下沉聚积于地形比较低的地方，地势越低，下沉聚集的冷空气就越多。而且地势越低，空气流动就越少，冷空气自动排散能力就越低，滞留时间就越长。由此造成的冻害发生程度也有别，从对监测点 J1、J6 和 J9 的石榴树冻害情况调查也发现，3 个监测点均有不同程度的冻害发生，相比之下，J6 处的石榴树冻害最重，J1 处的次之，J9 处的冻害最轻。

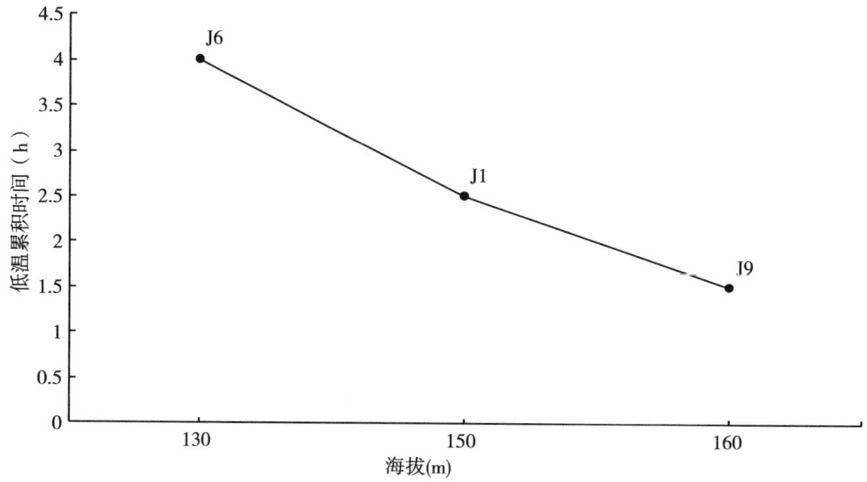

图 6 不同海拔高度的低温累积时间

注：低温累积时间为 2018 年 12 月 28 日各监测点≤-7℃的累积时间

Fig. 6 The low temperature cumulative time at different altitudes

Note：The low temperature cumulative time is the cumulative time of≤-7℃ at each detection points on 28 December，2018

3 讨论

低温是造成石榴树冻害的主要原因，低温程度又直接影响冻害发生的程度。本研究通过对荥阳市河阴石榴主产地丘陵地区 10 个温度监测点，近地面 45~50cm 处的温度监测，及对各温度监测点石榴树冻害情况调查，结果表明，各个监测点的石榴树均有不同程度的冻害发生，尤其是监测点 J8，此处石榴树受冻害最严重，此点近地面 45~50cm 处的旬最低温度平均值和极端最低温度均为最低，分别为-10.18℃和-13.1℃，其他温度监测点近地面的旬最低温度平均值和极端最低温度也均在导致石榴树冻害的致害低温范围内，但因致害低温程度不同，冻害发生的程度也不尽相同。这与冯玉增等[7]、李明婉等[12]、薛华柏等[13]和朱桢桢等[4]对导致石榴冻害致害气温的研究结果相一致。

本文还通过将各温度监测点的近地面 45~50cm 处的温度数据，与当地同时期的气象台发布数据进行比对研究，结果表明，各监测点近地面45~50cm处的旬最低温度平均值和极端最低温度值，均低于当地气象台发布数据，局地小气候表现明显。有学者[14]在对地表温度时空变化特征的研究中也得出了类似的结论。因此，应以当地气象台发布低温数据为基础，以旬最低温度平均值与气温的温差值为补充，推断实地近地面的最低温度，选择适宜的地点建园，并在冬季采取相应的防冻措施。

海拔高度、坡向和地面周围覆盖物等，都是影响气温高低的因素。本研究表明，多数监测点地面附近温度变化与地势高低呈正相关，但因地形、地貌的差异也出现了呈负相关的现象。这一研究结果与胡实等[15]和王庆军等[11]报道的一致，但与鲍江峰等[16]的研究结果：随着海拔的升高，气温逐渐降低，存在不一致的地方。究其原因在于研究的区域范围不同，其针对的区域广，而本研究只针对的是地面附近区域。

当地形、地貌等自然要素相近时，地形变化直接影响到地面的空气流动与能量转化，尤其反映在冷空气的聚积情况和滞留时间上。本研究表明，近地面低温累积时间与地势的高低呈负相关，而冻害发生程度直接受低温持续时间的影响。这与学者Soloklui A A G等[17]对石榴遭受冻害程度与地形地势的关系研究中得出的结论相一致，李敏[18]的研究结果也表明，低温持续时间和绝对低温直接影响冻害的发生程度。

4 结论

试验区所有温度监测点近地面低温，皆低于当地气象台发布的低温数据，也均在导致石榴冻害的致害低温范围内，立地条件影响冻害发生程度。因此，发展突尼斯软籽品种，前期需做好近地面温度的监测，选择合适的立地和自然条件，当地气象台发布的气温数据只宜作为参考。

参考文献

[1]曹尚银，侯乐峰．中国果树志·石榴卷[M]．北京：中国林业出版社，2013.

[2]谢小波，黄云，田胜平，等．软籽石榴种子硬度发育与种皮细胞壁显微结构的关系研究[J]．园艺学报，2017(6)：159-165.

[3]薛辉，曹尚银，牛娟，等．软籽石榴的生产现状与发展前景[J]．江苏农业科学，2016，44(3)：24-27.

[4]朱桢桢，柴丽娜，周小娟．河阴地区突尼斯软籽石榴冻害的发生及防寒技术[J]．农业科技通讯，2015(1)：173-175.

[5]苑兆和．中国果树科学与实践．石榴[M]．西安：陕西科学技术出版社，2015.

[6]焦其庆，冯立娟，尹燕雷，等．石榴冻害及抗寒评价研究进展[J]．植物生理学报，2019，55(4)：425-432.

[7]冯玉增，李战鸿，赵艳丽，等．石榴冻害的发生与气温变化的关系[J]．林业科技开发，2002，16(6)：19-21.

[8]胡园春，杨列祥，刘建清，等．气象因子对石榴树冻害影响的初报[J]．林业科技通讯，2013(2)：37-39.

[9]胡园春．石榴树重度冻害的气象条件分析[J]．现代农业科技，2017(15)：211-212.

[10]姚德良，冯金朝，谢正桐，等．红壤地区近地层大气与上层土壤的相互作用动力学模型研究[J]．中央

民族大学学报(自然科学版)，2002，11(1)：13-20.
[11]王庆军，毕润霞，马敏，等．我国北方地区石榴冻害的发生原因及预防措施[J]．中国果树，2017(2)：76-79.
[12]李明婉，唐琳，李宗圈，等．河南省丘陵石榴主产区2009年冻害调查[J]．河南农业科学，2010(11)：106-108.
[13]薛华柏，曹尚银，郭俊英，等．突尼斯软籽石榴气候区划北限及次适宜的防寒栽培[J]．中国果树，2010，(2)：63-64.
[14]于真．四川省地表温度时空变化特征及评价模型研究[D]．成都理工大学，2016.
[15]胡实，赵茹欣，贾仰文，等．中国典型山地植被垂直地带性特征及其影响要素[J]．自然杂志，2018，40(1)：12-16.
[16]鲍江峰，夏仁学，彭抒昂．生态因子对柑橘果实品质的影响[J]．应用生态学报，2004，15(8)：1477-1480.
[17]Soloklui A A G，Ershadi A，Fallahi E. Evaluation of cold hardiness in seven Iranian commercial pomegranate (*Punica granatum* L.) cultivars. Hortscience，2012，47(12)：1821-1825.
[18]李敏．突尼斯软籽石榴冻旱的发生与预防[D]．山东农业大学，2013.

关于优质石榴栽培模式的探讨和设想

葛伟强　姚登波
（安徽科技学院，凤阳　233100；安徽怀远县石榴协会，怀远　233400）

摘要：近年来，石榴在全国各地的栽培种植面积逐步扩大，如何实现各个产区石榴栽培模式创新和优质高产技术攻关，成为摆在我们面前的首要课题。基于这一产业背景，我们提出专家田方案——汇集国内不同产区石榴专家共聚安徽怀远，在相同的自然条件下共同研究探索不同品种优质高产的栽培模式，形成不同品种、不同立地条件的标准化种植管理体系。为我国石榴产业的规模化、标准化发展提供依据和参考。

关键词：石榴；栽培模式；专家田；标准化种植

Discussion and Idea on the Cultivation Model of High Quality Pomegranate

GE Weiqiang, YAO Dongbo
(*Anhui Institute of Science and Technology*, *Fengyang*, *Anhui* 233100; *Huaiyuan County Pomegranate Association*, *Huaiyuan*, *Anhui* 233400)

Abstract: In recent years, the cultivation area of pomegranate has gradually expanded throughout the country. How to realize the innovation of cultivation mode and tackle the key problems of high quality and high yield technology in each producing area has become the most important issue before us. Based on this industry background, we put forward the expert field plan, which is to gather experts from different producing areas in Anhui Huaiyuan, to study and explore the cultivation mode of different varieties with high quality and yield under the same natural conditions, to form a standardized planting management system of different varieties and different site conditions, and to produce pomegranate for our country. The large-scale and standardized development of the industry provides the basis and reference.

Key words: Pomegranate; Cultivation mode; Expert field; Standardized planting

1　前言

石榴在我国栽培历史悠久，据史料记载，在汉代就已经开始种植。而目前栽培现状主要是分散的个体农户小规模种植，这种种植方式导致了诸多问题：种植规模小，大型石榴深加工企业原料来源得不到满足，无法实现规模经济；品种良种化率小，品种混杂，导致果实品质参差不齐；栽培管理水平低，缺乏规模化、标准化管理技术，不利于石榴的长远发展[1]；石榴繁殖多局限于传统的硬枝扦插、分株等方法，优良品种退化现象严重。鉴于此，专家田方案——优质石榴栽培模式应运而生，目的是解决石榴产业发展中存在的种种问题。

专家田方案——优质石榴栽培模式，主要是指：聚集国内各大石榴产区石榴种植顶级专家，汇聚安徽怀远农业标准示范园区内，每位专家划分规格相同的一亩田，然后按专家自己种植管理方式运营，最终结合各位专家研究数据，形成适宜国内主要石榴栽培品种的种植管理标准化体系。

2 关于优质石榴栽培模式的研究和设想

2.1 指导思想

以服务于国内石榴种植业发展为出发点，同时遵循可持续发展的原则，在此基础上坚持以市场为导向，以科技研发和专家技术团队做支撑，培育提供优质石榴种苗和高产栽培模式为核心，充分利用高校、企业和科研院所现有的科技成果和成熟的技术方案，建设高标准优质石榴基地。通过专家田方案实施，实现项目区农业结构的科学调整，在增加企业经济收入的同时，提高种植户的经济收益，相应地扩大项目区财政税源，推动项目区经济的可持续发展。并在其他石榴产区推广应用，最终形成适宜国内各产区、各主要石榴栽培品种的种植管理标准化体系。

2.2 建设原则

专家田实施地点安排在怀远“中以怀远现代农业示范园”内，坚持高起点、高标准建设；专家田方案的实施，要结合项目组专家在石榴种植方面的实践经验和研究成果，按照规模化、标准化种植的原则种植管理；坚持效率、质量、环保、效益相结合；注重数据的收集和整理，形成标准化种植管理体系。以实现石榴种植产业由数量型向质量型的转化，最终达到石榴产业综合效益的最大化[2]。

考虑到怀远地区的气候环境、土壤因素等，可能会导致其他产区优质石榴品种的产量和品质有所下降，所以专家田方案规划了安徽产区石榴专家田、国内其他产区石榴专家田、国外石榴新品种引进实验田、软籽石榴专家田等四大分区。每个分区专家在种植相应的品种时，并在该区种植怀远县当前主栽品种白花玉石籽、红花玉石籽、红玛瑙石榴，作为参考对照。

2.3 总体目标

利用设在蚌埠市怀远县淮西现代农业示范区内的，“中以怀远现代农业科技示范园”科技成果和国内成熟的石榴栽培管理技术，第一期建设 100 亩权威石榴专家标准化石榴种植园，达到以下目标：

①通过标准园项目建设，形成“公司+基地+种植农户+专家+市场”的运营管理模式，探索总结促进石榴种质资源的整合利用和产业化发展有效路径。

②改变石榴种植区农业产业结构，使规模种植户通过种植优质石榴，增加收入，实现脱贫致富。

③通过专家种植管理技术之间的交流，整理出适合石榴产业发展的标准化种植技术，从而提高资源利用，降低生产成本，提高经济效益。为我国各石榴产区标准化种植提供科学依据和技术参考。

2.4 实施措施

专家田方案设计，由国内外石榴专家、从事与石榴相关产业的专业人士、石榴种植大户及当地政府共同设计。专家田方案实施，设置相应的管理专家组，专家组由组长、副组长和成员构成，负责组织制定专家田建设方案和指导方案实施；各分区设置相应的副组长，负责分区专家田方案的细化落实；石榴专家各自负责自己的专家田的种植管理，该区成员具体执行，具体事宜包括：园区规划，建园方式，修剪，病虫害防治等技术指导。“中以怀远示范园”技术团队负责运营管理。

专家田方案运营过程中要注重培养一批技术骨干，从技术，信息，资金上自我完善，促使石榴产业升级，助推我国石榴产业健康发展[3]。

2.5 运行管理机制

由县扶贫办、财政局、林业局负责项目资金管理，建设单位制定并落实项目建设的各项措施，在物质、技术、资金等方面提供有效保障，组织好项目建设。建设单位“怀远县中以农业科技有限公司”负责项目建设。邀请各产区石榴专家组成专家组，采取“公司+基地+种植农户+专家+市场”的运营管理模式，专家组制定种植栽培、质量管理的技术方案，并按方案要求定期对基地进行检查考核，确保方案顺利推进。在技术保障方面，坚持做到项目实施过程中，县林业局抽调得力技术员作为项目落实保障措施监管人员，负责对项目提供技术支持服务与督促。专家组指定专人负责整个项目的种植栽培与管理技术记录存档，记录种植与技术管理操作规程。

方案建设按照怀远县石榴产业办统一布置。项目建设单位按计划安排组织实施，对每年的建设任务编制年度方案实施计划，严格执行方案实施计划。在管理程序、领导方式、投资决策、项目实施等方面严格按照国家建设项目管理办法执行，保证专家田方案顺利进行、保证工期和质量，制定相应的奖惩措施，坚持高起点、高标准、高效率、高质量的原则。实施过程将严格按照批准的专家田方案组织施工，认真接受有关部门的检查监督和验收。为此，在专家田方案的实际落实过程中，一定要立足于当地实际条件，勇于创新，不断探索，找寻更加科学、合理的栽培方法，革新栽培技术、栽培模式，全面实现石榴栽培的优质高产[4]。

3 结语

专家田方案实施，通过聚集国内外顶尖石榴专家，整合国内各主要石榴产区石榴专家的经验、智慧以及科研成果，并立足于当地实际条件，探索更加科学、合理的栽培方法，创新栽培技术，建立国内各主要产区主栽品种的标准化生产管理体系，为石榴种植户、合作社、企业等提供科学、系统、实用的标准化技术支撑，为我国的石榴产业做出应有的贡献。

参考文献

[1]杨建斌．西安市临潼区石榴产业现状及发展对策[J]．贵州农业科学，2018，46(6)：161-163.

[2]姚之俊．怀远石榴产业优势、存在问题及可持续发展对策[J]．安徽农学通报，2015，21(18)：57-60.

[3]姚方，吴国新，曹尚银，等．以色列软籽石榴新品种的引种表现及市场前景研究[J]．南方园艺，2017，28(1)：32-37.

[4]娄文服．石榴高产优质栽培新技术[J]．现代农业科技，2010，(24)：31.

基于 PDCA 循环管理模式，如何打造精品榴园

赵乾　罗艳杰　周鹏　张英丽
(农大果园管家，河南郑州　450002)

摘要：软籽石榴产业的蓬勃发展的同时，也暴露出了一系列的管理和技术问题，本文介绍了一种科学高效的果园技术服务和园区管理模式。通过分析不同规模石榴产业存在的共性问题，提出合理的建议和管理方法。分析国际上先进的 PDCA 循环管理模式，找到其与农业管理有机的结合的方式。通过 PDCA 循环管理模式的运用，果园投入更少的资金获得先进的管理模式，节省了人力物力，获得了良好的收益。PDCA 循环管理模式有利于快速打造精品榴园，助力产业发展。

关键词：软籽石榴；PDCA 循环；管理模式

Circulation Management Model Based on PDCA, How to Build High-quality Pomegranate Garden

ZHAO Qian, LUO Yanjie, ZHOU Peng, ZHANG Yingli
(*Orchard Housekeeper of Agricultural University*, *Zhengzhou* 450002, *China*)

Abstract: The vigorous development of soft-seed pomegranate industry also exposes a series of management and technical problems. This paper introduces a scientific and efficient orchard technical service and park management model. By analyzing the common problems of different scale pomegranate industry. Put forward reasonable suggestions and management methods. Analysis of International Advanced PDCA Cycle Management Model, Find a way to combine it with agricultural management. Application of PDCA Circulation Management Model, Orchards invest less money to get advanced management models, It saves manpower and material resources and achieves good benefits. PDCA recycling management model is conducive to the rapid creation of high-quality pomegranate Gardens, Help industrial development.

Key words: Soft seed pomegranate; PDCA cycle; Types; Management model

---

作者简介：赵乾(1990-)，男，河南驻马店人，硕士研究生，研究方向：果树生理、果园管理。邮箱：houshengfengmin@126.com。

石榴(*Punica granatum* L.)为石榴科(Punicacea)石榴属(*Punica* L.)落叶果树，灌木或小乔木[1]，原产伊朗、阿富汗和高加索等中亚地区，向东传播到印度和中国，向西传播到地中海周边国家及世界其他适宜其生长的地区。石榴是石榴科石榴属植物，是该属唯一一种可以作为果树栽培的植物。我国的石榴栽培历史已有 2000 多年。我国石榴品种资源丰富，在全国大部分地区都有分布，在东经 98°~122°、北纬 19°50′~37°40′的范围均有石榴分布，遍及全国 20 多个省区[2]。

20 世纪 80 年代中期统计资料显示，当时全国石榴栽培总面积约为 4200hm^2，总株数达 380 万株，总产量在 4000t 左右。根据地理位置和气候条件的不同，我国石榴主产区可以分为以黄河中游和淮河流域为重点的北方温带石榴片区；和以四川、云南为中心的南方亚热带石榴片区。20 世纪 80 年代中期之后，特别是进入 90 年代以后石榴产业发展迅速，据统计截至 2004 年全国石榴栽培总面积达 9 万 hm^2，总产量约 321.8kt。石榴种植也从零星栽植走向规模化、集约化栽培，有些地区已把石榴生产作为当地农村的支柱产业，近几年形成了以云南蒙自、山东峄城、安徽怀远、四川会理、陕西临潼、河南荥阳、新疆叶城为主的几大主产区[3]，这些地区均建立了数百公顷的生产基地，其他如河北、北京、江西、海南、福建等省区也有分布[4]。在陕西临潼石榴产业已经形成了独具特色的产业链；河南省更是把石榴定为十大经济林树种之一，使石榴产业在全省的生产种植得到了迅速发展。

通过研究 PDCA 循环管理模式在石榴园管理中的应用，可以达到园区规范化科学化管理目的。PDCA 管理模式可以为园区提供先进的生产技术，管理经验，从而达到技术领先不走弯路，管理规范省工高效的目的。目前 PDCA 循环管理模式多用于医疗管理、机械管理、经济管理等方面[5]，很少有人用于农林方面尤其是果园石榴园技术服务和管理配套方面，该项管理模式的具体实施还需要更多一线生产管理中在实践中不断完善。

1 PDCA 循环管理理论简介

PDCA 循环是美国质量管理专家戴明博士首先提出的，又称戴明环[6]。全面质量管理的思想基础和方法依据就是 PDCA 循环。PDCA 循环的含义是将质量管理分为四个阶段，即计划(plan)、执行(do)、检查(check)、处理(action)[7]。在质量管理活动中，要求把各项工作按照作出计划、计划实施、检查实施效果，然后将成功的纳入标准，不成功的留待下一循环去解决的工作方法，这是质量管理的基本方法，也是企业管理各项工作的一般规律。PDCA 是英语单词 Plan(策划)、Do(实施)、Check(检查)和 Act(处理改进)的第一个字母，PDCA 循环就是按照这样的顺序进行质量管理，并且循环不止地进行下去的科学程序[7,8]。

(1)P(plan)计划：指确定要达到的程度和目标，从而确定具体的方案计划；

(2)D(Do)执行：按照确定的计划，去具体实施方案计划的内容；

(3)C(check)检查：分析总结执行原定计划的结果，参考计划要达到的程度和目标，找出存在的问题；

(4)A(act)处理改进：采取措施，对于没有解决的问题，应提交给下一个 PDCA 循环中去解决深化剖析分析检查出的问题，原有计划中成功的继续保持，适当推广、加深并标准化；原有计划中失败的总结经验教训，并提出修正方案[8]。PDCA 循环的基本模型如图 1 所示。

PDCA 循环是全面质量管理所应遵循的科学程序是质量计划的制订和组织实现的过程，

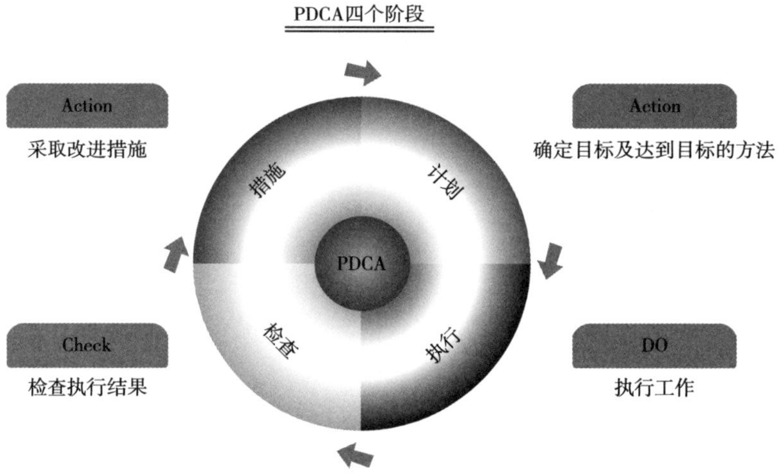

图 1 PDCA 循环的基本模型图

Fig. 1 Basic model diagram of PDCA cycle

这个过程就是按照 PDCA 循环不停地周而复始地运转的[9]。PDCA 循环不仅在质量管理体系中运用，也适用于一切循序渐进的管理工作。它可以使我们的思想方法和工作步骤更加条理化、系统化、图像化和科学化。它具有如下特点：

1.1 套小环、小环保大环、推动大循环

PDCA 循环作为质量管理的基本方法[10]，不仅适用于整个的园区管理，也适应于整个园区内的各个部门、区域、班组以至工人的管理。各级部门根据园区的方针目标，都可以设置自己的 PDCA 循环，层层循环，形成大环套小环，小环里面又套更小的环。大环是小环的母体和依据，小环是大环的分解和保证。各级部门的小环都围绕着企业的总目标朝着同一方向转动。通过循环把企园区上下各项工作有机地联系起来，彼此协同，互相促进[11]。

1.2 不断前进、不断提高

PDCA 循环就像爬楼梯一样，一个循环运转结束，生产的质量就会提高一步，然后再制定下一个循环，再运转、再提高，不断前进，不断提高。

1.3 门路式上升

PDCA 循环不是在同一水平上循环，每循环一次，就解决一部分问题，取得一部分成果，工作就前进一步，水平就进步一步。每通过一次 PDCA 循环，都要进行总结，提出新目标，再进行第二次 PDCA 循环，使企业治理的车轮滚滚向前。PDCA 每循环一次，品质水平和治理水平均更进一步[12]。

2 石榴园管理现状分析

随着石榴产业的不断发展，各石榴园区对科学的管理技术和管理模式的急迫需求越来越强烈；通过我们团队这几年的走访调研我们发现目前石榴产业发展过程存在着诸多问题，例如 300 亩以下的小园区大多没技术、300 亩以上的大园区普遍缺管理。小园区没有足够资金聘请一个有经验会管理的专业技术人员来指导园区技术，管理园区生产。这就导致很多小园

区出现肥药使用不当或过量使用农药、使用禁用农药、修剪管理严重滞后或错误安排生产工作的问题时有发生。对于面积超过 300 亩的大园区来说，面积大人员多，大多缺少专业管理人士，形不成一套科学的管理机制，外界高薪聘请的管理人员往往“水土不服”，形成外行领导内行的尴尬局面。

3 PDCA 循环管理理论石榴园区管理中的具体运用

PDCA 循环管理模式目前已经在质量管理、制造业医疗卫生等多行业发挥了积极的作用。在石榴园区的管理上，通过专业的技术服务管理团队建立的高校、科研院所——技术人员——园区三者紧密联系的 PDCA 管理模式推广体系，可以充分的把科研成果转化为生产力，可以从根本上解决“小园没技术，大园缺管理”的尴尬局面，真正做到预防为主，防治结合的病虫害防治理念及科学的施肥用药，做到真正的优质优产的同时，降低生产上多人力，物力、财力、节约生产成本。

实际生产中 PDCA 循环管理体系推广的专业技术服务管理团队可以根据园区大小，品种、区域等不同，进行分类、分层、分业指导。做到因园施策，因园管理，因园发展，最大效率的对园区进行科学管理、高标准建设、高效发展。以农大果园管家的管理模式为例：团队会根据园区情况分派一个或多个技术人员定期进行种植技术指导、管理模式搭建；园区指派一名或多名管理人员跟踪学习；团队技术员手把手进行教学指导，安排土肥水病虫害防治及四季修剪、PDCA 管理模式的执行等一切园区事务。团队技术员在实际在管理过程中会根据园区情况灵活合理运用 PDCA 管理模式，及时发现园区存在的问题、部署任务解决问题，与此同时建立总部负责的长效管理机制，同时对各个园区不定期进行技术员互访交流，发现指派跟踪管理技术员长期管理中未发现的问题，做到凡事必有计划、凡事必有执行、凡事必有检查、凡事必有行动。力争通过一到两年的跟踪服务，使园区形成自己的技术骨干及熟练的技术工人，熟练掌握 PDCA 循环管理模式，制定适合自己园区的生产管理制度，实现规范化管理，使园区走上井然有序稳步向前发展的道路达到增产增效的目的。

表 1　PDCA 循环在石榴园区管理中的具体应用

Table 1　The Application of PDCA Cycle in the management of pomegranate park

类别	含义	操作步骤	手段 & 方法
P	Plan 计划：目标的确定以及农事安排的制定	明确目标：根据具体园区规划与大体方针政策，明确开展园区工作的工作具体目标； 明确受益：思考目标完成后带来的成果和效益，到底能解决什么问题？产生什么效益？ 集思广益：集合技术服务团队的力量、建立问题反馈与经验交流沟通的平台，少走弯路； 组织安排：经过一系列的沟通和系统的思考，确定开展园区工作的范围、周期、人力资源、存在风险等。 制定行动：结合现有资源和实际问题制定能解决问题的行动计划，没有周密的计划，想要有好结果只是妄想；	用‘5W1H’进行思考：Why—为什么干这件事？（目的）；What—怎么回事？（对象）；Where—在什么地方执行？（地点）；When—什么时间执行？什么时间完成？（时间）；Who—由谁执行？（人员）；How—怎样执行？采取哪些有效措施？（方法） 奖惩分明，责任到位：必须严格落实奖惩与责任机制

(续)

类别	含义	操作步骤	手段 & 方法
D	Do 执行：具体操作，完成计划中的内容	行动胜于一切：计划一旦制定，行胜于言，抓时间、抓效率落实具体计划，结果不会因你计划了多少而改变，只会因你做到了多少而改变	善始善终，认知高效、严格执行
C	Check 检查：明确效果，总结执行找出问题	明确检查周期：以一旬为一个工作周期对上旬的工作进行检查和总结，找到执行中存在的问题及时纠正 明确反馈方式：没有过程监控，就如爬到梯子顶，才发现它靠错了墙；方案是否有效、目标是否完成，需要进行效果检查后才能得出结论。检查出的问题及时上报反馈总结找明原因 明确的奖励机制：将责任落实、落细，严格执行相关制度，确保循环的正常运行，园区各项农事安排的正常进行，提高全园的工作积极性	检查是问题推进的关键：通过检查及时发现存在的问题并快速推动解决以保证相关工作正常推进
A	Action 处理改进：成功经验规范化，标准化并进行推广；失败教训总结以免再发生	有始有终，形成制度：有始有终，把成功的经验总结出来，制定相应的标准，做好了奖励并保持，对已被证明的有成效的措施，要进行标准化，制定成工作标准，以便以后的执行和推广。处理阶段是 PDCA 循环的关键，因为处理阶段就是总结经验和吸取教训的阶段。该阶段的重点又在于修订标准，包括技术标准和管理制度。没有标准化和制度化，就不可能使 PDCA 循环转动向前 快速推动解决，PDCA 循环：若涉及复杂工作需要多部门形成合力开展去解决某一个问题，则又形成了下一个 PDCA 的循环	已解决的问题汇总成经验形成标准，制度。然后开始解决新的问题
	PDCA	它是能使所有农事安排有效进行的高效工作程序，最终达到园区规范化高回报的预期管理目的	

4 结论

本为根据目前石榴产业发展所存在的问题，提出了 PDCA 循环模型在现阶段石榴产业运用的最佳模式和方法[11]。建设现代高效农业园区是现代农业发展的必然趋势，目前很多园区还处在传统的管理模式中，农业生产、农事安排规范化、组织化程度低，效率低，投入大回报少[13]。只有利用先进的管理模式，科学的管理技术才能最终实现高效高收益的目的。通过专业技术服务团队跟踪服务全程的 PDCA 循环的管理，四步联动、环环相扣、层层推进、步步递升可以制定科学的管理计划，部署适时合理的农事安排，有效的进行检查监督，发现问题，解决问题，总结经验，形成制度，从而实现园区管理模式的改革，最终减少投入增加回报。

土地是从事一切农业生产的基础，科学的利用 PDCA 循环模型能够更加有效的利用土地，加快土地流转步伐。按照 PDCA 循环管理模式的使用，每个循环结束后都可以解决相应的问题，使园区管理、发展等多方面不如标准化发展轨道，提质增效进一步带动当地农民参与石榴园区建设的积极性，提高农民收入，带动乡域经济发展，助力乡村振兴。本文对 PDAC 循环模式在石榴园区的管理中尚有很多不清楚不透彻的地方，还需要更多的一线生产管理者进一步的进行实践分析研究探讨。

参考文献

[1]杨荣萍，李文祥，武绍波，等．石榴种质资源研究概况[J]．东南园艺，2004(2)：16-19.

[2]赵丽华，李名扬，王先磊，等．石榴种质资源遗传多样性及亲缘关系的 ISSR 分析[J]．果树学报，2011，28(1)：66-71.

[3]黄敏，武绍波．我国石榴的研究进展[J]．黑龙江农业科学，2009(2)：155-158.

[4]连红可．‘突尼斯软籽’石榴再生体系和 GFP 报告基因的瞬时表达研究初报[D]．河南农业大学，2011.

[5]栾新宇，邓颖哲，李萍．PDCA 护理管理对淋巴瘤患者 PICC 护理效果分析[J]．医学信息(上旬刊)，2018.

[6]曹安林．数据挖掘在 PDCA 循环管理模式中的应用[J]．科技资讯，2018，16(23)：13-14.

[7]赵庆．MBA 教育现状反思与改革创新[J]．产业与科技论坛，2018，17(10)：157-158.

[8]王金成．PDCA 循环管理在农业水价改革中的应用研究[J]．价值工程，2018，37(16)：58-60.

[9]杨秀明．浅谈 PDCA 循环与八项质量管理原则的关系[J]．铁道工程企业管理，2001(6)：27-29.

[10]刘胜．安全生产标准化管理理念精髓之我见[J]．商情，2010(17)：160-160.

[11]吴芳．财务管理在企业整体 PDCA 循环中的作用[J]．中国总会计师，2014(10)：106-107.

[12]谷新涛．矿山设备点检管理中 PDCA 管理循环的应用[J]．设备管理与维修，2018(11).

[13]田欢欢．提高农民自身能力 切实增加农民收入[J]．中共伊犁州委党校学报，2012(1)：70-72.

软籽石榴设施栽培类型与栽培实践

赵乾　胡青霞　简在海　史江丽　万然　陈延惠*
(河南农业大学园艺学院，郑州　450002)

摘要：石榴设施栽培是一个新兴产业，通过设施栽培能有效的防寒避雨生产优质果品，效益显著。本文探讨了石榴设施栽培的不同类型分析其优缺点，并对薄膜连栋温室石榴栽培的实践经验做了简单介绍。调查研究石榴薄膜大棚、日光温室和薄膜连栋温室三种栽培类型的棚体结构，并介绍了相关设施栽培试验。不同的设施栽培类型各有优劣，薄膜连栋温室投入产出比最高。软籽石榴设施栽培技术值得进一步推广试验。

关键词：石榴；设施栽培；类型；栽培实践

Cultivation of Soft-seeded Pomegranate in Protected Facilit

ZHAO Qian, HU Qingxia, JIAN Zaihai, SHI jiangli, WAN Ran, CHEN Yanhui*
(*College of Horticulture*, *Henan Agricultural University*, *Zhengzhou* 450002, *China*)

Abstract: This paper introduces the types of "Tunisian soft seed" cultivation facilities and its application in actual production. Pomegranate facility cultivation is an emerging property. It can effectively produce high-quality fruit through facility cultivation, and the benefit is remarkable. This paper discussed the of different types of pomegranate facility cultivation and introduced the advantages and disadvantages , besides briefly introduced the practical experience of pomegranate cultivation in film-connected greenhouse. The shed structure of three cultivation types of pomegranate film greenhouse, glass solar greenhouse and film continuous greenhouse was investigated. At the same time, the cultivation experiment of related facilities was introduced. Different types of facility cultivation have their own advantages and disadvantages, and the film-to-building greenhouse has the highest input-output ratio. The cultivation technology of soft seed pomegranate is worthy to extend further promotion.

基金项目：郑州市都市生态农业产业体系建设项目(30601207)。

作者简介：赵乾(1990-)，男，河南驻马店人，硕士研究生，研究方向：果树生理。邮箱：housheng-fengmin@ 126. com。

*通讯作者：陈延惠(1963-)，女，河南南阳人，教授，硕士，主要从事园艺遗传育种方面研究。邮箱：chenyanhui188@ 163. com。

Key words：Pomegranate；Facility cultivation；Types；Cultivation practice

石榴(*Punica granatum* L.)为石榴科(Punicacea)石榴属(*Punica* L.)落叶果树，灌木或小乔木，原产伊朗、阿富汗和高加索等中亚地区，向东传播到印度和中国，向西传播到地中海周边国家及世界其他适宜其生长的地区。石榴在我国有着悠久的栽培历史。《博物志》记载“汉张骞出使西域，得涂林安国榴树以归”。因此，有些学者认为石榴是由西汉时经丝绸之路传入中国。石榴因其耐旱、耐盐碱、耐瘠薄、耐粗放管理所以很适宜盐碱地造林，具有良好的经济和生态意义；同时石榴树自古有“天下之奇树、九州之名果”的美誉，其树枝条柔韧度高，因此容易造型，是盆栽果树和盆景艺术的主要果树之一；石榴果皮，果汁可用于治疗各种肠胃疾病，心血管疾病，并有一定抗癌效果，有很高的药用价值；石榴树干及树叶等含有单宁酸，可以用作皮革染料。综合来看石榴可谓是全身是宝。

冻害是软籽石榴种植生产中面临的一个难题，受到冻害后石榴树树体抵抗病虫害能力变弱，很容易滋生各种病虫害，严重影响石榴树正常的生长结果，造成很大的经济损失。尤其是近年来在平原种植区周期性的低温造成的冻害给软籽石榴的生产带来毁灭性的危害。同时在长江中下游地区，石榴盛花期的六七月份适逢梅雨季节，严重影响软籽石榴的正常授粉。软籽石榴设施栽培是一种新型的石榴栽培模式，是指利用日光温室、薄膜大棚和薄膜连栋温室等保护设施，人为调控设施内的环境条件，来满足软籽石榴生长发育所需要的环境条件，进而达到生产优质软籽石榴的新模式[1]。石榴的设施栽培可以解决软籽石榴冬季易受冻害问题，又有效改善了花期遇雨授粉不良、成熟期遇雨易裂果的问题；同时通过石榴的促早栽培或延迟栽培技术，提早石榴的上市时期，延长石榴果实挂树时间，达到优质、高效的生产目的[2]。

石榴的设施栽培根据生产目的不同，可分为防寒避雨栽培、促早栽培和延迟栽培三种模式，根据采取不同的设施可分薄膜温室、日光温室、薄膜连栋温室三种栽培类型。本文主要介绍石榴不同的设施栽培类型、和设施栽培软籽石榴的一些实践经验。

1 石榴设施栽培模式

1.1 石榴防寒栽培

以目前市场表现优异的‘突尼斯软籽’石榴为例，该品种具有树势中庸，花量大，坐果率高；果大而整齐，果面着红晕，果皮薄，核仁软而汁多，丰产性突出，适应性强，耐瘠薄等优点。但是该品种与我国石榴主栽地区石榴品种(休眠期最低能耐-16℃的低温)相比，其耐寒性明显较差，经过近些年持续观察气温低于-10℃超过半天即可发生冻害[3,4]。例如2009年11月上旬河南荥阳‘突尼斯软籽’石榴主产区雨雪来临前的骤然降温与11月中旬的融雪时低温造成的冻害就比较严重。河南省内黄河以北地区尚未有大面积种植成功的‘突尼斯软籽’石榴石榴园，可见石榴冬季冻害已成为石榴生产上存在的重要问题。通过设施栽培在冷空气来临前扣棚结合人工增温可避免石榴遭受冻害，是设施栽培软籽石榴最主要的发展方向。

1.2 石榴避雨栽培

避雨栽培能有效解决部分适栽地区因石榴花期连续降雨导致无法正常授粉坐果的问题，

扩大其适栽范围。同时通过避雨栽培可以减少病害侵染，提高坐果率，减轻成熟期裂果，改善果品品质，避免雨日误工，提高生产率，扩大软籽石榴的种植区域[1,5]。

1.3 石榴促早栽培

促早栽培是指早春覆膜保温，成熟期覆膜避雨防裂的栽培模式。春季通过提前覆膜促进石榴提早发芽开花坐果。初春可采取温室加温、多膜覆盖、畦面覆盖地膜等措施提高气温和地温；成熟期通过限水控产、增施有机肥等措施，也能促进果实提早成熟。促早栽培是设施栽培的主要方向之一[1,6]。

1.4 石榴延迟栽培

延迟栽培是以延迟石榴成熟期、延长挂树时间、延迟采收时间目的的栽培形式。石榴的延迟栽培主要依靠成熟后挂树保鲜，可通过人为控制设施内的环境条件延长和推迟石榴采收时期。通过延迟栽培可将石榴挂树留果至元旦甚至春节期间上市，既能生产高品质石榴，又可省去冷库贮藏保鲜费，延长货架期，获得较高的市场价[1,7]。

2 石榴设施栽培类型

2.1 薄膜大棚

薄膜大棚是由钢管或竹木杆搭建而成，上覆塑料薄膜，分屋脊型和半拱圆形。其中钢架大棚施工简便，备受青睐。塑料大棚一般占地面积 0.8~1.5 亩，造参数为跨度 10m，长度 80~100m，高度 3.5m，南北方向延长，方位为正南或南偏西 5°~10°。棚架采用 80mm×35mm 镀锌方钢做拱杆，40mm×30mm 镀锌方钢做拉杆，拱架间距 1.0m，拱架顶部横拉 3 道拉杆，两侧设置肩高等高通风口。塑料大棚场地选择与温室相同，棚群排列东西间距 2.0m，南北棚头间距 4.0m。顶部和腰部通风口上拉杆和卡槽，东西两边安装自动卷膜器，南北棚头安装进出口门，依次安装棚膜、悬挂遮阳网，每亩投资 2 万元左右[8]。

薄膜大棚不受地点和条件限制，投资少、效益高、透光性比日光温室好，大棚内各个方位都可接受光照[9]。薄膜大棚增温迅速但是散热快，保温性能较差。薄膜大棚填补了温室与露地栽培的空缺，在石榴生长前期可通过人工调节增加设施内温度促进树体春季早萌芽，后期石榴果实生长期如果雨水较多能有效避雨实现避雨栽培，达到早熟优质的目的。

2.2 日光温室

日光温室是由具有保温效果较好的北墙、东西两侧山墙和正面坡式倾斜骨架构成。日光温室是利用阳光照射的热量达到提高设施内温度的目的，同时也可通过在设施内铺设暖气、安装火炉等加温设备提高设施内的温度[1]。日光温室建造前要有 1 套规范的设计图纸，在技术人员指导下由专业工程队施工，框架可采用木杆、竹竿、钢筋、钢管、水泥杆等材料，日光温室一般东西延长，坐北向南偏西 5°~7°，排间距 8m，跨度 9m，后墙高度 3m 左右，脊高为 4.5m 左右，长度 60~100m；前屋面覆盖聚乙烯多功能复合膜和太空棉被，并配套安装自动卷帘系统、卷膜器和遮阳网。夯实墙基后起墙，墙体内外砖要交错拉好。前屋面钢架要横平竖直、上下固实，后屋面要平整无缝、排水良好、承载性好[10,11]。

日光温室由于具有较大的薄膜屋面，太阳光在白天能够很大程度的照射进入设施内，冬季太阳光直射到设施北墙可以增加设施内反射光，提高设施内温度。夜间设施北墙可以阻挡寒风利于保温。日光温室的缺点是东西两面山墙遮光面积较大，上午东墙遮光，下午西墙遮光，造成东西两墙遮光的植株受光较少生长发育较差，果实成熟期推迟[12]。日光温室由于

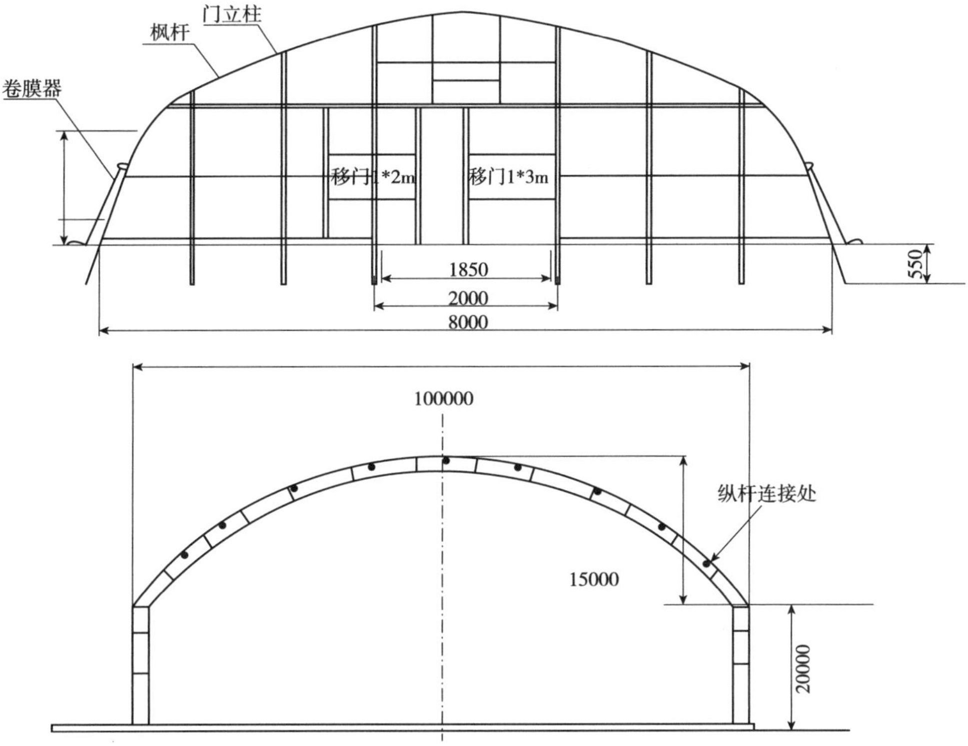

图 1　薄膜大棚平面图单位(mm)

Fig. 1　Film greenhouse floor plan unit(mm)

保温效果好，能够人为地提高温室内温度，在东北西北较寒冷地区应用较多。目前除在山西部分地区有硬籽石榴温室栽培外，软籽石榴利用日光温室设施栽培使用较少。

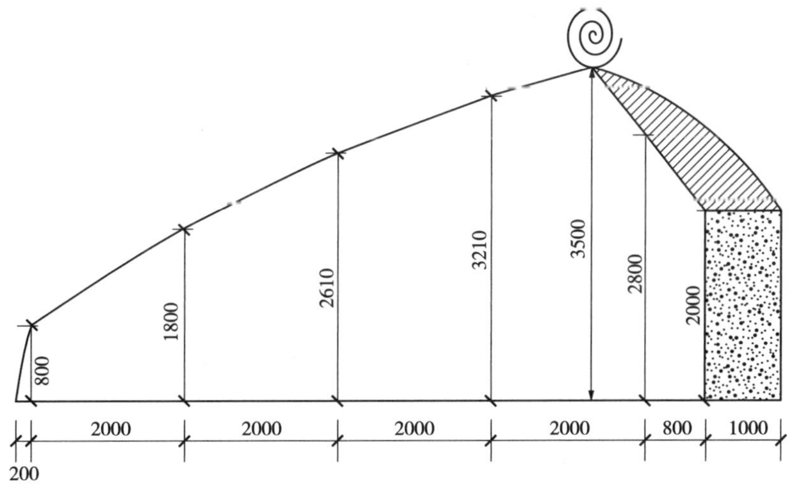

图 2　日光温室平面图

Fig. 2　Solar greenhouse floor plan

2.3　薄膜连栋温室

连栋薄膜温室是现代化大型温室的一种类型，与单栋薄膜温室比较，具有土地利用率高、保温性能好、设施空间大，有利于机械化作业等优点；与连栋玻璃温室比较，具有初置成本低、性能价格比高，适合我国国情。20 世纪 80 年代以来，随着工厂化农业的发展，连栋塑料温室在我国设施农业中得到了广泛应用，发展迅速。单栋跨度 4~5m，顶高 4.5m 左右，肩高 3.0m 左右，通风部位在顶部和腰部，土地利用率高，每亩投资 4 万~5 万元。因结构强度较大，可抗 30cm 左右的积雪，同时还可增加外遮阴，内遮阴，内保温等多种设备。连栋塑料温室相比较来说投资较大，但是保温效果优于普通薄膜大棚。

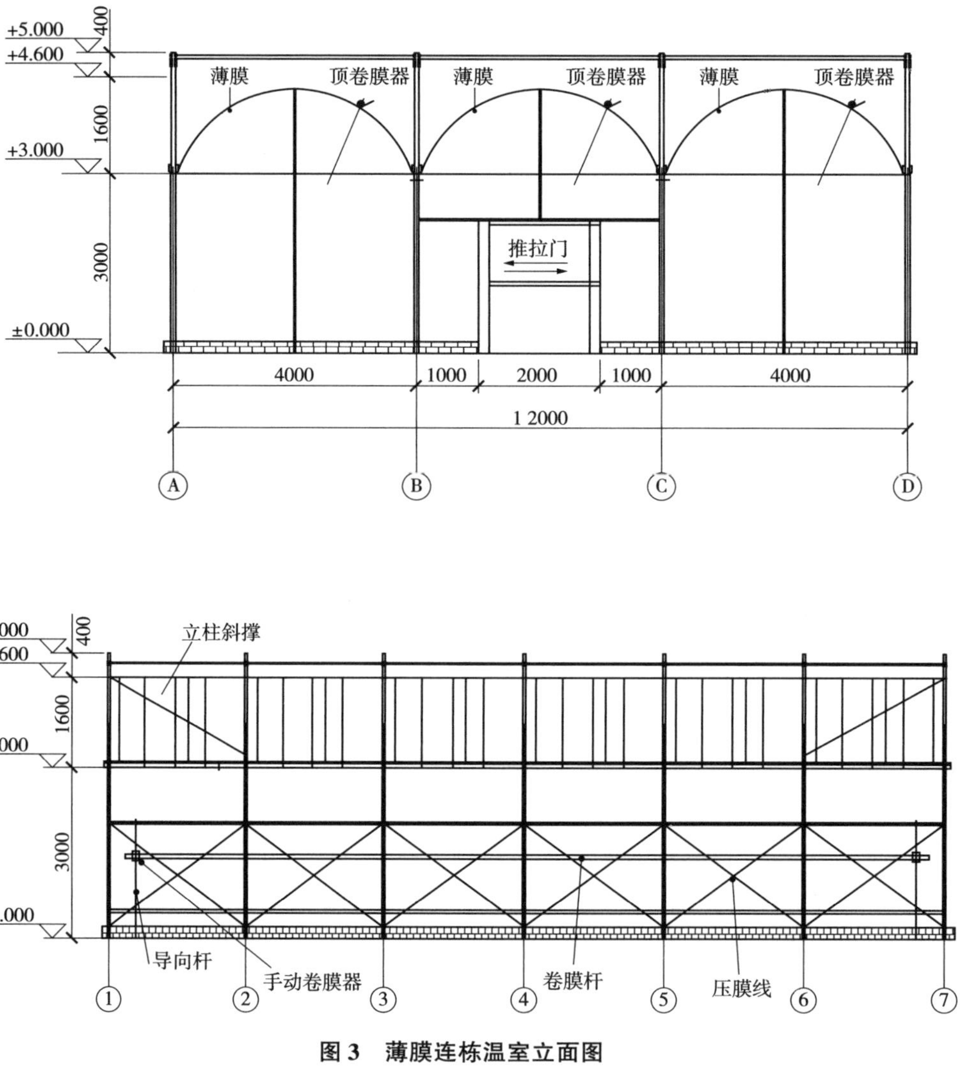

图 3　薄膜连栋温室立面图

Fig. 3　Multi-story greenhouse floor plan

3　石榴设施栽培实践

3.1　整地定植

选择地势平坦开阔、阳光充足，通风良好，旱能浇、涝能排地下水位 100cm 以下的地块。石榴设施栽培适宜培养主干形，定植行距 2~3m，株距 1~1.5m，起垄栽培，垄宽 80cm，垄高 30cm。挖长宽高各 80cm 定植穴或定植沟栽植，要求每亩施入充分腐熟有机肥

2000kg，过磷酸钙 40kg，然后将土回填坑内，充分踏实，灌透水，坑土下陷、积水全部渗入土中后方可栽苗。栽植时，苗木根颈部应和地面平齐或稍高。封土后，要充分踏实，然后浇少量水，二次封土、踏实。栽植时主栽品种与授粉品种按照 8~10∶1 配置。在设施栽环境中，石榴很容易出现枝条徒长现象，因此要减少化肥的使用量，重视有机肥、叶面肥的使用，严格控制设施内温湿度，保证通风良好，维持适当的湿度，避免枝条出现过度徒长。

3.2 定植后的管理

3.2.1 及时定干

石榴苗木定植后应及时定干，扦插苗定干高度 60cm，嫁接苗可根据嫁接口高低适当定干。定干后保证水分充足做到小水勤浇，春季石榴基部萌蘖萌发后，要及时除去，保证树体正常生长。当新梢长至 20~30cm 长时，及时立竹竿引扶。

3.2.2 加强夏管，快速成形

5~6 月份，可根据天气情况，10~15d1 次水。夏季雨水多时，应注意排水，雨水过后及时松土保墒。6~8 月份为幼树旺长成形期，6 月每两株石榴树之间可追尿素 0.3kg，7 月两株石榴树之间追生物菌肥 5kg，6 月每两株石榴树之间追复合肥 0.5kg 施肥后灌水封土。树行间可间作豆类、花生、瓜类等矮生作物。注意加强病虫害防治，适时清除根部萌蘖及设施内杂草。

3.2.3 重视秋施基肥

秋季是石榴根系旺长期，应在 10 月中下旬施入基肥，每株施腐商品有机肥 10~20kg、复合肥 0.3kg。施肥时在树的一侧树枝垂直投影处挖深宽各 50cm 的长沟，施入有机肥后与园土充分混合，然后踏实浇透水。11 月下旬浇封冻水。

3.2.4 二年树管理

二年生树做好病虫害防治工作外生长季不再追化学肥料，可每次喷药时加入 0.2%~0.3%的磷酸二氢钾。树体健壮树可选留 2~3 个果，然后及时疏除剩余花，保证树体营养供给。二年树不再追施氮肥，以免旺长。

3.2.5 三年树管理

三年生树树形已经形成进入结果期，树高控制在 2.3m 左右。突尼斯软籽石榴除建园配置授粉树外，花期每亩放蜂 5000 头左右辅助授粉，可有效提高坐果。同时应做好疏花疏果工作，疏花时保留筒状花，去掉钟状花、过密花。疏果时健壮枝多留果，细弱枝少留果，使石榴树果实分布均匀。三年以上的石榴树管理的主要目标是稳定树势，控制旺长，促进结果，提高产量。加强病虫害防治的基础上，秋季多施有机肥，秋季每亩施商品有机肥两吨，花前、花后、硬核期、第 2 次果实膨大期、花芽分化期分别少量追施磷钾肥，同时结合每次打药通过叶面补充肥料。盛果期树可采取摘心、环剥、环割及短截复壮等措施，控制枝条旺长，促进丰产稳产，第三年开始果树行间停止间种作物。

3.1 温湿度调控

3.1.1 覆膜至萌芽

3 月初对薄膜温室进行覆膜，覆膜前 10d 浇大水，覆膜后至萌芽一般需 10~15d，前 5d 大棚温度控制在 15~20℃，慢慢提高至 20~30℃，最高温度不超过 35℃，防止幼芽受害，棚内湿度保持 80%以上。

3.1.2 萌芽至开花前

3月15日萌芽后，树干两侧覆盖黑色除草布防草降湿保温，保持设施内温度在20~30℃，湿度在70%左右，连如遇连续阴雨天气，要适当打开通风口通风换气，降低湿度预防病害，如雨后第1d有太阳，上午尽早揭膜通风，温度控制在20~25℃[13]。

3.1.3 开花至坐果期

温度控制在25~35℃，湿度控制在60%左右，坐果后温度控制在25~28℃，并适时加大通风口直至全部通风，待果实长至核桃大小完全变青时转换成避雨栽培[13]，如温度过高，及时卷起顶膜和边膜。

3.1.4 成熟至挂树贮藏期

成熟期温度控制在20~30℃，湿度控制在60%左右；挂树贮藏期温度控制在15~25℃，湿度控制在50%左右；如温度过高，卷起顶膜和边膜。

3.1.5 越冬防寒期

石榴完全采摘后，可打开所有通风口降低温室内的温湿度。同时关注天气预报，在冷空气来临前2~3d，逐渐关闭各个通风口，提温防寒。与此同时应密切观测薄膜温室内温度变化，若温度过低(天气预报低于-10℃或温室内温度计低于-5℃)及时采取人工增温措施。如雪后第1天有太阳，上午应根据温室内温度变化适时揭膜通风降低温室内温度，然后根据天气情况陆续打开各个防风口，直至完全打开。

3.3 病虫害防治

3.3.1 虫害防治

由于设施内环境条件人为可控，设施内虫害较露天栽培的易于防控。发生一般情况下，石榴在设施栽培生长环境下容易滋生蚜虫，因此，要做好对蚜虫的防治工作，发现蚜虫及时喷药防治，保证能够及时全面的控制。化学药剂可选用螺虫乙酯、溴氰菊酯、噻虫嗪等农药。对于露天种植易造成蛀果危害的桃小食心虫和桃蛀螟，可通过树干缠绕隔虫带病结合春季灌水做好地面喷药防治工作大大减少其害虫基数，栽培实践中石榴设施栽培环境下很少发现虫蛀果。化学药剂可选用联苯菊酯、功夫菊酯、灭幼脲、氟铃脲等农药。

3.3.2 病害防治

设施内病害较少，若种植过密，通风透光不好加上前期蚜虫防治不到位易出现煤污病，做好蚜虫防治工作可大大降低发病几率。若已发生煤污病可使用甲霜灵、百菌清、甲基硫菌灵、苯醚甲环唑治疗。

4 结论与讨论

4.1 结论

本文简述了设施石榴生产的栽培类型，并介绍了薄膜连栋温室栽培实践经验。通过近几年对设施栽培的跟踪管理、调查、研究主要研究结论与有：

(1)设施栽培石榴时，设施内的湿度较高，通风口应尽量加大，必要时可把薄膜全部揭除。

(2)设施内光照强度相对较弱，为保证设施内叶片正常的生长发育应适时时通过叶面喷肥补充营养。

(3)设施内枝条的生长量大，应少施氮肥多用有机肥，及时疏除背上徒长枝。

(4)设施栽培应做好蚜虫、煤污病防治工作，发现病情及时喷药。

4.2 讨论

(1)合理配置资源、因地制宜选择适合的石榴生产模式：设施栽培与露地栽培相比虽然具有明显的经济效益优势，不过设施栽培需要的资金投入大、技术水平高；不同的设施栽培模式特点不同，适应的产区也有所差异。因此，发展设施石榴切记一哄而上、盲目跟风，必须科学和客观地分析本地的经济、气候等自然资源禀赋和生产者素质禀赋，因地制宜和因人制宜地选择最适合的生产模式。

(2)提高机械化水平：发展设施栽培石榴需要通过技术、管理等途径降低投入水平和优化成本投入结构，提高石榴设施生产的机械化水平，从而大大节约劳动力投入成本，提高产业整体的生产力水平；此外，应该注重轻简化栽培管理技术的研发和示范推广，有效降低作业难度和强度，减少综合投入成本。

5 发展与展望

软籽石榴设施栽培具有提早成熟、延迟采收、提高品质等作用，可以在一定程度上缓解目前我国软籽石榴产业存在的适栽范围小、花期授粉易受天气影响、成熟期裂果严重等问题。设施栽培模式下，由于对设施内光照、温度、湿度的调控，病虫危害明显降低，尤其是借风雨传播的对石榴生产危害病虫害明显减轻，因而显著减少了农药的使用，有助于生产优质高档有机果品。但是，由于设施内棚膜覆盖物的遮挡，使得天然降雨的淋溶作用大大较少，如果过多依赖化学肥料，容易导致土壤出现酸化、盐渍化、板结、肥力降低等问题，所以设施栽培软籽石榴应少施化学肥料，多施有机肥料。

石榴设施栽培是依靠科技进步而形成的农业高新技术产业，是石榴由传统栽培向现代化栽培发展的重要转折，是实现石榴高产、优质、安全、高效的有效途径之一[14,15]。目前，我国对软籽石榴设施栽培的技术研究还不够深入，不能为产业提供足够的技术支撑。因此，要加强石榴设施栽培的基础研究与应用研究，制定石榴设施促成栽培及延后栽培的技术标准，研究解决设施栽培的能耗问题，推广经济节能型石榴设施栽培技术。

参考文献

[1]程大伟，陈锦永，顾红，等．葡萄设施栽培类型简介[J]．果农之友，2017(1)：18-20.
[2]高文海．枣设施栽培类型及棚体构建[J]．陕西林业科技，2015(2)：58-62.
[3]随少锋，王玉岗，张友安．低温冻害对河南省荥阳市软籽石榴成灾的分析与研究[J]．北京农业，2013，(27)：31-32.
[4]苏海艳，王世峰，申东虎．突尼斯石榴在临潼的栽植试验[J]．陕西农业科学，2014，60(10)：43-44.
[5]黄少强．近三年福安气候对巨峰葡萄大棚避雨栽培品质的影响[J]．吉林农业，2015(17)：101-101.
[6]苏屹岚，王文选，陶丽珠．葡萄设施栽培技术[J]．中国园艺文摘，2013，29(7)：196-198.
[7]郭永玲，柳飞，许玥．温室葡萄栽培技术[J]．中国园艺文摘，2015(9)：190-191.
[8]郝哲，张彦飞，刘璇．北方羊肚菌设施栽培技术探索与实践[J]．农业工程技术，2017，37(16)：18-21.
[9]杜金霞．大棚葡萄高效栽培新技术[J]．农业与技术，2012，32(11)：109.
[10]佚名．顺义试点可降解地膜[J]．陕西农业科学，2015(7)：43.

[11]薛道富，郝哲．榆林日光温室性能与设计建造技术研究[J]．陕西农业科学，2015，61(7)：40-43.
[12]张真和，李建伟．日光温室蔬菜高效节能栽培技术开发项目实施成果[J]．中国蔬菜，1997，1(6)：30-32.
[13]王永旭，刘雪梅，司鲁俊，等．高寒地区冬春茬番茄高效栽培技术[J]．北方园艺，2016(2)：51-53.
[14]王引斌，何燕，卜晓冬，等．基于CNKI的中国设施葡萄研究文献计量分析[J]．农业图书情报学刊，2017，29(03)：52-57.
[15]刘国义，岳玲，王国全，等．赤峰市设施果树栽培调研报告[J]．农业工程技术：温室园艺，2015(2)：13-14.

软籽石榴丰产栽培技术

周桃龙　罗之法
（河南省南阳市淅川县林业局，淅川　474450）

摘要： 本文介绍了软籽石榴从园地选择、栽植、管理到病虫害防治等各个环节的关键栽培技术，为石榴的丰产提供系统技术指导。
关键词： 软籽石榴；丰产；技术

Cultivation Techniques of *Punica granatum* Linn. for High Yield

ZHOU Taolong，LUO Zhifa
（*Xichuan Forestry Bureau of Henan Province*，474450，*Xichuan Henan*，*China*）

Abstract：This paper introduces the key cultivation techniques of Punica granatum Linn from garden selection，planting，management to pest control and so on.
Key words：*Punica granatum* Linn；High yield；Technology

软籽石榴（*Punica granatum* Linn），石榴科，是落叶灌木或小乔木，不但经济价值高，而且具有抗氧化，延缓衰老，降胆固醇、预防心血管等疾病，是山区群众脱贫致富的理想树种，现根据淅川的栽培经验，总结软籽石榴丰产栽培技术。

1　对外界环境条件的要求

1.1　温度

石榴属喜温树种，喜温畏寒，年平均温度在13℃以上，18~26℃适合果实生长和种子发育，18~26℃适合石榴籽糖分的积累，冬季极端最低气温-15℃以上。

1.2　光照

年日照时数在2000h以上，年生长期内需≥10℃的有效积温在3000℃以上，无霜期200d以上。

作者简介：周桃龙(1976-)，男，安徽省枞阳县人，本科学历，林业高级工程师，现在河南省淅川县林业局从事林业技术推广工作。邮箱：zhoutaolong4010@126.com，电话：13803774010。

1.3 水分

石榴耐干旱性强，在雨水分布均匀的地方，600mm 以上即可。

1.4 土壤

石榴根系发达，适应性强，对土壤酸碱度要求不严，但以土层深厚、排水良好、含有丰富有机质、砂壤土最好，果实品质好，经济寿命长、丰产。pH4.0~8.5 均可，但以 pH6.5~7.5 的性和微酸偏碱性为佳，黏重土壤和过于瘠薄的土壤，含水较少，长势较弱，枝条生长不良，结果少，落果多，隔年结果现象严重。

2 整地

栽植前应全面整地，深度为 30~40cm，山区坡地、丘陵区建成反坡梯田或鱼鳞坑。整地后按栽植密度定点挖穴，穴的规格不小于 50cm×50cm×50cm。每穴施腐熟的农家肥 3~5kg，肥与表土拌匀后施于穴底。

3 选苗与栽植

3.1 选苗

3.1.1 扦插苗

应选苗高≥80cm，地径≥0.8cm，苗木健壮，芽饱满，根系完整，无病虫害。

3.1.2 嫁接繁殖苗

地径 1.2cm 以上，有健壮接穗分枝 3~5 个，长度 60cm 以上，苗木健壮，根系完整，无病虫害。

同时，石榴园品种数量的搭配以 2~3 个为宜。选择与主要栽培目的相近、综合性状优良、商品价值高的品种为主栽品种，另外搭配 1~2 个其他类型的品种。石榴为次雄同花，无论是败育花花粉，还是完全花花粉，无论是自交还是杂交均可以完成授粉受精作用。但有些花粉量较小，需配置花粉量大的品种，特别是大型园要避免品种单一化，花粉量少的品种应适当配置花粉量大的品种。授粉品种和主栽品种可控制在 1∶8 的比率。

3.2 栽植

栽植前深翻土地 20~50cm，挖 50cm 见方的栽植穴，每穴施 10kg 土肥，0.25kg 复合肥和土壤充分搅拌，根系舒展，浇透定根水，最后覆土培堆保墒。在干旱区栽植后应在树盘上覆盖农膜。栽植时间春季 2 月下旬至 3 月下旬，秋植 11 月下旬至 12 月中旬，但秋季栽植有利于伤口愈合，成活率高，生长快。

3.3 栽植密度

因地区、立地条件等不同而异，土层深厚、肥沃，立地条件好的按 3m×4m，立地条件差的按 2m×3m、2m×4m 即可。

4 管理

4.1 土壤管理

要合理改善土壤，增加有机质含量，提高土壤肥力。幼树和初结果树可在石榴树间实行花生、薯类、药材、豆类等低矮植物套种，用以抑制杂草，增加收入和解决肥源，在秋天翻园后，深埋土中，熟化土壤，实行以短养长，以园养园。结果大树行间和树盘可用枯草、秸秆、绿肥等有机物料覆盖，以减少地表水分损失，调节地温、促根壮树，培肥地力，疏松土壤，抑制杂草生长。在石榴起内亦可进行林禽间作，离类啄食杂草和虫害，粪便排泄在园内改良土壤，提高肥力，达到无公害果园生产的要求。

4.2 施肥管理

施肥幼园以扩穴和追肥为主，幼树应按照“量少次多”，多施氮肥，以加速扩大树冠，尽快结果。6 月以前以氮肥为主，以后氮、磷、钾配合施用，8 月以后限水控氮，多增施磷、钾肥，以促进花芽分化，提高结果量。

4.3 水分管理

石榴需水量大，土壤缺水则生长结果不良，在萌芽前、花前期、果实膨大期、休眠期干旱时及时浇水，对抽鞘和减少落花落果效果明显，但果实成熟前 15~20d 禁止浇水，以防裂果。同时，施肥后及时灌水，才能充分发挥肥效。但在雨季也应及时做好排水工作，以降低土壤含水量和园中湿度，以免水分过多造成根系腐烂。

5 整形修剪

5.1 整形

密植园大都采用以主干疏层形为主，这种树型常保持明显的中心干，主枝分布有明显的层次，通风透气好，结果早，适合高密栽植。其整形方法：定植当年留 60~80cm 定干，留 20~30cm 为整形带，当年选留分布均匀的 3~4 个侧枝作为第一层主枝，选剪口下直立枝为中心干，其余枝梢在 25~30cm 时摘心，扭梢、促花，第二年早春对中心干距第一层主枝 60~80cm 短截，按同样方法选留二个主枝为第二层主枝，三年基本成形。

5.2 修剪

幼树可利用夏季摘心和冬季短截，促生分枝，同时可利用拉枝扩大其角度，调整枝梢的分布，结合缓放，形成结果枝组。对 4 年以上的结果树，主要维持合理的树体结构，控制结构部位外移，保持结果枝组的结果能力，要疏除多余枝条，创造通风透光的树体结构，重点疏除徒长枝，过密枝、细弱枝、病虫枝、下垂枝；及时回缩相互交叉枝，冗长枝和有空间的徒长枝和衰弱枝，以便恢复生长势和培养结果枝组，达到连年丰产。

6 花果管理

6.1 促花措施

对幼年树和旺长树，为了丰产必须进行促花技术，提高树体内贮藏营养和枝芽质量，促进花芽分化和芽体充实。常用方法：①需要叶面喷施 2~3 次磷酸二氢钾+硼肥，增加树体养分，提高正常花的比例，以提高坐果率。②疏除成年丰产树过多幼果，减少树体营养消耗，有利于花芽分化。

6.2 提高坐果率的措施

①加强土、肥、水管理，保持土壤湿润，提高土壤对根系供肥、供水、供气的能力。②石榴属于异花结实植物，自花结实率很低。石榴属于虫媒花，需依靠蜜蜂等昆虫传粉完成授粉受精过程。盈花期间，在石榴园放蜂能够增产。在气候条件恶劣，花期阴雨低温，传粉昆虫数量少时，进行人工辅助授粉是高坐果率。

6.3 疏花疏果

疏除瘦小营养不良的花蕾、果实，减少总花量、总花果，提高坐果率。

6.4 套袋管理

石榴果套袋不仅病虫害少，裂果轻，而且果面光洁，污染少。套袋应在幼果如核桃大小时进行，套袋前要喷施杀菌剂和杀虫剂。采前15~20d阴天或傍晚应除袋。

7 主要病虫害及防治

7.1 主要病害及其防治

7.1.1 石榴干腐病

是石榴主要病害，除危害干枝外，而且危害花器、果实、新梢。

防治措施：剪除病枝病果，减少病源。在冬季结合修剪，剪除病虫枝、枯死枝，然后清扫果园，将病虫枝、病果等集中烧毁，减少传染源喷药保护。开花前及开花后，各喷一次1：1.5：160倍式波尔多液，或喷50%甲基托布津可湿性粉剂800~1000倍液。以后每隔15~20d喷次，至8月底，全年共喷5~6次，防治效果良好。

7.1.2 石榴褐斑病

主要危害果实和叶子，影响石榴果实外观，降低石榴经济效益。

防治措施：在落叶后至第二年3月份清除园内落叶，摘除病果和枯枝落叶，进行集中烧毁。

7.2 主要虫害及其防治

7.2.1 桃蛀螟

俗称蛀心虫、食心虫。是石榴最主要的害虫。桃蛀螟每年3~4代。卵多单产于石榴萼筒内，造成石榴果实腐烂、落果或干果，而失去价值。

防治措施：①清理石榴园，减少虫源。②化学药剂防治。用药物堵塞萼筒，石榴坐果后，可用50%辛硫磷乳油500倍液渗药棉球或制成药泥者塞萼筒。或2.5%天王星乳油2500倍液均匀喷布，杀死初孵幼虫。③果实套袋。石榴坐果后20d左右进行果实套袋，套袋前应进行疏果，喷一次杀虫剂，可有效防止桃蛀对果实的危害。

7.2.2 介壳虫类

有石榴绒蚧和龟蜡蚧：主要在石榴枝条上危害，受害轻时树势衰弱，枝叶枯黄，重者造成枝叶枯落，甚至全株死亡。

防治措施：①将受害的枝条剪下，集中烧毁。②在春天越冬幼虫出蛰期，可用以3~5波美度石硫合剂加0.3%洗衣粉进行喷洒防治。

参考文献

[1]钟家煌．果树生产技术问答[M]．安徽：安徽科学技术出版社，1991.
[2]中南林学院．经济林病理学[M]．北京：中国林业出版社，1985.
[3]刘化忠，等．主要经济树种栽培技术[M]．河南：中原农民出版社，2000.

石榴绿色标准化栽培技术规程

郭晓成[1]　杨莉[1]　张迎军[2]　申东虎[2]　王勋昌[3]　郝蕊平[1]　张方[1]
([1] 西安市果业技术推广中心，西安　710061；[2] 西安市临潼区园艺站，西安　710600；
[3]西安市临潼区华瑞果业专业合作社，西安　710600)

1　范围

本标准规定了石榴绿色标准化栽培的园地选择与规划、品种选择、栽植、土肥水管理、整形修剪、花果管理、病虫害防治。

本标准适用于西安地区石榴的绿色标准化栽培。

2　规范性引用文件

下列文件对于本文件的应用是必不可少的。凡是注日期的引用文件，仅所注日期的版本适用于本文件。凡是不注日期的引用文件，其最新版本(包括所有的修改单)适用于本文件。

NY/T 391　绿色食品 产地环境质量
NY/T 393　绿色食品 农药使用准则
NY/T 394　绿色食品 肥料使用准则
NY/T 658　绿色食品 包装通用准则
NY/T 844　绿色食品 温带水果(石榴)
NY/T 1056　绿色食品贮藏运输准则
LY/T 2135　石榴质量等级

3　园地选择与规划

3.1　园地选择

园地应相对集中连片，交通便利，非重茬。产地环境质量符合 NY/T 391 的规定。背风向阳，平地或坡度在 15℃以下的山地或丘陵地，土壤 pH6.5~7.5，有机质含量不低于 1%，地下水位 1m 以下的砂壤土或壤土。年平均温度 13℃以上，冬季最低温度软籽石榴不低于-10℃、其他品种不低于-16℃的地区。易发生冻害地区可利用逆温层和小气候建园，避开低洼地区。

3.2　规划设计

3.2.1　园地布局

栽植前，先对防护林、道路、排灌系统、小区、品种配置、房屋及附属设施进行规划和设计，合理布局并绘制出平面图。通常石榴树栽植面积应占园地总面积的 85%以上，其他非生产用地不应超过总面积的15%。平地采用南北行向，山坡地栽植行沿等高线延长栽植。

3.2.2　防护林

应建在园区外围的迎风面，一般6~8行，最少4行。林带要乔灌结合，不能栽植果树病虫害寄主的树种。

3.3　建园模式

采用宽行密植、起垄栽植、架材栽培、设施栽培等。

4　品种选择

适应当地土壤气候条件、品质优良、软籽或半软籽且百粒重不低于45g、抗逆性强的优良品种，授粉品种配置应考虑不同成熟期品种的搭配，比例为3~4：1。西安地区品种配置见表1。

表1　西安地区石榴品种推荐表

Table **1**　Recommendation table for Xi′an pomegranate varieties

主栽品种	搭配品种
净皮甜、临潼星、铁炉红、临选1号等。	三白甜、大白皮、黄皮、天红蛋、突尼斯软籽、陕西大籽、新疆大籽甜等。

5　栽植

5.1　苗木质量

符合植物检疫要求的扦插或嫁接石榴壮苗。1年生苗，地径应在0.7cm以上，苗高80cm以上，15cm长侧根6条以上。2年生苗，地径应在1.0cm以上、苗高1.5m以上，20cm长侧根10条以上。提倡大苗建园，带花定植。

5.2　栽植时间

秋季栽植应从苗木落叶后到土壤封冻前为止，春季栽植应在土壤解冻后至苗木萌芽前进行。

5.3　栽植密度

根据园地立地条件和采用的树形，株行距2~3m×3~5m，提倡宽行密植。土层深厚、肥沃的平原适当稀植，坡地适当密植。

5.4　栽植方法

栽植前，先将裸根苗根系用清水浸泡24h后，再用过磷酸钙+生物菌剂或生根剂溶液处理，修剪根系。栽植时，挖长、宽各80cm、深60cm的定植穴，或宽、深各60~80cm的定植沟。将腐熟的农家肥、磷肥与表土按1：4~5比例混匀后回填。栽植深度以根颈与地表平或略低于地表为宜。栽植时先填表土，后填底土，按“三填两踩一提苗”程序进行，使根系舒展并与土壤结合紧密。栽后浇足定根水，待水下渗后覆膜或表面覆土保墒。

5.5　定干

按照树形要求高度剪除苗木上部主干及部分须梢。干旱山区栽后于地面3~5cm处截干，减少蒸腾。

6 土肥水管理

6.1 土壤管理

6.1.1 深翻改土

分为扩穴深翻、部分深翻和全园深翻，可结合秋施基肥进行。

6.1.2 中耕

降雨或灌水后，及时中耕除草，深度5~10cm，以利调温保墒。坡地宜深，平地宜浅。

6.1.3 间作和生草

幼树石榴园行间间作中干豆科绿肥植物，青熟期刈割或深翻。3年生以上的石榴园，在行间种植三叶草、黑麦草、鼠茅草等草种，也可利用杂草。每年对生草刈割2~3次，覆盖于树盘周围。

6.1.4 覆盖

树盘覆盖材料可选用园艺地布或10~15cm厚度的作物秸秆、稻糠、菜籽壳及田间杂草等。植物覆盖材料上面零星压土，连续覆盖2~3年后，结合秋施基肥浅翻或深翻埋入土中。

6.2 施肥

6.2.1 原则

以有机肥为主，配套无机肥、矿物质肥、微生物菌肥等，通过优化施肥结构、改进施肥方式，大力推广配方施肥技术，实现土壤改良和精准施肥的目标。

6.2.2 肥料种类

所施用的肥料应为农业行政主管登记的肥料或免于登记的肥料，并符合NY/T 394规定。

6.2.3 施肥时期与数量

6.2.3.1 基肥

秋季果实采收后至落叶前进行。施肥量按每生产1kg石榴施1kg优质农家肥计算，亩施完全腐熟的有机肥3000kg以上，或者亩施商品生物有机肥施120~200kg，并配合适量氮、磷肥。

6.2.3.2 追肥

6.2.3.2.1 土壤追肥

每年3次。第一次在萌芽前后，追施速效氮肥和磷肥，幼龄树每株施尿素0.25kg，磷铵0.25kg。成龄树每株施尿素0.5kg，磷铵0.5kg；第二次在花芽分化及果实膨大期，以氮磷肥为主，株施三元复合肥0.5~1.0kg；第三次在果实生长后期，以磷钾肥为主，株施磷铵0.5~1.0kg，硫酸钾0.5~1.0kg，尿素0.5~1.0kg。

6.2.3.2.2 叶面喷肥

全年4~5次，一般生长前期2次，以氮肥为主；后期2~3次，以磷、钾肥为主。也可根据树体情况喷施一些微量元素肥料。常用肥料种类与使用浓度为：尿素0.5%，磷酸二氢钾0.2%~0.3%，硼砂0.1%~0.3%。

6.2.4 方法

土壤施肥有条沟、环状沟、放射状沟和穴状施肥法等。基肥深度40~60cm，追肥15~20cm。土壤追肥也可采用水肥一体化技术进行。

6.3 水分管理

6.3.1 灌水

灌水时间一般在萌芽期、开花前、果实膨大期和采果后。采取树盘灌溉、沟灌、微喷灌、渗灌等。果实接近成熟避免浇水。如果遇连续干旱，要用小水细浇，忌大水漫灌。

6.3.2 排水

地势低洼或地下水位高的石榴园要设置排水系统并及时清淤，多雨季节或果园积水时要及时排水。

7 整形修剪

7.1 树形结构

7.1.1 单主干自然开心形

干高 50cm，树高约 3m，无中央领导干，主干上着生 3 个方位角互为 120°的主枝，主枝与主干夹角 50°。每个主枝上配置 3~4 个侧枝，第 1 侧枝距主干 50cm 左右；第 2 侧枝距第 1 侧枝相距 40cm；第 3 侧枝距第 1 侧枝 60cm。全树共有 9~12 个侧枝，围绕主侧枝上配生 20 个大、中型结果枝组，按照上小下大的锐角形态左右交错均匀分布。

7.1.2 主干疏层形

有明显的中心干，干高 40~50cm，中心干三层留 6 个主枝，第一层三主枝基本方位接近 120°，主枝与主干夹角 50°~55°，第二层主枝留 2 个，距第一层主枝 50~60cm，与主干夹角 40°~50°，第三层主枝留 1 个，距第一层主枝 60~70cm，与主干夹角 40°~45°，每个主枝上配 1~2 个侧枝，并按层次轮状分布。

7.1.3 自由纺锤形

树高 2.5m 左右，主干高 50~60cm，主枝 10~12 个，旋转排列于较直立的中心干上，不分层，不重叠，主枝间距 20~30cm。主枝长 1.0m 左右，主枝角度 70°~90°，冠径 2~2.8m，主枝上不培养侧枝，直接着生结果枝组，最下部培养大枝组，上部培养中小枝组，全树呈下大上小，下宽上窄，下粗上细的纺锤形，以短果枝和中小枝组结果为主。

7.2 修剪

7.2.1 原则

因树修剪，随枝作形；平衡树势，主从分明；以疏为主，冬夏结合。

7.2.2 要求

树体达到“上稀下密、外稀内密、大枝稀小枝密”。

7.2.3 冬季修剪

7.2.3.1 主枝和侧枝的处理

主侧枝间要保持空间分布和生长势均衡。使用斜生枝换头以开张角度，并对主、侧枝的外围延长枝短截，促其向外生长延伸，及早结果。主枝上的侧枝要交互错生，侧枝间距小时，采用疏大枝或拉开大枝，确保大枝间距达到以上要求。

7.2.3.2 结果枝组的处理

用疏剪的方法使大小枝组在树冠上的分布呈上稀下密、外稀内密的状态。内膛枝组的密度要比上部和外部稍密些，同侧间距不超过 25~30cm，做到枝组间互不交叉、互不重叠、互不对生和留有余空。

7.2.3.3 结果母枝的处理

以疏剪为主，尽量多保留有花芽的结果母枝，并在其周围保留3~5个营养枝。如果结果母枝过多，可疏去细小的结果母枝，留下粗壮、花芽肥大的结果母枝，并使结果母枝与营养枝比例大致为1∶5~8。

7.2.3.4 无用枝的处理

对多余的枝条加以疏除，对辅养枝加强控制。疏除多余萌枝、过密枝、交叉枝、重叠枝、病虫枝、枯死枝等。

7.2.4 夏季修剪

7.2.4.1 除萌和抹芽

在芽萌发后将无用芽抹除。春夏之交把生长位置不当、生长过密的嫩芽(枝)抹除，疏除剪锯口附近易密生的旺梢。根部萌发的萌蘖，应在春季及时去除。

7.2.4.2 摘心

5月上旬当旺梢长到10~15cm时可进行摘心，将腋芽萌发二次枝和三次枝改变成几个中、短梢。6月下旬对于一些过旺的嫩梢进行摘心，促进旺梢分生短枝和叶丛枝。8月下旬对发出的秋梢全部进行摘除。

7.2.4.3 扭梢

当新梢长到15~20cm进行，在距枝条基部5cm处，将半木质化的新梢轻轻扭转180°，改变枝条生长方向。以不折断为度。

7.2.4.4 拿枝

把直立或斜生的旺盛新梢，一手握住基部，另一手由下向上慢慢捋，反复多次，使其角度变为水平或略下垂，以削弱长势。

7.2.4.5 拉枝

4月上旬和9月份用绳或铁丝将直立旺盛的主枝，侧枝拉平。

7.2.4.6 疏枝

部分和全部疏除强旺枝、徒长枝、衰老枝及交叉、并生、重叠枝、干枯、病虫枝，打开光路。部分疏枝一般在新梢基部分枝处进行。

7.2.4.7 化控措施

在6月下旬和8月下旬分别喷施多效唑或同类生长延缓剂类化学物质，抑制夏梢和秋梢的生长，促进枝条的加粗生长和顶芽、侧芽的形成。

8 花果管理

8.1 疏花

在花期内要进行2~3次。从现蕾到盛花期内，尽早抹去钟状花。如果葫芦状花够用，也应将筒状花疏去。完全花单花序保留，两花序摘除小花保留大花，三花序摘除左右花，保留中央无柄花，每个结果枝保留3~4朵花较适宜。每个葫芦状花的果枝周围，应配备3~5个营养枝(具100个以上的叶片)。

8.2 保花保果

8.2.1 花期授粉

花期采取壁蜂、蜜蜂和人工等方法进行授粉。

8.2.2 喷施叶面肥或植物生长调节剂

在初花期和盛花期，可喷施2~3次0.2%~0.3%尿素和稀土微肥混合溶液，0.3%~0.5%硼砂溶液，0.3%~0.5%磷酸二氢钾溶液，5~10mg/L赤霉素溶液，5~20ml/L的2,4-D的钠盐等。

8.2.3 环割环剥

在开花初期对花量少的旺树或大辅养枝基部环割2~3道，环间距应保持在4cm以上；对干径在5cm以上的旺树，选光滑处环剥，深达木质部，环剥宽度0.3~0.5cm，并用有色塑料布包裹。

8.3 疏果

8.3.1 要求

在幼果期进行，多留头茬果，选留二茬果，不留三茬果。多留中短枝果，不留或少留长枝果。

8.3.2 方法

分两次进行。第一次疏果在谢花后的20d左右，疏去双果中的小果，只留一个大果。如果全树坐果不多，则可留下双果不疏，每枝保留3~4个小果。第二次疏果在果实套袋前进行。每枝条留1~2个果。所有的病果、虫果和畸形果或多生的果实要一律疏除并深埋。

8.4 果实套袋

8.4.1 果袋类型

石榴果实套袋有两类。一是纸质果袋，二是塑膜袋。

8.4.2 时间

花后5~6周果实有100g左右就可进行。纸质果袋套袋时间以6月中旬以后(果实完成转色期后)为宜，宜早不宜迟；塑膜袋以8月上中旬为宜。

8.4.3 准备工作

为防病虫套入，套袋前果面喷施杀菌剂和杀虫剂，药剂干后2~4h套袋，喷一片套一片。

8.4.4 套袋方法

套袋时先将纸用手撑开，使其涨鼓成圆形，将果套入，使果枝夹在纸袋的上口内，让果实在纸袋中间，双手将袋由两边向中间对褶收缩，将纸袋边的铁丝弯折、捏紧固定；塑膜袋先用嘴向袋内吹气后再套，最后扎紧袋口。

8.4.5 纸袋除袋

(1)时间：在采前7~10d进行，为减少日灼发生，最好选在阴天或晴天上午的10时以前，下午4时以后为宜。

(2)方法：双层袋应先将外袋去除，让内袋保留在果上2~3d再除去；单层袋则先将纸袋下边撕裂，保留在果实上2~3d后去除。

(3)除袋后，当天及时喷施一次杀菌剂，防止果实二次感染。

(4)为促进树冠内膛和下部的果实着色，取袋前20d左右还可在树冠下铺银色反光膜。

8.5 采收

8.5.1 要求

充分成熟立即采收，不得早采。不同品种适时分期采收，同一品种按照成熟度分批采收。石榴果实成熟指标见表2。

表2 石榴果实成熟指标

Table **2** Ripening indexs of pomegranate fruits

项目	指标
果形	果形端正饱满，果棱显现，具有本品种固有的形状和特征
果面色泽	达到本品种固有的着色特性，果皮光亮、色泽饱满均匀
籽粒	籽粒大小形状达到本品种固有，且饱满、多汁、风味浓甜。 红色品种果实的籽粒鲜红或深红色，白籽石榴的籽粒晶亮透明。 籽粒近核处针芒状物充分显现
可溶性固形物	≥15%

8.5.2 时期

田间采收应在早晨露水干后或下午气温凉爽时进行，避开雾天、雨天、烈日暴晒环境。

8.5.3 方法

要求人工采收。采前剪指甲、戴手套。采收过程中要做到轻拿轻放，尽量避免碰伤果实。采果篮内要有轻软的衬垫物。一般采用圆头型采果剪将果柄沿基部剪掉，并保持果实有完整的萼筒。

8.6 采后处理

8.6.1 分级与包装

按照LY/T 2135石榴质量等级、NY/T 658绿色食品 包装通用准则相关规定执行。

8.6.2 贮藏与运输

按照NY/T 1056绿色食品贮藏运输准则相关规定执行。

9 病虫害防治

9.1 主要病虫害

9.1.1 主要病害

包括干腐病、褐斑病、疮痂病、腐烂病、早期落叶病等。

9.1.2 主要害虫

包括石榴桃蛀螟、桃小食心虫、蚜虫、绿盲蝽、介壳虫、木蠹蛾、金龟子等。

9.2 防治原则

贯彻“预防为主，综合防治”的植保方针。以农业防治为基础，物理防治为手段，提倡生物防治，按照病虫害的发生规律和绿色食品生产要求科学使用化学防治技术。

9.3 防治方法

9.3.1 植物检疫

按照国家规定的有关植物检疫制度对种苗、果实等进行严格检疫。

9.3.2 农业防治

因地制宜，选择抗性品种和宽行密植建园模式。加强土、水、肥管理，增强树势提高树体抗病虫的能力。秋冬季和初春，及时清除果园内杂草、落果、枯枝、枯叶，刮除干枯的翘皮，剪除病虫枝果，深翻树盘，减少病虫发生基数。合理整形修剪，控制负载量，加强夏季修剪避免树冠郁蔽，使之通风透光；采取疏花疏果、挂除萼筒花丝、果实套袋等技术，防止病虫侵入。人工捕杀害虫，提倡间作和生草栽培。不与桃、苹果等其他果树混栽。

9.3.3 物理防治

利用频振式杀虫灯诱杀刺蛾、桃蛀螟、金龟子、大蚕蛾等多种石榴害虫。采用糖醋液、人工合成性引诱剂、树干缠草把等捕杀害虫。利用涂有黏着剂的黄色彩板诱杀蚜虫。

9.3.4 生物防治

应用有益微生物及其代谢产物防治病虫害。利用昆虫性外激素诱杀或干扰成虫交配。根据害虫生物学特性，保护和利用天敌，收集、引进、繁殖、释放主要害虫天敌如赤眼蜂、瓢虫、草蛉等，以虫治虫。引鸟入园，捕食巾夜蛾、刺蛾、金龟子等害虫。

9.3.5 化学防治

严格按照 NY/T 393 执行。加强病虫监测，掌握病虫害发生规律。提倡使用生物源和矿质农药。轮换使用不同作用机理的农药，每种农药在同一生长周期只能用一次，严格执行农药安全间隔期和限制使用规定。不同生长发育时期主要病虫害化学防治见表 3。

表 3 石榴主要病虫害化学防治表

Table **3** Table listing pomegranate main pest and disease chemical controls

生长发育时期	主要病虫害	建议农药
落叶后至萌芽前	越冬的木蠹蛾、蚜虫、介壳虫、天牛等害虫休眠卵、蛹及干腐病、褐斑病等越冬病原菌	石硫合剂、波尔多液等
萌芽至开花期	根腐、干腐、轮纹病等病害	乙蒜素、代森锰锌、甲基托布津、百菌清、苯醚甲环唑、吡唑醚菌酯等
	介壳虫、绿盲蝽、蚜虫、桃蛀螟、跳甲、蓟马、天牛、木蠹蛾、金龟子幼虫等虫害	灭幼脲、啶虫脒、氟啶虫胺腈、油酸烟碱、阿维菌素、毒死蜱、高效氯氰菊酯、辛硫磷等
果实生长期	干腐病、褐斑病、根腐病、果腐病、疮痂病、蒂腐病、裂果病等病害	咪鲜胺、多菌灵、乙膦铝锰锌、晴菌唑、戊唑醇、丙环唑、醚菌酯等
	桃蛀螟、桃小食心虫、蚜虫、黄刺蛾、巾夜蛾、黑蚱蝉、介壳虫、木蠹蛾、红蜘蛛等虫害	除虫脲、氯氰菊酯、甲氰菊酯、联苯菊酯、吡蚜酮、螺虫乙酯、噻螨酮等
采果后至落叶前	早期落叶病等	氢氧化铜、甲基硫菌灵、异菌脲、嘧菌酯等

石榴苗木繁育技术规程

郭晓成[1] 杨莉[1] 张迎军[2] 张方[1] 侯隽[1]

([1] 陕西省西安市果业技术推广中心，西安 710061；[2] 陕西省西安市临潼区园艺站，西安 710600)

1 范围

本标准规定了石榴苗木繁育的术语和定义，苗圃地选择与处理，扦插，嫁接，苗期管理，出圃等技术要求。

本标准适用于西安地区石榴苗木的繁育。

2 规范性引用文件

下列文件对于本文件的应用是必不可少的。凡是注日期的引用文件，仅所注日期的版本适用于本文件。凡是不注日期的引用文件，其最新版本(包括所有的修改单)适用于本文件。

GB 6000 主要造林树种苗木质量分级

GB 15569 农业植物调运检疫规程

GB/T 6001 育苗技术规程

NY/T 391 绿色食品 产地环境技术条件

3 术语和定义

下列术语和定义适用于本标准。

3.1 沙藏

选择地势高燥、排水良好、背风向阳的地方挖深 50~60cm、宽 100cm 的沟，底铺 10cm 干净河沙，将成捆的插条头向上竖立排放或平放于沟中，一层插条一层河沙，沟上面覆盖 5~10cm 河沙和草帘防寒保湿。要求沙子含水量 60%，环境温度为 2~5℃。

3.2 苗高

地面至苗木顶端已充分木质化部分的长度。

3.3 地径

地面以上 5cm 处的主干直径。

4 苗圃地选择与处理

4.1 苗圃地选择

应符合 GB/T 6001 和 NY/T 391 要求。选择地势平坦，土壤肥沃，水源充足，排灌方便，通气性好，地下水位在 1.5m 以下，无危害性病虫源的地块；要求土层厚度大于 50cm，微酸至微碱性的沙壤土、壤土或轻粘壤土。

4.2 土壤消毒

按照 GB/T 6001 要求执行。育苗前，每亩用 50%多菌灵 WP1.0kg 与土按 1：20 的比例配制成毒土撒在苗床上，对土壤进行消毒。

4.3 整地作畦

秋冬季，每亩施经无害化处理的农家肥 2500~3000kg，深翻灌水。春天解冻后，及早整地，作成宽 0.8~1m，长 20~30m 的平畦。

4.4 覆膜

畦面浇透水，待水渗下稍干时，全畦覆盖黑色地膜。

5 扦插

5.1 插条准备

5.1.1 插条采集

落叶后结合冬季修剪采集插条。插条从品种纯正、发育健壮的结果母树上采集，在树冠外围选取健壮、饱满、生长势强、无病虫害、粗度 0.5~1.0cm 的 1 年生枝条。提倡随采随用。

5.1.2 插条贮藏

插条采集后，剪除插条上的分枝及针刺，去掉上端细弱部分及下端芽瘦瘪部分。每 50 根捆成 1 捆，拴上标签，写明品种名称，插条数量，采集时间，采集地点和采集人，进行沙藏。

5.1.3 插条处理

扦插前，将插条截成长 15~20cm，有 3~4 个对节小段。上端在距离第 1 对节 0.5~1.0cm 处剪平，下端在近节处剪成马蹄形光滑斜面。将插条下端 3~5cm 放入浓度为 100mg/L 的 1 号 ABT 生根粉溶液中浸泡 2~3h。

5.2 扦插时间

3 月下旬~4 月上旬。

5.3 扦插方法

窄行株行距 15cm×20cm，宽行行距 40cm，每畦 4 行。先确定行距，再用标有株距刻度的细绳顺行向前后固定，用钢棍等扦插器按刻度记号在畦面打孔(孔径稍大于插穗直径，深度稍小于穗长)，再插入插穗。每畦扦插 3~4 行。插条要稍斜插入土中，上端的芽眼高出地面 1~2cm。插后立即浇足水。

6 嫁接

6.1 砧木准备

6.1.1 类型

抗寒性强的酸石榴、花石榴或当地主栽农家品种的扦插苗或实生苗。

6.1.2 规格

地径大于 0.7cm、苗高 1m 以上的 1~2 年生扦插苗或实生苗。

6.1.3 排栽

在土壤化冻地温回升时，选择符合要求且整齐一致的砧木，进行适当根系修剪和蘸根处理，按照宽行60~90cm，窄行株行距15~20cm×20cm，在苗圃地开沟栽植或移栽于育苗容器内，宽窄行平面或半地下摆放，及时灌水。

6.2　品种选择

软籽、半软籽或抗寒性强的优良品种。

6.3　接穗采集与保存

6.3.1　采穗

从品种纯正、长势健壮、无病虫害的丰产优良单株上采集。提倡现采现用。

6.3.2　接穗标准

选择树冠中上部和外围生长良好、充分成熟、腋芽饱满的一年生枝，按要求截成一定长度，捆成小把，用矿蜡密封接穗两端剪口，按品种标记，分别打成小捆。

6.3.3　保存

冬季剪下的接穗沙藏或用保湿材料包装后冷库(冰箱)保存。

6.4　嫁接时期与方法

6.4.1　嫁接时期

3月下旬~4月上旬。

6.4.2　嫁接部位

砧木距地面10~30cm光滑处。抗寒性差的软籽类品种距离地面40~100cm光滑处。

6.4.3　嫁接方法

6.4.3.1　带木质芽接

在砧木距地面10cm左右削长2~3cm、深0.2cm的长椭圆形削面；然后，在接芽以下1.5cm下刀，削成长2~3cm长椭圆形芽片，最后，将芽片紧紧贴在砧木的削面上，用塑料薄膜带包严绑紧。

6.4.3.2　劈接

6.4.3.2.1　削接穗

剪取4~6cm长、有1~2芽节、粗度0.4~0.6cm或与砧木等粗的枝条作为接穗，用锋利的刨刀将接穗下端削成长2~3cm的双斜面或一边厚一边稍薄的楔形斜面，立即使用或浸在0.3%蔗糖溶液或干净水中待用。

6.4.3.2.2　嫁接

快速剪砧、切砧，将接穗插入砧木的切口内，砧木与接穗的形成层对准或至少一边对准，接穗下插时要露一点白。然后用长50cm、宽约1.5cm的塑料薄膜带捆绑。捆绑时，要求接穗与砧木接口紧贴，从下向上绑缚，一端薄膜封闭砧木断面，另一端封盖接穗顶端，把整个接穗封好，露出芽眼。

6.5　嫁接苗管理

6.5.1　检查

嫁接后20d开始检查成活率，未成活的应随时补接。

6.5.2　除萌蘖

及时抹除砧木萌蘖，一般每隔5~7d抹除1次。

6.5.3　解缚

嫁接接芽成活且嫁接部位愈合完全，新梢半木质化后将薄膜解绑。

6.5.4　设支柱

解缚后在嫁接苗旁插 100~150cm 高的立柱，将新发的接芽新梢、砧枝和立柱绑在一起，以免风折。

7　苗期管理

7.1　抹芽

枝条成活后，保留 1 个壮芽，抹除其余芽。当苗高 5cm 以上时，及时抹除顶部新梢以下的侧芽。

7.2　诱引

新梢达到 20cm 长时，可通过插条基部抹芽、剪除竞争枝、插立柱、细绳诱引等措施，确保新梢单轴延伸、直立生长。

7.3　肥水管理

保持土壤湿润，地面干时，要及时浇水。新梢长至 15cm 左右时，追 1 次速效氮肥，每亩施尿素 15kg，施后浇水。7 月下旬再追 1 次氮肥。根据长势适时叶面喷施 0.2%~0.5%尿素。后期要控制氮肥的施用，适当增施磷钾肥。晚秋应控制肥水，促枝条充分木质化，增强耐寒能力。

7.4　病虫害防治

苗期喷施 50%杀螟松 EC1000 倍液，或 2.5%溴氢菊酯 EC3000 倍液，防治蚜虫、刺蛾类、尺蠖等害虫。喷洒 50%甲基硫菌灵 WP800~1000 倍液、或 1∶1∶160 倍波尔多液防治早期落叶病。

8　出圃

8.1　起苗

8.1.1　时期

秋末全树 80%以上叶片自然落叶至春季萌芽前。

8.1.2　方法

起苗前 2~3d 苗圃地浇一次透水。在起苗过程中，注意不要撕裂侧根和苗干。大苗提倡带土球。发现有虫害的苗木就地处理或销毁，禁止出圃。大风或雨天不要起苗。

8.2　苗木质量

出圃苗木必须品种纯正，枝条木质化程度高，分支多。苗木根系完整，无病虫害、冻害和机械损伤，并达到表 1 要求。

表 1　石榴苗木质量标准

Table 1 Standard of pomegranate seedling quality

苗龄	苗高(cm) ≥	地径(cm) ≥	侧根条数(个) ≥	侧根长度(cm) ≥
1 年生	70	0.7	5	15
2 年生(1 年嫁接苗)	100	1.0	9	20
3 年生(2 年嫁接苗)	150	1.5	12	25

8.3 检验与检疫

采取随机取样法，抽样标准1000株以下5%~10%。检验方法按GB 6000执行。检疫应符合GB 15569要求。

8.4 苗木假植

假植沟要选在背风、向阳、地势高处。沟宽50~100cm，沟深和沟长分别视苗高和苗量确定。沟底铺10cm厚湿沙或湿润细土，苗梢部朝南。按品种和苗级清点数量，做好明显标志，斜立于假植沟内，填入湿沙或湿润细土，使苗根、茎干与沙土密切接触，地表填土呈堆形。冬季寒冷地区可以在假植苗木上覆盖草帘等防冻，春暖后及时撤除。

8.5 包装

8.5.1 打捆

按苗木质量，一年生苗木每50株，二年生以上每20株捆成一包。

8.5.2 保湿

按要求保湿包装。每包苗木内置标签，注明品种、砧木、产地、单位、包装、日期等。

8.6 运输

苗木运输应按鲜活物运输的规定执行，带上"苗木质量合格证""苗木检疫合格证"。长途运输，苗木根部应沾上泥浆、层与层之间填充湿润材料，用篷布覆盖，防晒、防风吹干。到达产区要及时定植或假植。

石榴设施(冷棚)防寒避雨栽培技术规程

罗华　侯乐峰*　郝兆祥　李体松
(山东省枣庄市石榴研究中心，枣庄　277300)

摘要：石榴属喜热畏寒果树，在温度低于-17℃时会出现冻害，甚至导致植株的死亡，因此冻害问题已成为我国北方石榴生产最大的障碍因子。随着我国石榴种植业发展，加之气候异常多变、物流业快速发展、南北东西果品等商品大交流，以及夏季频发的高温多雨，加剧了石榴果实日灼、裂果以及各种真菌病害的发生与发展。石榴设施(冷棚)防寒避雨栽培技术，能有效解决北方产区石榴冻害、病害两大问题。本文从设施建造、苗木繁育、园地选择与规划、栽植、土肥水管理、整形修剪、花果管理、病虫草害防治和果实采收等九个方面综述石榴设施(冷棚)防寒避雨栽培技术规程。以期为石榴设施栽培提供技术参考。

关键词：石榴；冷棚；防寒避雨；设施栽培；技术规程

Technical Regulation for Pomegranate Facility(Cold Tent), Cold and Rain Resistant Cultivation

LUO Huo, HOU Le-feng*, HAO Zhao-xiang, LI Ti-song
(*Zaozhuang Pomegranate Research Center*, *Zaozhuang* 277300, *China*)

Abstract: Pomegranate prefer hot not cold climate. When the temperature was lower than -17℃, pomegranate trees would be to death, so the problem of freezing damage had become the biggest obstacle factor for pomegranate production in northern China. With the development of pomegranate planting industry in China, together with the abnormal changing climate, rapid development of logistics industry, large exchanges of domestic commodity exchanges, and frequent high temperature and rain in summer, the occurrence and development of pomegranate fruit sunburn, cracking and various fungal diseases have been aggravated. Technology

基金项目：中央财政林业科技推广示范资金项目(鲁[2017]TG06号)；山东省西部经济隆起带和省扶贫开发重点区域引进急需紧缺人才项目(鲁发改重大办[2018]978号)。

作者简介：罗华，男，工程师，硕士，主要从事石榴种质资源收集保存、创新利用等研究。邮箱：luohua. lwc@ 163. com。

*通讯作者：Author for correspondence. 邮箱：houlefeng@ 126. com。

for pomegranate facility (cold tent), cold and rain resistant cultivation could fundamentally solve the two major problems of freezing damage and fruit cracking. This paper summarized nine cultivation technical regulations of facility construction and management, seedling breeding, garden land selection and planning, planting, management of soil, fertilizer and water, pruning, flower and fruit management, prevention and control of diseases, pests and weeds, fruit picking. It would provide important technical reference for pomegranate facility cultivation.

Key words: Pomegranate; Cold tent; Cold and rain resistant; Facility cultivation; Technical regulation

石榴(*Punica granatum* L.)原产巴尔干半岛至伊朗、阿富汗及其邻近地区，喜热畏寒、宜干忌湿、适沙怕粘。在我国北方石榴产区(包括甘肃陇南、陕西关中、山西南部、河南全部、山东黄河以南，以及安徽、江苏秦岭淮河以北等我国北方传统石榴产区)多为露地栽培，受自然因素影响极大，特别是秋、冬、春三季温度骤变或异常低温，都容易引起石榴冻害发生，已成为我国北方石榴生产最大的障碍因子。与此同时，石榴果实的各种病害、日灼也已成为我国北方石榴种植业健康发展的突出问题。为此，在我国广大的北方石榴产区，采取何种有效措施，减少冻害、病害等发生，是石榴生产中亟待研究和解决的重要问题。为此，我们进行了长达10年的研究与实践，技术可行、效果显著，并据此编制了“石榴设施(冷棚)防寒避雨栽培技术规程”。

1 范围

本标准规定了石榴设施栽培的设施建造、苗木繁育、园地选择与规划、栽植、土肥水管理、整形修剪、花果管理、病虫害防治和果实采收等技术规程。

本标准适用于我国北方，包括甘肃陇南、陕西关中、山西南部、河南全部、山东黄河以南，以及安徽、江苏秦岭淮河以北等我国北方传统石榴产区的石榴设施栽培。

2 规范性引用文件

下列文件对于本文件的应用是必不可少的。凡是注日期的引用文件，仅所注日期的版本适用于本文件。凡是不注日期的引用文件，其最新版本(包括所有的修改单)适用于本文件。

GB/T 18407.4—2001 农产品安全质量：无公害水果产地环境要求

GB/T 3095 环境空气质量标准

GB/T 5084 农田灌溉水质标准

GB/T 15618 土壤环境质量标准

GB/T 8321 农药合理使用准则

GB/T 51057—2015 种植塑料大棚工程技术规范

NY/T 496—2010 肥料合理使用准则 通则

LY/T 1893—2010 石榴苗木培育技术规程

3 设施建造

3.1 设施选择

选择冷棚，亦称塑料大棚，是以镀锌钢管或竹木为骨架、塑料薄膜为覆盖材料的拱圆型装配式大棚。

3.1.1 单栋钢棚

棚内跨度5~6.5m，棚顶高3.4~4.2m，棚肩高2.0~2.2m，拱杆长度6~8m，拱杆间距0.8~1.0m，棚长因地形而定，以30~50m为宜。

3.1.2 连栋钢棚

在单栋基础上，栋与栋之间立水泥柱或方管，上面设水槽，把水引向棚外；一连栋由几个单栋构成，应依地形而定。

3.2 设施建造

严格按照《GB/T 51057—2015 种植塑料大棚工程技术规范》选购材料和施工。

3.3 设施运营管理

3.3.1 运营与维护

生产单位应根据当地气候制定应急预案；生产者应掌握塑料大棚使用知识，注意当地天气变化；塑料大棚内、外不得存放易燃易爆物品；大棚薄膜经常处于绷紧状态；雨、雪之后及时清除积水、积雪；定期检查大棚紧固配件；大风、大雪、暴雨来临前应及时加固相关紧固件，拉紧压膜线；及时修补破损薄膜。

3.3.2 温度调节技术

立冬前先扣冷棚顶膜，立冬时再扣侧膜；侧膜、顶膜之间保留5~10cm空隙，确保冷棚内石榴树春节前不萌芽，确保花、果物候期与露地栽培一致。翌年春分至谷雨，依据当地气温变化情况，由下而上逐步卷起侧膜、顶膜。谷雨至立冬，侧膜始终处于卷起状态。

3.3.3 水分调节技术

谷雨至立冬时节，无雨及小雨时卷起顶膜，让雨水淋去叶片上的灰尘，有利于光合作用；中、大雨前关闭顶膜，防止雨水进入棚内，雨后及时卷起顶膜，接受阳光；依据棚内土壤墒情，适时灌水。

3.4.4 光照调节技术

在三伏天中午阳光最强的时候，适时关闭顶膜，以此阻挡强光对石榴果皮、籽粒的伤害，减轻石榴日灼的发生。

4 种苗繁育

参照《LY/T 1893—2010 石榴苗木培育技术规程》执行。

5 建园

5.1 园地选择

建园应选择地势较高、排水方便、灌溉便利、土壤通透、通风良好的地方。环境要符合《GB/T 18407.4—2001 农产品安全质量　无公害水果产地环境要求》，同时，要交通顺达，相对集中连片。

5.2　园地规划

建园前完善田间道路，健全排灌系统。坡度15°以下的地方可沿等高线栽植建园；坡度15°~25°的应先修梯田后建园。

5.3　品种选择

选择适合当地条件、品质优良的品种，注意授粉品种、不同成熟期品种的搭配。建议优先发展‘秋艳’‘净皮甜’‘泰山红’‘太行红’‘红花玉石籽’‘白花玉石籽‘玛瑙籽’等优良品种。

5.4　整地

栽植前对园地进行耕翻、平整，结合整地每亩施有机肥4000kg。若土壤黏重，应掺沙、增施有机肥，以此改良土壤。

5.5　栽植

提倡春季栽植；大苗(苗高1.8m、地径1.5cm以上)建园；纯林经营；株行距(2~2.5)m×(4~5)m；行间挖沟、行内起垄，其深度、高度依据地形而定；先栽密、后挖稀，分步改造成园；栽植时，挖1m见方定植穴，定植时根系舒展，先填表土，后填底土，分层踏实，栽植深度以苗木出圃时深度为宜；栽后浇足定根水，保持土壤湿润。生长季节注意中耕除草，减少杂草对石榴幼树的影响，以此促进石榴幼树健壮生长。

6　土肥水管理

6.1　土壤管理

6.1.1　保持水土

针对山地及丘陵坡地土壤肥力不足、土层较薄的实际，积极开展水土保持工作。可通过修整梯田、加高水埝等措施来完成，促进石榴树生长发育，提高石榴产量。

6.1.2　深翻熟化

对土壤结构不良的果园，除换土和大量施用有机肥外，要进行土壤深翻。深翻应结合秋季施有机肥进行，深翻时尽量少伤根，翻后充分灌水。

6.1.3　树盘培土

树盘培土可增厚活土层，有利于根系生长，加深根系分布，同时也可以提高根系的抗寒抗冻能力。一般在晚秋、初冬时节进行，沙滩地宜培黏土，山坡地宜培壤土，培土后定期再进行耕翻，同样起到改良土壤结构的作用。

6.1.4　中耕除草

在石榴树生长期需长期进行，以此疏松土壤、改善土壤通气条件、防止土壤水分蒸发。中耕宜浅，一般深5~8cm。下雨之后应及时中耕，防止土壤板结，增强蓄水、保水能力。

6.1.5　间作覆盖

6.1.5.1　榴园间作

在稀植榴园，特别是幼树和初结果榴园，利用空闲土地，进行合理间作，既能充分利用土地和光能，又能起到保持水土、抑制杂草、防风固沙、以园养园的作用。适合榴园间作的作物有豆类、瓜类等浅根矮秆作物，间作时应施足基肥，加强管理。成龄榴园最好间作苕子、苜蓿草、绿豆等绿肥作物，以增加榴园土壤有机质含量，改善土壤结构，提高土壤肥力。

6.1.5.2 榴园覆盖

榴园覆盖具有保水、增温、除草等作用。方法有园艺地布覆盖、覆草覆盖、生草覆盖。

6.2 肥料管理

6.2.1 施肥原则

以有机肥为主、无机肥为辅，严格按照《NY/T 496—2010 肥料合理使用准则通则》执行，所施肥料不应对果园环境、果实品质产生不良影响。

6.2.2 施肥种类和数量

6.2.2.1 基肥

基肥是一年中较长时期供应树体养分的基本肥料，一般以迟效性有机肥为主，混合少量速效化肥，以增快肥效、避免养分流失。有机肥如作物秸秆、堆肥、绿肥、圈肥等，经过腐熟分解，可增加土壤有机质含量，改良土壤结构，提高土壤肥力。每亩不少于1500kg。

6.2.2.2 追肥

主要在生长季节施入适量的无机肥。根据石榴树生长状况决定追肥时间、次数、数量。一般榴园1年追肥3次，即：花前肥，以氮肥为主；幼果膨大肥，氮、磷、钾肥混合施用；果实生长后期，以钾肥为主。施肥量在施足基肥的基础上，按产量1/10~2/10施入。

6.2.2.3 根外追肥

把肥料配成低浓度溶液，喷施到石榴叶、枝、果上，不通过土壤，从根外被树体吸收利用。根外追肥优点是用量小、肥效高；可避免肥料中的营养元素被土壤固定；被叶子、果实直接吸收，发挥作用快；不易造成植株徒长，缺什么元素补什么元素，具有较大的灵活性。每年4~5次，一般生长前期2次，以氮肥为主；后期2~3次，以磷、钾肥为主，依情况补施微量元素；常用肥料种类与使用浓度为：尿素0.5%，磷酸二氢钾0.2%~0.3%，硼砂0.2%~0.5%。果实采收前20d，停止根外追肥。

6.2.3 科学施肥

6.2.3.1 环状沟施肥

在树冠外缘稍远处，围绕主干挖一环形沟，沟宽30~50cm，深30~40cm，将肥料与土掺匀填入沟内，覆土填平。这种方法可与深翻扩穴结合进行。此法多用于幼树，方法简单，用肥集中。

6.2.3.2 条状沟施肥

在树冠外缘两侧各挖宽30~50cm，深30~40cm的沟，长度以树冠大小而定，将肥料与土掺匀，填入沟内，覆土。翌年可再施另一侧，年年轮换。

6.2.3.3 放射沟施肥

在树冠投影内外各40cm左右，顺水平根生长方向，向外挖放射沟4~6条，宽30cm左右，内端深15~20cm，外端深40cm左右。沟的形状一般是内窄外宽，内浅外深，这样可减少伤根。将肥料与土混合施入沟内、覆土填平。每年挖沟时应注意变换位置。

6.2.3.4 穴状施肥

在干旱缺水榴园，或有机肥数量不足的情况下，可采用穴施方法，即在树冠下距主干1m处，或在树冠周围挖深40~50cm、直径40~50cm的穴，穴的数目根据树冠大小和肥量而定，一般每隔50cm左右挖1个穴，分1~2环排列，将肥土混合施入穴内，覆土、填平、浇水。施肥穴每年轮换位置，使榴园土壤得到全面改良。

6.2.3.5　栽植、利用绿肥植物

绿肥植物是以其新鲜植物体通过就地翻压、异地施用或经堆沤作为肥料的栽培植物的总称。其主要作用有：保护榴园土壤，丰富土壤营养物质，改良土壤理化性状，增加石榴产量等作用。

6.2.3.6　测土施肥

第1步，采集土样、化验土壤；第2步，确定配方、加工配方肥；第3步，按方购肥；第4步，科学施肥、田间监测；第5步，修订配方。

6.3　水分管理

灌溉用水应符合《GB/T 5084 农田灌溉水质标准》。

6.3.1　灌水时期

石榴树较耐旱，但为了保证石榴树健壮生长和石榴果实的正常生长发育，达到丰产优质，就必须满足其水分的需求。尤其在需水高峰期，要根据不同土壤条件、天气和品种特性，进行适时、适量灌水。一般每年灌水3次。

6.3.1.1　花前灌水

主要在发芽前后。此期灌水，有利于根系吸水，促进树体萌发和新梢迅速生长，提高坐果率。如果旱情严重，浇萌芽水后，最好采用覆盖塑料薄膜的形式保水。

6.3.1.2　花后及幼果膨大期灌水

石榴花期较长，分头茬花、二茬花和三茬花，消耗水分较多。为促进坐果，促使幼果正常发育，可在头茬、二茬果实开始膨大时灌水，对促进石榴果实发育十分重要。

6.3.1.3　封冻前灌水

土壤封冻前灌水，能促进根系生长，增强根系对肥料的吸收和利用，可以提高树体的抗寒、抗冻、抗春旱能力。

6.3.2　灌溉技术

以节约用水、提高效率、减少水土流失为原则，确定灌水技术和方式方法。

6.3.2.1　沟灌

在榴园行间，开挖深20～30cm、宽30～40cm的灌水沟，沟的形式有条状沟(密植榴园行间开1条沟，稀植榴园可根据行间距和土壤质地确定开沟条数)、井字沟(榴园行间和株间纵横开沟形成“井”字形)、轮状沟(沿石榴树冠外缘挖一环状沟与水道相连)等。

6.3.2.2　盘灌

以石榴树主干为圆心，在石榴树冠投影内，以土埂围成圆盘，与灌溉沟相连，使水流入树盘内。

6.3.2.3　穴灌

在石榴树冠投影外缘，挖直径30cm左右、深度以不伤大根为宜的灌溉穴，将水灌入穴内，灌满为止。穴的数量以树冠大小而定，一般8～12个。

6.3.2.4　喷灌

可在榴园内设置固定管道，安设闸门和喷头自动喷灌。喷灌能节约用水，并可改变榴园内小气候、防止土壤板结。也可采用尼龙带微喷的方式，该方法灌溉速度快、投入成本低、节水效果好。

6.3.2.5　滴灌

在榴园内设立地下管道，分主管、支管和毛管，毛管上安装滴水头。将水压入高处水塔，开启闸门，水则顺着毛管缓缓滴入土中。该法节水效果显著、土壤不板结、推广价值较高。

6.3.2.6　漫灌

把水引入榴园，使水顺着石榴树行间漫灌。此法省事，但浪费水，易造成水土流失，且地势稍有不平，就会造成积水，浇后土壤容易板结。

7　整形修剪

7.1　改“多干树形”为“单干树形”

依据石榴树生长结果习性，借鉴苹果、梨、大枣等果树栽植和整形的方式方法，采用主干疏层形、小冠疏层形、纺锤形等单干树形，进行栽植和整形。该方法操作简单，3年可成型，5年可丰产，榴园通风透光良好，管理方便。

7.2　改“金字塔”树形为“倒金字塔”或“伞”型树形

石榴苗木定植后在80~100cm处定干，剪口处春天萌发的枝条原则上均予以保留，然后向“轻剪、省力化”方向的“倒金字塔”树形发展、培养。无论整成何种树形，单株成型后最理想的树形是“倒金字塔”或“伞”形，此种树形有利于为石榴果实遮阴，能够有效防止“石榴日灼病”的发生。

7.3　改“四季修剪”为“以夏季修剪为主，春季修剪为辅”

由于石榴树对修剪反应十分敏感，冬春修剪后剪口处萌芽增多，加剧了石榴树营养生长与生殖生长的矛盾，影响了坐果，恶化了光照，降低了品质，还增加了春、夏、秋三季修剪用工。现代石榴生产则更侧重于夏剪控制。为此，应彻底摒弃传统的冬春修剪，春季适当疏除交叉、重叠、对生等枝条，适当短截或回缩下垂、病虫、枯弱、冗长等枝条，集中营养，可起到疏花疏果的作用。在石榴生理落果后至8月初，重点进行一次以“疏枝、撸枝、除萌”为主的夏季修剪。

7.4　改“撑拉别扭圈，割剥扎绞摘”为“撸枝、疏枝、除萌”

充分利用石榴枝条“韧性好、可塑性强”的优势，在石榴枝条半木质化至木质化初期这一段时间，依据整形需要，通过“撸枝”，调整拟保留枝干的角度及方向，并疏除多余枝条，重点培养树形，控制其营养生长及树势，促使树体养分朝有利于开花结果的方向转变。

7.5　改“二稀二密”为“二密二稀”

通过整形修剪，使石榴树保持“上稀下密、外稀内密”为“上密下稀、外密内稀”状态，以确保石榴果实在整个生长期内均在树荫下，以此预防“石榴日灼病”的发生。

8　花果管理

石榴树花量大，双花、三花、多花现象很普遍，以致双果、三果、多果现象也很普遍。同时，花期长，分为头茬、二茬、三茬花，故落花落果现象也很严重。目前，石榴生产上很多果农一味的保花保果、维持高产，势必造成优质果率不高，直接影响果品品质和售价。现代石榴栽培的意义在于能够开好花、结好果。花果管理是现代石榴栽培中的重要措施。采用适宜的花果管理技术，是石榴连年丰年、稳产、优质的保证。

石榴生产中，合理的负载量是果实优质的前提。树体积累养分是一定的，如果负载太多，会导致果个小、售价低；若负载少，尽管果个大、品质好，但终因产量低，导致效益也不会很高。生产中果实负载量的调整主要靠两种途径来完成：一是保花保果，二是疏花疏果。

8.1 保花保果

石榴树花量大，花期阴雨、温度低于 29℃时，就会出现严重的落花落果现象。提高石榴树坐果率的主要措施有：

8.1.1 抑制营养生长

石榴开花前，主要实施摘心、除萌、扭梢等措施，促进石榴花器发育，提高完全花比率，促进坐果。

8.1.2 花前追肥、浇水

在新梢生长高峰期，树体需要大量养分，要及时给予补充，以促进营养生长，增强光合作用，增加正常花数量。此期以追施氮肥为主，配合施用磷肥。对衰老树和结果过多的大树，应加大追肥量；对过旺的徒长性幼树、旺树，追肥时可以少施或不施氮肥，以免引起枝叶徒长，加重落花落果。追肥后要及时浇水。

8.1.3 喷施微量元素

花期喷施 0.2%的硼砂或硼酸，配合喷施 0.2%有机速效氮肥，可以促进花粉萌发、花粉管伸长，有利于充分受精，可明显提高坐果率。

8.1.4 人工辅助授粉

在气候不良的情况下，昆虫活动受到限制，可采用人工辅助授粉，以促进授粉、增加坐果。

8.1.5 果园放蜂

蜜蜂是传粉的优良媒介，石榴花期放蜂可以促进授粉、增加坐果。

8.1.6 防治病虫害

幼果膨大期应及时防治桃蛀螟，是保花保果的重要举措。

8.2 疏花疏果

合理疏花疏果，可以保证连年丰产、稳产，提高果实品质，还可以保证树体健壮生长，提高树体养分贮藏水平，增强树体抗寒、抗病能力。

8.2.1 疏花疏果原则、依据

8.2.1.1 分次进行。

8.2.1.2 成熟期

早熟品种宜早定果，中、晚熟品种可以适当推迟几天。

8.2.1.3 坐果率

坐果率高的品种多疏，坐果率低的品种少疏或只疏果不疏花。

8.2.1.4 人工疏除

最好人工疏除，劳力极缺时可以考虑其他方法疏花疏果。

8.2.1.5 树势、枝势

壮树、壮枝多留，弱树、弱枝少留，临时性枝多留，永久性骨干枝少留。

8.2.1.6 单果重

根据平均单果重，在果枝上按一定距离均匀留果。一般平均 30cm 可留 1 个果。大型果间距可略大一些，中型果间距适当小一些。

8.2.1.7　树龄

幼树少留，成龄树多留，衰老树少留。

8.2.2　疏花疏果时期

疏花疏果进行越早，节约贮藏的养分就越多，对树体及果实生长也越有利。从肉眼可以分辨出正常花蕾与退化花蕾时起，到盛花期结束，均可疏蕾、疏花。幼果坐稳后，再根据坐果多少、坐果位置，进行疏果。留果量要比理论留果数多15%~20%，最后根据果实在树冠的分布情况进行定果。

8.2.3　疏花疏果方法

首先摘除外形较小的退化花蕾和花朵，保留正常花，尤其注意疏除树冠上部及外围的花、果，多保留树冠下部以及树冠内膛的花蕾、花朵、幼果。在尽可能"叶下留果、均匀留果"前提下，原则上"去多留单、去双留单、去畸留正、去小留大、去上留下、去侧留顶、去外留内"，以此节省树体营养。

8.3　果实管理

疏花疏果完成后，为提高石榴优质高档果率，还要尽可能地采取各种措施，提高果实品质。

8.3.1　进一步落实定果工作

以树定产，以产定果。在坐果率一定的前提下，通过后期疏果、定果，严格控制结果数量，确保提高单果质量。定果工作可以从萼筒变绿、果实开始膨大时进行。定果时应首先疏除病虫果、畸形果，选留头茬果，留足二茬果，疏除三茬、末茬果。定果时，为保证留果数量适中，应本着"依株定产、依产定果、分枝负担"的原则进行。最后将定下的果数，按主枝大小、强弱，合理分配。为避免病虫害、机械损伤、自然灾害等原因造成的落果，留果数目可以适当多于理论数。这样的计算并非每株都要进行，只要做上几株，心中有数，即可全园铺开。也可探讨根据叶果比、树干截面积、新梢生长等情况确定留果数量。

8.3.2　铺反光膜

在树下铺反光膜，除具有抑制杂草、保持水分等作用外，还可以显著改善树冠下部、内膛光照条件，生产出全红、优质的石榴鲜果。

9　病虫草害防治

9.1　防治原则

预防为主，综合防治。防治措施以农业和物理防治为基础，生物防治为核心，按照病虫害发生规律和经济阈值，科学使用化学防治技术，有效控制病虫危害。

9.2　农业防治

保持强健树势，剪除病虫枝，消除枯枝落叶，刮除树干翘裂皮，深翻树盘，科学施肥，抑制病虫害发生。

9.3　物理防治

根据害虫生物学习性，采用频振式杀虫灯、糖醋液、树干缠草等方法诱杀害虫。

9.4　生物防治

人工释放赤眼蜂、草蛉、捕食瓢虫、捕食螨等昆虫天敌。应用有益微生物及其代谢产物防治病虫害。利用昆虫性外激素诱杀或干扰成虫交配。

9.5 化学防治

9.5.1 药剂使用原则

提倡使用生物源农药、矿物源农药和低毒有机合成农药，有限度地使用中毒农药，禁止使用剧毒、高毒、高残留和致畸、致癌、致突变农药。

9.5.2 合理使用农药

加强病虫害的预测预报，有针对性地适时用药，未达到防治指标或益虫与害虫比例合理的情况下不使用农药；注意不同作用机理农药的交替使用和合理混用，以延缓病菌和害虫产生抗药性，提高防治效果。

严格按照《GB/T 8321 农药合理使用准则》用药。

9.6 主要病虫害

9.6.1 主要病害

干腐病、果腐病、蒂腐病、麻皮病、枯萎病、根结线虫病、疮痂病、早期落叶病等。

9.6.2 主要害虫

桃蛀螟、蚜虫、介壳虫、绿盲蝽、麻皮蝽、桃小食心虫、茎窗蛾、蓟马、果蝇、巾夜蛾、木蠹蛾、橘小实蝇等。

9.6.3 防治规程

9.6.3.1 落叶至休眠期(11 月~翌年 3 月中旬)

剪除病虫枝梢、越冬茧、病僵果；刮刷介壳虫越冬雌虫；刮除老粗翘皮、病瘤、病斑；清除枯枝落叶，集中烧毁。主干涂白；萌芽前树体喷布一次 3~5 波美度石硫合剂。

9.6.3.2 萌芽、初花期(3 月下旬~5 月上旬)

刮干腐病病斑，用 5%百菌清 30~50 倍液涂抹 2 次(间隔 7~10d)防治干腐病；设置频振式杀虫灯、糖醋液或性诱剂诱杀桃蛀螟成虫；树冠下土壤喷 50%的辛硫磷乳油 300 倍液，防治桃小食心虫，喷后浅锄；5 月初喷 50%吡虫啉 3000 倍液防治蚜虫。

9.6.3.3 盛花期(5 月中旬~6 月上旬)

5 月下旬树盘下土壤用辛硫磷处理一次，树上喷菊酯类农药，防治桃蛀螟、桃小食心虫、龟蜡蚧、石榴绒蚧、绿盲蝽等；剪、拾虫梢并烧毁或深埋。

9.6.3.4 果实发育至落叶期(6 月中旬~11 月下旬)

根据降雨情况，每 10~20d 喷一次杀菌剂，多菌灵、波尔多液等交替使用，防治早期落叶病、干腐病、疮痂病等真菌病害；根据虫害发生情况，加入杀虫剂；剪除石榴茎窗蛾、木蠹蛾危害的枝梢，摘除桃蛀螟、桃小食心虫为害的果实集中烧毁或深埋；9 月下旬树干绑草，引诱桃小食心虫、刺蛾等害虫越冬幼虫和卵，定期收集烧毁。

9.7 主要草害

9.7.1 主要草害

莎草、稗草、狗尾草、刺儿菜、苍耳、葎草、艾蒿、三叶鬼针草、马齿苋、牛筋草、白茅等。

9.7.2 防治策略

以利用为主，以清除为辅。如果清除杂草，应结合榴园田间管理，以机械除草为主，以人工除草为辅。

9.7.3 防治方法

榴园杂草防治方法主要有：耕作除草、覆草除草、生草除草、地膜除草、地布除草、家禽除草、药物除草、火焰除草等。

10 果实采收

石榴达到可采成熟度后方可采收。采收时避免机械损伤。采收后分级包装，包装箱与贮藏条件符合无公害要求。

第三篇

石榴遗传育种和生物学研究

超软籽石榴新品种‘慕乐’的培育

李好先[1] 曹尚银[1*] 姚方[2] 骆翔[1] 马贯羊[3] 袁新征[2]
夏小丛[1] 赵弟广[1] 常见[2] 陈利娜[1]
([1]中国农业科学院郑州果树研究所，郑州 450009；[2]河南林业职业学院，洛阳 471002；
[3]洛阳农林科学院，洛阳 471023)

摘要：‘慕乐’是通过国家林业局下达的948项目“软籽石榴品种资源及集约培育技术引进”(编号：2012-4-55)，2012年3月到以色列国家农业组织(ARO) Newe Ya’ar研究中心考察，与Amos Blumerifeld博士通过资源交换的‘Mollar de Elche no. 14’，引入我国经过进一步高接观察和区试后培育的新品种。平均单果重370g，纵径76.21mm，横径89.20mm。果个大，果面粉红色，籽粒红色，百粒重54g，晶莹剔透，风味甘甜可口，核仁极软可食。可溶性固形物含量14.5%，可滴定酸0.24%，氨基酸8.29g/kg，维生素C17.0mg/kg，核仁硬度1.75kg/cm^2。河南郑州9月下旬成熟，早丰性好。

关键词：石榴；软籽；新品种；‘慕乐’

A Newsuper Soft-seed Pomegranate Cultivar ‘Mule’

LI Haoxian[1], CAO Shangyin[1,*], YAO Fang[2], LUO Xiang[1], MA Guanyang[3], YUAN Xinzheng[2], XIA Xiaocong[1], ZHAO Diguang[1], CHANG Jian[2], CHEN Lina[1]
([1]*Zhengzhou Fruit Research Institute*, *Chinese Academy of Agricultural Sciences*, *Zhengzhou*, *Henan* 450009, *China*; [2]*Henan Forestry Vocational College*, *Luoyang*, *Henan* 471002, *China*; [3]*luoyang Academy of Agriculture and Forestry Sciences*, *luoyang*, *Henan* 471023, *China*)

Abstract: ‘Mule’ is a new super soft-seed pomegranate cultivar from the State Bureau of Forestry 948 project “Soft Seed Pomegranate Variety Resources and Intensive Cultivation Technology Introduction” (No. 2012-4-55) issued by the State Forestry Administration. In March 2012, the project team visited the Newe Ya’ar Research Center, Agriculture Research

---

资助项目：中国农业科学院科技创新工程专项(CAAS-ASTIP-201X-ZFRI-03)；中央级公益性科研院所基本科研业务费专项(1610192019103)；我国优势产区落叶果树农家品种资源调查与收集(2012FY110100)。

作者简介：李好先，男，助理研究员，研究方向是核桃、石榴种质资源收集、鉴定和遗传育种。电话：13903834781，邮箱：lihaoxian@ caas. cn。

* 通信作者 Author for correspondence(s. y. cao@ 163. com)。

Organization (ARO) for exchanging the 'Mollar de Elche no. 14' with Dr. Amos Blumerifeld, and which were cultivated in China after further high observation and regional trials. The average single fruit weight is 370g, the longitudinal diameter is 76.21mm, and the transverse diameter is 89.20mm. Its fruit skin and aril are pink red. The weight of one hundred aril is 54g. The aril is crystal clear, sweet and delicious. 'Mule' contains 14.5% of the total soluble solid content, 0.24% of the total titratable acid, 8.29g/kg of the total amino acid, 17.0mg/kg of vitamin C, and the seed hardness is $1.75kg/cm^2$. The fruit is ripening in late September in Zhengzhou city, Henan province. The early yield of the variety is good.

Key words: Pomegranate; Soft-seed; Cultivar; Mule

石榴(*Punica granatum* L.)是多年生小乔木或灌木[1-2]。软籽石榴是近年来发展最快、效益较好的特色果树树种之一。以色列是重要的软籽石榴种植和出口国，90%以上的生产用于出口到意大利、德国和日本等，其栽培面积有4.5万亩，产量近10万t。以色列国家农业组织(ARO)Newe Ya'ar研究中心是软籽石榴重要研究机构，拥有石榴种质资源180余份，培育软籽石榴品种超过10个，已经成为国际上重要的石榴研究中心和育种机构[2]。目前，我国石榴栽培面积约12万hm^2，年产量约120万t。近年来，软籽石榴受到我国人民的喜爱，是中秋、国庆佳节的馈赠佳品，但产量不足，已经成为市场最为紧缺的珍稀果品之一[3]。目前，软籽石榴品种较少，且当前品种在部分地区存在坐果率低、品种退化、抗病性差等问题，影响软籽石榴产业发展。为增加软籽石榴品种供给类型，更大程度上满足种植需求，中国农业科学院郑州果树研究长期致力于软籽石榴新品种培育，以软籽、超软籽、红皮红籽、优质、抗病、抗逆为育种目标，培育出'慕乐'软籽石榴新品种。

1 选育过程

国家林业局2012年下达的948项目"软籽石榴品种资源及集约培育技术引进"(编号：2012-4-55)，要求从世界上软籽石榴研究先进的国家和机构通过资源交换一批软籽石榴品种(系)。因此，在国家"948"项目管理办的支持下，项目主持单位河南林业职业学院和参加单位中国农科院郑州果树研究所，从2012年至今开展软籽石榴资源引进和集约培育技术，陆续从以色列、意大利和西班牙等国通过资源交换引进软籽石榴品种，并开展引进品种(系)的保存和苗木扩繁，生态适应性及抗逆性研究，示范园营建等工作。2012年3月项目组成员与以色列国家农业组织(ARO)Newe Ya'ar研究中心Amos Blumerifeld博士通过资源交换获得了'Mollar de Elche no. 14'、'Mollar VA (Valencia) no. 1'和'Malisi'。'Mollar de Elche'是西班牙的地方品种，'Mollar de Elche no. 14'是其中的优系，'Mollar de Elche'品种特性是：果皮黄色，果面光洁，果个中等大小，单果均重353.2g，单株产量44kg，软籽，籽粒红色。

2012年将交换的接穗分两批高接于中国农业科学院郑州果树所和河南林业职业学院的石榴资源圃内。全部嫁接成活，且生长良好。高接大树2013年开始开花结果，通过2013年、2014年物候期和果实品质调查，'Mollar de Elche no. 14'在籽粒软硬度、丰产性、果实品质等方面表现优异。2014—2018年陆续在荥阳高村乡、淅川县老城镇乡、焦作市山阳区和洛阳市新安县进行区试，同时以‘突尼斯软籽’石榴作为对照。经过连续4年区试，该优系果个大，籽粒超软，坐果率高，可溶性固形物15%左右，品质优，坐果率和籽粒软度优于‘突尼斯软籽’，早期丰产性强，综合性状优良、遗传性状稳定。2018通过河南省林木品质审定委员会审定，定名为‘慕乐’石榴(图1)，审定编号：豫S-ETS-PG-037-2018。

2 主要性状

2.1 果实性状

果个大，平均单果重370g，最大果重570g。该品系外观漂亮，果实近圆形，果皮光洁明亮，果面粉红色，裂果不明显。籽粒红色，汁多味甜，出汁率83%，核仁软(硬度1.75kg/cm^2)可食用，不吐籽。可溶性固形物含量15.0%左右，风味甘甜可口，品质极佳。

表1 ‘慕乐’与对照品种‘突尼斯’果实性状比较

Table **1** Comparison of fruit characteristics between ‘Mule’ and ‘Tunis’

品种	单果重(g)	皮色	皮厚(cm)	百粒重(g)	核仁硬度(kg/cm^2)	可溶性固形物(%)	可滴定酸(%)	出汁率(%)
慕乐	370	粉红	0.41	54.0	1.75	14.5	0.24	83
突尼斯	383	黄红	0.44	53.2	1.9	14.4	0.29	81

2.2 植物学特征

小乔木，树势中等，树姿开张。幼树针刺稍多，成年树针刺不发达，树干灰褐色，多年生枝紫红色，皮孔稀而少，一年生枝条淡红色，阳面紫红色。叶片深绿色，长椭圆形或卵圆形，大而肥厚，平均叶长4.5cm，宽1.8cm。叶柄红色，长度4.8mm，基部绿色；成叶叶色浓绿，幼叶叶色绿色，叶面光滑，有光泽，叶尖钝，叶全缘，叶柄绒毛中等。叶芽大，圆锥形，贴伏，红褐色，茸毛较多。顶花芽呈圆锥形，中大，鳞片较松，茸毛较多。雌雄同花，单瓣，每瓣1轮(萼片5~8)，花蕾红色，花冠直径4.4cm，花瓣圆形，红色，开花整齐；花托红褐色，圆柱形，花药黄色，雄蕊120~170枚。幼树以中、长果枝结果为主，成龄树中、长、短果枝均可结果，二茬花完全花率约3%~5%，头茬花自然坐果率55%~58%，坐果率高。

2.3 生物学特性

2.3.1 物候期

在郑州地区9月下旬成熟，与‘突尼斯软籽’基本同期；3月中下旬萌芽，4月中下旬现蕾，5月初初花，5月5日至25日盛花期，盛花期持续约20d，6月中旬进入末花期，6月初形成幼果，果实生育期约118d，9月下旬果实成熟，11月中下旬落叶，全年生育期约180d。

2.3.2 生长结果习性

幼树以中、长果枝结果为主，成龄树长、中、短果枝均可结果。多数雌蕊高于雄蕊或与雄蕊平，自花即可结实，配置‘突尼斯软籽’石榴或‘中石榴1号’石榴作为授粉树，坐果率更高。大小年结果现象不明显。2年生树高达1.8m，结果3~5个，平均株产1.6kg，3年生树平均株产5.1kg，4年生树平均株产17.3kg。

表 2 '慕乐'与对照品种丰产性产量比较(kg)

Table 2 Comparison of fruit yield between'Mule'and'Tunis'

品种	高接第 3 年		高接第 4 年		高接第 5 年	
	亩产量	平均株产	亩产量	平均株产	亩产量	平均株产
慕乐	1539.0	28.5	2781.0	51.5	2929.6	52.4
突尼斯	1009.8	18.7	1690.2	31.3	1927.8	35.7

2.3.3 适应性及抗病性

适宜在最低温度-8℃以上的地区栽培，也可在海拔 1300~1900m 的干热河谷地区生长，在河南郑州等地区生长需要采取防冻措施，果实品质好。该品种抗旱，耐瘠薄，抗裂果。该品种对干腐病和褐斑病均有一定抗性。在秦岭—淮河一线以南地区为适宜栽培区，黄河以南至淮河以北为次适宜区，在次适宜栽培区栽植须采用防冻措施。

3 栽培技术要点

3.1 定植方式与定植密度

'慕乐'石榴树势中庸，干性弱，定植时可采用竹竿或木桩绑缚，以利于直立生长。排水差的地区采用起垄栽培。株行距一般采用 2.5m×3m 或 2.5m×4m，每亩栽 88 株或 66 株。

3.2 树形管理

可采用单干式小冠疏层形和单干三主枝自然开心形。若利用架式，可采用 Y 字型整理树形。

3.3 病虫害防治

石榴病害主要有干腐病和褐斑病，主要虫害有蚜虫和石榴茎窗蛾。秋冬季节清园，集中烧毁或深埋，以减少越冬虫卵和病源。萌芽前喷 3~5 波美度石硫合剂，防治石榴干腐病、褐斑病等。4~6 月份喷施 10%高效氯氰菊酯悬浮剂 3000 倍+80%代森锰锌可湿性粉剂 600 倍防治蚜虫、干腐病等；7~9 月份喷施 40%苯醚甲环唑乳液 3000 倍+22%氟啶虫胺腈悬浮剂 1000 倍+430mg/L 含量戊唑醇 5000 倍防治石榴茎窗蛾、石榴果腐病等。

4 综合评价

'慕乐'石榴是超软籽品种。在生产中表现出籽粒超软，坐果率高、早期丰产性好、适应性强等优点，具有良好的推广应用前景。

图 1 超软籽石榴新品种'慕乐'

Fig. 1 Anew super soft-seed pomegranate cultivar'Mule'

图 2 Y 字型架式

Fig. 2 The type of Y frame

参考文献

[1]曹尚银，侯乐峰．中国果树志·石榴卷[M]．北京：中国林业出版社，2013.

[2]Doron Holland and Irit Bar-Ya'akov. Advances in Plant Breeding Strategies：Fruits Volume 3-Chapter 15 Pomegranate(*Punica granatum* L.)Breeding[M]．2018.

[3]罗华，刘娜，郝兆祥，等. 我国软籽石榴研究现状、存在问题及建议[J]．中国果树，2017(1)：96-110.

石榴开花相关基因 Gglean005812 基因克隆及功能分析

陈利娜　敬丹　夏小丛　杨选文　李好先　骆翔　曹尚银*
（中国农业科学院郑州果树研究所，郑州　450009）

摘要：探索石榴 Gglean005812 对开花时间的影响。以'突尼斯软籽'石榴为试材，采用 TA 克隆的方法获得 Gglean005812 全长 CDS 序列；DNAMAN 分析其氨基酸结构，系统进化分析其可能功能；双酶切方法构建 Gglean005812 过量表达载体，利用农杆菌介导法侵染野生型拟南芥，观察 T2 代转基因拟南芥表型。获得 Gglean005812 基因编码区 603bp，共编码氨基酸 196 个，含有 SQUAMOSA-pROMOTER BINDING PROTEIN(SBP)保守结构域；Gglean005812 与其他植物 *SPL-like* 基因进化分析结果表明，石榴 Gglean005812 与桉树 *EgSPL*-3 聚类到一起；35S:：Gglean005812 转基因拟南芥表现为花期提前，同时 Gglean005812 基因表达量越高的单株花期越早。石榴 Gglean005812 基因为 SPL-like 家族基因，它具有典型的 SBP 保守结构域，参与调控植物开花时间。

关键词：石榴；*SPL-like*；开花时间；成花转变；童期

Cloning and Functional Verification of Gglean005812 Associated with flowering in Pomegranate

CHEN Lina, JING Dan, XIA Xiaocong, YANG Xuanwen, LI Haoxian, LUO Xiang, CAO Shangyin*
(*Zhengzhou fruit research institute, Chinese Academy of Agricultural Sciences, Zhengzhou*, 450009 *China*)

Abstract: Pomegranate is one of the favorite table fruits in the world, which is valued for their flavorful, juicy aril sacs and more lately for commercial juice production. Juvenile phase is the inevitable stage of cross-breeding of fruits. Most pomegranate seedlings take up to three years to bloom and bear fruit. The long juvenile period is an important factor restricting the breeding process of pomegranate. The obstacles are manifested exist in various processes of cross-breeding. Cutting down juvenile phase has significant impact on shortening the cross-breeding cycle of fruit trees. Gglean005812, which was annotated as *SPL-like* gene may play important roles in pomegranate flowering. But the function of it was not verified, the objective of this study was to verify the function of Gglean005812. 'Tunisiruanzi' pomegranate flowers were used as materials, RNA was extracted by CTAB method, and TIANScript cDNA first-strand synthesis kit was employed for the first strand synthesis of cDNA. Coding sequence of Gglean005812 was obtained by TA cloning. The recombinant expression vector of PBI121-Gglean005812 with 35S promoter was constructed double-enzyme digestion method. Inflorescence of Arabidopsis thaliana was infected by agrobacterium-mediated method when white petals of flowers were not fully expanded. Positive transgenic lines were screened by 50mg/L kanamycin on the MS culture medium. Moreover, DNA of transgenic lines were extracted, PCR was conducted to screen positive lines, qRT-PCR were conducted to detect the expression level of Gglean005812. The length of coding sequence of Gglean005812 was 603 bp, encoding 196 amino acids. It contained the conserved domain of SQUAMOSA-pROMOTER BINDING PROTEIN (SBP), and the conserved domain was located at positions 70−144 of the amino acid sequence. The amino acid composition of Gglean005812 protein has the highest content of Arg and Glu, but without Trp, the total number of acidic amino acid residues(Asp+Glu) was 31, and the total number of basic amino acid residues(Arg+Lys) was 39. The results of ProtParam analysis showed that the molecular weight of the predicted amino acid sequence was 21938. 35D, the molecular formula was $C_{915}H_{1486}N_{308}O_{301}S_{10}$, the total number of atoms was 3020, the theoretical isoelectric point was 9. 16, and the protein instability coefficient was 70. 90(unstable protein). The average hydrophilicity is −1. 776, which indicated it was a hydrophilic protein. Pomegranate Gglean005812 was clustered with Eucalyptus *EgSPL-3*, followed by tea tree *CsSPL-3* and peanut *AhSPL-1* genes. The grape *VvSPL-1* and strawberry *FvSPL-7* in the fruit tree are closely related to the pomegranate Gglean005812. A total of 4 positive individuals including L2, L5, L7 and L9 were identified in transgenic Arabidopsis thaliana. qRT-PCR results showed that the expression of L9 was significantly higher than that of other lines, followed by L7, L5 and L2 expression. L5 and L9 were selected for phenotypic observation. The results showed that Gglean005812 transgenic Arabidopsis showed early flowering, and the early of flowering time was positively correlated with the expression level of Gglean005812. Gglean005812 was a *SPL-like* family gene, which has a typical SBP conserved domain. It was involved in regulating plant flowering time.

Key words: Pomegranate; *SPL-like*; Flowering time; Flowering transition; Juvenile phase

开花是植物从营养生长向生殖生长转变的重要进程，果树开花是果实形成的必要前提。而多数果树从播种到具有正常开花潜能都需要经历数年[1]，果树童期长是制约果树育种进程的重要因素[2]。石榴(*Punica granatum* L.)为落叶果树[3]，近年来中国石榴栽培面积日益扩大[4]。石榴果实富含维生素、多酚等次生代谢物，对癌症、冠状动脉心脏疾病、动脉粥样硬化、高胆固醇血症、高血脂和高血压等具有显著的疗效[5-7]。但大部分栽培石榴实生苗需要经历 3 年童期，严重制约石榴育种进程。因此，缩短石榴童期是加速石榴育种进程的重要措施。

SPL(squamosa promoter-binding protein-like)转录因子广泛存在于绿色植物，是花发育过程中的一个重要的调节枢纽。*SPL* 基因最初是从金鱼草中分离出来[8]，它通过和 MAD-box 基因中 squamosa 启动子结合调控植物花的早期发育。随后在番茄、拟南芥、玉米等植物中

相继挖掘出 *SPL* 基因[9-11]。植物开花时间主要受光周期、赤霉素途径、春化途径、自发途径和年龄途径调控[12]，其中年龄途径主要是指植物幼年期营养发育转入成年期生殖发育的过程，miR156 和 miR172 在许多植物中下调靶基因影响植物的开花时间。在拟南芥、烟草中过量表达 miR156 会延迟开花并延长植物的幼年期[13-14]。*SPL15* 和 *SPL9* 作为 miR156 靶基因在植物阶段转变及成花诱导后在花原基中起作用[14-15]。前人研究表明，葡萄和柑橘中的 *SPL-like* 基因对于成花转变及开花时间调节具有重要作用[16-17]，但石榴中目前未有相关报道证明，本研究以'突尼斯软籽'石榴为材料，克隆石榴 *SPL-like* 基因，对其结构进行分析，并转化拟南芥，初步验证其对开花时间的调节作用，以期为缩短石榴童期，加速育种进程奠定理论基础。

1 材料和方法

1.1 试验材料

试验于 2018 年 5 月至 2019 年 4 月在中国农业科学院郑州果树研究所进行，植物材料选用 11 年生'突尼斯软籽'石榴，栽植于郑州果树研究所资源圃，株距 2m、行距 3m。常规管理。拟南芥转化选用哥伦比亚野生型拟南芥。

1.2 试验方法

1.2.1 Gglean005812 基因 CDS 全长序列克隆

以'突尼斯软籽'石榴花为材料，CTAB 法提取 RNA，反转录用 TIANScript cDNA 第一链合成试剂盒。采用 TA 克隆方法，以石榴基因组数据库中 Gglean005812 基因为参考序列，引物设计使用 Vector NTI。PCR 扩增采用 NEB 的 Q5 高保真 DNA 聚合酶进行扩增，酶切位点选用 XbaI/BamHI，上游引物 Gglean005812-F：

5'-GCTCTACAATCAATGCCAATAAAAGGCT-3'，下游引物 Gglean005812-R：5'-CTG-GATCCTCTTATCTGGAAGTGCTTAA-3'。反应体系（50ul）：5 × Q5 Reaction buffer：10ul；10mM dNTP：1ul；10uM Gglean005812-F：2.5ul；10uM Gglean005812-R：2.5ul；Q5 高保真酶：0.5ul；灭菌 ddH_2O：23.5ul。反应程序：98℃ 30s；98℃ 10s，60℃ 30s，72℃ 30s，35 个循环；72℃ 2min；4℃ pause。1.5%的琼脂糖凝胶电泳跑胶，条带纯化选用天根凝胶回收试剂盒。纯化后的产物用擎科 pClone007，转化到大肠杆菌 DH5α 感受态中，挑取单菌落送生工生物工程(上海)股份有限公司进行测序，测序选用通用引物 M13。

1.2.2 基因序列及蛋白序列分析

核酸开放阅读框序列分析由软件 DNAMAN 完成；保守结构域预测选用 NCBI CDD 在线预测；系统进化树用 MEGA7.0 本地软件邻接法构建，bootstrap 值为 1000；ProtParam 软件，在线分析氨基酸残基数量和组成、蛋白质相对分子质量、分子式、理论等电点及亲水性等理化性质分析。

1.2.3 表达载体构建及转基因拟南芥花表型观察

过量表达载体选用带有 GUS 标签的 PBI121 载体，限制性酶切位点选用 XbaⅠ/BamHⅠ，T4 连接酶连接 Gglean005812 和 PBI121-GUD，构建带有 35S 启动子的 PBI121-Gglean005812 重组表达载体。野生型拟南芥在光照 16h 23℃/黑暗 8h 18℃，长日照条件下生长。拟南芥花露白，白色花瓣未完全展开时期，采用农杆菌介导法侵染花序[18]，保湿过夜，长日照培养并收取种子。50mg/L 卡那霉素的 MS 培养基上筛选阳性植株，同时，以野生型拟南芥为对照，通过 PCR 鉴定阳性单株，荧光定量检测不同阳性单株 Gglean005812 基因表达量。

2 结果与分析

2.1 Gglean005812 基因克隆

采用 TA 克隆方法，获得 Gglean005812 基因编码区 603bp，共编码氨基酸 196 个(图 1B)，含有 SQUAMOSA-pROMOTER BINDING PROTEIN(SBP)保守结构域(图 1A)，保守结构域位于氨基酸序列第 70～144 位(图 1B)。Gglean005812 基因为典型的 SPL-like 家族基因。

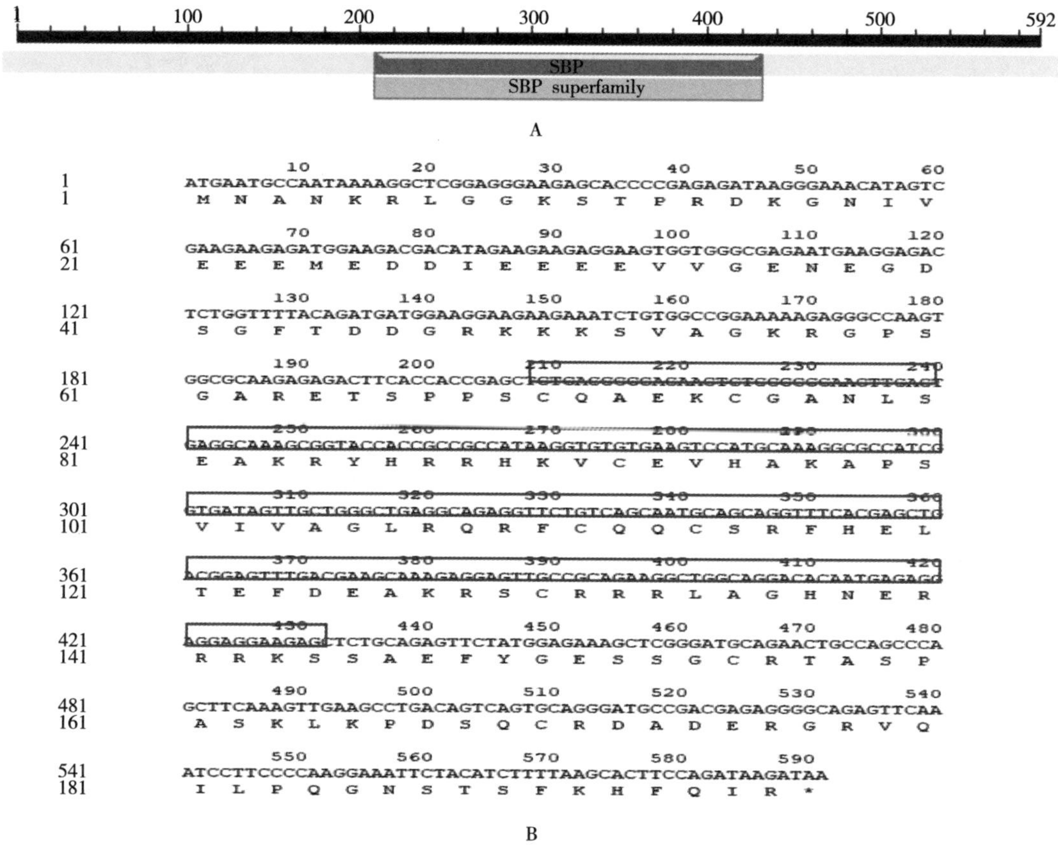

图 1 Gglean005812 基因编码区及氨基酸序列特征

Fig. 1 Characteristic of Gglean005812 CDS and amino acid sequence

2.2 Gglean005812 蛋白氨基酸序列分析

Gglean005812 蛋白氨基酸组成成分如图 2 所示，Arg 和 Glu 含量最高，不含有 Trp，酸性氨基酸残基总数(Asp+Glu)为 31，碱性氨基酸残基总数(Arg+Lys)为 39 个。ProtParam 分析结果表明其氨基酸序列推测蛋白分子质量为 21938.35D，分子式为 C915H1486N308O301S10，原子总数为 3020 个，理论等电点为 9.16，蛋白不稳定系数 70.90(即该蛋白为不稳定蛋白)。平均亲水性-1.176，为亲水性蛋白。

Gglean005812 与其他植物 *SPL-like* 基因进化分析结果表明，石榴 Gglean005812 与桉树 *EgSPL-3* 聚类到一起，这与 Yuan 等研究的石榴与桉树亲缘最近的结论相符(Yuan et al.,

2018）。其次为茶树 *CsSPL-3* 和花生 *AhSPL-1* 基因。果树中葡萄 *VvSPL-1* 和草莓 *FvSPL-7* 与石榴 Gglean005812 亲缘关系较近（图 3）。

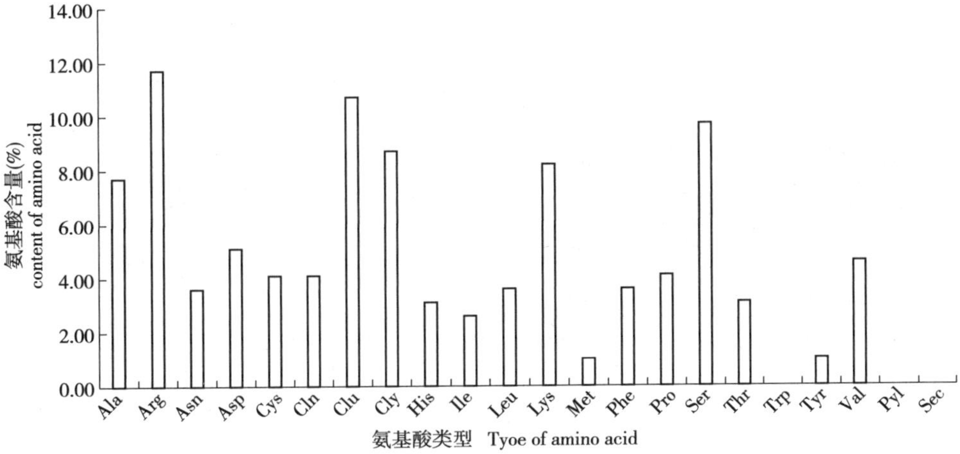

图 2　Gglean005812 蛋白氨基酸组成分析

Fig. 2　analysis of the type of amino acid of Gglean005812 protein

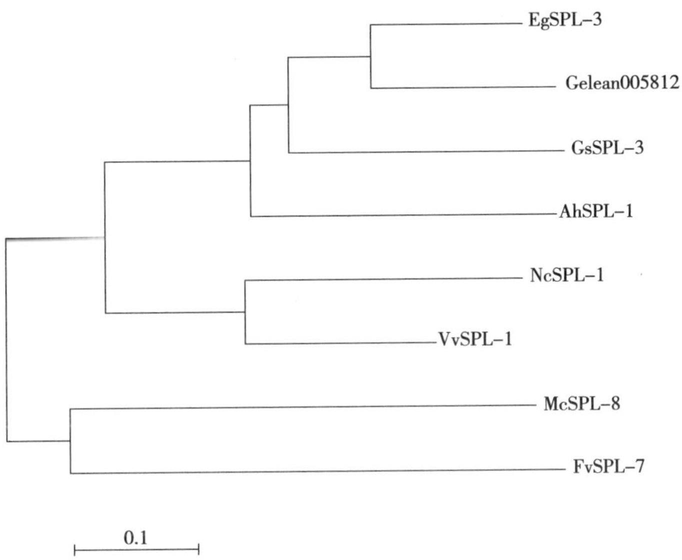

图 3　Gglean005812 序列系统发育树

图中标尺代表遗传距离；从上至下依次代表桉树、石榴、茶树、花生、烟草、葡萄、苦瓜和草莓中 SPL-like 基因

Fig. 3　Phylogenetic tree of Gglean005812

The scale bar represents genetic distance, the gene name in the maps from the top to the bottom represent: *Eucalyptus grandis*, *Punica granatum* L, *Camellia sinensis*, *Arachis hypogaea*, *Nicotiana attenuate*, *Momordica charantia*, *Fragaria vesca*

2.3　转基因拟南芥阳性苗的筛选

构建带 35S 启动子的 PBI121-Gglean005812 过量表达载体，利用农杆菌介导法转化拟南芥。利用含 50mg/L 卡那霉素的 MS 培养基筛选阳性转基因单株，7d 后观察发现，阳性单株长

势良好，植株深绿色，根系旺盛，而假阳性单株黄花枯萎直至死亡。将筛选的阳性单株移栽到珍珠岩：草炭土：田园土=1：2：2的混合基质中，16h光照，8h黑暗条件下培养，15d，取绿色阳性苗提取DNA，以载体上35S通用引物上游引物，Gglean005812-R为下游引物进行阳性检测，共鉴定到L2，L5，L7和L9共4株阳性单株，提取RNA进行表达量分析，结果表明，L9表达量显著性高于其他单株，其次为L7、L5，L2表达量显著性低于其他单株(图4)。

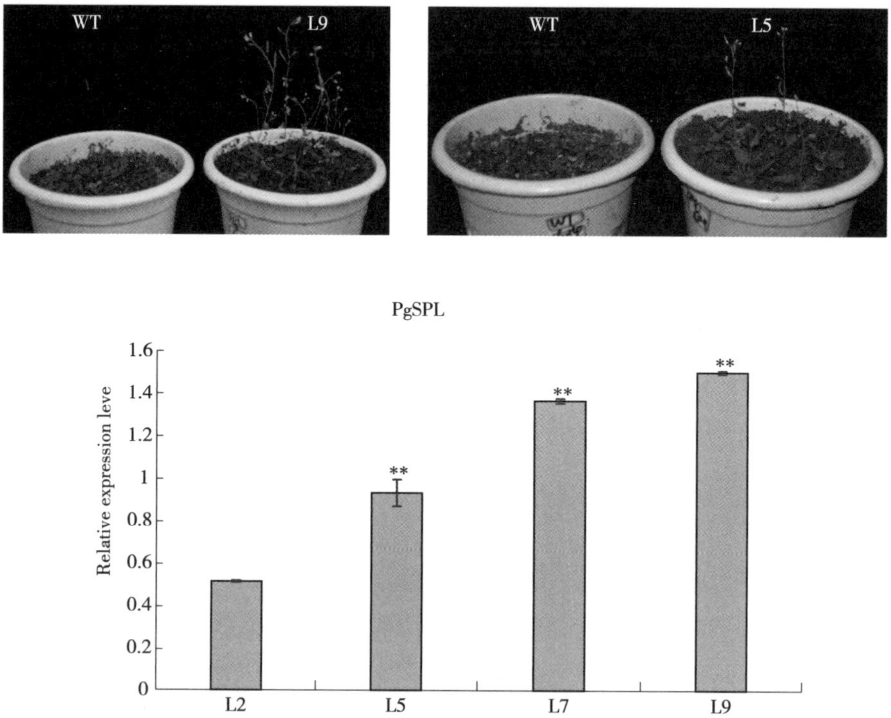

图4　35S-Gglean005812转基因拟南芥表型

Fig. 4　the morphological of transgenic *Arabidopsis thaliana* and wild type

2.4　转基因植株表型鉴定

选择转基因拟南L5和L9进行表型观察，结果表明，Gglean005812转基因拟南芥表现为花期提前，同时Gglean005812基因表达量越高的单株花期越早(图4)。

3　讨论

*SPL*转录因子广泛存在于绿色植物中，在植物生长发育过程中具有重要作用，包括植物形态建成[19]、成花转变[10]、孢子发生[20]、果实发育和叶片的发育[14,21]等过程。本研究克隆石榴Gglean005812 CDS全长序列，分析其结构结果表明其属于*SPL-like*家族基因，含有典型的SBP保守结构域。比对及进化分析结果表明其与*SPL3*同源性高。拟南芥*AtSPL-3*转录因子调控发育过程，主要定位于叶片和花器官原基中[22]，其启动子区域含有一个*AP1*能结合的保守结构域[22]，调控成花转变。Gandikota等(2007)研究表明*SPL-3*转录因子3'-UTR区域有miR156/157结合位点，通过miR156/157-*SPL-3*相互作用调节植物开花时间。Yamaguchi等(2009)研究表明*AtSPL-3*作为转录因子*LEAFY*(*LFY*)，*FRUITFULL*(*FUL*)和*APETALA1*(*AP1*)上游基因，通过调控它们的表达调控开花时间(Yamaguchi)。Jung等(2011)研

究表明 miR172 与 miR156-*SPL3* 共同调节拟南芥成花转变，进一步证明了 miR156-*SPL3* 在植物成花转变过程中的作用。随后 2016 年 Jung 等进一步研究表明，SPL-3 与 FD 互作通过光周期途径和年龄途径调控拟南芥开花过程。Gglean005812 与 *SPL3* 高同源性初步证明石榴 Gglean005812 有可能参与石榴成花转变，开花时间等过程。Gglean005812 转基因拟南芥表现为开花时间提前，且 Gglean005812 表达量越高，拟南芥开花时间越早，这进一步证明 Gglean005812 可能调控开花时间。但由于遗传转化体系受限，不能在石榴上验证 Gglean005812 功能，因此，在下一步研究过程中我们会摸索合适的石榴遗传转化体系，进一步验证 Gglean005812 在石榴开花过程中的调控作用，为缩短石榴童期奠定理论基础。

4 结论

石榴 Gglean005812 含有典型的 SBP 保守结构域，为 *SPL-like* 基因，其与桉树、花生和烟草 *SPL3* 同源性高，同时，35S：：Gglean005812 转基因拟南芥表现为花期提前，这进一步证明了 Gglean005812 可能参与调节开花时间，本研究为缩短石榴童期奠定理论基础。

参考文献

[1]ZIMMERMAN R H. Juvenility and flowering of fruit trees[J]. Acta Horticulturae Sinica，1972：34.

[2]王丽敏，陈洁珍，欧良喜，等．果树童期研究进展[J]．广东农业科学，2012，39(10)：46-50.

[3]YUAN Z H，FANG Y M，ZHANG T K，FEI Z J，HAN F M，LIU C Y，LIU M，XIAO W，ZHANG W J，WU S，ZHANG M W，JU Y H，XU H L，DAI H，LIU Y J，CHEN Y H，WANG L L，ZHOU J Q，GUAN D，YAN M，XIA Y H，HUANG X B，LIU D Y，WEI H M，ZHENG H K. The pomegranate (*Punica granatum* L.) genome provides insights into fruit quality and ovule developmental biology. Plant Biotechnology Journal，2018，16，pp，1363-1374.

[4]曹尚银，侯乐峰．中国果树志·石榴卷[M]．北京：中国林业出版社，2013.

[5]BASU A，PENUGONDA K. Pomegranate juice：A heart healthy fruit juice[J]. Nutrition Reviews，2008，67：49-56.

[6]WANG L，HO J，GLACKIN C，MANUELA M G. Specific pomegranate juice components as potential inhibitors of prostate cancer metastasis[J]. Translation Oncology，2012，5(5)：344-355.

[7]SEERAM N P，SCHULMAN R N，HEBER D. Pomegranate：Ancient roots to modern medicine[M]. Boca Raton：CRC Press，2006.

[8]KLEIN J，SAEDLER H，HUIJSER P. A new family of DNA binding proteins includes putative transcriptional regulators of the Antirrhinum majus floral meristem identity gene SQUAMOSA[J]. Molecular Genetic，1996，250(1)：7-16.

[9]MANNING K，TÖR M，POOLE M，et al. A naturally occurring epigenetic mutation in a gene encoding an SBP-box transcription factor inhibits tomato fruit ripening[J]. Nature Genetic，2006，38(8)：948-952.

[10]GANDIKOTA M，BIRKENBIHL R P，ÖHOHMANN S，CARDON G H，SAEDLER H，HUIJSER P. The miRNA156/157 recognition element in the 3'UTR of the Arabidopsis SBP box gene *SPL3* prevents early flowering by translational inhibition in seedlings[J]. The Plant Journal，2007，49(4)：683-693.

[11]HULTQUIST J F，DORWEILER J E. Feminized tassels of maize *mop1* and *ts1* mutants exhibit altered levels of miR156 and specific SBP-box genes[J]. Planta，2008，229(1)：99-113.

[12]刘永平，杨静，杨明峰．植物开花调控途径[J]．生物工程学报，2015，31(11)：1553-1566.

LIU Yongping, YANG Jing, YANG Mingfeng. Pathways of flowering regulation in plants[J]. Chinese Journal of Biotechnology, 2015, 31(11): 1553-1566.

[13]ZHANG T, WANG J, ZHOU C. The role of miR156 in developmental transitions in Nicotiana tabacum[J]. China Life Science, 2015, 58(3): 253-260.

[14]WU G. Temporal regulation of shoot development in Arabidopsis thaliana by miR156 and its target *SPL3*[J]. Development, 2006, 133(18): 3539-3547.

[15]HYUN Y, RICHTER R, COUPLAND G. Competence to flower: age-controlled sensitivity to environmental cues[J]. Plant Physiology, 2016, 173(1): 36-46.

[16]HOU H, LI J, GAO M, SINGER S D, WANG H, MAO L Y, FEI Z J, WANG X P. Genomic organization, phylogenetic comparison and differential expression of the SBP-box family genes in grape[J]. PLOS ONE, 2013, 8(3): e59358.

[17]SHALOM L, SHLIZERMAN L, ZUR N, DORON F A, BLUMWALD E, SADKA A. Molecular characterization of *SQUAMOSA PROMOTER BINDING PROTEIN-LIKE*(*SPL*) gene family from Citrus and the effect of fruit load on their expression[J]. Frontiers in Plant Science, 2015, 6.

[18]ZHANG X, HENRIQUES R, LIN S S, NIU Q W, CHUA N H. Agrobacterium-mediated transformation of *Arabidopsis thaliana* using the floral dip method. Nature protocols, 2006, 1, 641-646.

[19]JIAO Y, WANG Y, XUE D, WANG J, YAN M, LIU G, DONG G, ZENG D, LU Z, ZHU X. Regulation of *OsSPL14* by OsmiR156 defines ideal plant architecture in rice[J]. Nature Genetic, 2010, 42(6): 541-544.

[20] UNTE U S, SORENSEN A M, PESARESI P, GANDIKOTA M, LEISTER D, SAEDLER H, HUIJSER P. *SPL8*, an SBP-box gene that affects pollen sac development in *Arabidopsis*[J]. The Plant Cell, 2003, 15(4): 1009-1019.

[21]MANNING K, TOR M, POOLE M, HONG Y, THOMPSON A J, KING G J, GIOVANNONI J J, SEYMOUR G B. A naturally occurring epigenetic mutation in a gene encoding an SBP-box transcription factor inhibits tomato fruit ripening. Nature Genetic, 2006, 38(8): 948-952.

[22]CARDON G H, SUSANNE H, NETTESHEIM K, SARDLER H, HUIJSER P. Functional analysis of the Arabidopsis thaliana SBP-box gene *SPL3*: A novel gene involved in the floral transition[J]. The Plant Journal, 1997, 12(2): 367-377.

[23]GANDIKOTA M, BIRKENBIHL R P, SUSANNE H, Cardon G H, SAEDLER H, HUIJSER P. The miRNA156/157 recognition element in the 3'-UTR of the Arabidopsis SBP box gene *SPL3* prevents early flowering by translational inhibition in seedlings[J]. The Plant Journal, 2007, 49(4): 683-693.

[24]YAMAGUCHI A, Wu M F, Yang L, WU G, POETHING R S, WANGNER D. The MicroRNA-Regulated SBP-Box Transcription Factor SPL3 Is a Direct Upstream Activator of *LEAFY*, *FRUITFULL*, and *APETALA*1[J]. Developmental Cell, 2009, 17(2): 0-278.

[25]JUNG J H, SEO P J, KANG S K, PARK C M. miR172 signals are incorporated into the miR156 signaling pathway at the *SPL3/4/5* genes in *Arabidopsis* developmental transitions[J]. Plant Molecular Biology, 2011, 76(1-2): 35-45.

[26]JUNG J H, LEE H J, RYU J Y, PARK C M. *SPL3/4/5* Integrate Developmental Aging and Photoperiodic Signals into the FT-FD Module in Arabidopsis Flowering[J]. Molecular Plant, 2016, 9(12): 1647-1659.

石榴 *F5H* 基因家族的鉴定与生物信息学分析

冯立娟　尹燕雷*　杨雪梅　唐海霞　焦其庆

(山东省果树研究所，泰安　271000)

摘要： *F5H* 是调控木质素代谢的关键酶之一，在 S 型木质素合成中起限速作用。对 *F5H* 基因家族进行鉴定及生物信息学分析，解析石榴 *F5H* 基因家族的特征。利用已公布的石榴基因组及 NCBI 数据，鉴定石榴 *F5H* 基因家族成员；通过生物信息学手段，对其理化性质、系统进化关系、二级结构、三级结构、亚细胞定位、蛋白质磷酸化和保守基序等进行预测与分析。从石榴中鉴定出 25 个 *F5H* 基因家族成员，其理化性质存在一定差异。以碱性氨基酸为主，大部分为不稳定蛋白和亲水性蛋白。*F5H* 基因分为 3 个亚族，以第 3 亚族数量最高。二级结构主要由 α-螺旋和无规则卷曲元件构成，聚在同一亚族蛋白的三级结构相似。F5H 蛋白主要存在于内质网中，有丝氨酸、苏氨酸和酪氨酸 3 个磷酸化位点。具有相似保守基序的 *F5H* 基因聚在同一亚族，进化关系较近。本研究为石榴 *F5H* 基因家族功能的深入研究奠定了理论基础，对揭示石榴木质素代谢机理具有一定理论参考价值。

关键词： 石榴；阿魏酸-5-羟化酶；基因鉴定；生物信息学；木质素代谢

中图分类号： S665.4　**文献标识码** A　**文章编号：**

Identification and Bioinformatics Analysis of *F5H* Gene Family in Pomegranate

FENG Lijuan，YIN Yanlei*，YANG Xuemei，Tang Haixia，JIAO Qiqing

(*Shandong Institute of Pomology*，*Taian*，*Shandong* 271000，*China*)

Abstract： F5H is one of the key enzymes regulating lignin metabolism，and it plays a rate-limiting role in S-type lignin synthesis. The *F5H* gene family was identified and analyzed by

基金项目：山东省重点研发计划项目(2018GNC111009)，山东省农业科学院农业科技创新工程学科团队(CXGC2018E22)，山东省农业良种工程南种北繁项目(2017LZN023)。

作者简介：冯立娟(1982—)，女，副研究员，博士，研究方向为果树遗传资源评价与选育研究。邮箱：fenglj1230@126.com。联系电话：0538-8334070，13854853573。

*通信作者：尹燕雷(1976—)，男，副研究员，硕士，研究方向为果树遗传资源评价与选育研究。邮箱：yylei66@sina.com。联系电话：0538-8334070，13953830190。

bioinformatics, and the characteristics were analyzed in pomegranate. The *F5H* gene family members were identified using published pomegranate genome and NCBI data. The physico-chemical properties, phylogenetic relationships, secondary structure, tertiary structure, subcellular localization, protein phosphorylation and conserved motifs were predicted and analyzed by bioinformatics. Twenty-five *F5H* gene family members were identified from pomegranate, which physical and chemical properties were different. Most of them were basic amino acids, unstable protein and hydrophilic protein. The *F5H* gene was divided into three subfamilies, with the highest number in the third subfamily. The secondary structure was mainly composed of α-helix and random coil element. The tertiary structure of the same subfamily protein was similar. The F5H protein was mainly found in the endoplasmic reticulum, and had three phosphorylation sites of serine, threonine and tyrosine. The *F5H*genes with similar conserved motifs were clustered in the same subfamily, which evolutionary relationship was relatively close. The study laid a theoretical foundation for the in-depth study of the function of F5H gene family in pomegranate. It had certain theoretical reference value for revealing the metabolism mechanism of pomegranate lignin.

Key words: *Punica granatum*; Ferulate-5-hydroxylase; Gene identification; Bioinformatics; Lignin metabolism

石榴(*Punica granatum* L.)是一种重要的特色经济林树种，富含生物活性物质，保健功能强，观赏价值和生态效益高，深受消费者青睐[1-2]。果皮厚薄和种子硬度是影响石榴果实品质优劣的重要因素，其与木质素代谢密切相关[3-4]。因此，研究木质素代谢机理对调控石榴果实品质、新品种创制具有重要理论意义。

木质素是植物生长发育过程中的重要次生代谢物质，主要沉积在输导组织、机械组织和保护组织(表皮等)的细胞次生壁中，具有增强植物机械强度、细胞壁硬度和保证养分运输等多种生物学功能[5-6]。木质素代谢是维管束发育和响应植物胁迫信号合成的复杂过程，需经过莽草酸、苯丙烷和木质素聚合三个途径，这些反应需要多种酶共同参与完成[7-8]。阿魏酸-5-羟基化酶(Ferulate-5-hydroxylase, F5H)属于细胞色素 P450 的单氧化物酶，能催化阿魏酸、松柏醇、松柏醛生成 5-羟基阿魏酸、5-羟基松柏醇和 5-羟基松柏醛，是调控 S 型木质素合成的关键酶[9]。*F5H* 基因在植物中过量表达，能显著增加 S 型木质素单体含量，其表达与木质素单体组成和 S 型木质素沉积的组织特异性有关[10-11]。目前，砀山酥梨(*Pyrus bretschneideri*)[9]、拟南芥(*Arabidopsis thaliana*)[11]和尾叶桉(*Eucalyptus urophylla*)[12]等植物中已分离鉴定出 *F5H* 基因。石榴种皮内 *PgF5H* 基因已被克隆出来，其在不同品种间的表达量存在差异[13]，但石榴 *F5H* 基因家族鉴定及生物信息学分析方面的研究尚未见报道。因此，本研究从基因组水平，利用生物信息学技术鉴定石榴 *F5H* 基因家族成员，对其蛋白理化性质、系统进化关系二级结构、亚细胞定位、蛋白质磷酸化及保守基序等进行分析，解析石榴 *F5H* 基因家族特征，为深入揭示石榴果实木质素代谢机理提供理论依据。

1　材料与方法

1.1　石榴 *F5H* 基因家族成员鉴定及理化性质分析

石榴 *F5H* 基因蛋白序列从 NCBI 和石榴全基因组(ASM220158v1)数据库中下载。从 Pfam 数据库中下载 *F5H* 基因家族的序列比对文件(PF00067)后，利用 HMMER 3.1 软件转换为 HMM 模型文件。利用 SelectHMM 筛选石榴蛋白中含有 *F5H* 结构域的序列(E-value ≤ 10^{-10})。利用 CDD 在线软件检测蛋白保守结构域，去掉不含或 *F5H* 结构域不完整的序列。

利用 Protparam 软件预测石榴 F5H 蛋白的理化性质，包括氨基酸数量、相对分子质量、等电点、不稳定系数和脂肪系数等。

1.2　石榴 *F5H* 基因家族系统进化树构建

利用 MEGA 6.0 软件构建石榴 *F5H* 基因系统进化树，采用 NJ 法(Neighbor-joining)。Bootstrap 值设为 1000，显示各分支长度。

1.3　石榴 F5H 蛋白结构和亚细胞定位分析

利用 SOPMA 软件预测石榴 F5H 蛋白的二级结构。利用 SWISS-MODEL 软件对 F5H 蛋白的三级结构进行预测。使用 Plant-mPLoc 在线软件预测蛋白的亚细胞定位。

1.4　石榴 F5H 蛋白磷酸化修饰和保守基序分析

石榴 F5H 蛋白蛋白质磷酸化位点采用 NetPhos 在线软件分析。保守基序利用在线 MEME 软件(http：//meme-suite. org/tools/meme)分析。参数设置为：最大宽度值为 50，最小为 6，模序量小于 20 个，其余参数均为默许。利用 Interpro 数据库(http：//www. ebi. ac. uk/interpro/)对保守基序序列进行功能注释。

2　结果与分析

2.1　石榴 *F5H* 基因家族成员鉴定及理化性质分析

通过分析从石榴基因组中筛选出 25 个 *F5H* 基因(表 1)。对其家族成员理化性质分析可知，石榴 *F5H* 基因氨基酸数量在 388aa(*PgF5H20*)到 555aa(*PgF5H2*)之间，大部分在 500aa 以上。分子量范围为 44578. 20~63436. 74Da，与氨基酸数量密切相关。等电点在 5. 74~9. 61 范围内，大于 7. 5 的有 17 个，说明石榴 F5H 蛋白富含碱性氨基酸。石榴 F5H 蛋白不稳定系数在 40 以上的有 18 个，为不稳定蛋白，其余 7 个为稳定蛋白。大部分 F5H 蛋白的脂肪系数在 100 以下，为亲水性蛋白。只有 PgF5H20 脂肪系数大于 100，为疏水性蛋白。

表 1　*F5H* 基因家族成员信息

Table **1**　The information of *F5H* gene family in pomegranate

基因名称	登录号	氨基酸数量	分子量	等电点	不稳定系数	脂肪系数
PgF5H1	AZS54119. 1	511	57414. 51	5. 74	37. 86	95. 48
PgF5H2	OWM65979. 1	555	63436. 74	9. 50	46. 36	93. 26
PgF5H3	OWM66417. 1	521	58355. 34	5. 84	45. 14	95. 83
PgF5H4	OWM69958. 1	475	54094. 74	9. 53	42. 88	97. 31
PgF5H5	OWM70612. 1	523	59994. 82	9. 12	33. 62	94. 30
PgF5H6	OWM71720. 1	466	52707. 11	8. 95	41. 90	94. 21

(续)

基因名称	登录号	氨基酸数量	分子量	等电点	不稳定系数	脂肪系数
PgF5H7	OWM75970. 1	435	49795. 01	5. 87	46. 73	88. 51
PgF5H8	OWM75973. 1	503	57341. 48	8. 98	44. 14	92. 25
PgF5H9	OWM76143. 1	510	58545. 33	8. 92	43. 37	88. 10
PgF5H10	OWM81481. 1	529	60489. 76	9. 27	40. 47	90. 85
PgF5H11	OWM82267. 1	503	57208. 80	7. 22	43. 27	96. 50
PgF5H12	OWM82268. 1	506	57037. 49	8. 05	37. 73	94. 62
PgF5H13	OWM82269. 1	506	57218. 68	8. 31	36. 77	93. 85
PgF5H14	OWM82917. 1	453	51099. 91	6. 49	51. 93	97. 55
PgF5H15	OWM88885. 1	511	57400. 48	5. 74	38. 19	95. 48
PgF5H16	OWM89453. 1	531	60756. 19	8. 66	31. 51	90. 11
PgF5H17	PKI36864. 1	459	52633. 78	7. 66	45. 87	91. 74
PgF5H18	PKI36865. 1	519	58985. 63	9. 06	47. 91	98. 82
PgF5H19	PKI43201. 1	439	50635. 82	8. 96	41. 53	91. 03
PgF5H20	PKI55361. 1	388	44578. 20	9. 61	41. 25	101. 19
PgF5H21	PKI60051. 1	516	58877. 84	9. 15	41. 71	91. 43
PgF5H22	PKI62469. 1	435	50030. 73	6. 56	33. 34	92. 05
PgF5H23	PKI75712. 1	468	52969. 49	8. 95	41. 64	93. 80
PgF5H24	PKI76316. 1	478	54214. 16	6. 69	42. 36	95. 65
PgF5H25	PKI77097. 1	526	60549. 71	9. 05	44. 31	88. 00

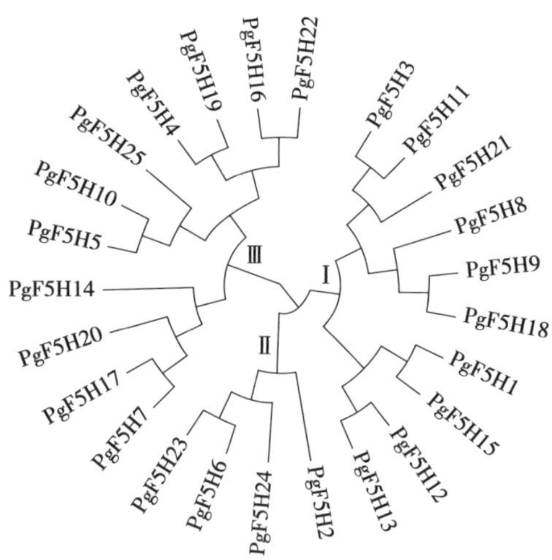

图 1　石榴 *F5H* 基因家族系统进化树

Fig. 1　Phylogenetic tree of F5H family in pomegranate

2.2　石榴 *F5H* 基因家族系统进化树分析

如图 1 所知，石榴 *F5H* 基因家族被分为 3 个亚族。第 3 亚族中 *F5H* 基因数量最多，为 11 个，又分为 2 小类，*PgF5H7*、*PgF5H17*、*PgF5H20* 和 *PgF5H14* 为一类，其余 7 个基因为一类。其次是第 1 亚族，有 10 个，也分为 2 小类，*PgF5H1*、*PgF5H15*、*PgF5H12* 和 *PgF5H13* 为一类，其余 6 个基因为一类。第 2 亚族中 F5H 基因数量最少，仅有 4 个。

2.3　石榴 F5H 蛋白结构与亚细胞定位分析

石榴 F5H 蛋白二级结构组成均为 α-螺旋>无规则卷曲>延伸链>β-转角(表 2)。这说明，石榴 F5H 蛋白二级结构以 α-螺旋和无规则卷曲结构为主，延伸链和 β-转角较少。亚细胞定位表明，石榴 F5H 蛋白均存在于内质网中，在内质网中发挥作用。

表 2　石榴 *F5H* 蛋白二级结构及亚细胞定位

Table **2**　Secondary structure and subcellular localization of F5H protein in pomegranate

基因名称	α-螺旋	β-转角	延伸链	无规则卷曲	亚细胞定位
PgF5H1	244(47.75%)	31(6.07%)	66(12.92%)	170(33.27%)	内质网 Endoplasmic reticulum
PgF5H2	256(46.13%)	31(5.59%)	73(13.15%)	195(35.14%)	内质网 Endoplasmic reticulum
PgF5H3	244(46.83%)	25(4.80%)	64(12.28%)	188(36.08%)	内质网 Endoplasmic reticulum
PgF5H4	236(49.68%)	20(4.21%)	52(10.95%)	167(35.16%)	内质网 Endoplasmic reticulum
PgF5H5	264(50.48%)	30(5.74%)	63(12.05%)	166(31.74%)	内质网 Endoplasmic reticulum
PgF5H6	225(48.28%)	25(5.36%)	54(11.59%)	162(34.76%)	内质网 Endoplasmic reticulum
PgF5H7	227(52.18%)	29(6.67%)	41(9.43%)	138(31.72%)	内质网 Endoplasmic reticulum
PgF5H8	266(52.88%)	27(5.37%)	49(9.74%)	161(32.01%)	内质网 Endoplasmic reticulum
PgF5H9	268(52.55%)	26(5.10%)	51(10.00%)	165(32.35%)	内质网 Endoplasmic reticulum
PgF5H10	265(50.09%)	27(5.10%)	60(11.34%)	177(33.46%)	内质网 Endoplasmic reticulum
PgF5H11	247(49.11%)	26(5.17%)	61(12.13%)	169(33.60%)	内质网 Endoplasmic reticulum
PgF5H12	263(51.98%)	21(4.15%)	58(11.46%)	164(32.41%)	内质网 Endoplasmic reticulum
PgF5H13	253(50.00%)	34(6.72%)	62(12.25%)	157(31.03%)	内质网 Endoplasmic reticulum
PgF5H14	210(46.36%)	19(4.19%)	62(13.69%)	162(35.76%)	内质网 Endoplasmic reticulum
PgF5H15	240(46.97%)	24(4.70%)	65(12.72%)	182(35.62%)	内质网 Endoplasmic reticulum
PgF5H16	263(49.53%)	27(5.08%)	70(13.18%)	171(32.20%)	内质网 Endoplasmic reticulum
PgF5H17	235(51.20%)	28(6.10%)	54(11.76%)	142(30.94%)	内质网 Endoplasmic reticulum
PgF5H18	268(51.64%)	28(5.39%)	51(9.83%)	172(33.14%)	内质网 Endoplasmic reticulum
PgF5H19	239(54.44%)	17(3.87%)	46(10.48%)	137(31.21%)	内质网 Endoplasmic reticulum
PgF5H20	188(48.45%)	21(5.41%)	48(12.37%)	131(33.76%)	内质网 Endoplasmic reticulum
PgF5H21	258(50.00%)	29(5.62%)	58(11.24%)	171(33.14%)	内质网 Endoplasmic reticulum
PgF5H22	213(48.97%)	23(5.29%)	56(12.87%)	143(32.87%)	内质网 Endoplasmic reticulum
PgF5H23	228(48.72%)	24(5.13%)	54(11.54%)	162(34.62%)	内质网 Endoplasmic reticulum
PgF5H24	234(48.95%)	24(5.02%)	63(13.18%)	157(32.85%)	内质网 Endoplasmic reticulum
PgF5H25	294(55.89%)	21(3.99%)	48(9.13%)	163(30.99%)	内质网 Endoplasmic reticulum

利用 SWISS-MODEL 软件预测 25 个石榴 F5H 蛋白三级结构发现，它们的三维构象基本相似。每个亚族选出一个能代表该亚族三级结构特征的 F5H 蛋白 *PgF5H1*(亚族 1)、*PgF5H24*(亚族 2)和 *PgF5H5*(亚族 3)。由图 2 可知，不同亚族间 F5H 蛋白的三维结构存在差异，这可能与 α-螺旋、无规则卷曲等组成元件的长度与分布不同有关。

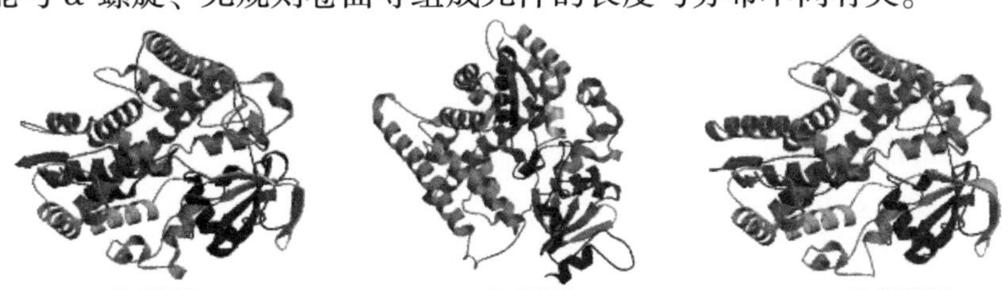

图 2　石榴 F5H 蛋白三级结构预测

Fig. 2　Tertiary structure prediction of F5H protein in pomegranate

2.4 石榴 F5H 蛋白磷酸化修饰预测分析

利用 Netphos 软件对石榴 F5H 蛋白磷酸化修饰分析表明，F5H 蛋白中均存在丝氨酸、苏氨酸和酪氨酸 3 个磷酸化位点，数量存在差异。每个亚族中选取有代表性的 F5H 蛋白进行分析(图 3)，亚族 1 中 PgF5H1 蛋白中丝氨酸磷酸化位点有 25 个，苏氨酸磷酸化位点有 14 个，酪氨酸磷酸化位点有 2 个。亚族 2 中 PgF5H24 蛋白中磷酸化位点丝氨酸有 22 个，苏氨酸有 12 个，酪氨酸有 2 个。亚族 3 中 PgF5H5 蛋白中丝氨酸磷酸化位点有 19 个，苏氨酸磷酸化位点有 15 个，酪氨酸磷酸化位点有 8 个。

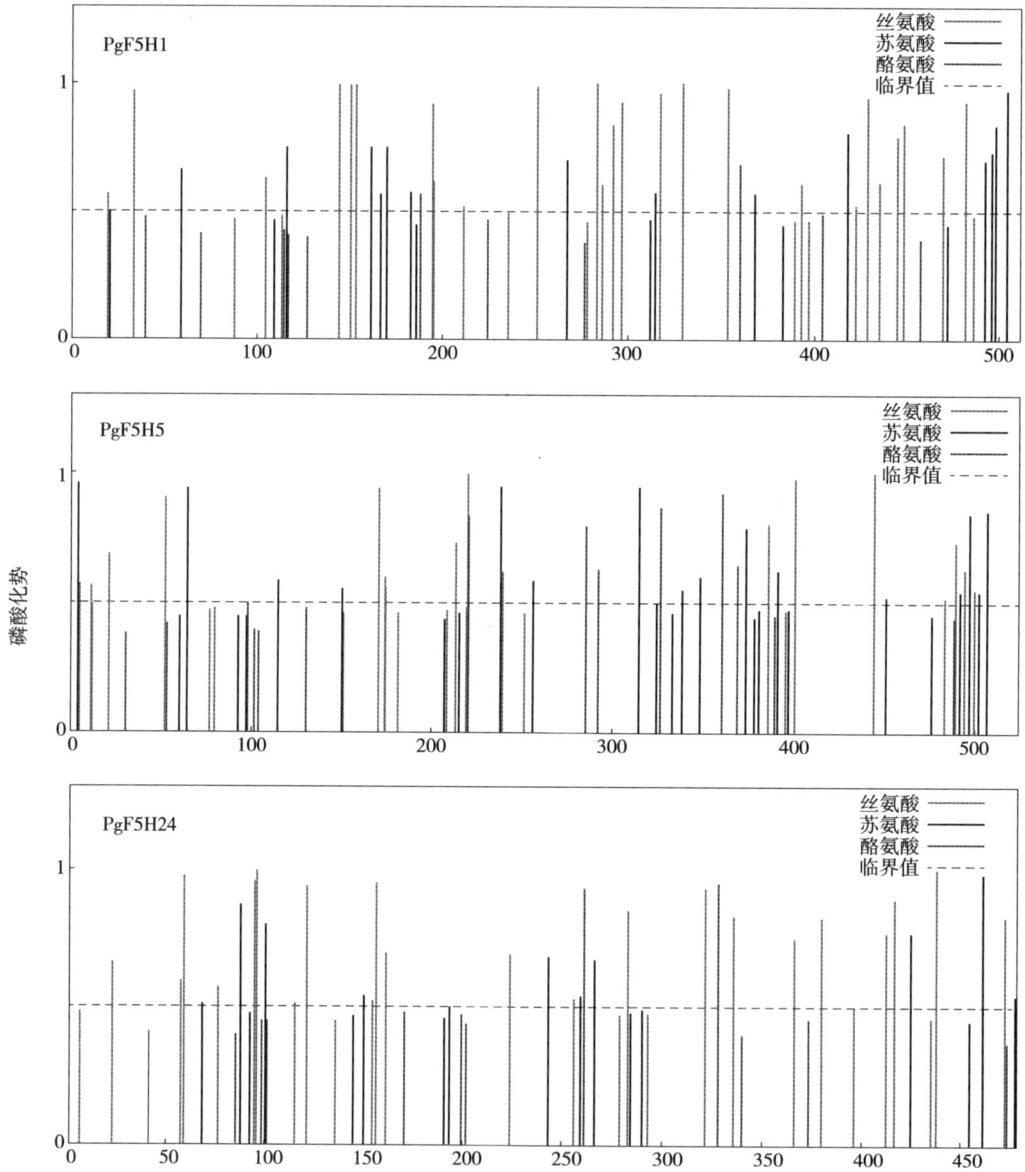

图 3 石榴 F5H 蛋白磷酸化修饰预测

Fig. 3 Phosphorylation modification prediction of F5H protein in pomegranate

2.5 石榴 F5H 蛋白保守基序分析

利用 MEME 软件对石榴 F5H 蛋白的保守基序分析发现，F5H 蛋白具有 10 个保守基序，数量从 4 到 8 不等，类型存在差异(图 4)。*PgF5H4* 和 *PgF5H20* 均有 4 个保守基序，但基序类型不同。同一亚族的 F5H 蛋白保守基序组成和数量相似，这说明，*F5H* 基因家族成员间进化关系较近。保守基序 Motif1、Motif 2、Motif 3、Motif 4 存在于大部分 *F5H* 基因家族成员中，属于高保守基序。在 Interpro 数据库中对保守基序进行注释表明，基序 1-3 含有细胞色素 P450 超家族结构域，在分子功能上具有铁离子结合位点、氧化还原酶活性和血红素结合位点，是典型的 *F5H* 基因家族。

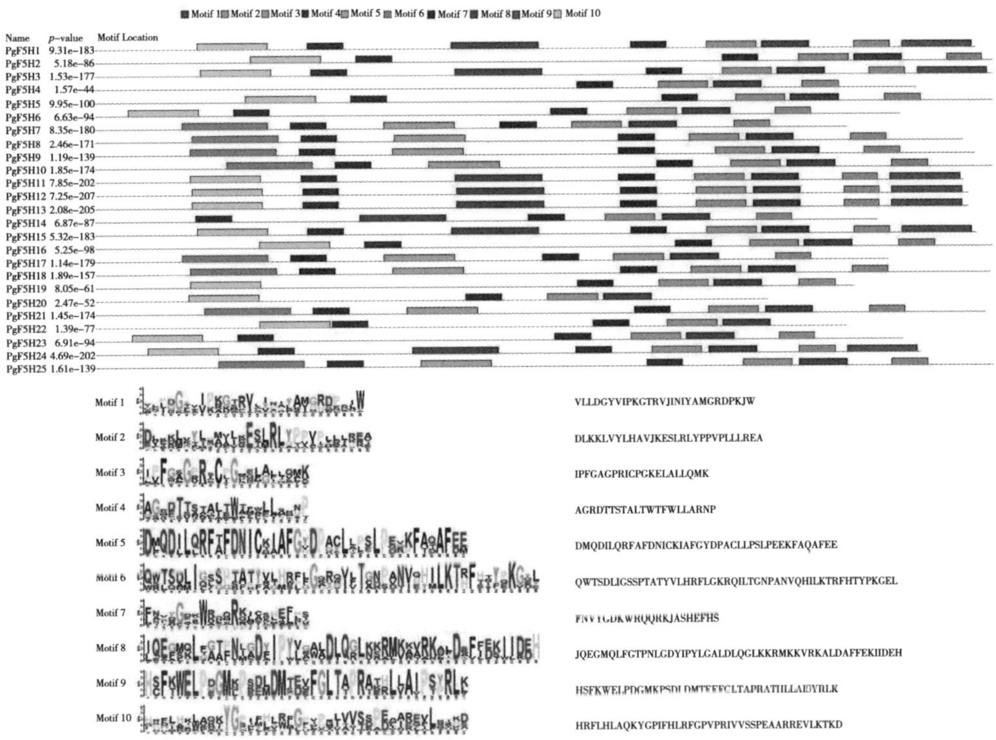

图 4 石榴 F5H 蛋白保守基序分析

Fig. 4 Conservative motif analysis of F5H protein in pomegranate

3 讨论

F5H 在木质素合成中发挥着重要的调控作用，是植物品质改良较理想的目标基因，存在多基因现象[14]。本研究从石榴中鉴定出 25 个 *F5H* 基因家族成员，均含有 P450 超家族保守结构域，是典型的细胞色素 P450 单氧化物酶。石榴 *F5H* 基因家族成员以碱性氨基酸为主，大部分为不稳定和亲水性蛋白，在氨基酸数量、分子量、等电点、不稳定系数和脂肪系数等理化性质方面存在差异，这种差异性与大豆[15]中的研究结果一致。

石榴 *F5H* 基因分为 3 个亚族，每个亚族基因组成数量不同，这可能是由于基因的复制或丢失引起的[16]。α-螺旋和无规则卷曲是石榴 F5H 蛋白二级结构中的主要结构元件，延伸链和 β-转角起一定的修饰作用[17]。石榴 F5H 蛋白主要参与内质网中的代谢过程，这与拟南芥和油菜[18]中的研究结果一致。

蛋白质磷酸化是蛋白质翻译后修饰的一种重要形式，在调节植物细胞增殖、信号转导、胁迫应答等活动中起重要作用[19]。本研究表明，石榴 F5H 蛋白均存在丝氨酸、苏氨酸和酪氨酸 3 个磷酸化位点，数量存在一定的差异，这与葡萄[20]中的研究结果一致。*F5H* 磷酸化后能改变蛋白质的活性，调节石榴的生长发育过程[20]。

本研究中，聚在同一亚族的石榴 *F5H* 基因，具有相似的保守基序，说明这些成员间的进化关系较近，功能相似[16,21]。*F5H1* 在亚麻花前期表达量较高，在叶、花和幼果中均有不同程度的表达[14]。在机械伤害胁迫下，柳枝稷中 *F5H* 基因表达量逐渐增加，在一定条件下成正相关[22]。*F5H* 基因家族成员在石榴不同发育期和组织中的表达情况研究的还不深入，对外界环境因素胁迫的响应尚不明确，下一步将深入分析 *F5H* 基因家族成员在石榴不同部位和发育过程中表达模式，解析其对外界环境因素胁迫的响应机理，筛选影响石榴果实木质素代谢的关键 *F5H* 基因，对其功能进行鉴定，为揭示石榴木质素代谢机理奠定理论基础。

4 结论

本研究从石榴中鉴定出 25 个 *F5H* 基因家族成员，分为 3 个亚族。F5H 蛋白以碱性氨基酸为主，大部分为不稳定和亲水性蛋白。二级结构主要由 α-螺旋和无规则卷曲元件构成，主要存在于内质网中，有丝氨酸、苏氨酸和酪氨酸 3 个磷酸化位点。具有相似保守基序的 *F5H* 基因聚在同一亚族，其进化关系较近，功能相似。

参考文献

[1]RUSSO M, FANALI C, TRIPODO G, et al. Analysis of phenolic compounds in different parts of pomegranate (*Punica granatum*) fruit by HPLC-PDA-ESI/MS and evaluation of their antioxidant activity: application to different Italian varieties[J]. Analytical and Bioanalytical Chemistry, 2018, 410(15): 3507-3520.

[2]冯立娟，尹燕雷，焦其庆，等．石榴 PAL 基因的克隆与表达分析[J]．核农学报，2018，32(7)：1320-1329.

[3]张水明，龚凌燕，曹丹琴，等．石榴种皮总木质素含量及 *PgCOM*T 基因的克隆与表达[J]．热带亚热带植物学报，2015，23(1)：65-73.

[4]薛辉，曹尚银，陈利娜，等．‘豫大籽’与‘突尼斯’石榴的种子结构及硬度比较[J]．果树学报，2016，33(5)：563-569.

[5]LIU Qingquan, LUO Le, ZHENG Luqing. Lignins: Biosynthesis and Biological Functions in Plants[J]. International Journal of Molecular Sciences, 2018, 19(2): 335-351.

[6]郭永翠，秦江南，朱玲，等．核桃内果皮 4-香豆酸辅酶 A 连接酶基因克隆及表达分析[J]．华北农学报，2019，34(2)：79-86.

[7]宋康华，贾志伟，常金梅，等．低温下乙烯对采后菜薹木质化及相关基因表达的影响[J]．园艺学报，2019，46(4)：775-783.

[8]YOON J, CHOI H, AN G. Roles of lignin biosynthesis and regulatory genes in plant development[J]. Journal of Integrative Plant Biology, 2015, 57(11): 902-912.

[9]徐超，方志，杨芳梅，等．砀山酥梨果实 *F5H* 表达与石细胞发育的分析[J]．植物生理学报，2015，51(5)：778-784.

[10]任方媛，李高，张涛，等．柠条锦鸡儿 *CkF5H* 基因及启动子的克隆[J]．华北农学报，2018，33(2)：

79-86.
[11]FRANKE R, MCMICHAEL C M, MEYER K, et al. Modified lignin in tobacco and poplar plants over-expressing the Arabidopsis gene encoding ferulate 5-hydroxylase[J]. Plant Journal, 2000, 22(3): 223-234.
[12]肖玉菲，刘海龙，刘雄盛，等．尾叶桉 GLU4 无性系 F5H 基因的克隆表达及序列分析[J]. 生物技术，2018，28(3)：205-211.
[13]陈磊．石榴籽粒木质素合成途径关键基因的表达及功能分析[D]. 合肥：安徽农业大学，2018.
[14]王进．亚麻(*Linum usitatissimum*)木质素合成关键酶基因的克隆及表达分析[D]. 长沙：中国农业科学院，2009.
[15]魏崃，张丽，王伟威，等．大豆过氧化物酶Ⅲ的生物信息学分析[J]. 分子植物育种，2015，13(11)：2453-2460.
[16]姚丹，倪晓鹏，侍婷，等．果梅 NAC 基因家族的鉴定及组织表达分析，核农学报，2019，33(2)：226-239.
[17]冷非凡，罗文，李渊利，等．嗜铁钩端螺旋菌中铁硫簇相关蛋白的生物信息学分析[J]. 基因组学与应用生物学，2018，37(12)：5296-5303.
[18]李嘉，孟庆雄．植物阿魏酸-5-羟化酶生物信息学分析[J]. 生物技术通报，2010(6)：195-201.
[19]常丽丽，王力敏，郭安平，等．木薯叶片响应干旱胁迫的磷酸化蛋白质组差异分析[J]. 植物生理学报，2018，54(1)：133-144.
[20]肖培连，冯睿杰，侯丽霞，等．葡萄 *WRKY18* 基因的克隆及表达特性分析[J]. 植物生理学报，2015，51(3)：391-398.
[21]黎帮勇，胡尚连，曹颖，等．毛竹 NAC 转录因子家族生物信息学分析[J]. 基因组学与应用生物学，2015，34(8)：1769-1777.
[22]李园，王珊，方程．柳枝稷木质素合成酶基因 *F5H* 核心片段的克隆与表达特性的分析[J]. 草地学报，2012，20(5)：927-934.

生理性缺素对石榴叶片解剖结构的影响

唐海霞　冯立娟　焦其庆　杨雪梅　王菲　尹燕雷*
(山东省果树研究所，泰安　271000)

摘要：解析缺素石榴叶片的解剖构造，对石榴缺素黄化病的形成机理奠定理论基础。本研究通过观察‘超青’石榴2个发育时期的叶片表现，结合叶片元素含量、序列比对，对黄化失绿叶片进行诊断。通过石蜡切片法对缺素状况下正常叶片及黄化叶片进行解剖结构观测。缺素导致叶片组织结构异常。相比正常叶片，黄化叶片栅栏组织和海绵组织排列不规则，层次不分明；栅栏组织和海绵组织厚度均低于正常叶片；光合指标也低于正常叶片。通过果树叶片黄化失绿的病症及引起因素对比诊断，本研究石榴叶片黄化失绿属生理性黄化，且主要由缺锌导致。石榴叶片黄化失绿与叶片组织结构变化有关，缺素可导致显微结构的异常。

关键词：石榴叶片；黄化失绿；生理性缺素；解剖构造

Effects of Physiological Deficiency on the Anatomical Structure of Pomegranate Leaves

TANG Haixia, FENG Lijuan, JIAO Qiqing, YANG Xuemei, WANG Fei, YIN Yanlei*
(*Shandong institute of pomology*, *Tai'an* 271000, *Shandong*, *China*)

Abstract: To analyze the anatomical structure of pomegranate leaves with deficient element and lay a theoretical foundation for the formation mechanism of pomegranate deficiency etiolation disease. In this study, leaf manifestations at two developmental stages were used to diagnose chlorosis and leaf loss in combination with leaf element content and sequence alignment. The normal and etiolation leaves were observed by paraffin section. the deficiency

基金项目：山东省重点研发计划项目(2018GNC111009)；山东省良种工程项目(2017LZN023)；山东省果树研究所青年基金项目(2018KY02)。

作者简介：唐海霞，女，博士，助理研究员，主要从事石榴育种及栽培研究。邮箱：thx123.cool@163.com。

*通信作者：尹燕雷，男，硕士，副研究员，主要从事石榴育种及栽培研究。邮箱：yylei66@sina.com。

of element resulted in abnormal structure of leaf tissue. Compared with normal leaves, palisade tissue and spongy tissue of etiolation leaves were irregular and indistinctly arranged. The thickness of palisade tissue and sponge tissue was lower than normal leaf. Photosynthetic index was also lower than that of normal leaves. Through the comparative diagnosis of the diseases and causes of etiolation leaves in fruit trees, the etiolation of pomegranate leaves in this study belongs to physiological etiolation, which is mainly caused by zinc deficiency. The etiolation and green loss of pomegranate leaves are related to the changes of leaf tissue structure.

Key words: Pomegranate leaf; Etiolation and losing green; Physiological deficiency; Anatomical structure

矿质元素在植物生长和代谢过程中起重要作用，锌、铁、镁等对植物光合作用、生物膜结构和功能、蛋白合成、碳水化合物和生长激素的代谢均有重要影响[1-4]。果树非侵染性黄化失绿通常由缺素引起，缺锌可导致叶片失绿、丛生，果实变小、发育迟缓、质量和产量下降等[5]；缺铁幼叶失绿，叶肉呈黄绿色，叶脉为绿色，叶片变小、变薄，茎生长受阻，顶芽萎缩等[6]；柑橘缺镁叶片呈“肋骨状褪绿”，即主侧脉表现为正常绿色，而叶肉发黄[7]；缺氮新梢短而细，叶小直立，新梢下部的叶片逐渐失绿转黄，并不断向顶端发展，花芽形成少，果小早熟、易落、须根少，新根发黄[8]。果树所需营养元素之间，有时会存在相互协同或相互拮抗作用，如土壤中磷过量时，果树表现出缺氮、锌、钾、镁、钙、铜、硅的症状[9]。

缺素失绿、小叶会表现在细胞和组织水平的结构异常上[10]。苹果[11-12]、梨[13]、桃[14]、枳[15]等果树缺素症对其叶片微观结构的影响已有相关报道，但在石榴中鲜有报道，而关于锌、铁等元素缺失对石榴叶片结构的研究未见报道。本文对以‘超青’石榴为试材，对正常与缺素状况下叶片解剖结构进行比较研究，从解剖学的角度阐明生理性缺素对石榴叶发育的影响，以期为石榴缺素诊断提供参考。

1 材料与方法

1.1 试验地点

本研究于2018年5月7日在山东省果树研究所万吉山石榴基地进行。该基地位于泰山脚下(北纬36°12′18″，东经117°04′42″)，海拔为262m，砂壤土，有机质含量14.8g/kg，水解氮121.03mg/kg，速效磷54.68mg/kg，速效钾244.4mg/kg，pH为6.6，栽植密度为2m×4m。

1.2 试验材料

供试石榴品种‘超青’，树龄6年，全部表现为叶片失绿，而周围其他品种均生长正常。以‘超青’石榴为试材，‘大青皮甜’石榴为对照。采集‘大青皮甜’二年生枝叶片、‘超青’二年生枝黄化叶片和一年生枝正常叶片进行Zn、N、Fe、Mg等元素的测定，同时对‘超青’失绿叶片和正常叶片进行石蜡切片观察。

1.3 试验方法

通过石蜡切片进行叶片组织显微结构观察，切片厚度为 10~12μm，番红固绿染色，中性树胶封片[16]。用 Motic Type102M 显微成像系统、Motic Im-age Advanced 3.2 图像分析软件拍照，并分别测量叶片厚度、(上、下)表皮厚度、栅栏组织厚度、海绵组织厚度等指标。

利用光合测定仪 CIRAS-3(汉莎科仪)进行‘超青’正常叶片、黄化叶片，‘大青皮甜’叶片进行净光合速率(A)、胞间 CO_2浓度(Ci)、蒸腾速率(E)、气孔导度(Gs)、水蒸气压亏缺(VPD)、光合水分利用率(WUE)指标的测定。

2 结果与分析

2.1 黄化失绿诊断

2017—2018 年连续观测两年，发现萌芽初期，‘超青’叶片整株呈粉红色，新生叶片薄，多数老枝叶片有黄白色斑点(图 1)；展叶期，叶片逐步失绿黄化，老枝叶片基本全部缩叶黄化，新叶部分正常，叶脉正常绿色；现蕾期之后，新叶基本恢复正常，老枝叶小部分恢复正常，多数仍黄化缩叶；后期随着植株生长，叶量增多，轻度黄化叶片逐步返青。枝叶丛生状不显著。果量大，但果实变小，口感欠佳。2017 年 5 月采集黄化叶片进行测序，并与黄化致病常见病毒比对，未发现相似病毒。2018 年现蕾期喷施 2% $ZnSo_4$ 2 周后部分老叶恢复正常。

氮、铁、锌、镁是果树生理性黄化病症最常见的缺少元素，本研究对黄化叶片及正常叶片进行元素含量测定(表 1)，结果表明：‘超青’一年生枝正常叶与对照叶片除镁元素外，氮、铁、锌 3 个元素略低于对照叶片，‘超青’黄化叶片显著 4 个指标均显著低于正常叶片，其中，氮、铁、锌 3 个元素降低幅度均超过 20%，分别为 21.15%，20.03% 和 28.50%。

表 1 黄化叶片与正常叶片营养元素比较

Table 1 Comparison of nutrient elements between etiolation leaves and normal leaves

处理	全氮含量(%)	铁含量(mg/kg)	锌含量(mg/kg)	镁含量(g/kg)
二年生枝黄化叶片	2.72	75.09	27.35	0.74
一年生枝正常叶	3.45	93.89	38.25	0.83
对照叶片	4.69	97.96	40.28	0.79

果树的黄化类型一般分为生理性黄化型和侵染性黄化型。除了叶片黄化外，侵染性黄化型一般表现枝梢变短，丛生，枝叶从上至下逐步枯死；叶片黄化后逐步变白，后焦枯脱落，黄化叶片不返青[17]，而生理性黄化随着植株的生长，轻度黄化叶片有返青现象。缺铁一般幼叶黄化；缺氮叶小直立；柑橘缺镁叶片呈“肋骨状褪绿”；缺锌叶小，卷曲等特点，综合叶片营养元素含量及黄化症状，基本判定‘超青’黄化植株为生理性黄化型，且缺锌是导致黄化的最主要因素。

图 1　缺素植株表现症状

Fig. 1　Symptoms of vegetative deficient plants

A. 萌芽期‘超青’缺素植株；B. 萌芽期‘大青皮甜’植株；C. 展叶后期‘超青’缺素植株；
D. 展叶后期‘大青皮甜’叶片

2.2　石榴正常绿叶和黄化叶片叶片组织结构特征比较

在光学显微镜下对比观察‘超青’正常绿叶和黄化叶片的横切面解剖结构(图 2)。石榴叶片属于典型的双子叶植物叶片的组织结构。从解剖结构看，正常叶片栅栏组织和海绵组织排列整齐，层次分明，而黄化叶片栅栏组织和海绵组织排列不规则，组织间无明显的分界；从叶片厚度上看，黄化叶片较正常叶片略薄，厚度不均匀，变异系数 11.7%；叶片组织结构上看，黄化叶片上表皮厚度明显低于正常叶片，但下表皮厚度略高于正常叶片，栅栏组织和海绵组织均低于正常叶片，栅栏组织厚度/海绵组织厚度高于正常叶片；从变异系数上看，黄化叶片各组织结构参数变异系数均大于正常叶片，其中上表皮厚度变异系数 17.49%。

表 1　‘超青’正常叶片和黄化叶片组织结构参数比较

Table 1　Comparison of tissue structure parameters between normal and etiolation leaves of ultramarine

处理	叶片厚度	上表皮厚度	下表皮厚度	栅栏组织厚度	海绵组织厚度	栅栏组织厚度/海绵组织厚度
正常叶片	150.24±2.60	25.34±5.61	13.98±7.11	41.98±2.02	71.29±4.25	0.59±3.0
黄化叶片	149.92±11.70	18.48±17.49	14.94±10.39	39.24±4.59	62.4±3.79	0.63±5.70

注：表中数据表示平均值±变异系数(%)。

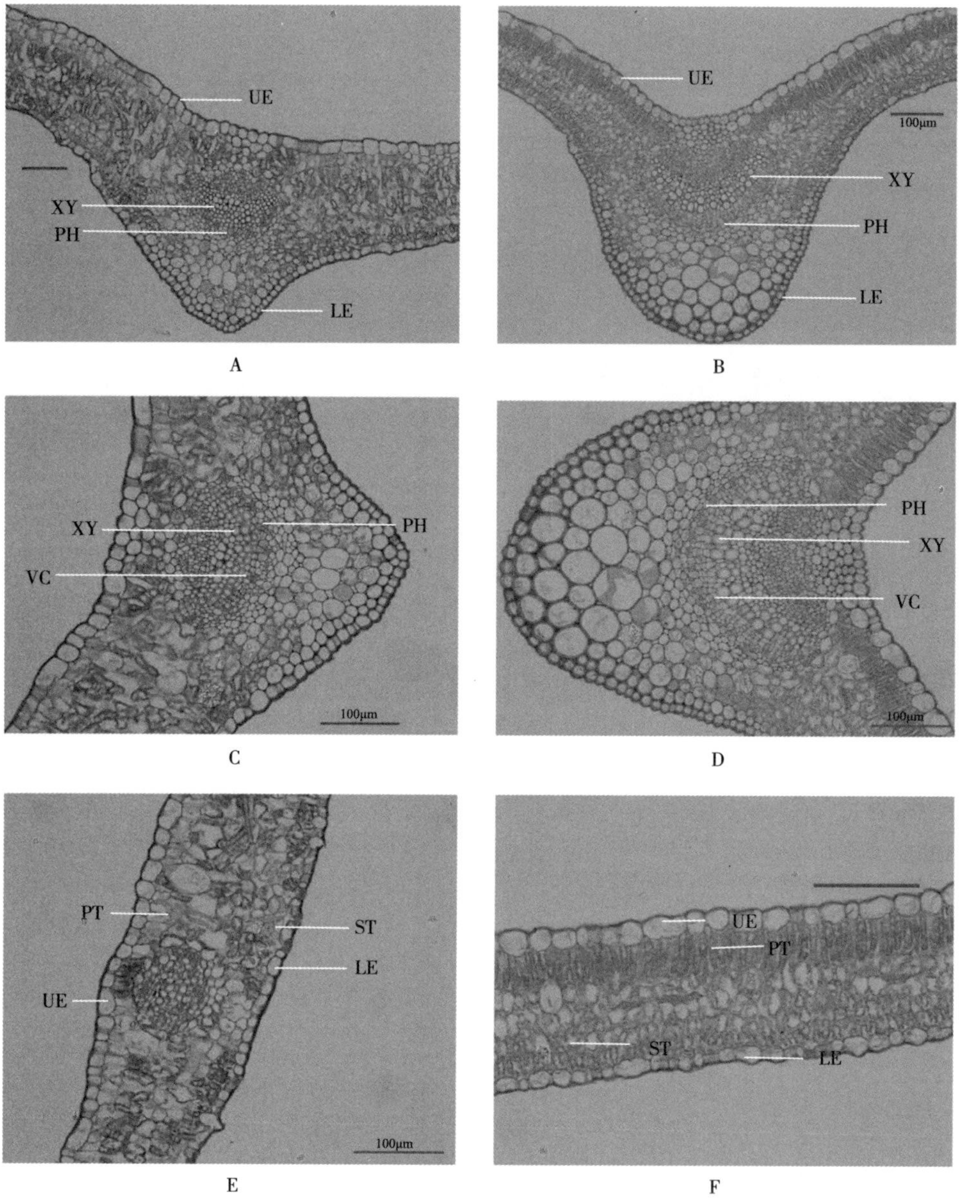

图 2 ‘超青’黄化和正常叶片切片比较

Fig. 2 Comparison of etiolation and normal leaf sections

A. ‘超青’黄化叶片横切；B. ‘超青’正常叶片横切；C. ‘超青’黄化叶片叶脉；D. ‘超青’正常叶片叶脉；E. ‘超青’黄化叶片叶肉；F. ‘超青’正常叶片叶肉；UE. 上表皮；LE. 下表皮；PT. 栅栏组织；ST. 海绵组织；XY. 木质部；PH. 韧皮部；VC. 维管束形成层

2.3 石榴正常绿叶和黄化叶片光合性能比较

由‘超青’正常叶片和黄化叶片以及对照‘大青皮甜’叶片光合指标比较可知(表 2)：黄化叶片较正常叶片光合性能有所降低，‘超青’黄化叶和正常叶 A、E、Gs 分别为 11.12μmol/(m^2 · s) 和 12.80μmol/(m^2 · s)、3.13mmol/(m^2 · s) 和 3.81mmol/(m^2 · s)、

115.69mmol/(m^2·s)和168.13mmol/(m^2·s)；'超青'正常叶片与'大青皮甜'叶片光合性能差别不大，大青皮甜叶片A、E、Gs分别为12.92μmol/(m^2·s)、3.43mmol/(m^2·s)、161.67mmol/(m^2·s)；Ci、VPD、WUE黄化叶片与正常叶片相差不大，其中光合水分利用率分别是3.65g/kg、3.30g/kg、3.70g/kg。

表2　正常绿叶和黄化叶片光合指标比较

Table 2　Comparison of photosynthetic indexes between normal green leaves and etiolation leaves

处理	A [μmol/(m^2·s)]	Ci (ppm)	E [mmol/(m^2·s)]	Gs [mmol/(m^2·s)]	VPD (mb)	WUE (g/kg)
超青黄化叶片	11.12±19.19	282.15±12.70	3.13±18.37	155.69±36.33	2.42±10.53	3.65±25.32
超青正常叶片	12.80±13.35	262.50±8.65	3.81±17.81	168.13±26.66	2.63±6.36	3.30±9.02
大青皮甜叶片	12.92±11.13	263.67±10.73	3.43±20.32	161.67±22.79	2.38±7.70	3.70±20.87

注：表中数据表示平均值±变异系数(%)。

3　讨论

果树叶片黄化是一种常见的叶部病害，通常被称为'黄化病''退绿病'等[18]。引起叶片黄化的因素很多，气候、土壤、人为、病原体的侵染等等，不同的影响因素对叶片黄化病症表现也不尽相同。果树叶片花叶(黄绿相间)通常由侵染性病菌或病毒所致，一般呈深浅相间的黄色、条状斑块、带状或网纹斑块、沿叶脉黄化镶边状等[19]，黄化叶片后期一般不恢复，严重时落叶，枝梢干枯等。新叶黄化或老叶黄化型，一般是缺素症引起，新叶黄化是由不可利用元素缺乏引起，如：钙、硫、锰等，老叶黄化型由可移动元素的缺乏引起，如：铁、氮、锌、镁等。O_3、SO_2等大气污染也会出现不同程度的叶片失绿，如：脉间的不规则的坏死斑，坏死组织与健康组织之间界限比较清楚[17]。此外，干旱胁迫、肥害、药害也会引起叶片失绿黄化。当前，石榴叶片黄化病害鲜有研究，因此，了解果树黄叶致病类型及黄叶病症表现，对石榴叶片黄化病的准确诊断有重要意义。

石榴叶片缺素失绿症对叶片解剖构造乃至对光合性能有重要影响。本研究结果显示：黄化叶片栅栏组织和海绵组织排列不规则，且组织厚度均低于正常叶片；黄化叶片光合指标也低于正常叶片，这与刘泽军[20]对缺铁库尔勒香梨叶片的解剖结构，Fernández[21]对桃的观察研究结果相一致。研究缺素情况下，石榴叶片的解剖构造，对生理性黄化病的形成机理及在光合过程中的转运动态提供了微观解剖上的支持。

4　结论

通过果树叶片黄化失绿的病症及引起因素对比诊断，本研究石榴叶片黄化失绿属生理性黄化，且主要由缺锌导致。相比正常叶片，黄化叶片栅栏组织和海绵组织排列不规则，层次不分明；栅栏组织和海绵组织厚度均低于正常叶片；光合指标也低于正常叶片。石榴叶片黄化失绿与叶片组织结构变化有关，缺素可导致显微结构的异常。

参考文献

[1]徐晓燕，杨肖娥，杨玉爱．锌在植物中的形态及生理作用机理研究进展[J]．广东微量元素科学，1999，6(11)：1-6.
[2]安华明，樊卫国．果树铁营养研究进展[J]．西南农业学报，2001，14(3)：83-89.
[3]李娟，陈杰忠，黄永敬，等．Zn 营养在果树生理代谢中的作用研究进展[J]．果树学报，2016，28(04)：668-673.
[4]吴韶辉，温明霞，王鹏，等．补镁对缺镁温州蜜柑叶片光合作用的影响[J]．中国南方果树，2015，44(1)：17-20.
[5]吴亚楠，刘月，刘婷，等．硼和锌对猕猴桃产量与品质的影响[J]．北方园艺，2016(17)：22-26.
[6]周厚基，仝月澳．苹果树缺铁失绿研究的进展Ⅱ．铁逆境对树体形态及生理生化作用的影响[J]．中国农业科学，1988，21(04)：46-50.
[7]张名福，范海燕．几种果树缺素症的典型症状识别及其矫正[J]．科学种养，2011(6)：30-31.
[8]于爱军，孙宪银，潘爱霞，等．果树缺素症表现症状及防治[J]．现代农业，2007(7)：26-26.
[9]王明芳．防控果树小叶病从补锌和规范修剪入手[J]．西北园艺：果树，2018(2)：29-30.
[10]诸天铎，刘新保，李春花，等．锌素营养对作物叶片解剖结构的影响[J]．植物营养与肥料学报，1995(1)：24-29.
[11]朱雪志，胡小三．缺铁逆境下南方苹果实生苗细胞的超微结构及净同化率[J]．北方园艺，2009(4)：44-46.
[12]吴树彪，韩雪梅，陈慧选．缺铁对苹果叶片解剖结构的影响[J]．园艺学报，1997(2)：115-119.
[13]张朝红，王跃进，李琰，等．缺铁和矫治缺铁对梨树叶片结构的影响[J]．西北植物学报，2002，22(6)：1489-1493.
[14] VICTORIA Fernández，THOMAS EichertVíctor Del，RíOGLORIA López-Casado，et al. Leaf structural changes associated with iron deficiency chlorosis in field-grown pear and peach：physiological implications[J]. Plant and Soil，2008，311(1-2)：161-172.
[15]肖家欣，齐笑笑，张绍铃．锌和铁缺乏对枳生理指标、矿物质含量及叶片超微结构的影响[J]．应用生态学报，2010，21(8)：1974-1980.
[16]李正理．植物组织制片学[M]．北京：北京大学出版社，1996.
[17]张鑫．樟树黄化病致病机理、危害性及复绿技术研究[D]．安徽农业大学，2007.
[18]杨旺．森林病理学．中国林业出版社，1996.
[19]冯国明．果树黄叶病的类型及防治措施[J]．山西果树，2007(3)：57-58.
[20]刘泽军，吴玉霞，向永枢，等．生理性缺铁对库尔勒香梨叶片解剖结构的影响[J]．新疆农业大学学报，2014(3)：203-208.
[21]VICTORIA Fernández，EICHERT T，VíCTOR Del Río，et al. Leaf structural changes associated with iron deficiency chlorosis in field-grown pear and peach：physiological implications[J]. Plant and Soil，2008，311(1-2)：161-172.

石榴组织培养研究进展

唐丽颖
（中国农业科学院郑州果树研究所，郑州　450000）

摘要：石榴为多年生木本植物，属千屈菜科落叶小乔木，喜温畏寒，是我国主要的栽培果树之一，具有较高的观赏、食用和药用价值。由于石榴价值高、数量少，我国的石榴市场早已供不应求，在当前农业快速发展、政策大力扶持的形势下，种植和发展石榴已经逐渐趋于产业化、规模化、一体化方向发展，石榴的种植产业具有广阔的市场前景。传统的分株、扦插及压条繁殖的方式已经远远不能满足石榴种苗市场生产的需求，而通过石榴组织培养技术，可以在短时间内获得大量的石榴幼苗。通过查阅相关文献资料，对石榴组织培养过程中的外植体选择、愈伤组织的诱导、诱导不定芽、扩繁培养、生根培养、炼苗移栽等过程进行叙述，指出石榴组织培养技术现阶段面对的难题，并对石榴组织培养技术的前景进行了展望。

关键词：石榴；植物组织培养技术；快速繁殖

Research Progress on Pomegranate Tissue Culture

TANG Liying
(*Zhengzhou Fruit Research Institute*, *Chinese Academy of Agricultural Sciences*, 450000)

Abstract: Pomegranate is a perennial woody plant. It belongs to the deciduous small tree of the pomegranate family. It is one of the main cultivated fruit trees in China. It has high ornamental, edible and medicinal value. Due to the high value and low quantity of pomegranate, China's pomegranate market has long been in short supply. Under the current rapid development of agriculture and strong policy support, the cultivation and development of pomegranate has gradually become industrialized, scaled and integrated, and pomegranate cultivation. The industry has broad market prospects. The traditional methods of ramets, cuttings and layering are far from meeting the needs of pomegranate seedling market production. Through pomegranate tissue culture technology, a large number of pomegranate seedlings can be obtained in a short time. By reviewing relevant literatures, the explant selection, callus induction, adventitious bud, expansion and propagation, rooting culture, and seedling transplanting were described in the process of pomegranate tissue culture. The problems faced in the stage and the prospects of pomegranate tissue culture technology are prospected.

Key words: *Punica granatum*; Plant tissue culture; Rapid propagation

1　石榴

石榴，学名 *Punica granatum* L，石榴科落叶小乔木。其栽培面积较为广泛，全球温带和热带都有种植，并受到多数人的认可与喜爱。石榴原产地为俄罗斯、伊朗、土耳其和阿富汗，但在我国有着悠久的栽培历史。“何年安石国，万里贡榴花。迢递河源边，因依汉使搓。”根据《博物志》中描述内容可以知道，早在2000年前，张骞出使西域时得石榴种，经丝绸之路引入内地，先在当时的帝都长安上林苑、骊山温泉宫进行了种植栽培。根据汉上林令虞渊追忆，上林苑其时栽植奇花异卉达三千株，内有“安石榴十株”。因得到汉武帝的喜爱，又将石榴栽植于骊山温泉宫中。石榴在古代的中国逐渐广为人知，因为其果实色香味俱佳，又因独特的外形而被中国人赋予“多子多福”“红红火火”的独特含义，于是越来越多的人开始进行石榴的种植与栽培。发展至今，长江等流域海拔1700~3000m的坡地上依然存在着大量野生的古老石榴群落，其在我国南北部都有栽培，但因喜欢温暖向阳的环境，主要以江苏、河南等地区的栽培种植面积较为广泛。历经多年，不断发展出了不同的品种与变种，其中有许多性状较为优良的品种，如：软籽石榴、大红袍等。

石榴不仅有着很多美好的寓意，还具有多方面的价值。在观赏价值方面，石榴春天新叶嫩绿，夏天满树红花似火，秋天红色的果实挂满枝头，可观叶、观花、观果，在许多城市被当做优良的庭院树种，公园、马路边、庭院中都可以见到石榴树。在食用价值方面，石榴中含有多种人体所需的营养成分，果实中含B族维生素、V_C、糖类、蛋白质、脂肪、有机酸以及钙、磷、钾等矿物质。石榴果实以鲜食为主，果实中的总糖量约占11%~16.8%[1]，V_C含量是苹果的2倍左右[2]。通过对石榴汁的检测可以知道，每100g果汁中含有铁0.4~1.6mg、磷11~16mg、钙11~13mg，胡萝卜素0.01mg、Vpp1.7mg、V_C4.6~11mg，以及丰富的铜、锌、锰等[1]。在药用价值方面，石榴可谓浑身是宝。石榴有广谱抗菌作用[3]，可抑制金黄色葡萄球菌、伤寒杆菌、绿脓杆菌、结核杆菌，抗真菌、抗病毒等，还有驱虫杀虫、止血明目、抑制癌细胞等作用[4]。石榴的嫩叶可以助消化、消食积、调理肠胃，还可以外用治疗皮肤及眼部疾病[2]。石榴花具有多种化学成分，如多酚类、黄酮类、三萜类、糖类、皂苷等多种化合物[5-6]，黄酮类及多酚类化合物被证实具有抗氧化作用，可用作与抗氧化相关药物的研究与开发[7]；三萜类成分[8]具有广泛的生物活性在抗肿瘤、抗糖尿病、抗炎、改善认知等方面均发挥着一定作用[9]；石榴花中挥发油的主要成分为醛类和脂肪酸[10]，其体外抗氧化性很好，可用于保健品、抗氧化剂的开发等；此外，石榴花中的色素、葡萄糖、果糖等对食品工业都具有很大意义[9]。石榴皮是石榴干燥后的果皮，其性酸，味道发涩，具有止血、涩肠、杀虫的功效[11]，已经作为一味中药材收录在药品标准中[12]；Kamel Gharzouli[13多年前]研究发现，石榴皮水提液对酒精诱导的胃黏膜损伤具有预防和保护作用，一项将石榴皮提取物应用于抗动脉粥样硬化的研究发现，石榴皮提取物可以降低肝脏脂肪和胆固醇含量[14]；此外，多项实验曾发现，石榴皮提取物还具有抗菌、抗病毒、提高免疫力等作用[15]。石榴汁具有很多食疗功效，一直被视为中老年人的天然饮品。通过对石榴汁、绿茶和红酒的抗氧化能力进行比较。发现石榴汁的抗氧化能力远大于其余两种饮品[16]；石榴汁与苹果汁的对比发现石榴汁的抗氧化能力强于苹果汁[17]；Aviram M等人的临床研究发现，长期口服石榴汁可降低血压[18-19]。石榴籽甲醇提取物中含有甾类、黄酮和单宁类化合物等[20]，Asish K. Das等人通过研究发现，石榴籽甲醇提取物有显著的降血糖作用[21]，研究显示，石榴籽油能显著降低人类肿瘤细胞繁殖能力[22]。

2 植物组织培养技术

植物组织培养技术即植物克隆技术。主要指在无菌环境下，将植物外植体接种在人工配制的培养基上，在人工控制的条件下进行离体培养，从而获得完整植株的一种新兴技术。其原理是植物细胞的全能性，也就是说每个植物细胞里都包含一整套的遗传物质，在特定条件下才会表达。而人工配制的培养基正是基于此将外植体诱导进行脱分化，再形成愈伤组织，诱导愈伤组织形成丛生芽。

自20世纪中期美国成功用组织培养技术获得的芹菜苗取代种子繁殖的传统方法至今，植物组织培养技术已经建立了一些新技术与方法。包括开放式组培技术、光自养组培技术、新型光源的利用等；在植物育种方面，组培技术在单倍体育种、胚胎育种、细胞融合育种等方面均有所应用；此外，植物组织培养技术还应用于基因转化、选育细胞突变体、保存种质、植物体的快繁与脱毒等方面[23]。

由于石榴具有较高的营养价值与保健功能而备受消费者青睐，石榴产品市场一直处于供不应求的状态。传统的繁殖方式，如分株、扦插、压条等早已远不能满足市场中消费者需求。植物组织培养技术具有繁殖速度快、繁殖效率高、能在短时间内获得大量植株的特点，可以很好的满足石榴产品市场供不应求的状态。因此，石榴组织培养技术应运而生。

3 石榴组织培养技术

3.1 外植体的选取

石榴组织培养中外植体的选择较为宽泛。早前人们认为嫩枝等新生组织未发生木质化，酚类含量较少，尤其初春时节的茎尖，其遗传稳定性较高，分化速度快，常用作组织培养的外植体。但由于材料数量及来源的限制，不断有人对成熟叶片、休眠枝段做外植体的试验方案进行尝试[24]，但却很难成活。曹孜义，刘国民等人以成熟叶片为外植体[25]。经过多年的发展，朱立武、陶秀冬等人以带腋芽的茎段为外植体，发现可以获得较好的试管苗[24,26]。闫志佩在对软籽石榴进行组织培养时，选择采用新生枝条作为外植体[27]，同样，河南农业大学曾用新生的枝条作为外植体对牡丹花石榴进行组织培养，生根率达到了80%[28]。2003年，曾斌等人用皮亚曼石榴的叶片为外植体，成功进行了皮亚曼石榴微繁殖[29]。张希太等人用牡丹花石榴未木质化的枝条和叶片为外植体，研究牡丹花石榴组织培养技术[30]。此后，陈延惠等人用人工条件下萌发的新梢做外植体，研究了突尼斯软籽石榴的组织培养技术[31]。

此外，国内外有少量以石榴胚轴为外植体进行组织培养的案例。2003年，Naik等人对石榴品种Ganesh的下胚轴进行组织培养，发现MS+6-BA 2. 0mg/L+NAA 1. 0mg/L+10%的椰汁培养基能够诱导外植体直接分化出不定芽，并且如果培养基中再添加3. 4mg/L的$AgNO_3$则更能够提高不定芽的分化率[32]。2009年，有人使用石榴品种Kandhari Kabuli胚培苗的下胚轴做外植体，将其接种至MS+6-BA 2. 0mg/L+NAA 1. 5mg/L的培养基上，随后测得愈伤组织诱导率达68. 2%，平均不定芽再生率为3. 18%，不定芽的高度为3. 12cm;，继续进行诱导生根工作，获得85. 6%的不定根，其根长约为3. 2cm[33]。

培养前对外植体的处理也很重要。一般培养之前都需要根据材料的不同而选择适合的消毒剂的浓度和消毒的时间，才能达到彻底灭菌和消毒的目的。石榴组织培养中通常用流水冲洗外植体5~10h，然后再分别75%的乙醇浸泡30s，0.1%的氯化汞浸泡8~10min，再用无菌水漂洗材料3~5次，最后接种到培养基上培养。这样可以很大程度上避免污染，获得更健康的材料。2009年，刘丽的一项研究可以得到结论，接种前用GA_3浸泡处理种子有助于打破幼胚萌发前有短暂的休眠期，有效提高幼胚的萌发率[34]。

3.2 对愈伤组织的诱导

植物组织培养过程中，愈伤组织的诱导是较为关键的一步，而决定诱导愈伤组织成败的关键取决于培养基中的生长调节剂种类、质量浓度等[35]。

愈伤组织的形成一般要经过脱分化阶段，形成的愈伤组织一般分为胚性愈伤组织、非胚性愈伤组织、颗粒状愈伤组织。胚性愈伤组织质地坚硬、颜色鲜绿、呈块状，可以诱导不定芽与不定根，进而发育成苗，是三类愈伤组织中最重要的一类；非胚性愈伤组织质地柔软、颜色淡白、形状不规则、呈水渍状，此类愈伤组织出现时需要淘汰掉；第三种颗粒状愈伤组织，质地松散、呈颗粒状，较适合于悬浮培养[35]。因此最适用于石榴组织培养的为第一种胚性愈伤组织。

石榴外植体愈伤组织诱导常见的植物生长调节剂是细胞分裂素、生长素等，细胞分裂素是一类促进植物细胞质分裂的物质，可以促进多种组织的分化和生长，主要包括6-BA、KT、ZT等，但目前应用广泛的是6-BA，使用浓度通常为1.0~3.0mg/L，与细胞分裂素具有协同作用的生长素可以调节茎的生长速率、抑制侧芽、促进生根等作用，常用于农业中促进插枝生根，其效果较为显著。通常包括NAA、IAA、IBA等，用于组织培养中一般为NAA，使用浓度一般为0.1~0.5mg/L。

此外，2003年研究发现，如果石榴组织培养的外植体为休眠芽或茎尖时，可以在培养基中加入1.0mg/L的赤霉素，会促进愈伤组织的形成[36]。2009年，y一项诱导石榴愈伤组织的试验结果显示，在靠近顶端的成熟石榴叶片更容易诱导出疏松愈伤组织，愈伤组织诱导的最佳培养基为MS+2,4-D 1.0mg/L+6-BA 1.0mg/L+NAA 1.0mg/L[37]。2011年，彭丽萍等人对软籽石榴离体培养进行研究，结果显示，培养基为MS+NAA 0.1mg/L+IBA 0.1mg/L+6-BA 1.0mg/L时对软籽石榴离体叶片的愈伤组织诱导效率较高，诱导效果最好[38]。

愈伤组织的诱导条件一般为25℃，光照12h/d，光强为1000lx。也有人尝试先暗培养72h后，转为光照培养15~20d，外植体开始形成愈伤组织，并且愈伤组织不断增大，继续生长30d，将愈伤组织进行继代培养，可以获得大量的完整植株[27]。

3.3 诱导不定芽

不定芽是植物从茎的节间、根或叶生出的芽。在植物组织培养过程中，受伤的植物组织脱分化形成愈伤组织，愈伤组织再分化形成不定芽，不定芽继续发育成完整的植株。

经过查阅文献可以知道，组织培养中一般采用MS基本培养基，添加的细胞分裂素一般为6-BA，浓度为1.0~2.0mg/L[27]；添加生长素对新梢生长起促进作用，使用浓度一般要比细胞分裂素浓度低，为0.1~0.5mg/L[26]。

2003年，蒋琴在对石榴茎尖的组织培养研究中，将MS基本培养基上添加6-BA1.0mg/L、IAA(NAA)0.5mg/L和GA 3 0.5mg/L与MS基本培养基上只添加6-BA 1.0mg/L进行了对比，通过观察发现只有在MS添加6-BA 1.0mg/L+IAA 0.5mg/L+GA 30.5mg/L的培养基中，石榴不定芽的诱导率可以高达90%以上，而单独添加6-BA 0.5mg/L的MS基本培养基中不定芽的诱导率最低[36]。2012年，陈延惠等人在对软籽石榴组织培养体系的研究中发现，软籽石榴‘突尼斯’的不定芽分化的最佳培养基为 MS+IAA0.3mg/L+KT(1.5~2.0)mg/L+TDZ 1.5mg/L[39]。

而2015年，王菲等在对石榴组织培养再生体系进行探索时，研究了泰山红、三白甜、皮亚曼、牡丹4个石榴品种的叶片再生的过程，结果显示，石榴叶片的愈伤组织分化不定芽的最佳培养基为 B5+6-BA 0.6mg/L+IBA 0.5mg/L+椰汁 100mL/L+PVP 2.0g/L+GA_3 1.0mg/L；不定芽增殖的最佳培养基为 B5+6-BA 0.8mg/L+BA 0.5mg/L+椰汁 100mL/L+PVP 2.0g/L。此外，4个石榴品种中，三白甜品种与其他3个品种相比较，其增值系数高达5.5，是4个石榴品种中的首位[40]。

石榴不定芽的诱导与诱导愈伤组织需要的环境条件相差不大。要求培养温度一般为25℃，光照时间依旧为12h/d，光强有所增加，为2000~3000lx。此条件大约培养30~40d后，可以在愈伤组织中见到分化出的不定芽，不定芽逐渐长大，长成小枝条，继而发育成完整植株[41]。

2007年，刘广甫，李洪涛，陈延惠等人在对牡丹石榴进行茎尖组织培养时，尝试直接对外植体进行增殖培养，不再经过愈伤组织的脱分化与再分化过程，对外植体做好消毒灭菌工作，依旧可以获得大量的石榴组培苗[28]。

3.4 组培苗的扩繁培养

获得组培苗后就要进行扩繁培养，从而进行大批量的生产扩繁。找到适合石榴组培苗的培养基是能否扩繁成功的关键一步。增殖培养基多为MS基本培养基加不同浓度的生长素。细胞分裂素可以促进多种组织的分化和生长，因此在扩繁的培养基中的使用量需要适当提高，一般为1.5~2.0mg/L；而生长素的促生长作用对茎、芽、根生长的促进作用因使用浓度而不同，一般为0.1~0.5mg/L。只有找到最佳的细胞分裂素与细胞生长素的浓度配比，才能达到比较理想的增殖效果[42]。

2002年时，陶秀冬等人的研究结果显示，NAA的使用浓度为0.01mg/L时增殖效果达到最佳[26]。2003年，朱立武使用不同浓度的BA、NAA进行对比后发现，BA浓度为1.0、2.0、3.0mg/L时，腋芽平均增殖倍数分别为3.07、4.00、3.97。但随着NAA的浓度由0.1mg/L增加到0.3mg/L，腋芽平均增殖倍数由3.27增加到4.17[24]。这与陶秀冬等人的研究结果不太相符，推测是由于品种和选材部位存在差异，生长素的浓度范围也会发生相应的差异变化；同年，曾斌等人在对新疆皮亚曼石榴微繁殖技术的研究中发现，皮亚曼石榴增殖培养过程中使用改良的White基本培养基，与使用MS基本培养基相比，显示出更好的培养增殖效果，由此可以推测出不同的石榴品种及不同的取材部位需要相应不同的最佳培养基[29]。2006年，张希太在其研究中对牡丹花石榴适合的培养基进行了筛选，结果显示，对牡丹花石榴芽丛壮苗最佳的培养基为 MS+KT 0.5mg/L+IBA 0.2mg/L[30]。2007年，刘广甫对牡丹石榴进行再生研究时，认为对于牡丹花石榴来说，最佳的增殖培养基为 MS+6-BA 1.0mg/L+IBA 0.3mg/L时的组合[28]。2008年，张晓申对突尼斯软籽石榴进行再生体系研究时认为，突尼斯软籽石榴的最佳增殖培养基应为 MS+6-BA 1.0mg/L+N A A 0.3mg/L[42]。2010年，陈延惠等人在对突尼斯软籽石榴再生体系进行研究时，得出结论当培养基为 MS+1.0mg/L 6-BA+0.1mg/L NAA时，，其增殖系数可达到3.32[31]。

对组培苗进行扩繁时，所需要的环境条件变化不大，一般为(25±2)℃，光照强度为2000~2500lx，光照时间为12h/d或者连续光照即可[41]。

3.5 组培苗的生根培养

组培苗一般在瓶内生根后，再进行炼苗移栽。前人曾对组培苗的生根进行过大量的研究，研究结果表明，培养基中的矿质元素浓度高时，对植株茎叶的生长较为有利，矿质元素浓度低时，才更有利于植株根的生长。因此，生根培养基一般使用 1/2MS 为基本培养基。根据朱立武与刘广甫的研究结果，1/2MS 为石榴生根的最佳培养基[24,28]。此外，根据陶秀冬此前的研究可以知道，在培养基中加入较低浓度的蔗糖对组培苗的生根有促进作用，浓度一般为 1%~3%[26]。除了蔗糖，生长素对组培苗的生根也起着重要作用，常用的生长素为 NAA 和 IBA，但其使用浓度却有着不同的看法，李佳娣认为使用浓度应在 0.5~1.0mg/L[41]，而赵玉洁则认为其使用质量浓度在 0.1~1.0mg/L 不等[35]，因此在生长素的使用浓度方面还应进行更多的探索与研究。

2002 年，陶秀冬在对石榴组织培养技术进行研究的结果表明，当 IBA 使用浓度为 0.1、0.2、0.3mg/L 时，生根率为 12%~68%，生根天数较长。当 IBA 使用浓度为 0.5mg/L 时，生根率达 95%，生根天数较短[26]。2003 年，朱立武在研究中发现，在不加 NAA 的培养基中，石榴组培苗生根数目少且生根缓慢，在进行接种 20d 后，枝段的平均生根率为 6.7%，平均生根数 2.1 条；但不同的是，在添加 NAA 0.5mg/L 的培养基中，10d 后平均生根率达 95.8%，平均生根数也有很大提高，为 5.6 条[24]2012 年时，范春丽在对河阴石榴进行研究时发现，河阴石榴的最佳生根培养基为 1/2MS + NAA 0.5mg/L，此时的生根率可达 90.0%[43]。同年，王峰也对河阴软籽石榴进行了研究，认为其最佳的生根培养基为 1/2MS+IBA 1.5mg/L+NAA 0.2mg/L，生根率可达到 96.0%[44]。2013 年，杜泽湘的研究表明，石榴新品种‘九州红’的最佳生根培养基为 1/2MS+IBA 0.6mg/L+NAA 0.1mg/L，生根率可达到 91.2%[45]。

影响组培苗生根的除培养基之外，还有许多生理或环境因素。刘丽认为，诱导生根时，从生芽块的大小对生根也有一定程度的影响[34]。陶秀冬发现，当 1~2 个丛生芽分割为一体时，其培养天数较长，增殖系数也比较低，组培苗的长势弱、细长，容易导致生根率变低；而 3~5 个丛生芽为一体时，组培苗的生长良好、芽体短粗，增殖系数达前者的 3 倍之多[26]。

光照对组培苗的生根也有一定的影响。石榴组培苗生根一般采用黑暗交替培养的方法，培养温度一般为(25±2)℃，光照强度为 2000~2500lx[41]。2003 年，曾斌等人的研究说明，在生根培养的初期，连续光照下也会有生根的情况，但生根率极低，仅有 10%；而在黑暗条件下培养 2 周后，再置于光下进行培养，生根率可以达到 100%[29]。2007 年，刘广甫在研究中发现，在生根培养初期进行暗培养对组培苗生根具有较大的作用[28]。因此，暗培养可以刺激许多木本树种生根，特别是在生根培养的第一周，暗培养对组培苗生长素的合成以及根部极性的建立和形态发生较为有利[46-47]。由此可见，光照对组培苗生根的影响较为重要，应继续对光照这一影响因素进行研究。

3.6 炼苗移栽

组培苗在室内进行生根培养后，需要将其进行炼苗移栽。炼苗和移栽是植物组织培养过程最后的一步，也是关键的一步，是组培苗能否成活并健康生长的重要因素。炼苗即组培苗在移栽前，要经过自然光照及自然环境温度下的锻炼，其目的是使组培苗的抗逆性增强[26]。组培苗在培养瓶内营养方式为异养，叶片的光合作用能力较低。因此移栽前期应注意不能直接在强光下进行炼苗，过强的光照使幼苗被灼伤，中午阳光过强时要对幼苗进行遮阴处理，普遍认为利用散射光炼苗效果最好，在移栽后要逐步加强光照，使叶片恢复光合作用的能力，光照强度3000～5000lx为宜[29]。移栽前组培瓶内的水分充足，但移栽前期幼苗不能很好的从基质中吸收充足的水分，因此炼苗期间应保持足够的水分供应。水分是否充足是组培苗能否成活的关键，湿度控制在80%～85%，温度在20～28℃时较佳。另外，白天与黑夜最好有一定的温差，温差可以有效避免水分的蒸发和养分的消耗[41]。

移栽前要保证移栽苗圃通风通气，保水性适宜，清洁卫生等。组培苗移栽时应用自来水冲洗，将培养基洗净后，使用5%的高锰酸钾溶液浸泡1min，这样可以对组培苗进行杀菌消毒，有效防止病虫害的发生。栽培基质以蛭石、珍珠岩、河沙、锯末等为最佳[31]。移栽后要盖上塑料薄膜，每天喷水2～3次，温度保持在22～25℃，湿度保证80%以上，20d左右便可成活[26]。同时，在移栽后最好使用1/2MS的营养液来对基质中的养分进行补充[41]。

曾斌认为，石榴组培苗移栽最关键的步骤是从组培瓶移栽到基质苗床中，这一步成活率的高低决定着最终入土的成活率[29]。具体方法是让受组培生根苗先进行闭瓶强光炼苗（20000～30000lx自然光下）10d左右，之后逐渐揭开瓶口膜。强光炼苗合适时，可以看到试管苗从瓶口促出，长出具保护组织、叶色油亮的叶片，幼茎可见粗壮，此时即可移出瓶。基质苗床要采用电热温床。移栽前用ABT速效生根剂水溶液500mg/L浸根10min，使用的基质为珍珠岩，要提前对基质进行消毒处理，在珍珠岩苗床中，配制1/4MS营养液浇灌移栽苗，50d后在根长达到4cm以上时，开始进行移苗。移苗后应保持温度20～25℃，相对湿度要大于85%，这样做的成活率可达到90%以上[29]。

4 问题与展望

石榴是我国的重要果树之一，在我国有着悠久的栽培历史，并且集观赏、鲜食、药用价值于一体，我国人民在栽培石榴的过程中，选育出了许多优良品种，组织培养技术在石榴种质资源的保存工作中发挥了极为重要的作用。通过组织培养技术，利用茎尖等材料做外植体，可以在短时间内获得大量的石榴组培苗，为石榴种质资源，尤其是珍惜品种的保护做了极大的贡献。

对于植物来说，同一品种在不同的时间，不同组织中的生理状态大有不同，因此在同一培养基中的繁殖倍数也不尽相同[29]，木本植物更是如此，因此石榴在进行组织培养时试验的可重复性极小[47]。进行石榴组织培养时，外植体的选择与消毒处理、愈伤组织诱导不定芽、生根培养以及炼苗移栽都极为重要，环环相扣。首先，外植体要选择生长健壮，无病无菌的材料，要做好消毒处理，后期才能获得健康无毒的组培苗；愈伤组织存在分化难，易褐化的问题，要解决好这一问题，还需要进行更深的研究与探索；其次，石榴组培苗常出现黄化、玻璃化等现象；诱导生根过程是受多因子影响，尤其是光照对生根的影响，还需要进行不断地研究。

目前，植物组织培养技术已经较为成熟，蔬菜、果树、花卉等方面均有应用，但在石榴中的应用技术还不成熟，不完善，如：诱导愈伤组织与不定芽的生长素配比、对生根的诱导、炼苗移栽过程的优化、解决石榴组培苗玻璃化、褐化问题等，仍需要进行大量的试验工作逐一解决。

参考文献

[1]傅航，韩磊．石榴的营养保健功能及其食品加工技术[J]．黑龙江科技信息，2017(15)：58.

[2]向晖．石榴营养保健功能与药用价值[A]．中国药学会医院药学专业委员会．2012年“全国医院药学(药事管理)学术会议”论文集[C]．中国药学会医院药学专业委员会：中国医院药学杂志编辑部，2012：2.

[3]仁虹．石榴的药用价值[J]．农产品加工(创新版)，2012(07)：43.

[4]杨树栋．石榴的繁殖与药用价值[J]．现代园艺，2010(04)：12.

[5]张立华，孙晓飞，张艳侠，等．石榴花化学成分及生物活性研究进展[J]．山东农业科学，2009(3)：33-35，50.

[6]ZHANG L H，YANG X M，ZHANG Y H，et al. In vitroantioxidant properties of different parts of pomegranate flowers[J]．Food Bioprod Process，2011，89(3)：234-240.

[7]DUSSOSSOY E，RAT P，BONY E，et al. Characteriaztion，anti-oxidative and anti-inflammatory effects of Costa Rican noni juice(Morinda citrifolia L.)[J]．J Ethnopharmacol，2011，133(1)：108-115.

[8]TRIGUEROS L W，OJDYLO A，SENDRA E. Antioxidant activity and protein-polyphenol interactions in a pomegranate(Punica granatum L.)yogurt[J]．J Agric Food Chem，2014，62(27)：6417-6425.

[9]李丽蓉，金晨，廖辉，等．石榴花(古丽娜)的研究进展[J]．中国实验方剂学杂志，2016，22(10)：209-214.

[10]陈志伟，程鹏，王如刚，等．石榴花挥发油化学成分的GC-MS分析及体外抗氧化活性测定[J]．中国医院药学杂志，2013，33(4)：280-282.

[11]国家药典委员会．中华人民共和国药典(第一部)[S]．北京：化学工业出版社，2005：63.

[12]王周．石榴皮总多酚提取及减脂作用研究[D]．西华大学，2016.

[13]GHARZOULI K，KHENNOUF S，AMIRA S，et al. Effects of aqueous extracts from Quercus ilex L. root bark，Punica granatum L. fruit peel and Artemisia herba-alba Asso leaves on ethanol-induced gastric damage in rats[J]．Phytotherapy Research. 1999，13(1)：42-45.

[14]李云峰．石榴皮抗氧化物质提取及其抗氧化、抗动脉粥样硬化作用研究[D]．中国人民解放军军事科学院，2004.

[15]王玺德．石榴皮提取物抗兔球虫作用及其机制的研究[D]．山东师范大学，2012.

[16]GIL M I，TOMAS B，BETTY H P，et al. Antioxidant activity of pomegranate juice and its relationship with phenolic composition and processing[J]．American Chemical Society，2000，(48)：4581-4589.

[17]郭长江，韦京豫杨继军，等石榴汁与苹果汁改善老年人抗氧化功能的比较研究[J]营养学报，2006，29(3)：292-294.

[18]AVIRAM M，DORNFELD L. Pomegranate juice consumption inhibits serum angiotensin converting enzyme activity and reduces systolic blood pressure[J]．Atherosclerosis，2001(158)：195-198.

[19]AVIRAM M，ROSENBLAT M，GAITIN D，et al. Pomegranate juice consumption for 3 years by patient swith carotid artery stenosis reduces common carotid intima-media thickness，blood pressure and LDL oxidation[J]．Clinical Nutrition，2004，23(3)：423433.

[20]ASISH K Das，SUBHASH C Mandal，SANJAY K Banerjee，et al. Studies on antidiarrhoeal activity of Punica granatum seed extract in rats[J]．Journal of Ethnopharmacology，1999，68：205-208.

[21]ASISH K Das，SUBHASH C Mandal，SANJAY K Banerjee，et a1. Studies on the hypoglycaemic activity of punica granatum seed in streptozotocin induced diebetic rats[J]．Phytotherapy Research，2001，15：628-629.

[22]HORA J J，MAYDEW E R，LANSKY E P，et a1. Chemopreventive effect of pomegranate seed oil on skin tumor development in CD1 mice[J]．Journal of Medicinal Food，2003，6(3)：157-161.

[23]陶阿丽，曹殿洁，华芳，等．植物组织培养技术研究进展[J]．长江大学学报(自科版)，2018，15

(18)：31-35.
[24]朱立武，张水明，宋丰顺．等．石榴离体培养再生体系的研究[J]．园艺学报，2003，30(2)：207-208.
[25]曹孜义，刘国民．实用植物组织培养技术教程[M]．甘肃：甘肃科学技术出版社，1996，11.
[26]陶秀冬，杨文忠，王玉兰，等．石榴组织培养技术研究[J]．新疆农业科学，2002，39(3)：155-156.
[27]闫志佩．濒危品种软籽石榴的组织培养和快速繁殖[J]．植物生理学通讯，2004，40(3)：331.
[28]刘广甫，李洪涛，陈延惠，等．牡丹花石榴的茎尖组织培养再生体系研究[J]．河南林业科技，2007，27(3)：17-19.
[29]曾斌，李疆．新疆皮亚曼石榴微繁殖技术研究[J]．新疆农业大学学报，2003，26(2)：34-39.
[30]张希太，李俊玲，宋九英，等．牡丹花石榴的组织培养技术研究[J]．河南科技学院学报(自然科学版)，2006，34(2)：39-41.
[31]陈延惠，刘丽，李洪涛，等．突尼斯软子石榴组织培养快繁体系的建立[J]．河南农业大学学报，2010. 44(2)：160-166.
[32]NAIK S K，CHAND P K. Silver nitrate and aminoethoxyvi-nylglycine promote in vitro adventitious shoot regeneration of pomegranate(Punica granatum L. [J]. Journal of Plant Physiology，2003，160(4)：423-430.
[33]TONG Z，TAN B，ZHANG J C，et al. Using precocious trifoliate orange to establish a short juvenile transformation platform for citrus[J]. Scientia Horticulture，2009，119：335-338.
[34]刘丽．石榴胚培养、茎段快繁体系及倍性育种研究初报[D]．郑州：河南农业大学，2009.
[35]赵玉洁，谭彬，李洪涛，胡青霞，季亚萍，司晓丽，赵乾，陈延惠．石榴组织培养及遗传转化技术研究进展[J]．河南农业科学，2017，46(04)：1-5.
[36]蒋琴．叶城甜石榴茎尖组织培养试验初报[J]．新疆林业，2003，6：18-19.
[37]程江华．石榴愈伤组织的诱导和细胞悬浮培养体系的建立[D]．合肥：安徽农业大学，2009.
[38]彭丽萍，郑雷．软籽石榴离体叶片愈伤组织诱导条件的优化[J]．安徽农业科学，2011，39(7)：3835-3838.
[39]陈延惠，胡青霞，谭彬，等．‘突尼斯软籽’石榴叶片愈伤组织再生体系的建立[J]．经济林研究，2012，30(2)：83-87.
[40]王菲，陶吉寒，尹燕雷，等．4 个优良石榴品种叶片高频再生体系的建立[J]．中国农学通报，2015，31(13)：100-107.
[41]李佳娣，张爱民，薛建平，常莉．石榴组织培养研究进展[J]．生物学杂志，2011，28(05)：73-76.
[42]张晓申，王慧瑜，李晓青．突尼斯软籽石榴组培快繁技术研究[J]．陕西农业科学，2008(03)：34-36.
[43]范春丽．河阴石榴茎尖脱毒快繁技术研究[J]．安徽农学通报，2012，18(17)：52-53.
[44]王峰．河阴‘软籽石榴’组培快繁技术研究[J]．北方果，2012(5)：14-15.
[45]杜泽湘．石榴新品种‘九州红’组织培养及快繁技术研究[J]．安徽农业科学，2013，41(9)：3770-3771.
[46]谢从华，柳俊．植物细胞工程[M]．北京：高等教育出版社，2004：32.
[47]吴丽君．木本植物组织培养技术在林业科研与生产中的应用局限[J]．福建林业科技，2003，30(1)：67-74.

第四篇

石榴果实试验和评价

石榴群体果实品质相关性状分析

骆翔　李好先　赵弟广　张富红　陈利娜　Krishna Poudel
敬丹　唐丽颖　曹尚银*
(中国农业科学院郑州果树研究所，郑州　450009)

摘要：以不同地理分布、不同表型变异的150份遗传多样性石榴种质为资源材料，对其果实品质相关性状进行测定，分析其在群体水平上的表型变异、相关关系及群体结构效应，以期为石榴优良品种资源的改良提供参考依据。研究结果表明群体的可溶性固形物含量在不同品种间变异相对稳定，而可滴定酸含量在不同品种间变异幅度较大。氨基酸总含量在 $p<0.01$ 水平上与可溶性总糖含量显著负相关，与可滴定酸含量显著正相关。回归分析表明氨基酸总含量可以解释可滴定酸含量表型变异的21.56%。可溶性固形物含量与可溶性总糖含量在 $p<0.01$ 水平上显著正相关，相关系数为0.35；回归分析表明可溶性总糖含量可以解释可溶性固形物含量表型变异的11.78%。可滴定酸含量与可溶性总糖含量在 $p<0.01$ 水平上显著负相关。群体遗传多样性分析表明该群体可以分为4个亚群。可溶性固形物含量变异在各个亚群中表型变异差异不显著，而氨基酸总含量、可溶性总糖及可滴定酸含量变异在不同亚群间差异显著。

关键词：石榴；果实；品质；群体；相关分析

Analysis of fruit quanlity related traits across pomegranate population

LUO Xiang, LI Haoxian, ZHAO Diguang, ZHANG Fuhong, CHEN Lina,
KRISHNA Poudel, JING Dan, TANG Liying, CAO Shangyin
(*Zhengzhou Fruit Research Institute, Chinese Academy of Agricultural Sciences, Zhengzhou*, 450009)

Abstract: Total of 150 pomegranate germplasms with different geographical distribution and phenotypic variation were used as resource materials to determine their fruit quality-related traits and analyze their phenotypic variation, correlation and population structure effects at pop-

基金项目：中国农业科学院科技创新工程(CAAS-ASTIP-2016-ZFRI-03)。
作者简介：骆翔，男，博士，研究方向为果树遗传育种。电话：0371-65330990，邮箱：tjaulx@126.com。
*通信作者 Author for correspondence. 邮箱：s.y.cao@163.com。

ulation level. The results provided reference for the of pomegranate improvement. The results showed that the variation of soluble solids content was relatively stable among different cultivars, while the variation of titratable acid content was larger compared with that of other traits among different cultivars. Total amino acid content was negatively correlated with total soluble sugar content and positively correlated with titratable acid content at $P<0.01$ level. Regression analysis showed that total amino acid content could explain 21.56% of phenotypic variation of titratable acid content. The correlation coefficient between soluble solid content and total soluble sugar content was 0.35 at the level of $P<0.01$. Additionally, the total soluble sugar content could explain 11.78% of phenotypic variation of soluble solid content. There was a significantly negative correlation between titratable acid content and total soluble sugar content at the level of $P<0.01$. Population structure and genetic diversity analysis showed that the population could be divided into four subgroups. There was no difference on soluble solids content among these subgroups, opposite to the variation of total amino acid content, total soluble sugar and titratable acid content.

Key words: Pomegranate; Fruit; Quanlity; Population; Related analysis

前　言

石榴(*Punica granatum* L.)属千屈菜科石榴属落叶灌木或小乔木[1]，原产于伊朗和阿富汗等中亚地区。汉朝时传入我国，到现在已有2000多年的栽培历史。最早在新疆叶城栽培，继而在陕西、河南、山东、安徽种植，后遍布我国20多个省区，现主要分布于陕西临潼、河南开封、安徽怀远、山东枣庄、云南蒙自、四川会理、新疆和田等地区。石榴果实中含有丰富的碳水化合物、蛋白质、氨基酸、维生素和人体所必需的微量元素，营养价值高，在各种水果中十分突出，是一种功能型水果[2]。另外，石榴浑身是宝，果实、果皮及籽粒均含有丰富的抗氧化物质，对高血压、糖尿病、冠心病、动脉粥样硬化等疾病有显著的预防效果[3]，深受世人喜爱、

石榴种质资源收集、保存，是整个石榴产业的基础性工作[4]。在我国山东、云南、安徽、河南、四川等地分别建有石榴种质资源圃。其中，山东省枣庄市峄城区的"中国石榴种质资源圃"，2009年由国家发展和改革委员会、国家林业局批准立项，由枣庄市石榴研究中心(枣庄市峄城区果树中心)建设及管理。资源圃内含有丰富的石榴种质，表型变异多样。对这些资源的相关表型进行评价，可以为石榴育种提供参考。杨雪梅等[5]以山东、河南、安徽、新疆4个石榴主产区21个主栽品种的成熟期果实为试材，测定比较平均单果重、可溶性固形物含量、籽粒含水量、果形指数、百粒重和籽粒硬度等指标并运用隶属函数法对各品种进行品质评级，将21个品种进行了等级划分。唐贵敏等[6]以不同皮色、风味的石榴为试验材料，对其果实品质和质地品质进行测定分析，结果表明：石榴品种'大青皮甜'单果质量最大，达509.56g，为特大果型石榴品种；不同石榴品种籽粒大小差异不显著，均为中等大小籽粒；出汁率以'青皮酸'最高，达81.19%；可溶性固形物含量均达到石榴优良品种的标准。果皮颜色和果实风味与石榴品种酸组分含量有密切关系，同皮

色石榴品种还原型抗坏血酸含量甜石榴品种显著高于酸石榴品种，而柠檬酸含量酸石榴显著高于甜石榴，苹果酸含量在青皮石榴中的含量较高；酸石榴品种籽粒硬度高于甜石榴品种，甜石榴陡升值小于酸石榴，即甜石榴品种口感优于酸石榴，该研究结果为石榴优良品种资源的开发利用提供参考依据。然而，目前研究都基于小数量的石榴个体，缺乏群体水平上的数据支持。

本研究选取了150份遗传多样性种质资源，检测了该群体的氨基酸总含量、可溶性固形物含量、可溶性总糖及可滴定酸含量；对表型性状进行了相关回归分析及群体结构分析，评估了群体结构对表型变异的影响，以期为石榴种质改良提供理论参考。

1 材料和方法

1.1 材料

本研究包含150个遗传多样性石榴资源，试材主要来源于国内品种、优良单株、优良无性系以及引进品种。所选品种地理分布广泛，表型性状特征明显，均种植于中国石榴种质资源圃，山东，枣庄。采用区组试验设计，每个材料3株，株行距3m×4m。地理坐标为东经117°28′15.50″至117°29′37.211″，北纬34°46′8.857″至34°46′36.042″。

1.2 方法

1.2.1 可溶性总总糖含量测定

采用蒽酮比色法测定。精确称取果实样品1.00g，加入约20ml蒸馏水，粉碎匀浆后转入50ml容量瓶中，于沸水浴中保持30min。冷却后用向容量瓶中加入3ml 20%醋酸铅，混匀后加入1g草酸钾结晶，充分振荡后用蒸馏水定容，过滤得上清液。取上清液0.1ml，加入1.9ml蒸馏水于试管中，加入0.5ml蒽酮试剂和5ml浓硫酸，摇匀。于沸水浴中加热5min后，冷却至室温，静置10min后于620nm波长下测定吸光度。从标准曲线中查出含糖量，计算求得样品的含糖量(g/100g)，测定三次生物学重复。

1.2.2 氨基酸含量测定

准确称取1.00g果实样品，进行氨基酸水解处理。水解后的氨基酸采用反相高效液相色谱荧光检测法进行组分分析。氨基酸色谱测定条件：使用HPLC系统(2475检测器，Waters2695)联合AccQ·Tag aa分析柱(3.9mm×150mm)进行游离氨基酸分析。荧光检测器激发光波长Ex250，发射光波长Em395；流动相A：140mM NaAc溶液(17mM三乙胺，PH4.95)，B：60%乙腈水溶液，梯度洗脱，流速为1.0ml/min。

1.2.3 可溶性固形物及可滴定酸含量测定

取石榴汁液，数显糖度计(ATAGO PAL-3)测定可溶性固形物含量；酸碱滴定法测定总酸含量[7]。

1.2.4 试验方法

石榴群体果实品质相关性状表型变异及相关分析采用SPSS19.0(IBM Corp.，Armonk，NY，USA)软件。聚类分析采用R(https：//cran.r-project.org/)中的“hclust”命令[8]，聚类分析热图的绘制采用R中的“pheatmap”包。样本间T测验采用R中的“ggpubr”包。相关回归分析采用R中的“lm_ eqn”包。

2 结果与讨论

2.1 石榴群体果实品质性状变异分析

石榴群体果实品质相关性状变异分析见表 1。群体可溶性固形物占比平均值为 13. 86%，变异幅度为 11. 50%～16. 00%，变异系数最小为 0. 08。然而，群体可滴定酸总含量变异系数可达 1. 31，为最大，其平均值为 6. 59g/kg，变异幅度为 1. 53～39g/kg。另外，群体氨基酸总含量平均值为 10. 27g/kg，变异幅度为 6. 27～14. 93g/kg，变异系数为 0. 17；群体可溶性总糖占比平均值为 10. 08%，变异幅度为 6. 30%～13. 20%，变异系数为 0. 14。由此可见，该群体的可溶性固形物含量在不同品种间变异相对稳定，而可滴定酸含量在不同品种间变异幅度较大。

表 1 石榴群体果实品质相关性状变异

Table **1** Phenotypic variation of pomegranate fruit quality-related traits

	极小值	极大值	均值	标准误	变异系数	偏度	峰度
氨基酸总含量(g/kg)	6. 27	14. 93	10. 27	0. 14	0. 17	0. 07	-0. 61
可溶性总糖(%)	6. 30	13. 20	10. 08	0. 12	0. 14	-0. 17	-0. 50
可溶性固形物(%)	11. 50	16. 00	13. 86	0. 09	0. 08	-0. 26	-0. 84
可滴定酸(g/kg)	1. 53	39. 00	6. 59	0. 70	1. 31	1. 99	3. 03

2.2 石榴群体果实品质性状间相关分析

石榴群体果实品质性状间相关回归分析见表 2 和图 1。氨基酸总含量在 $p<0.01$ 水平上与可溶性总糖含量显著负相关，相关系数为-0. 38；与可滴定酸含量显著正相关，相关系数为 0. 47。回归分析表明氨基酸总含量可以解释可滴定酸含量表型变异的 21. 56%。由此推测，品种改良过程中适当的提高酸度有利于氨基酸总量积累。另外，可溶性固形物含量与可溶性总糖含量在 $p<0.01$ 水平上显著正相关，相关系数为 0. 35；回归分析表明可溶性总糖含量可以解释可溶性固形物含量表型变异的 11. 78%。该结果表明提高可溶性固形物含量有利于增加果实糖度。可滴定酸含量与可溶性总糖含量在 $p<0.01$ 水平上显著负相关，相关系数为-0. 56。总体上来说，石榴群体果实品质相关性状间存在着复杂的互作关系，在进行果实品质改良时要考虑各性状间的综合配比关系。

表 2 石榴群体果实品质性状间相关分析

Table **2** Correlation analysis of pomegranate fruit quality-related traits

相关性	氨基酸总含量(g/kg)	可溶性总糖(%)	可溶性固形物(%)	可滴定酸(g/kg)
氨基酸总含量(g/kg)	1. 00	-0. 38 **	0. 07	0. 47 **
可溶性总糖(%)	-0. 38 **	1. 00	0. 35 **	-0. 56 **
可溶性固形物(%)	0. 07	0. 35 **	1. 00	0. 13
可滴定酸(g/kg)	0. 47 **	-0. 56 **	0. 13	1. 00

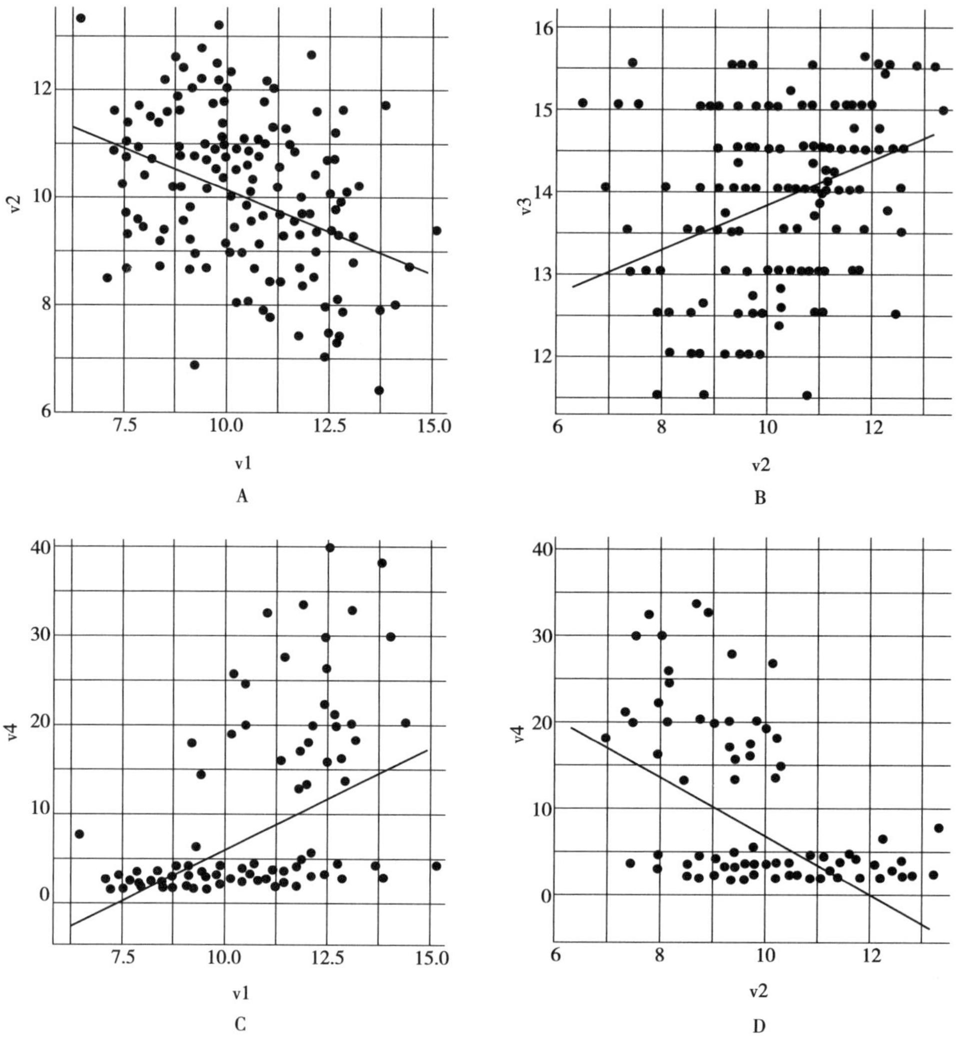

图 1　石榴果实品质相关性状间相关回归分析

Fig. 1　Correlation and regression analysis of pomegranate fruit quality-related traits

V1：氨基酸总含量 g/kg；V2：可溶性总糖%；V3：可溶性固形物%；V4：可滴定酸 g/kg

V1：Total amino acid content(g/kg)；V2：Total sugar content(%)；

V3：Soluble solid content(%)；V4：Titratable acid content(g/kg).

2.3　石榴群体结构分析

基于氨基酸总含量、可溶性总糖、可溶性固形物及可滴定酸含量四个表型性状对石榴群体进行遗传多样性分析，表明该群体可以分为 4 个亚群，分别记作亚群 1、亚群 2、亚群 3 和亚群 4(图 2)。亚群 1、亚群 2、亚群 3 和亚群 4 分别含有 38、48、44 及 20 个石榴个体(图 2)。对各亚群里材料进行果实相关性状考察分析表明，亚群 1、亚群 2、亚群 3 和亚群 4 里材料的氨基酸总含量分别为 8.84，9.27，11.77 和 12.09g/kg。T 测验分析表明，氨基酸总含量在亚群 3 和亚群 4 中的平均值要显著高于亚群 1 和亚群 2 中的平均值，$p<0.01$(图 3A)。类似地，亚群 1、亚群 2、亚群 3 和亚群 4 里材料的可溶性固形物含量分别为 13.00，14.68，13.63 和 13.98%。T 测验分析表明，可溶性固形物含量在各亚群中的平均值差异不

显著，p>0.05(图 3B)。亚群 1、亚群 2、亚群 3 和亚群 4 里材料的可溶性总糖含量分别为 9.75，11.48，9.76 和 8.01%。T 测验分析表明，可溶性总糖含量在亚群 2 中的平均值要显著高于亚群 1、亚群 3 和亚群 4 中的平均值，p<0.01(图 3C)。另外，亚群 1、亚群 2、亚群 3 和亚群 4 里材料的可滴定酸含量分别为 2.31，2.36，6.35 和 20.00g/kg。T 测验分析表明，可溶性固形物含量在亚群 4 中的平均值要显著高于亚群 1、亚群 2 和亚群 3 中，p<0.01(图 3D)。该研究结果表明群体结构对可溶性固形物含量变异分布影响不显著，而显著影响氨基酸总含量、可溶性总糖及可滴定酸含量变异。

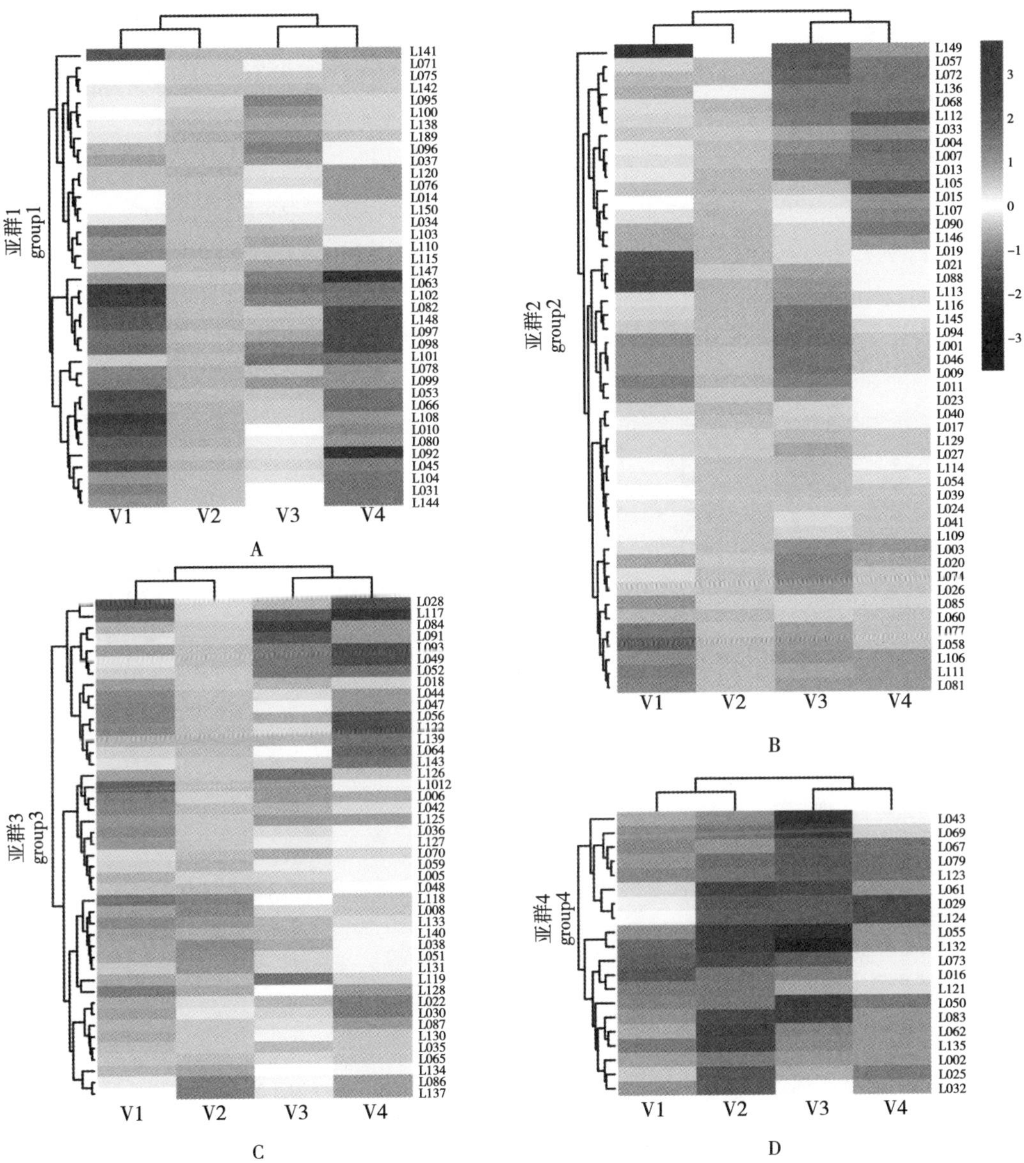

图 2　石榴群体遗传多样性分析

Fig. 2　Genetic diversity analysis of pomegranates

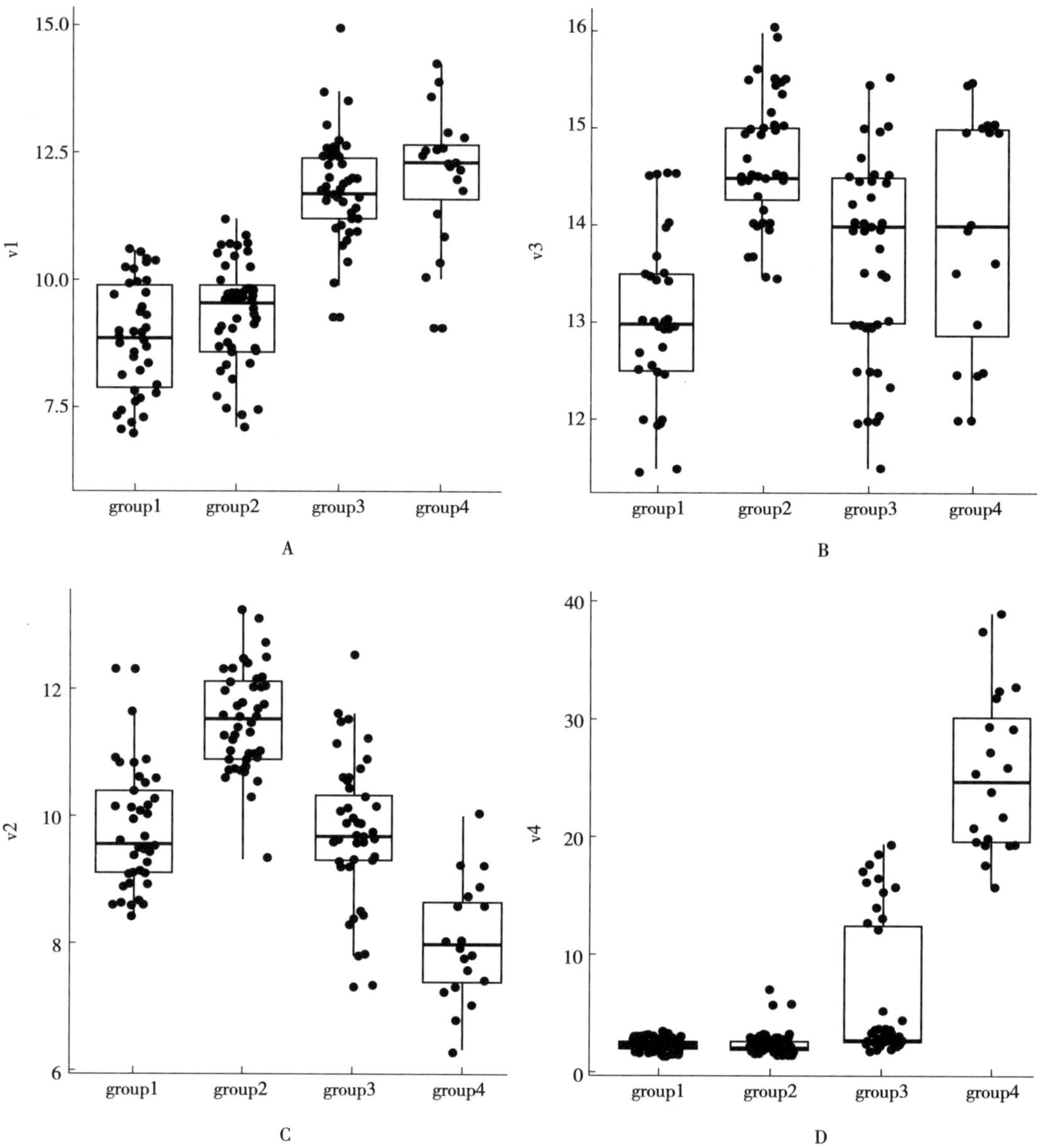

图 3　不同亚群间石榴果实品质相关性状差异分析

Fig. 3　Test analysis of pomegranate fruit quality-related traits among different groups

group1：亚群 1，group2：亚群 2，group3：亚群 3，group4：亚群 4

3　结论

3.1　石榴果实品质相关性状在不同材料间存在着广泛的表型变异，特别是可滴定酸含量，因此有很大的改良空间。

3.2　石榴果实品质相关性状间存在着复杂的互作关系，进行品种改良时可以依据不同消费群体去调整相关性状比例，以此满足消费者对石榴果实品质消费多样性的需求。

3.3　石榴群体的群体结构显著影响氨基酸总含量、可溶性总糖及可滴定酸含量变异。因此，在对这些性状进行改良时要充分评估群体结构效应。

参考文献

[1]YUAN Z，FANG Y，ZHANG T，et al. The pomegranate(*Punica granatum* L.)genome provides insights into fruit quality and ovule developmental biology. Plant biotechnology journal. 2017.

[2]JOHANNINGSMEIER S D，HARRIS G K，Pomegranate as a functional food and nutraceutical source[J]. Annual review of food science and technology. 2011. 2：181-201.

[3]QIN G，XU C，MING R，et al. The pomegranate(Punica granatum L.)genome and the genomics of punicalagin biosynthesis[J]. The Plant journal ：for cell and molecular biology. 2017.

[4]杨荣萍，李文祥，武绍波，等．石榴种质资源研究概况[J]. 东南园艺，2004(2)：16-19.

[5]杨雪梅，陶吉寒，冯立娟，等．21 个石榴品种果实品质综合评价[J]. 山东农业科学，2018，50(09)：33-36.

[6]唐贵敏，孙蕾，梁静，等．不同类型石榴品种果实品质分析与质构特性评价[J]. 北方园艺，2018，415(16)：91-95.

[7]中华人民共和国卫生部，中国国家标准化管理委员会．食品中总酸的测定：GB/T12456-2008[S]. 北京：中国标准出版社，2008.

[8]LIN L，LI J. Clustering with Hidden Markov Model on Variable Blocks. 2017，18(110)：1-49.

基于主成分分析的石榴果实品质评价

杨雪梅　冯立娟　唐海霞　尹燕雷*
(山东省果树研究所，泰安　271000)

摘要：以山东、河南、安徽和新疆四个石榴主产区44个主栽品种的成熟期果实为试材，分别采摘成熟期各品种果实测定比较平均单果重、可溶性固形物含量、籽粒百粒重、籽粒含水量、果型指数和籽粒硬度等指标，运用主成分分析法综合评价各品种的品质属性，对供试品种进行品质评价。结果表明供试44个石榴品种中排在前十位的分别是'突尼斯软籽''四川大红甜''秋艳''泰山三白甜''泰山红''淮北青皮大籽''枣庄红牡丹''大红袍''淮北玛瑙籽''枣庄三白甜'综合表现最优；'谢花甜''重瓣粉花酸''淮北小红皮甜''超青''淮北青皮酸''和田皮酸'6个品种综合表现值均在-2以下，综合品质较差。

关键词：石榴；果实品质；综合评价
中图分类号：S665.4　**文献标识号**：A　**文章编号**：

Acomprehensive Evaluation on Fruit Quality of 21 Pomegranate Cultivars

YANG Xuemei, FENG Lijuan, TANG Haixia, YIN Yanlei*
(*Shandong Institute of Pomology*, *Taian* 271000, *Shandong*, *China*)

Abstract: Mature fruits of 44 pomegranate cultivars, which are main cultivar of Shandong, Henan, Anhui province and Xinjiang region were used to compare the fruit qualities from each other. Average fruit weights, total soluble solids content, hundred grain weight, moisture content of grain, fruit shape index and grain hardness were determined. Then comprehensive assessment by principal component analysis comprehensive evaluation of the quality attributes of

收稿日期：2018.5.2
*基金项目：山东省农业科学院青年基金(2016YQN26)；山东省农业重大应用技术创新项目“北方石榴增产高效栽培技术研究”，山东省重点研发计划项目(2016ZDJS10A01；2018GNC111009)。

作者简介：杨雪梅(1982—)，女，山东胶州人，助理研究员，硕士，主要从事石榴栽培及采后贮藏保鲜研究。邮箱：qdyxm1216@163.com。
*通信作者：尹燕雷(1976—)，男，山东肥城人，副研究员，硕士，主要从事石榴栽培及石榴种质资源研究。邮箱：yylei66@sina.com。

each type. The results showed that the top ten of the 44 pomegranate cultivars were 'Tunisiranzi' 'Sichuandahongtian' 'Qiuyan' 'Taishansanbaitian' 'Taishanhong' 'Huaibeiqingpidazi' 'Zaozhuanghongmudan' 'Dahongpao' 'Huaibeimanaozi' 'Zaozhuangsanbaitian.' 6 of the 44 cultivars had poor overall quality, they were 'Xiehuatian' 'Chongbanfenhuasuan' 'Huaibeixiaohongpitian' 'Chaoqing' 'Huaibeiqingpisuan' and 'Hetianpisuan' had a comprehensive values that below negative 2.

Key words: Pomegranate; Fruit quality; Component analysis comprehensive evaluation

石榴(*Punica granatum* L.)属石榴科石榴属落叶灌木或小乔木，在我国至今已有2000多年的栽培历史。新疆叶城一带最早栽培，继而在陕西、河南、山东、安徽一带发展，后遍布我国20多个省区。石榴果实中含有丰富的碳水化合物、蛋白质、氨基酸、维生素和人体所必需的微量元素，营养价值高，在各种水果中十分突出，是一种功能型水果[1]。

石榴栽培在我国遍布大半个中国，主产区分布于陕西临潼、河南开封、安徽怀远、山东枣庄、云南蒙自、四川会理、新疆和田等地区，各地石榴栽培品种众多，而石榴果实品质评价方面研究较少。主成分分析法作为一种综合评价的方法，近年来被广泛应用于科研领域，已在果实品质评价[2-5]、土壤肥力水平[6]、水质分析[7]、植株耐冷性[8]等方面进行了评价报道，其中在果实品质综合评价方面的应用最为广泛。

本试验选取山东、河南、安徽和新疆四个主产区的部分石榴品种，供试品种均经各相应主产区引入泰安种植，对各石榴品种果实性状进行测定分析。利用主成分分析法对所测指标进行综合分析评价，确定各品种在泰安地区的品质水平，为石榴种质资源研究、良种选育及引种提供相关理论依据。

1 材料与方法

1.1 试验材料

本试验石榴果实均采自山东省果树研究所石榴资源种植圃，所选树种均于2009年引自各主产区，树体生长良好，果实达商品成熟度时统一采摘。每品种采5~10个果实带回实验室进行相关指标测定，试验所选树种如表1所示：

表1 石榴品种及其简写对照表(各品种按拼音字母排序不分地区)

Table **1** Pomegranate varieties and their brief comparison table(all varieties are sorted by phonetic alphabet regardless of region)

品种名	简称	品种名	简称	品种名	简称	品种名	简称
半口红皮酸	BKHPS	淮北玛瑙籽	HBMNZ	河阴花皮	HYHP	太行红	THH
冰糖冻	BTZ	淮北青皮大籽	HBQPDZ	晋峪2号	JY2H	泰山红	TNSRZ
重瓣白花酸	CBBHS	淮北青皮软籽	HBQPRZ	开封四季红	KFSJH	泰山三白甜	TSH
重瓣粉花酸	CBFHS	淮北青皮酸	HBQPS	蓝宝石	LBS	突尼斯软籽	TSSBT
超青	CQ	淮北塔山红	HBTSH	满天红	MTH	小红牡丹	XHMD
怀远大笨子	HYDBZ	淮北小红皮甜	HBXHPT	蒙阳红	MYH	谢花甜	XHT

(续)

品种名	简称	品种名	简称	品种名	简称	品种名	简称
大红袍	DHP	淮北一串铃	HBYCL	牡丹	MD	豫石榴 1 号	YSL1H
大红皮酸	DHPS	河南大红甜	HNDHT	皮亚曼	PYM	豫石榴 3 号	YSL3H
大青皮酸	DQPS	河南青皮酸	HNQPS	秋艳	QY	枣庄红牡丹	ZZHMD
二笨籽	EBZ	和田皮酸	HTPS	三白酸	SBS	枣庄三白甜	ZZSBT
淮北红皮	HBHP	河阴薄皮	HYBP	四川大红甜	SCDHT	竹叶青	ZYQ

1.3 试验方法

1.3.1 平均单果重

分别称取各品种成熟果实 5 个，计算平均值。

1.3.2 总可溶性固形物含量

采用 WYT 型手持糖量计测定。

1.3.3 籽粒含水量测定

分别将各品种石榴籽粒剥离出来称籽粒鲜重 Fw，后置于烘箱中烘干至恒重 Dw。

$$石榴籽粒含水量(\%)=(Fw-Dw)/Fw\times100\%$$

1.3.4 石榴果形指数

分别取各石榴品种 5 个果实，用游标卡尺测定果实横径和纵径，横径与纵径之比取平均值即为该石榴品种的果形指数。

1.3.5 籽粒百粒重

采用四分法，分别剥取各个石榴 3~5 个果实中的籽粒，混匀后称取 100 粒的质量。

1.3.6 籽粒硬度测定

采用数显谷物硬度计 GWJ-W(北京金科利达电子科技有限公司)测定，每个品种随机重复取籽粒测定 10 次取平均值。

1.4 数据分析

试验数据分析采用 Excel 2016 进行数据分析，采用 SPSS Statistics19 进行主成分分析及相关性统计分析。

2 结果分析

2.1 44 个石榴品种平均单果重比较

图 1 所示，供试石榴品种平均单果重 136~546g，其中‘大红袍’‘枣庄红牡丹’‘泰山三白甜’‘淮北小红皮甜’和‘泰山红’石榴平均单果重较大，均达 480g 以上，而‘重瓣粉花酸’‘蓝宝石’‘河阴花皮’‘超青’和‘河南青皮酸’石榴平均单果重均不足 210g。

2.2 44 个石榴品种总可溶性固形物含量比较

图 2 所示，44 个石榴品种总可溶性固形物含量为 11%~18.5%，其中‘皮亚曼’‘淮北小红皮甜’‘泰山红’‘三白酸’‘淮北一串铃’和‘大红袍’含量均在 17%以上，而‘小红牡丹’‘蓝宝石’‘半口红皮酸’和‘超青’总可溶性固形物含量较低，均不足 14%，其中以‘超青’中总可溶性固形物含量最低仅为 11%。

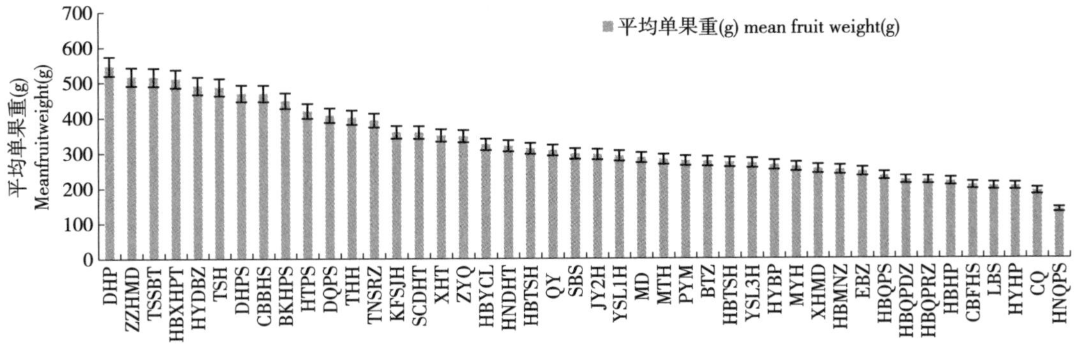

图 1　44 个石榴品种平均单果重比较

Fig. 1　comparation of average fruit weight for the 44 pomegranate cultivars

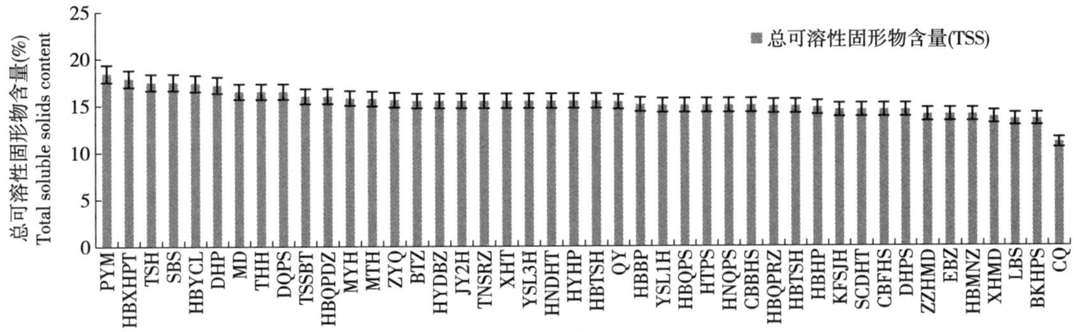

图 2　44 个石榴品种总可溶性固形物含量比较

Fig. 2　Comparison of total soluble solidsfor the 44 pomegranate varieties

2.3　44 个石榴品种中籽粒中含水量比较

图 3 所示，44 个石榴品种籽粒含水量为 75.79%~90.63%，其中以‘淮北青皮大籽’‘秋艳’‘淮北青皮软籽’‘淮北小红皮甜’‘泰山三白甜’和‘突尼斯软籽’6 个品种籽粒含水量最高，达 80%以上，其中以‘淮北青皮大籽’和‘秋艳’含水量最高达 90%以上。而其余 38 个石榴品种籽粒含水量为 75.79%~80%，差异均不显著。

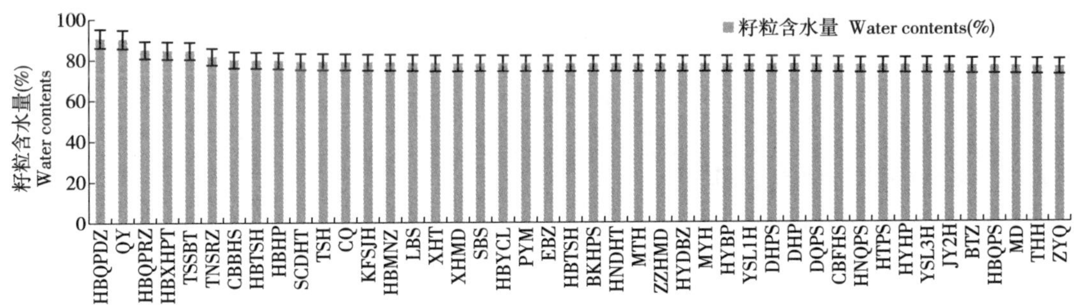

图 3　44 个石榴品种籽粒中含水量比较

Fig. 3　Comparison of water content ingrain for the 44 pomegranate varieties

2.4　44 个石榴品种果型指数比较

石榴的果形指数受遗传因素影响，不同品种果形指数存在或大或小的差异。供试 44 个石榴品种果形指数为 1.04~1.32，表明所测石榴品种多呈扁球形至圆球形，而无长圆形。其中‘四川大红甜’‘大青皮酸’‘蒙阳红’‘大红袍’和‘淮北塔山红’5个品种果形指数大于1.25略呈扁圆形；‘二笨籽’‘谢花甜’‘豫石榴3号’‘淮北青皮酸’‘超青’‘淮北花皮’‘和田皮酸’和‘皮亚曼’8个品种其果形指数在1.10以下，呈近圆球形(图4)。

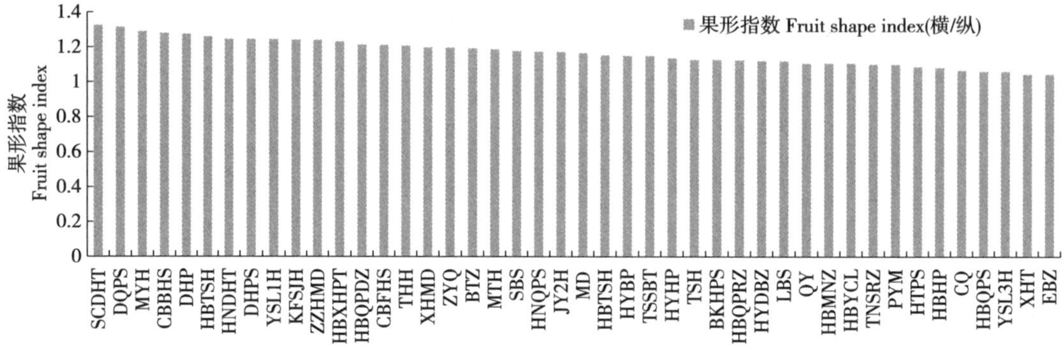

图4　44个石榴品种果型指数比较

Fig. 4　Comparison of fruit shape index of the 44 pomegranate varieties

2.5　44个石榴品种百粒重比较

图5所示，44个石榴品种以‘秋艳’百粒重最高达69.62g，‘四川大红甜’‘淮北塔山红’‘竹叶青’‘泰山红’‘泰山三白甜’和‘淮北玛瑙籽’6个品种籽粒百粒重均在45g以上占供试品种总数的28%。‘大青皮酸’和‘三白酸’2个品种籽粒百粒重最低均不足30g；半数以上石榴品种籽粒百粒重在40g以下，籽粒百粒重为30~41g的石榴品种占供试品种总数的63.6%。

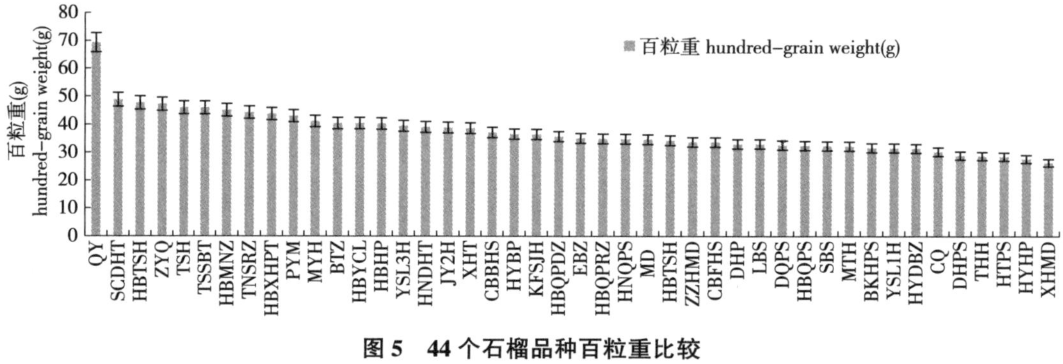

图5　44个石榴品种百粒重比较

Fig. 5　Comparison of hundred-grain weight of the 44 pomegranate varieties

2.6　44个石榴品种籽粒硬度比较

石榴籽粒硬度影响口感及籽粒的可食性，软籽石榴因其种子硬度低，籽粒可食率接近100%而备受消费者青睐。本研究对44个石榴品种的籽粒硬度进行了比较。图6所示，供试石榴品种籽粒硬度为3.7~9.7kg，其中‘突尼斯软籽’‘秋艳’‘淮北青皮软籽’‘泰山红’4个品种其籽粒硬度均低于6kg，而‘超青’‘重瓣白花酸’两个品种籽粒硬度最高均达9.5kg以上。

2.7　不同石榴品种果实品质相关性分析

表2所示不同石榴品种间籽粒硬度与籽粒百粒重和总可溶性固形物含量均在在0.01水平上呈显著负相关。而其他各指标两两之间均不存在显著相关性。

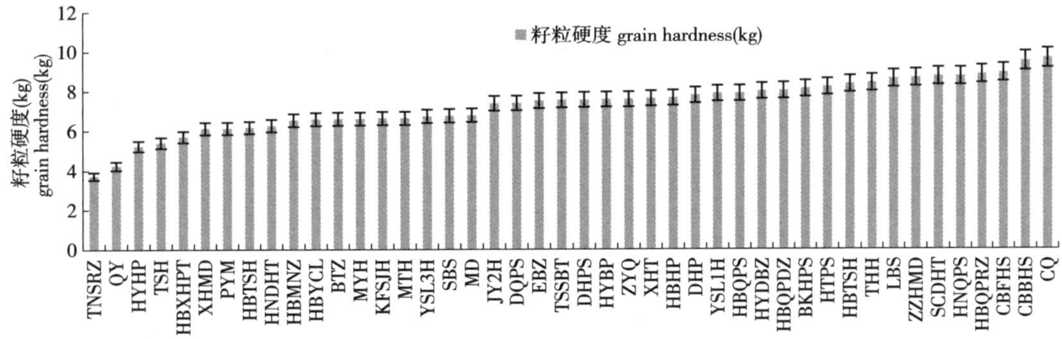

图 6　44 个石榴品种籽粒硬度比较

Fig. 6　Comparison of grain hardness of 44 pomegranate varieties

表 2　不同石榴品种果实品质参数相关性

Table **2**　Correlation among fruit quality on different pomegranate cultivars

	籽粒含水量（%）	百粒重（g）	籽粒硬度（kg）	平均单果重（g）	总可溶性固形物含量（TSS）	果形指数（横径/纵纵）
籽粒含水量 water content（%）	1	0.106	0.101	0.013	-0.158	0.131
百粒重 hundred-grain weight(g)		1	-.430**	0.071	0.246	-0.043
籽粒硬度 grain hardness（kg）			1	-0.051	-.466**	0.107
平均单果重 mean fruit weight(g)				1	0.296	0.252
总可溶性固形物含量（TSS）				1	0.114	
果形指数（横/纵）fruit shape index					1	

*：在 0.05 水平上显著相关；**：在 0.01 水平上显著相关。

2.8　主成分分析

由表 3 可知，将 44 个石榴品种的 6 个果实品质参数转化为 4 个主成分，根据各主成分的特征值和贡献率进行主成分提取，前 4 个主成分的累计方差贡献率达 83.003%，基本能够代表所有指标的绝大部分信息，综合反映石榴的果实品质，可以作为石榴选优、评价的综合指标。第 1 主成分的特征值为 1.85，方差贡献率为 30.834%，代表了全部信息的 30.834%，是最主要的主成分；第 2 主成分的特征值为 1.329，方差贡献率为 22.144%，仅次于第 1 主成分；第 3 主成分的特征值为 1.099，方差贡献率为 18.313%；第 4 主成分的特征值是 0.703，方差贡献率为 11.712%。

表 3 主成分的特征值、方差贡献率和累计方差贡献率

Table 3 Eigenvalue、variance contribution rate and cumulative variance contribution rate of principal components

主成分	特征值	方差贡献率(%)	累积方差贡献率(%)
1	1.85	30.834	30.834
2	1.329	22.144	52.978
3	1.099	18.313	71.291
4	0.703	11.712	83.003
5	0.592	9.867	92.87
6	0.428	7.13	100

表 4 石榴主要果实品质指标主成分得分系数矩阵

Table 4 score coefficient matrix of principal component of main fruit quality index of pomegranate

	成分			
	1	2	3	4
百粒重	0.347	-0.135	0.471	.019
籽粒硬度	-0.428	0.239	-0.079	.201
平均单果重(g)	0.214	0.493	-0.183	.830
总可溶性固形物含量(TSS)	0.429	0.094	-0.228	-.126
果形指数	0.038	0.604	0.007	-.804
籽粒含水量	-0.078	0.246	0.773	.177

对提取的主成分进行旋转处理，使变量在主因子上有较高的载荷，该载荷值大小可反映各变量在主成分中的重要程度。表 4 所示第 1 主成分主要综合反映了石榴总可溶性固形物和籽粒百粒重的信息。第 2 主成分主要反映果型指数与平均单果重，即果实大小与形状。第 3 主成分中以籽粒含水量正系数最大，可反映石榴果实的可食率，主成分 4 以平均单果重系数最高，主要反映石榴大小。

表 5 不同石榴品种的主成分值与综合评价指数值

Table 5 Principal components values and synthetic analysis indexes of different pomegranate cultivars

品种	主成分值 Y				综合评价指数 S
	Y_1	Y_2	Y_3	Y_4	
TNSRZ	2.01236	1.42077	0.73015	0.26897	4.43225
SCDHT	1.20957	0.2757	0.48777	1.76993	3.74297
QY	2.50282	-1.63979	2.47245	0.08948	3.42496
TSSBT	2.08048	0.05423	0.16121	1.06634	3.36226
TSH	0.44349	0.26024	1.23061	0.53317	2.46751

（续）

品种	主成分值 Y				综合评价指数 S
	Y_1	Y_2	Y_3	Y_4	
HBQPDZ	1. 48301	1. 89395	−0. 37128	−0. 67894	2. 32674
ZZHMD	0. 36216	−0. 14952	0. 78927	1. 32062	2. 32253
DHP	0. 73038	2. 18589	−1. 03111	0. 20903	2. 09419
HBMNZ	−0. 61703	2. 14108	−0. 03912	0. 18437	1. 6693
ZZSBT	−0. 67997	1. 7208	−0. 40136	0. 85841	1. 49788
DBZ	−0. 14966	0. 5885	−0. 79507	1. 72793	1. 3717
HYBP	−0. 45633	0. 77309	1. 70709	−0. 86366	1. 16019
HBHP	0. 08756	−0. 0059	0. 80644	0. 24926	1. 13736
THH	−0. 14289	1. 60885	0. 85785	−1. 2238	1. 10001
BKHPS	−0. 91765	0. 3649	−0. 2917	1. 57287	0. 72842
YSL1H	−0. 01184	−0. 82919	0. 01879	1. 55013	0. 72789
XHMD	0. 53047	0. 18333	0. 1881	−0. 26033	0. 64157
MTH	1. 58291	−0. 86354	−0. 02182	−0. 13485	0. 5627
DHPS	−0. 40291	1. 43176	−0. 67678	0. 19298	0. 54505
KFSJH	0. 05214	0. 65267	0. 1951	−0. 67068	0. 22923
HBTSH	−0. 66792	0. 01873	−0. 85723	1. 65989	0. 15347
HBQPRZ	0. 56749	0. 43842	0. 15291	−1. 18553	−0. 02671
HNQPS	0. 0404	−1. 15549	0. 95728	0. 11139	−0. 04642
JY2H	−1. 11871	−0. 118	0. 9856	0. 17791	−0. 0732
DQPS	−0. 09187	−0. 00403	−1. 13326	1. 12362	−0. 10554
CBBHS	−0. 20797	1. 07397	−1. 19663	0. 02698	−0. 30365
ZYQ	0. 24099	−1. 30438	0. 04034	0. 58429	−0. 43876
HBYCL	0. 07753	−0. 11266	0. 07799	−0. 37558	−0. 4887
HNDHT	−0. 4401	−1. 0953	0. 64394	0. 27769	−0. 61377
BTZ	0. 41464	−0. 23093	0. 05871	−0. 89268	−0. 65026
PYM	0. 54591	0. 6066	0. 27228	−2. 09111	−0. 66632
MD	0. 41997	−0. 1992	−0. 51455	−0. 60297	−0. 89675
MYH	0. 10035	−0. 0166	−0. 27228	−0. 77595	−0. 96448
SBS	0. 42475	0. 17514	−0. 93777	−0. 64279	−0. 98067
EBZ	−0. 80293	−1. 35947	0. 1935	0. 90068	−1. 06822
YSL3H	−0. 57445	0. 72283	−0. 31443	−1. 08068	−1. 24673
HYHP	−0. 72457	−1. 15138	−0. 37909	0. 53117	−1. 72387
LBS	−1. 51363	−0. 64645	0. 22481	−0. 01007	−1. 94534

(续)

品种	主成分值 Y				综合评价指数 S
	Y_1	Y_2	Y_3	Y_4	
XHT	-0.66276	-0.17621	-0.16273	-0.99987	-2.00157
CBFHS	-1.20003	0.19947	-0.11283	-1.11029	-2.22368
HBXHPT	0.18916	-1.05722	-0.44508	-1.05134	-2.36448
CQ	-2.88952	-1.06511	0.49925	0.92411	-2.53127
HBQPS	-1.06881	-0.46099	-0.05186	-1.26845	-2.85011
HTPS	-0.75699	-1.36163	0.41052	-1.99164	-3.69974

表 5 所示，4 个主成分能综合反映 44 个石榴品种的果实品质。将所测品质指标标准化后，分别计算 4 个主成分的得分，以所选主成分对应的特征值占 4 个特征值总和的比例为权重，计算出不同石榴品种的综合评价得分值(Y)，各得分值与相应特征值的方差贡献百分率的乘积累加得出不同蓝莓品种的综合评价指数：$S=Y1\times0.30834+Y2\times0.22144+Y3\times0.18313+Y4\times0.09867$)，以此来评价不同石榴品种的果实品质。从表中可以看出 44 个石榴品种排在前十位的分别是：'突尼斯软籽''四川大红甜''秋艳''泰山三白甜''泰山红''淮北青皮大籽''枣庄红牡丹''大红袍''淮北玛瑙籽''枣庄三白甜'。

3 讨论与结论

目前，主成分分析法评价果实品质已在蓝莓[9]、樱桃[10]、葡萄[11]、杨梅[12,13]、梨[14]、枣[15]和枸杞[16]等果实上进行了研究评价，石榴品种繁多，果实品质比较方面虽有部分研究，如杨磊[17]等对新疆不同产区的 6 个石榴品种的品质做了主成分分析比较。杨万林等[18]对我国 6 个主要种植区域的 9 个代表性优良品种石榴果实的可溶性糖、总酸、可溶性固形物、V_C含量和籽粒硬度 5 项营养品质指标，果皮厚度变化、浆果百粒重、可食率 3 项果实特征性指标，以及带皮压榨石榴汁的出汁率、色泽、组织形态、风味、稳定性 5 项指标进行了测定分析和综合评价。本研究综合比较了各石榴产区不同石榴品种的外观品质及部分内在品质，通过主成分分析，将所测指标降到同一维度，将所有指标在同一纬度上量化能较准确直观的评价品种间优劣及差异程度。根据相关性分析可知石榴籽粒硬度和可溶性固形物含量及籽粒百粒重之间存在显著相关性，这一相关性与主成分中的第一主成分所表示的指标接近，一般石榴籽粒硬度越低相应的百粒重和可溶性固形物越高，生产中可根据这 3 个指标粗略比较品种优劣。供试的 44 个石榴品种经主成分分析评价比较，品质前十的品种均为甜石榴，而酸石榴品种综合果实特性均表现不突出，这部分品种在种植过程中被逐渐淘汰。

本试验所选用的石榴品种在山东泰安地区均长势良好，但部分品种不能保持其原产区的优良结果性状，后续试验可通过调查各品种原主产区的结果性状进行比较。为了更全面的评价各石榴品种品质的优劣，后续评价体系可增加石榴品质指标的测定如各品种抗氧化活性、V_C 含量、矿质元素含量及耐贮性等的测定，使各主成分尽可能多的反映各石榴品种的品质指标。

参考文献

[1]韩玲玲，苑兆和，冯立娟，等．不同石榴品种果实成熟期酚类物质组分与含量分析[J]．果树学报，2013，30(1)：99-104.

[2]梁森苗，朱婷婷，张淑文，等．不同颜色透光膜对杨梅光合特性和果实品质的综合评价[J/OL]．果树学报：1-13[2019-07-17]．https：//doi. org/10. 13925/j. cnki. gsxb. 20190050.

[3]王彦花，张云，王容，等．基于主成分分析的茶油品质综合评价研究[J]．中南林业科技大学学报，2019，39(06)：45-51.

[4]牟红梅，于强，李庆余，等．基于主成分分析的烟台地区西洋梨果实品质综合评价[J/OL]．果树学报：1-14[2019-07-17]．https：//doi. org/10. 13925/j. cnki. gsxb. 20190058 \ .

[5]姜太玲，刘光华，周迎春，等．不同品种木薯块根的主要品质特征与综合评价[J/OL]．食品工业科技：1-7[2019-07-17]．http：//kns. cnki. net/kcms/detail/11. 1759. ts. 20190605. 1147. 009. html.

[6]杨文娜，任嘉欣，李忠意，等．主成分分析法和模糊综合评价法判断喀斯特土壤的肥力水平[J]．西南农业学报，2019，32(06)：1307-1313.

[7]方红卫，孙世群，朱雨龙，等．主成分分析法在水质评价中的应用及分析[J]．环境科学与管理，2009，34(12)：152-154.

[8]黄海涛，胡江，徐冬梅，等．基于主成分分析和模糊评价法的豇豆成株期耐冷性综合评价和鉴定[J]．西南农业学报，2018，31(12)：2537-2547.

[9]刘丙花，王开芳，王小芳，等．基于主成分分析的蓝莓果实质地品质评价[J]．核农学报，2019，33(05)：927-935.

[10]吴澎，贾朝爽，范苏仪，等．樱桃品种果实品质因子主成分分析及模糊综合评价[J]．农业工程学报，2018，34(17)：291-300.

[11]赵滢，杨义明，范书田，等．基于主成分分析的山葡萄果实品质评价研究[J]．吉林农业大学学报，2014，36(05)：575-581.

[12]张淑文，梁森苗，郑锡良，等．杨梅优株果实品质的主成分分析及综合评价[J]．果树学报，2018，35(08)：977-986.

[13]李伟，郜海燕，陈杭君，等．基于主成分分析的不同品种杨梅果实综合品质评价[J]．中国食品学报．2017，17(06)：161-171.

[15]段下慧，冯一峰，林敏娟，等．引进16个鲜食枣品种品质性状的主成分分析和综合评价[J]．新疆农业科学，2017，54(12)：2198-2210.

[16]李晨，张得芳，樊光辉，等．柴达木地区枸杞主栽品种果实综合评价[J]．青海大学学报，2018，36(05)：7-14.

[17]杨磊，靳娟，樊丁宇，等．新疆石榴果实品质主成分分析[J]．新疆农业科学，2018，55(02)：262-268.

[18]杨万林，杨芳．中国优质石榴品种品质比较与评价[J]．保鲜与加工，2015(2)：62-67.

石榴籽粒硬度评价方法及影响因素研究

谭伟　张立华*

(山东省石榴精深加工工程技术研究中心、枣庄学院食品科学与制药工程学院，枣庄　277160)

摘要：籽粒硬度是石榴果实品质的重要指标之一，影响石榴的口感和可食率。本文主要概述了石榴籽粒硬度评价方法的研究现状，归纳了影响石榴籽粒硬度的主要内部因素和外界因素，提出了目前在石榴籽粒硬度研究方面所存在的问题并进行了展望，以期为今后开展相关研究等提供借鉴和参考。

关键词：石榴；籽粒硬度；评价方法；影响因素

Study on the Evaluation Methods and Influencing Factors of Seed Hardness in *Punica granatum* L.

TAN Wei，ZHANG Lihua

(*Shandong Pomegranate Precision Processing Technology Research Center*，*College of Food Science and Pharmaceutical Engineering*，*Zaozhuang University*，*Zaozhuang* 277160)

Abstract：Seed hardness is one of the important indicators of fruit quality in pomegranate，which affecting the taste and edible rate. This paper first mainly summarized the research status of evaluation methods in seed hardness of pomegranate，then generalized the main internal factors and external factors which influencing the hardness of pomegranate seeds. In the last，it put forward the problems existing in the research of seed hardness in pomegranate，in order to provide reference for the future research，etc.

Key words：Pomegranate；Seed hardness；Evaluation methods；Influencing factors

石榴(*Punica granatum* L.)属于石榴科石榴属，是一种落叶灌木或小乔木，果实酸甜可口，含有丰富的天然活性物质，具有较高的保健和食用价值[1]。目前全球共有1000多个石榴栽培品种，而果实品质是评价品种优劣的重要指标，优良的果实品质能够提高果品市场竞争力。果实品质包括外观品质(大小、果形、色泽、整齐度等)和内在品质(风味、香气及功

第一作者：谭伟，女，副教授，主要从事果树品种选育及品质评价研究，邮箱：tanweisdau@163.com。

通信作者：张立华，男，教授，主要从事石榴资源综合开发研究，邮箱：chinazhanglh@163.com。

能成分等）等多个方面。籽粒硬度是石榴品质的重要组成，籽粒的软硬直接影响着石榴的口感和可食率[2-3]，按照种子硬度大致可将石榴品种分为：软籽、半软籽（或半硬籽）和硬籽石榴，但目前尚没有公认的对石榴种子硬度分类的标准[4]。半软籽和硬籽石榴食用时不方便，咀嚼和下咽时会明显感到困难且需要吐籽，与之相比，软籽石榴食之无渣且可食率高，因此，软籽石榴受到生产者和消费者的喜爱，但资源非常稀少，目前软籽石榴成为石榴品种选育的方向，石榴籽粒硬度的影响因素及形成机理越来越受到人们关注。

石榴的可食用部分为假种皮组织，是由种皮细胞发育而成[5]，硬化的种子外壳应属于珠被发育的种皮组织，其随着果实发育，其木质化程度加深[6]。成熟石榴种皮可大致分为3层结构，外层为木质化的厚壁细胞层（其向外延伸发育成薄壁、非木质化的假种皮，即食用的果肉组织），该层组织由外而内细胞逐渐致密；中间层是由较小细胞不均匀排列形成的薄壁细胞层，与外层木质化细胞分界明显，同一颗种子不同部位细胞层数存在变化，少则一层，多数为3～4层，部分4层以上；最内层则是单层细胞有序排列形成薄壁细胞组织。不同籽粒硬度石榴成熟果实的种皮外层细胞壁均发生了明显木质化[4]。

1 石榴籽粒硬度的评价方法

目前，石榴籽粒硬度评价主要包括感官评价和仪器测定2个方面，感官评价多凭借口感和触摸来感知，主观性较强，仪器测定则相对客观、准确。仪器测定通常有硬度计和质构仪这两类，下面对两类仪器评价石榴籽硬度的情况作简要对比分析。

1.1 硬度计评价法

传统的仪器测定多采用果实硬度计或谷物硬度计测定[7-9]，然而受到探头规格、测试者用力大小及摆放位置的影响，测得数据变异较大。张立华等[10]利用 GY-3 型水果硬度计测定的石榴籽粒硬度数据范围在16. 32～21. 81kg/cm^2；陆丽娟等[11]利用 YD-1 型硬度计所测石榴籽粒硬度范围在1. 7～5. 0kg/cm^2，有少量种子硬度大于5. 0kg/cm^2；杨雪梅等[9]利用数显谷物硬度计 GWJ-W 测得供试品种籽粒硬度为4. 8～9. 7kg/cm^2。可见不同型号硬度计、不同测试人员所得数据差异较大，即使相同的人使用相同的硬度计在测定同一品种的石榴籽样品时，数据稳定性很差，需要测定大量的样本才能获得有一定价值的数据。优点是设备简单价格低廉，易于获取和普及。

1.2 质构仪评价法

质构仪是近年来发展起来的一种新型测试仪器，可以模拟人口腔的咀嚼运动，自动分析样品的相关质地参数。该方法可有效减少了人为误差，且评价参数的设定也更为客观，已用于评价葡萄[12]、梨[13]、苹果[14]、枣[15]等水果的质地。赵登超等[16]采用质构仪（TA. XT plus）对完整石榴籽粒进行穿刺试验，得出石榴籽粒质构特性分析测试参数为：采用 P/2 柱状探头（直径2mm），测前速度为1mm/s，贯入速度2mm/s，测后速度10mm/s，最小感知力50g，穿刺深度为石榴籽变形95%，山东地区‘秋艳’的果籽硬度为6287. 63g，云南的‘软籽石榴’的果籽硬度为3992. 17g。唐贵敏等[17]测定了4个石榴品种的种子硬度在2961. 44～5538. 93g，谢小波等[4]采用质构仪 CT3（美国 Brookfield 产品）测得‘突尼斯软籽’‘以色列酸’和‘青皮’的种子硬度分别为2887、4242和8192g。测试参数的不同，可能会导致数据的差异。但总的来讲，所得数据有一定波动性，但稳定性比硬度计要好得多。质构仪为精密仪器，价格较昂贵普及有一定困难。

2 石榴籽粒硬度的影响因素

影响果实硬度的因素既有果实细胞自身结构和所含有的特殊离子成分等内部因素，也受温湿度、盐度、光照、树体营养等环境因素等外部因素的影响，而且各因素之间相互联系[18]。

2.1 内部因素

2.1.1 种皮的厚度

种皮的厚度是种子硬度形成的一个主要因素[19]。薛辉等[20]研究发现‘突尼斯’(软籽)与‘豫大籽’(硬籽)的种子硬度、大小与结构显著不同，影响种子质量及大小的关键是种皮的厚度。谢小波等[4]指出成熟时期石榴种皮外层细胞壁木质化程度非常高，不同石榴品种木质化种皮外层细胞壁的厚度存在显著差异。与硬籽和半软籽石榴相比，软籽石榴木质化细胞壁更薄，且细胞壁内空间更大，这可能是软籽石榴籽粒柔软的一个重要原因。本文作者团队的研究表明 9 个石榴品种籽粒硬度与种皮纤维素、木质素含量及种皮厚度均呈正相关，其中种皮厚度与硬度的相关性最显著，表明石榴籽粒硬度受种皮纤维素、木质素含量以及厚度等多种因素影响，其中种皮厚度是最重要的影响因素[10]。

2.1.2 木质素含量

刘家富[21]等对石榴籽的成分分析表明，石榴籽粒中纤维素含量为 58.76%，占种子重量的一半以上；同时，石榴种皮中也含有较高的木质素[22]，木质素和纤维素是石榴籽的主要成分。种皮硬度是影响种子发芽的关键因素，而种皮中的木质素含量是影响种皮硬度的关键因素[23]。薛辉等[23]研究发现‘突尼斯’(软籽)与‘豫大籽’(硬籽)2 个石榴品种的木质素含量与种皮硬度呈正相关。张水明[24]和龚凌燕等[25]指出石榴的籽粒硬度和种皮总木质素含量之间存在显著的正相关关系，而且随着石榴果实发育期的进行，石榴种皮中的总木质素含量逐渐增加。

木质素是植物苯丙氨酸代谢途径中的次生代谢产物，是植物体内的一种芳香性高聚物，它主要是沉积在维管植物的输导组织、机械组织以及保护组织次生增厚的细胞壁中[26]。目前关于木质素生物合成途径的研究较为明确，一般认为是从苯丙氨酸开始，进入苯丙烷途径，经过一系列脱氨基、羟基化和甲基化等步骤，合成羟基肉桂酸类化合物，再通过连接和还原反应生成不同单体，单体进一步氧化聚合生成木质素[27-28]。薛辉[20]分析了‘三白’石榴(硬籽)与‘突尼斯软籽’石榴(软籽)两个石榴品种的种子的转录组，结构表明种子硬度与木质素合成代谢相关，在硬籽石榴中，木质素相关基因、纤维素合成相关基因、MYB 转录因子表达水平较高；在软籽石榴中，类黄酮类相关基因、细胞程序性死亡相关基因表达水平较高。曹丹琴[29]的研究表明 *Pg PAL* 和 *PgMYB* 在籽粒硬度和种皮总木质素含量较低的品种中表达量相对较高，在籽粒硬度和种皮总木质素含量较高的品种中表达量相对较低。*PgMYB* 表达与种皮总木质素含量同样呈负相关关系，该基因可能抑制石榴种皮总木质素的生物合成[30-31]。张水明等[24]分析了甲基转移酶基因 *PgCOMT* 在不同石榴种皮中的表达量的高低与石榴籽粒硬度及总木质素含量大小较为一致。木质素的生物合成受木质素合成途径中多个酶基因、转录调控因子及各种环境因子的影响[32]，对于石榴种皮木质素的生物合成尚需进一步研究。

2.1.3 树龄、坐果位置

薛辉等[20]指出在一定树龄范围内，‘突尼斯’(软籽)石榴的种子硬度及木质素含量随树龄的增大而减小；而同一树龄不同坐果位置其果实的种子硬度及木质素含量也不同，分别是南<东<北<西，中层<上层<下层。

2.2 外界因素

2.2.1 土壤及肥料

不同土壤及肥料是影响石榴产量及品质的重要因素，不同种类的土壤，其含有的元素种类及含量均有不同，而肥料的施用又可以令土壤的成分及含量发生变化，从而影响果树对水分及营养元素的吸收，进而对石榴的产量及品质产生影响[33-36]。薛辉等[35]研究表明不同的土壤类型及不同肥料施用对果实品质及种子硬度有不同程度的影响，沙壤土上的果实的综合品质最好；不同肥料种类的施用，均能提高果实的品质，磷肥的施用可以降低种子的硬度。赵登超等[36]以‘秋艳’石榴为试验材料，研究了不同氮肥用量对其果实产量和品质的影响，结果表明，施用氮肥对石榴百粒重、籽粒硬度无显著影响。

2.2.2 光照、树体营养状况

陆丽娟等[37]认为，石榴种子硬度可能是由微效多基因控制的数量性状，并可能有与环境条件相关的调节基因存在。同一品种不同结果方位果实种子硬度存在显著差异，表明光照、树体营养状况等环境因素对石榴种子硬度具有一定的影响[20]。

3 存在的问题及展望

籽粒硬度是石榴果实品质的重要指标之一，目前对于石榴籽粒硬度都是采用挤压式硬度计[9-11]或质构仪测定[16-17]，尚未见其他方法的报道。因为石榴种子不规则，摆放位置不同会造成其种皮受挤压破裂的承受力有差异，影响测定的准确性，尤其对硬度计评价法的影响大。因此，这类测定方式可能会在样本量不足时对差异显著性产生影响。在进行数量性状研究要求更精确和稳定测定时，仍需要对测定方法和仪器进一步摸索或调整，今后使用质构仪评价时可探讨人机交互评价石榴籽的硬度。关于影响石榴籽粒硬度因素方面的研究，主要集中在与木质素合成途径相关的几个基因的研究方面，受种质资源、重视水平所限，研究面还比较窄；对种皮厚度相关控制基因的研究未引起足够的重视。随着石榴全基因组测序的完成，组学的发展，为今后借助分子标记辅助育种选育出良种，为石榴产业的健康、可持续发展提供优异的种质，从而为生产实践服务。

参考文献

[1]毕晓菲，李勇．石榴化学成分及其保健功能的研究进展[J]．现在农业科技，2010，16(22)：356-357，360.

[2]秦改花，徐义流，李艳玲，等．石榴籽粒硬度特征及其相关生理指标研究[J]．热带作物学报，2018，39(1)：067-071

[3]薛辉，曹尚银，牛娟，等．软籽石榴的生产现状与发展前景[J]．江苏农业科学，2016，44(03)：24-27.

[4]谢小波，黄云，田胜平，等．软籽石榴种子硬度发育与种皮细胞壁显微结构的关系研究[J]．园艺学报，2017，44(06)：1174-1180.

[5]Holland D，Hatib K，Bar-Ya'akoy I. 2009. Pomegranate：botany，horticulture，breeding. Horticultural Reviews，35：127-191.

[6]PUJARI K H, RANE D A. 2015a. Concept of seed hardness in pomegranate-II. Histochemical studies relation to seed hardness in pomegranate//Yuan Zhaohe, Wikins E, Wang Dong. Proceedings of the Third International Symposium on Pomegranate and Minor Mediterranean Fruits. Oostakker: International Society for Horticultural Science: 111-118.
[7]巩雪梅．石榴品种资源遗传变异分子标记研究[D]. 安徽农业大学, 2004.
[8]陆丽娟, 巩雪梅, 朱立武．中国石榴品种资源种子硬度性状研究[J]. 安徽农业大学学报, 2006(03): 356-359.
[9]杨雪梅, 陶吉寒, 冯立娟, 等．21 个石榴品种果实品质综合评价[J]. 山东农业科学, 2018, 50(9): 27-30, 35.
[10]张立华, 朱晓梅, 徐加喜, 等．影响石榴籽硬度相关因素的分析[J]. 北方园艺, 2017, (23): 47-51.
[11]陆丽娟, 巩雪梅, 朱立武．中国石榴品种资源种子硬度性状研究[J]. 安徽农业大学学报, 2006, 33(3): 356-359.
[12]胡亚云．物性测试仪在葡萄品质评价中的应用[J]. 食品研究与开发, 2013, 34(21): 123-127.
[13]高海生, 贾艳茹, 魏建梅, 等．用物性分析仪检测鸭梨和京白梨果实采后质地的变化[J]. 园艺学报, 2012, 39(7): 1359-1364.
[14]杨玲, 丛佩华, 王强, 等．不同苹果品种在贮藏过程中果实质构的变化．果树学报, 2016, 33(11): 1439-1446
[15]赵爱玲, 薛晓芳, 王永康, 等．质构仪检测鲜枣果实质地品质的方法研究[J]. 果树学报, 2018, 35(5): 631-641
[16]赵登超, 贾明, 唐贵敏, 等．质构穿刺检测石榴籽粒质地品质[J]. 热带作物学报, 2016, 37(07): 1419-14
[17]唐贵敏, 孙蕾, 梁静, 等．不同类型石榴品种果实品质分析与质构特性评价[J]. 北方园艺, 2018(16): 85-89
[18]彭永彬, 李玉, 徐鹏程, 等．葡萄果实硬度及影响硬度的主要因素[J]. 浙江农业学报, 2014(5): 1227-1234
[19]Frczek J, Hebdal T, Dlipek Z, et al. Effect of seed coat thickness on seed hardness[J]. Can Biosyst Eng, 2005, 47(4): 1-5.
[20]薛辉．软籽石榴种子硬度的影响因素及转录组分析[D]. 中国农业科学院, 2016.
[21]刘家富, 周家齐, 李晚谊, 等．云南蒙自石榴主要成分分析[J]. 云南农业科技, 1995, (6): 17-18.
[22]DALIMOV D N, DALIMOVA G N, BHATT M. Chemical composition and lignins of tomato and pomegranate seeds[J]. Chemistry of Natural Compounds, 2003, 39(1): 37-40.
[23]薛辉, 曹尚银, 陈利娜, 等．'豫大籽'与'突尼斯'石榴的种子结构及硬度比较[J]. 果树学报, 2016, 33(05): 563-569.
[24]张水明, 龚凌燕, 曹丹琴, 等．石榴种皮总木质素含量及 PgCOMT 基因的克隆与表达[J]. 热带亚热带植物学报, 2015, 23(1): 65-73.
[25]龚凌燕．石榴籽粒木质素合成相关基因的克隆及表达分析[D]. 安徽农业大学, 2014.
[26]VANHOLME R, DEMEDTS B, MORREEL K, et al. Lignin biosynthesis and structure. Plant Physiology, 2010, 153(3): 895-905.
[27]刘晓娜, 刘雪梅, 杨传平, 等．木质素合成研究进展[J]. 中国生物工程杂志, 2007, 27(3): 120-126.
[28]van ACKER R, VANHOLME R, STORME V, et al. Lignin biosynthesis perturbations affect secondary cell wall composition and saccharification yield in *Arabidopsis thaliana* [J]. Biotechn Biofuels, 2013, 6(1): 46-62
[29]曹丹琴．石榴木质素生物合成关键基因及 MYB 转录因子的克隆与表达[D]. 合肥: 安徽农业大学, 2015.

[30]曹丹琴，杨健，关晓弯，等．石榴种皮木质素合成相关转录因子基因 *PgMYB* 的克隆与表达[J]．西北植物学报，2015，35(1)：23-29.
[31]黄蓉，熊枫，陈磊，等．石榴木质素合成相关基因 *PgMYB308* 的克隆和表达分析[J]．西北植物学报，2017，37(12)：2357-2362.
[32]李金花，张绮纹，牛正田，等．木质素生物合成及其基因调控的研究进展[J]．世界林业研究，2007，20(1)：29-37.
[33]王改革，黄玉芳，汪洋，等．测土配方施肥对河阴地区不同树龄软籽石榴产量和品质的影响[J]．北方园艺，2018，13：114-120
[34]张立新，翟永林，刘永忠，等．氮磷钾肥单施和配施对石榴产量、品质和经济效益的影响[J]．中国土壤与肥料，2012(1)：43-47
[35]薛辉，曹尚银，刘贝贝，等．不同土壤类型及肥料对突尼斯软籽石榴种子硬度的影响[J]．江西农业学报，2017，29(01)：43-46.
[36]赵登超，孙蕾，王小芳，等．不同氮肥用量对石榴果实产量和品质的影响[J]．中国土壤与肥料，2017(03)：6-9.
[37]陆丽娟．石榴软籽性状基因连锁标记的克隆与测序[D]．合肥：安徽农业大学，2006.

‘红如意’‘永胜酸1号’及其杂交石榴品种果实品质分析

洪明伟[1]　范磊[1]　王敏忠[2]　王洲[2]　吴兴恩[1]　李文祥[1]　张鸿昌[3]　杨荣萍[1*]

([1]云南农业大学，昆明　650201；[2]云南省丽江市永胜县期纳热区水果开发协会，永胜　687105；[3]云南省丽江市永胜县涛源镇农业综合服务中心，永胜　687105)

摘要：本试验测定了云南省丽江市永胜县种植三个石榴品种主要外观品质和营养品质指标，结果表明：与亲本相比，‘红如意’×‘永胜酸1号’石榴的杂交种石榴单果重最大，果皮最薄，风味酸甜，可作为鲜食加工兼用品种栽培。

关键词：石榴；杂交品种；营养成分；品质分析

Analysis on Fruit Quality of Yongsheng Acid No. 1 Red Ruyi and Its Hybrid Pomegranate Breed

HONG Mingwei[1], FAN Lei[1], WANG Minzhong[2], WANG Zhou[2], WU Xingen[1], LI Wenxiang[1], ZHANG Hongchang[3], YANG Rongping[1]

([1]*Yunnan Agricultural University, Kunming, Yunnan*, 650201; [2]*Fruit Development Association of Nare District, Yongsheng County, Lijiang City, Yunnan Yongsheng*, 687105; [3]*Agricultural Integrated Service Center, Taoyuan Town, Yongsheng County, Lijiang City, Yunnan Yongsheng*, 687105)

Abstract: The main appearance quality and nutritional quality indexes of pomegranate variety ‘Yongshengsuan 1’, ‘Hongruyi’ and there hybrid in Yongsheng County, Lijiang City, Yunnan Province were determined. The results showed that the single fruit weight of the hybrid pomegranate was the largest, the peel was the thinnest, the flavor was sour and sweet, so, the new variety fits for eat raw and process.

Key words: Pomegranate; Hybrid nutrient Composition; Quality analysis

---

作者简介：洪明伟(1981—)，男，云南个旧人，讲师，主要从事果树栽培生理及遗传多样性研究。邮箱：hongmw—9@163.com。

*通信作者 Author for correspondence. 邮箱：yangrongping2002@163.com。杨荣萍，高级实验师，硕士生导师。

1 引言

石榴是千屈菜科石榴属浆果，落叶乔木或灌木。在我国至今已有 2000 多年的栽培历史[1]，种质资源丰富，多达 230 余个，栽植区域广泛[2]。石榴果实中含有 V_C，有机酸，糖类，以及钙铁钾等微量元素，有助消化，增强食欲，软化血脂等功效[3]。石榴营养丰富，保健作用强，药用价值高，消费群体也不断增多，越来越被人们所重视，对高品质石榴的需求也与日俱增。我国对石榴的研究主要集中在饮料、酒以及保健品开发。曾雪梅等 5 人在对我国石榴产业的发展研究中表明，我国石榴种质资源丰富，栽培技术也在不断提高，此外石榴药用价值也较高，除了鲜食之外，浓缩汁市场前景广阔，药物及日化产品研发潜力巨大，将石榴资源优势转化为商品优势和经济优势意义重大[4-6]。因此分析鉴定石榴不同部位的化学成分，明确其物质基础，完善质量控制标准，提高石榴的综合开发利用意义尤为关键。2010 年，汪小飞[7]等 5 人针对云南省蒙自县来源于全国各地石榴产区的品种进行过品质测定，找到了适合在蒙自县栽种的 29 个石榴品种；北方园艺学报中，唐贵敏等六人以不同皮色、风味的石榴作为实验材料，对不同类型石榴品种果实进行品质分析，结果表明果皮颜色和果实风味与石榴品种酸组分含量有密切关系[8,9]；这一系列研究都为石榴优良品种资源的开发利用提供了一定的参考指导意义，都为当地石榴栽培品种的选择奠定了基础。

目前，石榴栽培类型有酸石榴、甜石榴，但太甜或太酸的口感部分消费者都不太接受，选育酸甜适中的品种是今后的育种目标之一。此外，高产、早熟也是重要经济性状，选择种植早熟、高产品种可为种植户带来不错的收益。目前云南省丽江市永胜县种植的‘红如意’软籽石榴存在产量不高，抗性差等问题，为改良品种，获得具有早熟特性、酸甜适中的高产软籽石榴新品种，永胜县期纳热区水果开发协会以早熟鲜红外皮软籽石榴‘红如意’为母本、抗逆性强酸石榴‘永胜酸 1 号’为父本、抗逆性强酸石榴‘永胜酸 1 号’为父本进行杂交，得到一个优良单株。本试验就以以此杂交品种及亲本为研究对象，对其主要外观特征进行测定分析，通过模糊综合评判评价营养品质，为进一步选育新品种提供参考。

2 材料与方法

2.1 试验时间、地点

本研究试验于 2018 年在云南丽江永胜县期纳镇和云南农业大学博学楼 403 实验室进行。

2.2 试验材料

试验材料于 2018 年 9 月 6 日采自云南省丽江市永胜县 3 个不同品种的石榴，三个品种分别为：①‘红如意’(母本)，②‘永胜酸 1 号’(父本)，③杂交种，这三个品种皆采自永胜县期纳镇，同一品种选取生长环境条件一致，大小均匀的健康成熟果，采摘后立即送至实验室进行品质测定。试验分为两步，一是对石榴外观品质进行观察以及风味评定，二是针对石榴籽粒汁液进行的营养成分测定。

2.3 试验方法

2.3.1 感官品质观察测定

观察果实的形状、果皮颜色、萼筒形状、是否有果锈，统计子室数量，果肉颜色，风味酸甜；果实的横纵经和果皮厚度采用游标卡尺(上海沪工 150mm 数显卡尺)测量，并根据纵经与横径的比值计算果形指数；单果重和百粒重采用精度为 0.01g 电子秤测量。

2.3.2 营养品质测定

实验室内将石榴规则划开，分离果肉和果皮，果皮用打孔器随机均匀取 50 个小圆片，参照仝月澳等人的方法测定花青苷含量[10]：将取好的 50 个小圆片放到由 95%乙醇和 1N 盐酸配好的浸提液中，放置在黑暗环境中浸提 10~20h，将处理后的浸提液配置好加在三个比色杯中于 535nm 波长环境中依次测定吸光度 A 值，根据公式 V×D100/A×50 测定数值表示花青苷含量。式中：V——比色前浸出液稀释总体积(ml)；D——每个果皮圆片的面积。

果肉压榨成汁液，作为样品液，取 25ml 样品液于 250ml 容量瓶中，蒸馏水定容至刻度配置成样液；测定还原糖和蔗糖含量采用直接滴定法[11]；有机酸测定采用酸碱滴定法[12]：取 10ml 样液于三角瓶中，加酚酞指示剂两滴，用 0.1N NaOH 溶液滴定，滴定至颜色变至淡红色且半分钟内不褪色时停止滴定，重复三次，记录每次滴定液用量 V，根据 V×N×折算系数(0.075 酒石酸)/b×B/A×100 计算数值表示有机酸含量。式中：A——样品量；B——稀释总量；b——滴定用量。

V_C 含量测定采用碘滴定法[13]：取样品液 10ml 于 100ml 容量瓶中，用 1.0%草酸定容至刻度作为样液；取 10ml 样液于三角瓶中，加淀粉指示剂 5 滴，用滴液滴定至溶液颜色变至微蓝色且半分钟不变色时停止滴定，重复三次，依次记录实验滴定液用量 V，根据 V×A×a/b×B×100 计算数值表示 V_C 含量。式中：a——样品量；b——稀释总量；B——测定用量；A——标定值 0.0727。

可溶性固形物测定采用手持式折光仪测定[14]。取采用 Excel 2003 进行数据整理和记录，采用 SPSS 进行方差分析。营养品质评价采用综合指数评价法[15]，以平均值为基准，间距为最大值与最小值之差再比上分级数，向两侧等距分为 4 级。

3 结果与分析

3.1 不同品种石榴感官品质分析

对 3 个石榴品种果实形状，果皮颜色，子室数目，果肉风味等感官品质进行观测，结果见表 1。由表 1 可知，不同品种石榴感官品质存在明显差异。红如意形状较规则，为近圆形，杂交种果实形状呈不规则棱形；‘红如意’萼筒最高，‘永胜酸 1 号’萼筒较矮；‘永胜酸 1 号’果皮偏黄白色，有少许红色，‘红如意’和杂交种果皮都是全红色；果皮厚度由厚到薄依次为：‘红如意’，‘永胜酸 1 号’，杂交种；‘永胜酸 1 号’籽粒较硬，‘红如意’和杂交种籽粒较软；‘永胜酸 1 号’籽粒为黄白色，顶端略带红色，‘红如意’籽粒为深红色，杂交种籽粒为鲜红色；‘永胜酸 1 号’果肉风味为酸，‘红如意’果肉风味为甜，杂交种为酸甜；单果重最大的是杂交种，为 637.9g，和其他两个品种差异极显著，单果重最小的是本地酸石榴，为 216.53g；四个石榴品种百粒重差异显著，最大的是本地酸石榴，为 63.41g。

表 1 三个石榴品种果实形态观测表

Table **1** Observation table of fruit morphology of three pomegranate varieties

指标	永胜酸 1 号	红如意	杂交种
果实形状、正畸	不规则棱形、正	近圆形、正	近五棱形、正
萼筒高矮	最矮	最高	高
果皮颜色	黄绿色，背面少许红	全红色	全红色

（续）

指标	永胜酸 1 号	红如意	杂交种
皮是否有果锈	有	少许	少许
果实开裂情况	不开裂	不开裂	不开裂
子房数目	7	8	8
果皮厚度(cm)	0. 34	0. 42	0. 25
籽粒软硬	硬	较软	软
果肉颜色	黄白色，顶端偏红	深红	鲜红
果肉风味酸甜	酸	甜	酸甜
果形指数	0. 941	0. 853	0. 931
单果重(g)	216. 53	258. 89	637. 9
百粒重(g)	63. 41	55. 64	45. 33

3. 2　不同品种石榴营养品质分析

对三个石榴品种花青苷含量、可溶性固形物含量、总糖含量、有机酸含量、V_C 含量进行测定，结果见表 2。花青苷含量变化区间为 8. 00%～15. 48%，含量最高的是杂交种，含量最低的是‘永胜酸 1 号’；可溶性固形物含量变化区间为 20. 60%～21. 50%，含量最多的是‘永胜酸 1 号’，含量最低的是‘红如意’；还原糖含量变化区间为 6. 93%～11. 15%，含量最高的是杂交种，含量最低为‘永胜酸 1 号’；总糖含量变化区间为 16. 76%～18. 33%，含量最高的是‘红如意’，含量最低的是‘永胜酸 1 号’；有机酸含量变化区间为 0. 22%～0. 58%，含量最高的是‘永胜酸 1 号’，含量最低的是‘红如意’；V_C 含量变化区间为 5. 82%～11. 14%，含量最高的是‘红如意’，含量最低为杂交种；糖酸比比值最大的是‘红如意’，为 93. 67。

综合分析看，杂交种优势较明显，花青苷含量、可溶性固形物含量、总糖含量都较高，可作为鲜食加工兼用品种栽培；红如意可溶性固形物含量、花青苷含量、V_C 含量、总糖含量都较高，有机酸含量较低，适合作为鲜食品种栽植。

3. 3　不同品种石榴营养品质综合评价

按照品质综合指数评价法[15]，以平均值为基准向两侧等距分为 4 级，分级间距为每个品质指标的最大最小值之差与分级数的比值，具体分级标准见表 3。根据划分标准得出不同品种石榴营养品质指标对应的等级指数 1、2、3、4，各品种对应的营养评价指数相加即为综合评价指数，评价指数越高表明该品种营养品质越好，等级由高到低依次为优秀(13–16)、良好(9–12)、一般(5–8)和较差(1–4)，结果见表 4。

结果表明：‘永胜酸 1 号’、‘红如意’、杂交种的综合评价指数分别为 13、14、14，等级评价结果都为优秀。其中，‘永胜酸 1 号’可溶性固形物含量评价指数为 4，V_C 含量评价指数为 3，总糖含量评价指数为 1，有机酸含量评价指数为 4，花青苷含量评价指数为 1；‘红如意’花青苷含量评价指数为 4，总糖含量评价指数为 4，V_C 含量评价指数为 4，可溶性固形物含量评价指数为 1，有机酸含量评价指数为 1；杂交种花青苷含量评价指数为 4，可溶性固形物含量评价指数为 3，总糖含量评价指数为 3，有机酸含量评价指数为 3，V_C 含量评价指数为 1。

表 2　三个石榴品种果实主要营养品质测定表

Table **2**　Determination of main nutritional quality of pomegranate fruits

营养品质指标	永胜酸 1 号	红如意	杂交种
花青苷含量(%)	8. 00	15. 32	15. 48
可溶性固形物含量(%)	21. 50	20. 60	21. 10
还原糖含量(%)	6. 93	9. 33	11. 15
有机酸含量(%)	0. 58	0. 22	0. 51
V_C 含量(mg/100g)	9. 46	11. 14	5. 82
总糖含量(%)	16. 76	18. 33	17. 60
糖酸比	37. 07	93. 67	41. 37

表 3　石榴营养品质分级标准

Table **3**　Levels of nutritional quality of pomegranates

等级	花青苷含量(%)	可溶性固形物含量(%)	总糖含量(%)	有机酸含量(%)	V_C 含量(mg/100g)
1	11. 06<	20. 85<	<17. 17	<0. 35	<7. 48
2	≤11. 06<12. 93	≤20. 85<21. 07	≤17. 17<17. 56	≤0. 35<0. 44	≤7. 48<8. 81
3	≤12. 93<14. 8	≤21. 07<21. 30	≤17. 56<17. 95	≤0. 44<0. 53	≤8. 81<10. 14
4	≥14. 8	≥21. 30	≥17. 95	≥0. 53	≥10. 14

表 4　三个品种石榴营养品质评价

Table **4**　Evaluation of nutritional quality of three varieties of pomegranate

	品种		
	永胜酸 1 号	红如意	杂交种
花青苷含量(%)	1	4	4
可溶性固形物含量(%)	4	1	3
总糖含量(%)	1	4	3
有机酸含量(%)	4	1	3
V_C 含量(mg/100g)	3	4	1
综合评价指数	13	14	15

4　讨论与结论

果实品质是决定果品市场竞争力的主要因素，主要由感官品质和理化营养品质两个部分组成，果实品质指标因树种和品种不同而有一定的差异。果实性状作为实生选育的重要指标，影响果实生产的全过程，果树生产中应根据果实品种的差异性采用适当的运输、贮藏和加工方式[16-17]。‘红如意’石榴色泽好，风味甜，较受大众欢迎，但是抗病性差，在永胜县推广困难。‘永胜酸 1 号’风味较酸，食用群体少，但它抗病性强，生长范围宽泛。通过两者的杂交，可使父母本间的优缺点得到发展和互补。‘红如意’树体粗糙有瘤状凸起，但杂交种树干光滑，‘红如意’及杂交种均具落果少，成熟期比全国目前当红的品种‘突尼斯软籽’提前十多天等优点。果皮厚度是衡量果实耐运特征的重要指标之一。一般情况下，果皮越厚果实越耐贮耐运，其抗病性也越强，可以跨区运输；而果皮较薄的果实基本适于产地加工或食用。[18-19]

综上所述，‘红如意’×‘永胜酸1号’杂交石榴品种，是杂交后在永胜县第一年结果，与父母本相比，其不仅单果重最大(因此产量更高)，果皮最薄，果皮含有的花青苷含量最高，而且果皮颜色及籽粒颜色继承了‘红如意’的优良特性，为果皮全红色，籽粒鲜红色；风味为酸甜，口感较‘永胜酸1号’更容易被大众接受，该品种可作为鲜食就地、就近销售，或者加工成果汁、果酒等产品。

参考文献

[1]李玉，王晨，夏如兵，等．中国石榴栽培史[J]．中国农史，2014(1)：30-37.

[2]冯玉增，宋梅亭，韩德波．我国石榴种质资源概况[J]．中国果树，2006(4)：57-58.

[3]王彩云，曲鸿燕，戴向辰，等．石榴的药理作用与安全性研究进展[J]．世界科学技术—中医药现代化，2010，12(6)：961-968.

[4]马齐，秦涛，王丽娥，等．石榴的营养成分及应用研究现状[J]．食品工业科技，2007，28(2)：237-238，241.

[5]冯立娟，苑兆和，尹燕雷，等．国内外石榴产业发展现状[J]．第一届中国园艺学会石榴分会会员代表大会暨首届全国石榴生产与科研研讨会，中国石榴研究进展(一)[J]，2010.

[6]杨彬彬．我国石榴浓缩汁的产业现状及发展趋势[J]．陕西农业科学，2009，55(1)：94-96.

[7]]罗雁，倪忠泽，龚秀萍，等．蒙自石榴产业现状及发展对策[J]．中国果业信息，2006(1)：5-8.

[8]陈延惠，胡青霞，李洪涛，等．石榴新品种‘冬艳’[J]．园艺学报，2012(7)：1411-1412.

[9]苑兆和，招雪晴，尹燕雷，等．石榴新品种‘红宝石’[J]．园艺学报，2012(6)：1211-1212.

[10]仝月澳，周厚基．果树营养诊断法[M]．北京：农业出版社，1982.

[11]GB/T 15038—2006 葡萄酒、果酒通用分析方法[S]．GB/T 15038—2006 Analytical methods of wine and fruit wine[S].

[12]中华人民共和国卫生部，中国国家标准化管理委员会．食品中有机酸的测定：GB/T 5009. 157. -2003[S]．北京：中国标准出版社，2003.

[13]张冬梅，汪振立，罗六保，等．对新鲜果蔬中维生素C的测定结果影响因素研究[J]．江西化工，2010(1)：73-76.

[14]曹健康，果蔬采后生理生化实验指导[M]．北京：中国轻工业出版社，2007：22-156.

[15]李会和，田秀英，李天委．蔬菜品质评价方法研究进展[J]．安徽农业科学，2009，37(13)：5920-5922.

[16]刘梦培，杜红岩，朱高浦，等．甜仁仁用杏果实形态主要评价指标的选择[J]．中南林业科技大学学报，2014，34(3)：38-42.

[17]郑元，高柱，罗明灿，等．元江干热河谷牛角瓜种质资源调查及果实性状的多元统计分析[J]．中南林业科技大学学报，2105，35(9)：13-21.

[18]赵丽芹，张子德．园艺产品贮藏加工学[M]．北京：轻工业出版社，2009.

[19]罗云波，生吉萍．园艺产品贮藏加工学(贮藏篇)[M]．北京：中国农业大学出版社，2010.

附图：

(试验用石榴品种：从左至右依次为‘红如意’‘永胜酸1号’、杂交种)

杂交种果实

‘突尼斯软籽’石榴果实品质评价及主要评价因子分析

刘春燕[1,2] 秦改花[1,2*] 黎积誉[1,2] 刘长华[3] 钮得文[3]

([1]安徽省农业科学院园艺研究所园艺作物种质创制与生理生态安徽省重点实验室，合肥 230001；[2]果树果实发育与品质生物学安徽省农业科学院重点实验室，合肥 2300601；[3]安徽天兆石榴开发有限公司，怀远 233400)

摘要：为科学高效评价不同产地‘突尼斯软籽’石榴的果实品质，本研究以我国10个‘突尼斯软籽’石榴产区13个产地的石榴果实为材料，对其11个主要品质指标进行了分析。结果表明：不同产地‘突尼斯软籽’石榴果实的品质与产区的相关性不大。对不同产地果实的品质变化分析发现，可溶性固形物、籽粒硬度和果皮厚度的变化范围较小，而可溶性糖变化范围较大。主成分分析结果表明，前4个主成分的累积贡献率达83.95%，决定第一主成分大小的主要是百粒重、外种皮百粒重、可滴定酸、固酸比、内种皮百粒重；决定第二个主成分大小的主要是糖酸比、可溶性糖含量和可固；决定第三个主成分的主要是单果重和籽粒硬度；决定第四个主成分的主要是果皮厚度。聚类结果显示单果重，百粒重，外种皮百粒重、内种皮百粒重、固酸比相关程度高，硬度、可溶性糖、糖酸比、果皮厚、可固、可滴定酸相关程度高。结合主成分分析和聚类分析，发现百粒重、糖酸比、单果重和果皮厚度4个评价因子可以较为客观地反映不同‘突尼斯软籽’果实间的品质特征差异。该结果可为科学高效评价不同产地‘突尼斯软籽’石榴的品质提供重要参考。

关键词：石榴；突尼斯软籽；果实品质；评价

Evaluation of Fruit Quality for ‘Tunisiruanzi’ Pomegranate and the Analysis of Evaluation Factors

LIU Chunyan[1,2], QIN Gaihua[1,2*], LI Jiyu[1,2], LIU Changhua[3], NIU Dewen[3]

([1]*Horticultural Research Institute, Key Laboratory of Genetic Improvement and Ecophysiology of Horticultural Crop, Anhui Provinece, Anhui Academy of Agricultural Sciences, Hefei* 230001, *China*; [2]*Key Laboratory of Fruit Development and Quality Biology, Anhui Academy of Agricultural Sciences, Hefei* 230001, *China*; [3]*Anhui Tianzhao pomegranate Development Co. Ltd, Huaiyuan*, 233400, *China*)

Abstract: To get the objective evaluation of fruit quality of ‘Tunisiruanzi’ pomegranate from

作者简介：刘春燕，女，助理研究员，博士，0551-62160858，liucy17@163.com。

*通讯作者：秦改花，230001，0551-62160858，qghahstu@163.com。

different producing areas, 11 main fruit quality characters of 13 pomegranate(*Punica granatum* L.) fruits from 10 producing areas in China were analyzed. The results showed that the quality characteristcs of the 'Tunisiruanzi' fruit from different producing areas was not accordant to the production area. The analysis of fruit quality characters in different producing areas showed that the range of soluble solids, seed hardness and peel thickness was small, while the range of soluble sugar was the larger. The 11 quality characters were investigated by principal component analysis and 4 components were extracted which represented 83.95% of the total variability. The first principal component(PC1) was related to 100-seed weight, 100-seed weight of external seed coat, titratable acid, °Brix/acid ratio, 100-seed weight of inner seed coat. The second principal component(PC2) was related to sugar/acid ratio, soluble sugar, soluble solids concentration. The third principal component(PC3) was related to single fruit weight and seed hardness. The fourth principal component(PC4) was related to peel thickness. According to the clustering results, single fruit weight, 100-seed weight, 100-seed weight of outer seed coat, 100-seed weight of inner seed coat, and° Brix/acid ratio were related. Seed hardness, soluble sugar, sugar/acid ratio, peel thickness, soluble solids concentration, and titratable acid were related. Combining results of principal component analysis and cluster analysis, four evaluation factors including 100-seed weight, sugar/acid ratio, single fruit weight and peel thickness were selected to evaluate quality characteristics of 'Tunisiruanzi'. The result provides an important reference for the objective evaluation of the quality of the 'Tunisiruanzi' pomegranate from different producing areas.

Key words: Pomegranate; Tunisiruanzi; Fruit quality; Evaluation

1 前言

石榴(*Punica granatum* L.)隶属于千屈菜科(Lythraceae)落叶灌木或小乔木[1]，原产伊朗及阿富汗等中亚地区。据记载，石榴在中国有两千多年的栽培历史。近年来，石榴作为特色果树经济效益凸显，备受人们关注。软籽石榴由于其种子软可食用而受到消费者青睐，'突尼斯软籽'石榴是目前我国市场上最受欢迎的软籽石榴品种之一，'突尼斯软籽'于 1986 年从突尼斯引入我国，经过改良优选，筛选出适应我国生境的新优品种，以种皮革质化、种仁退化、食用品质好、籽粒大等优点闻名全国，其商品价格是普通石榴品种的 2~4 倍[2]。从 2000 年开始，河南省黄河以南的多个市开始大面积栽培，与此同时，云南、陕西、安徽等省市的有关县广泛引种栽培。截止 2016 年底，我国突尼斯软籽的种植面积为 3850.2hm^2，居软籽石榴品种的种植面积之首[2]，市场潜力很大，发展前景较好。不同产区或产地，由于立地环境和栽培技术等因素的差异，果实品质也会表现出一定的不同，但有关不同产地石榴果实品质的评价尚未见报道。

果实的品质是决定市场竞争力的重要因素，果实品质由外在品质和内在品质共同构成。影响果实品质的因子较多，各项品质指标测定较复杂且主次难分，尤其是对不同产地的品种差异，不容易比较与分析。已有研究对梨[3]、桃[4]、苹果[5]、刺梨[6]、葡萄[7]等果实的品质评价指标进行了研究和简化，但在目前对‘突尼斯软籽’石榴的研究主要集中在栽培技术上[8-9]，对不同产地突尼斯果实品质的评价缺乏。本文通过比较不同产区的‘突尼斯软籽’石榴果实品质，筛选简化评价指标，可为‘突尼斯软籽’石榴品质的科学高效评价提供参考。

2　材料与方法

2.1　材料

13 个突尼斯软籽石榴样品信息见表 1，所有样品均为成熟、无病虫害、无机器损伤果实。

表 1　13 个‘突尼斯软籽’石榴样品信息

Table 1　Information of 13 Tunisiruanzi samples

编号	产地	编号	产地
YNJS1	云南建水 Jianshui，Yunan	HNXY2	河南荥阳 Xingyang，Henan
YNHH	云南红河 Honghe，Yunan	SXLT	陕西临潼 Lingtong，Henan
AHHF	安徽合肥 Hefei，Anhui	HNZZ	河南郑州 Zhenzhou，Henan
YNJS2	云南建水 Jianshui，Yunnan	HNPDS	河南平顶山 Pingdingshan，Henan
HNXY1	河南荥阳 Xingyang，Henan	HNXX	河南新乡 Xinxiang，Henan
HNXC1	河南淅川 Xichuan，Henan	YNML	云南弥勒 Mile，Yunnan
HNXC2	河南淅川 Xichuan，Henan		

2.2　实验方法

果实单果重、百粒重、内种皮百粒重均采用电子分析天平测定，外种皮百粒重＝百粒重－内种皮百粒重，果皮厚度用数显游标卡尺测定。籽粒硬度测定用 TA. AX PLUS 质构仪（英国 Stable Micro System 公司生产），HDP/VB 钳口探头进行[10]。

可溶性固形物含量采用手持折射仪测定，可溶性糖含量测定采用蒽酮比色法[11]，可滴定酸含量测定采用酸碱中和滴定法[12]，糖酸比以可溶性糖含量和可滴定酸含量的比值表示，固酸比为可溶性固定物和可滴定酸含量的比值。试验重复 3 次，结果为三次重复的平均值。

2.3　数据处理

利用 Excel 和 SPSS24 软件进行数据统计和分析。

3　结果与分析

3.1　不同产地‘突尼斯软籽’石榴果实的主要品质性状

供试样品中不同产地石榴品质性状测定结果见表 2，不同产地‘突尼斯软籽’石榴的单果重质量范围为 520～880g，平均单果重 727g，其中 YNJS1 的单果重最大 860g，HNXY2 单果重最小仅 520g。百粒重范围为 42.64～68.26g，平均百粒重 57.54g，其中 HNXX 的百粒重最大，为 68.26g，HNCY1 的百粒重最小，为 42.64g。籽粒硬度在不同产区为 1.66～2.31N，平均硬度为 2.06N，其中 SXLT 籽粒硬度最小为 1.66N，HNXC1 和 HNXY2 的籽粒硬度最大，为 2.31N。内种皮百粒重为 3.01～5.11g，平均内种皮百粒重为 4.08g，其中 HNZZ 的内种皮百粒重最小为 3.01g，YNJS2 的内种皮百粒重最大，为 5.11g。外种皮百粒重范围为 39.16～63.82g，平均外种皮百粒重为 53.46g，其中 HNXX 外种皮百粒重最大，为 63.82g，HNXC1

外种皮百粒重最小，为39.16g。果皮厚度为0.38~0.48cm，平均果皮厚度为0.43cm，其中HNXY2果皮最厚，HNZZ果皮最薄。不同产地'突尼斯软籽'石榴果实的可溶性固形物含量为14.3%~16.2%，平均可溶性固形物含量为15.6%，其中YNHH的突尼斯石榴可固最低，为14.3%，SXLT、HNZZ、HNPDS的果实可溶性固形物含量最高，为16.2%。不同产地'突尼斯软籽'石榴果实的可溶性糖为5.45%~19.85%，平均可溶性糖为12.23%，YNHH可溶性糖含量最低，为5.45%，YNJS1可溶性糖含量最高，为19.85%。不同产地'突尼斯软籽'石榴果实的可滴定酸范围在0.24%~0.40%，平均可滴定酸为0.33%，其中YNML可滴定酸最低为0.24%，HNXY1的可滴定酸最高为0.40%。不同产地'突尼斯软籽'石榴果实的糖酸比16.21~63.00，平均糖酸比为37.05，其中YNHH糖酸比最低，YNJS1糖酸比最高。不同产地'突尼斯软籽'石榴果实的固酸比范围为40.35~60.50，平均值为47.56，其中HNXY1最低，YNML最高。

由表2可知，在所测的11个突尼斯石榴果实品质性状中，果实可溶性固形物的变异程度较小，在不同产区最稳定，其次是籽粒硬度和果皮厚度，而可溶性糖变异程度最大。

表2 不同产地'突尼斯软籽'石榴果实的品质

Table 2 Fruit quality characters of 'Tunisiruanzi' pomegranate from different regions

编号	单果重(g)	百粒重(g)	籽粒硬度(N)	内种皮百粒重(g)	外种皮百粒重(g)	果皮厚度(cm)	可溶性固形物含量(%)	可溶性糖(%)	可滴定酸(%)	糖酸比	固酸比(°)
YNJS1	880	54.87	2.02	3.82	51.05	0.40	14.80	19.85	0.32	63.00	46.98
YNHH	860	63.12	1.91	4.30	58.82	0.43	16.10	5.45	0.34	16.21	47.92
AHHF	700	64.14	2.15	4.51	59.63	0.46	16.00	8.58	0.29	29.18	54.42
HNXY1	700	61.92	1.97	4.37	57.55	0.48	16.10	13.52	0.40	33.87	40.35
HNXC1	670	42.64	2.31	3.48	39.16	0.46	15.50	13.12	0.36	36.74	43.42
HNXC2	720	66.37	2.03	4.84	61.53	0.41	15.40	12.25	0.35	35.00	44.00
YNJS2	710	57.00	2.06	5.11	51.89	0.43	14.30	7.25	0.28	25.89	51.07
HNXY2	520	47.25	2.31	3.65	43.60	0.43	15.70	11.32	0.36	31.09	43.13
SXLT	700	51.21	1.66	3.58	47.63	0.42	16.20	11.98	0.34	35.65	48.21
HNZZ	750	48.38	2.06	3.01	45.37	0.38	16.20	14.98	0.39	38.91	42.08
HNPDS	780	56.25	1.96	4.25	52.00	0.40	16.20	14.32	0.39	37.18	42.08
HNXX	840	68.26	2.08	4.44	63.82	0.46	15.90	15.05	0.29	51.17	54.08
YNML	630	66.56	2.27	3.63	62.93	0.39	14.40	11.38	0.24	47.82	60.50

3.2 突尼斯软籽石榴果实品质评价因子选择

3.2.1 不同产地'突尼斯软籽'石榴果实的聚类分析

对不同产地'突尼斯软籽'果实品质进行分析，结果见图1。单果重，百粒重，外种皮百粒重、内种皮百粒重、固酸比相关程度高；硬度、可溶性糖、糖酸比、果皮厚、可固、可滴定酸相关程度高。不同产地的'突尼斯软籽'石榴品种聚类分析看出，13个不同产区可以划为4大类，YNJS1单独聚为一类；YNHH、AHHF、YNJS2、HNXY1、HNXC2聚为一类；HNXC1、HNXY2、SXLT、HNZZ、HNPDS聚为一类；HNXX和YNML聚为一类。由此可见，'突尼斯软籽'石榴果实品质同产地的相关性低。

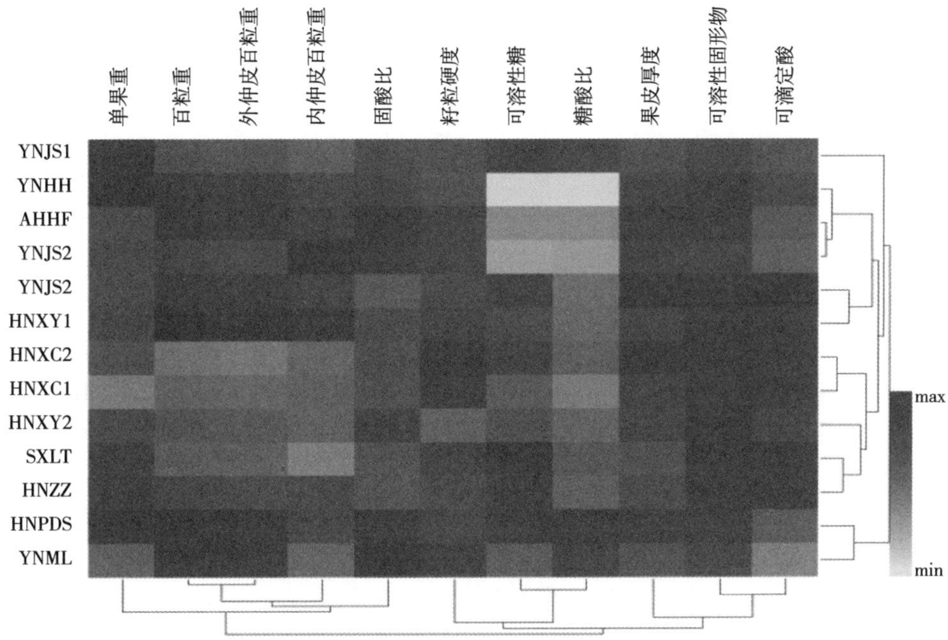

图 1　不同产地‘突尼斯软籽’石榴果实的品质分析

Fig. 1　Analysis of fruit quality characters of‘Tunisiruanzi’pomegranate from different producing areas

3.2.2　‘突尼斯软籽’石榴果实品质指标的主成分提取

将上述 11 个果实品质指标进行主成分分析，其中 11 个主成分的特征向量、累积贡献率见表 3。表 3 可以看出，前四个主成份的贡献率达到 83.95%。由各特征向量值可以看出，决定第一主成分大小的主要是百粒重、外种皮百粒重、可滴定酸、固酸比、内种皮百粒重；决定第二组分大小的主要是糖酸比、可溶性糖含量和可固；决定第三组分的主要是单果重和籽粒硬度；决定第四组分的主要是果皮厚度。结合聚类分析结果，可将突尼斯软籽石榴的 11 个品质指标简化为 4 个评价因子：百粒重、糖酸比、单果重和果皮厚度。

表 3　‘突尼斯软籽’石榴果实品质 11 个主成分的特征向量和累积贡献率

Table 3　The eigenvectors and cumulative contribution rate of 11 principal components of ‘Tunisiruanzi’pomegranate fruit quality

指标	PC1	PC2	PC3	PC4	PC5	PC6	PC7	PC8	PC9	PC10	PC11
百粒重	0.867	0.168	0.331	0.112	0.108	0.286	−0.010	−0.063	−0.003	−0.001	0.000
外种皮百粒重	0.858	0.139	0.340	0.104	0.151	0.297	−0.004	−0.081	−0.004	−0.001	0.000
可滴定酸	−0.828	0.393	0.254	0.122	−0.093	0.251	0.028	−0.073	0.049	0.009	0.000
固酸比	0.823	−0.330	−0.181	−0.148	0.328	−0.209	−0.016	0.068	0.049	0.000	0.000
内种皮百粒重	0.649	0.488	0.085	0.185	−0.504	0.029	−0.081	0.195	0.008	0.003	0.000
糖酸比	0.012	−0.844	0.436	0.282	0.035	−0.039	−0.118	0.030	−0.010	0.021	0.000
可溶性糖	−0.396	−0.631	0.547	0.354	−0.045	0.057	−0.111	0.049	0.011	−0.021	0.000
可溶性固形物	−0.469	0.581	0.343	0.089	0.525	0.058	0.066	0.181	−0.011	0.002	0.000
单果重	0.190	0.036	0.821	−0.101	−0.143	−0.302	0.408	−0.028	0.001	0.000	0.000

(续)

指标	PC1	PC2	PC3	PC4	PC5	PC6	PC7	PC8	PC9	PC10	PC11
籽粒硬度	0.055	-0.408	-0.657	0.438	-0.003	0.230	0.390	0.050	0.001	0.000	0.000
果皮厚度	0.125	0.516	-0.170	0.720	0.099	-0.382	-0.073	-0.095	0.000	0.000	0.000
累积贡献率	33.67%	55.80%	74.62%	83.95%	90.44%	95.68%	98.96%	99.94%	99.99%	100%	100%

4 讨论

果实品质是决定果实经济价值和市场竞争力的重要因素。果实品质由诸多因素组成，这些因素之间相互独立又密切相关，共同影响果实品质，给综合评价带来一定的困难。因此寻求简便科学的果实品质评价方法是果树资源评价工作的重要内容。目前，在梨[3]、苹果[5]、葡萄[7]等果树中均有利用不同产地的果实品种进行分析比较研究，并简化评价因子，为提高果实品质提供了理论基础。在石榴果实品质评价报道中，单果重、可溶性糖含量、可滴定酸、籽粒硬度、可溶性固形物等是主要的评价指标[13]，可综合反映品种的品质特性。不同基因型的果树品质评价因子有所不同，本研究对 13 个产区‘突尼斯软籽’石榴的 11 个果实品质性状进行了分析，运用主成分分析和聚类分析，选取了 4 个简化的评价因子，为‘突尼斯软籽’石榴品种的综合评价提供简便的方法，可作为不同产区突尼斯石榴综合评价的主要指标。

本研究中，根据果实的品质指标，同一产区的石榴并没有聚为一类，说明果实综合品质与产地间关联性不大，类似的现象在纽荷尔脐橙等果实中也有报道[14]。在管理水平一致的果园中，同一种果树可能因不同种植地区气候、自然环境条件、土壤等生态差异造成果实品质差异[6]，在同一产区，也可能由于不同栽培管理水平和小气候等方面的差异导致果实品种差异[14]。

5 结论

‘突尼斯软籽’石榴果实品质同产地的相关性低，不同产地的果实可溶性固形物、籽粒硬度和果皮厚度等指标的变异较小，而可溶性糖含量的变异程度最大。结合主成分分析和聚类分析结果，可将突尼斯软籽石榴的 11 个品质指标简化为 4 个评价因子，即百粒重、糖酸比、单果重和果皮厚度。

参考文献

[1] MORTON J F, DOWLING C F. Fruits of warm climates. Miami, Florida: Florida Flair Books, 1987: 352-355.

[2]侯乐峰，郭祁，郝兆祥，等．我国软籽石榴生产历史、现状及其展望[J]．北方园艺，2017(20)：196-199.

[3]位杰，马建江，陈久红，等．不同产地库尔勒香梨果实品质差异及综合评价[J]．食品科学，2017，38(19)：87-91.

[4]张海英，韩涛，王有年．桃果实品质评价因子的选择[J]．农业工程学报，2006，22(8)：235-239.

[5]冯娟，任小林，田建文，等．不同产地富士苹果品质分析与比较[J]．食品工业科技，2013，34(14)：

108-112.
[6]李婕羚，胡继伟，李朝婵．贵州不同种植地区无籽刺梨果实品质评价[J]．果树学报，2016，33(10)：1259-1268.
[7]韩业慧，唐柯，席艳茹，等．不同产区贵人香葡萄的品质分析[J]．中国酿造，2015，34(12)：10-13.
[8]李俊梅．突尼斯软籽石榴在云南会泽的栽植表现[J]．中国果树，2011(05)：57-58，78.
[9]铁万祝，王友富，罗关兴，等．四川攀西地区突尼斯软籽石榴引种表现[J]．中国热带农业，2015(5)：28-30.
[10]秦改花，徐义流，李艳玲，等．石榴籽粒硬度特征及其相关生理指标研究[J]．热带作物学报，2018，39(01)：67-71.
[11]王学奎．植物生理生化实验原理和技术[M]．北京：高等教育出版社，2006：202-204.
[12]李合生．植物生理生化实验原理和技术[M]．北京：高等教育出版社，2000：56-59.
[13]MAYUONI-KIRSHINBAUM L，Porat R. The flavor of pomegranate fruit：a review[J]. Journal of the Science of Food and Agriculture，2014，94(1)：21-27.
[14]鲍江峰，夏仁学，邓秀新，等．湖北省纽荷尔脐橙果实品质状况的研究[J]．植物科学学报，2005，23(6)：583-587.

‘突尼斯软籽’石榴自交一代颜色性状分离及形成基础研究

万然　史江莉　胡悦　胡青霞　简在海　陈延惠
（河南农业大学园艺学院，郑州，450002）

摘要：‘突尼斯软籽’石榴在我国广泛栽培，果实颜色是果树生产上被长期广泛关注的问题。本研究以‘突尼斯软籽’石榴自交后代植株叶片、花瓣、花萼和果实果皮颜色出现性状分离为基础，通过生理生化和分子研究手段，研究不同颜色类型植株叶片、花瓣、花萼和果实果皮中花青苷含量及其合成相关基因的表达水平，结果表明这种自交一代植株颜色变异与花青苷含量的积累有直接关系，且叶片和果皮红颜色与花青苷合成基因 *PgF3H*、*PgF3′H*、*PgDFR*、*PgUFGT* 和 *PgANS* 呈显著正相关。这为揭示‘突尼斯软籽’石榴颜色形成机理和改善石榴果实着色提供了理论基础，同时为石榴新品种培育提供了基因资源。

关键词：石榴；‘突尼斯软籽’；颜色；花青苷；基因表达

Reseaches on Color Segregation and Formation in Generation Individuals of First Self-crossing from ‘Tunisiruanzi’ Pomegranate

WAN Ran, SHI Jiangli, HU Yue, HU Qingxia, JIAN Zaihai, CHEN Yanhui
(*College of Horticulture, Henan Agriculture University in ZhengZhou*, 450002)

Abstract: ‘Tunisiruanzi’ pomegranate is popular and widely cultivated in our country owing to its good taste and bright-coloured appearance. Fruit color has been long time concerned in the fruit industry, which should also be focused in pomegranate production for its worse coloring caused by inaprropriate climates or cultivation managements. In our preliminary study, the colors of leaf, petal and calyx and pericarp performed the segregation of genetic character in self-crossed individuals of first generation from ‘Tunisiruanzi’ pomegranate.

Three distinctly different kinds of generation individuals were classified into deep red color

---

第一作者：万然，女，讲师，博士，18237105668，wanxayl@ henau. edu. cn，河南省郑州市文化路 95 号，450002。

通讯作者：陈延惠，女，教授，15237130136，Chenyanhui188@ henau. edu. cn，河南省郑州市文化路 95 号，450002。

plants with deep red young leaf, flower and riping fruit, light red color plants with light red young leaf, flower and riping fruit and green color plants with green young leaf, yellow green flower and green fruit), through qualitative and quantitative methods meanwhile by naked observation, colorimeter and anthocyanin assaying. On this basis, further researches on these three kinds of self generation plants were continued through physiological and biochemical and molecular techniques.

Contents of anthocyanin, carotenoid and chlorophyll, and gene expression levels of anthocyanin biosynthesis were respectively determined in leaves in original color stage, color changing stage and totaly green stage , petals and calyxes and pericarps in green fruit stage, color changing stage and red color stage from three kinds of self-crossed individuals from ‘Tunisiruanzi’ pomegranate. The direct relationship between anthocyanin accumulation and color variation in self-crossed individuals were indicated by higher concentrations in redder colored tissues, even more than 1.4 mg/g (FW), lower in less red tissues and near none in green tissues no matter form which kinds of pomegranates, which meant anthocyanin levels was crucially complicated in color variation in self generations of ‘Tunisiruanzi’. Carotenoid contents were all less than 0.02 mg/g (FW) except leaves in original red color stage of deep red color plants and light red color plants with less than 0.02 mg/g (FW) in green color plants at the some time. Contents of chlorophyll were not detected in flowers and quite more in leaves no matter of which kinds of self generations and which stages. Pomegranate leaves of three color kinds at totaly green color stage had higher levels of chlorophyll with the highest in leaves of deep red color pomegranates, followed by light red color and the lowest in leaves of green color pomegranates. While chlorophyll content of in pericarps was significantly most in green color self generation plants. Thus, chlorophyll and carotenoid were not but anthocyanin was the determined factor for the color segregation of genetic character in self-crossed individuals from ‘Tunisiruanzi’ pomegranate.

Since we confirmed the color segregation of genetic character was possibly and closedly associated with anthocyanin biosynthesis, expression of sevral important genes related to anthocyanin biosynthesis were analysed in leaf, petal and calyx and pericarp of different kinds of self generation individuals with growth and development by real-time fluorescence quantification. *PgF3H*、*PgF3'H*、*PgDFR*、*PgUFGT* 和 *PgANS* expression levels in leaves and pericarps were mostly higher in red color individuals than in green color individuals. Combined anthocyanin assaying, these five genes should be involved in color performances of different self-across generation plants from ‘Tunisiruanzi’ pomegranate. As for flowers, *PgF3'H* was significantly and positively correlated with red color of petals and calyxes of red color kinds of self-across individuals, while *PgUFGT* was negatively correlated. Moreover, *PgUFGT*、*PgANS* and *PgDFR* genes highlighted their higher expression levles in green color individuals than in red color plants. This result indicated that anthocyanin biosynthesis genes were specificly expressioned in different color pomegranated.

This study supply a theoretical foundation for revealing color formation mechanism of ‘Tunisiruanzi’ pomegranate and promoting pomegranate coloring and porvide gene resources for new pomegranate cultivation. Comprehensive analysis of our results and previous reports shows the molecular mechanism of the coloring of pomegranate fruit pericarps differs with some specificity in the different cultivars. It need more and further researches to explain why this is and what the relation is between the anthocyanin biosynthesis genes and their regulated factors, such as MYB、bHLH 和 WD40 and so on.

Key words: Pomegranate; 'Tunisiruanzi'; Color; Anthocyanin; Gene expression

1 前言

石榴(*Punica granatum* L.)素有"天下之奇树，九州之名果"美誉[1]，'突尼斯软籽'石榴于1986年由我国林业部从突尼斯引入，近年来发展迅速，经济、社会和生态等效益十分显著，对助力我国乡村振兴和美丽乡村建设具有重要意义[2]。经多年栽培实践证明其果实性状表现优异，籽软可食，多汁营养，且果实色泽红艳美观，受到我国消费者的极大青睐。

颜色是影响果品品质的一个重要外部参数[3]。据报道，水果的颜色主要由叶绿素、类胡萝卜素和酚类物质的含量及比例决定，花青素是引起果实红色的主要色素[4]，并且通常红颜色的深浅与花青苷的含量成正比。甜樱桃的红色品种'美早'果实中共检测到7种花青苷类物质，矢车菊-3-芸香糖苷含量分别为742.5mg/kg，矢车菊-3-葡萄糖苷含量为582.5mg/kg；而黄色品种'13-33'果实中仅检测出4种花青苷类物质，其中矢车菊-3-芸香糖苷含量仅为3.3mg/kg，矢车菊-3-葡萄糖苷仅为5.0mg/kg[5]。红色砂梨'早红考密斯'的花青苷含量在果实生长前期就很高，在整个发育期间，果皮的花青苷含量最低为283mg/g，而其绿色变种果皮的花青苷含量最高仅为38.9mg/g[6]。一般情况下，果实着色受自然环境和栽培管理措施等外界因素的影响，生产实践，人们通过控制水肥、果园生草等措施促进花青苷的合成从而促进果实着色。已有研究表明，花青苷代谢途径中的酶主要有查尔酮合成酶CHS、查尔酮异构酶CHI、黄烷酮羟化酶F3H、类黄酮3'羟化酶*F3'H*、二氢黄酮醇还原酶DFR、花色素合成酶ANS和类黄酮糖基转移酶UFGT[7-8]；参与花青苷生物合成的调节基因有三大家族：*MYB*、*bHLH* 和 *WD40*[9-10]；参与花青苷生物合成的结构基因有 *PAL*、*CHS*、*CHI*、*F3H*、*F3'H*、*DFR*、*ANS* 和 *UFGT* 等[10-14]。

当石榴成熟时，果皮颜色主要分为青绿色、黄白色和红色。石榴果皮主要为黄白色和红色，而红色是由于花青苷的积累。根据朱峰等[15]的有关报道，红色石榴果皮中所含花青素主要为飞燕草素和矢车菊素；'泰山红''墨石榴'和'大青皮'果皮中主要的花青苷成分均为飞燕草-3-葡萄糖苷和矢车菊-3-葡萄糖苷，其中'墨石榴'的果皮中花青苷含量最高，为344.0mg/100g。目前，与红皮石榴代谢相关的结构基因已从多个品种中被克隆出来，相应的表达量和调控模式也有一定研究。陶吉寒从'泰山红'石榴的花瓣中克隆到 *F3'H* 基因，获得其保守序列，并对其进行了测序和分析[16]。另外，Zhao 等[14]从红色品种'红宝石'石榴的果皮中克隆出结构基因 *CHI*、*CHS*、*F3H*、*DFR*、*ANS* 和 *UFGT*，这些基因的获得为从分子水平研究石榴果皮着色机制奠定基础；而在白色品种'水晶甜'的果皮中未检测到花青苷，

除了 *ANS* 基因，其他基因均被克隆出来。该结果表明 *ANS* 可能是石榴果实中花青苷合成的关键基因。关于石榴的果实着色，有研究发现影响果皮着色的主要转录因子为 *MYB*、*bHLH* 和 *WD*40 的复合物 MBW[17]。Khaksar 等[18]研究发现，黑皮石榴中 PgMYB 的转录水平与果实的色泽度呈正相关，由此推测其可以促进花青苷的积累。另外，红皮石榴中花青素衍生物的含量与 *PgWD*40 表达量呈正相关，并且 *PgWD*40 与 *PgMYB* 和 *PgbHLH* 表达水平也呈正相关[17]。

目前，‘突尼斯软籽’石榴目前形势一片大好，全国从南到北均有大面积栽培，品种比较单一，同时因气候环境、管理技术等导致着色差，果实商品性严重降低，而对石榴果实色泽形成机理的揭示，有利于解决该问题。改善果实着色的根本方法是根据当地的气候条件选择适宜的优良品种[19]。随着石榴基因组的发表，越来越多与石榴重要性状相关的基因被克隆，使得利用分子手段进行石榴种质改良成为可能。研究者们也正在利用‘突尼斯软籽’石榴培育出一些果实色泽更佳的软籽石榴，但进展和应用缓慢。此外，弄清楚控制石榴色泽形成的相关基因，可以通过现代分子育种手段加速品种改良和新品种选育过程。在此背景下，本研究分析了‘突尼斯软籽’石榴自交一代植株颜色性状分离情况，研究了不同颜色植株不同组织器官在生长发育过程中的色素变化水平及相关基因的表达水平，旨在揭示‘突尼斯软籽’石榴颜色形成的机理，为解决石榴着色问题提供理论依据和参考，为石榴新品种的培育提供基因资源。

2 材料和方法

2.1 材料

供试材料为‘突尼斯软籽’石榴自交一代不同颜色植株的叶片、花瓣、花萼、果皮，采自河南农业大学园艺学院毛庄果树试验站。每次采集的样品分别包于锡箔纸中，迅速投入液氮罐中。之后将样品保存于-80℃冰箱中，所有试验均设置三次重复。石榴从 3 月 19 日开始发芽，分别采集 3 种类型颜色植株(深红色单株、浅红色单株和绿色单株，详见 3.1)的不同器官组织：采集转色前叶片(3 月 31 日)，转色期叶片(4 月 9 日)和转色后叶片(4 月 29 日)；采集盛花期花朵和花萼；采集盛花后 70d(7 月 20 日)、100d(8 月 20 日)、130d(9 月 20 日)的果实果皮。

2.2 方法

花青苷含量的测定参考黄春辉[20]描述的 pH 示差法。类胡萝卜素含量的测定参照杨万政[68]改进的石油醚方法。叶绿素含量的测定参照费芳等[21]的方法。用 RNA 提取试剂盒提取‘突尼斯软子’石榴自交一代不同颜色类型植株不同器官组织的总 RNA(参照上海生工试剂盒说明书)。将所得到的 RNA 反转录为 cDNA，方法步骤参照 TAKARA 试剂盒说明书。参考已发表石榴基因组用 Primer 5.0 设计与花青苷合成相关基因的定量引物，引物名称以及序列见表 1。在美国 ABI 定量 PCR 仪中进行 RT-qPCR 分析，以 *PgActin* 作为内参基因。采用 qPCR SYBR Green Master Mix 试剂盒，根据试剂盒的说明书进行，采用 2-△ct 方法分析。反应体系见 3-6。PCR 程序为 50℃ 20s，95℃ 20s，(95℃ 3s，60℃ 30s)40 个循环，95℃ 15s，60℃ 1min，95℃ 15s，60℃ 15s。用 Microsoft Excel 对数据进行整理，用 SPSS19.0 软件对数据进行方差分析，用 Microsoft Excel 进行制图。

表 1 qRT-PCR 引物名称以及序列

Table 1 The Sequence and Name of qRT-PCR Primers

引物	引物序列
PgF3H-F	TCGCCCGGCTAAAGAAGCT
PgF3H-R	AGTATGTCGTTCAAGGTCTTGGTCTC
PgF3′H-F	GGCATCCGCATGGTCCAAC
PgF3′H-R	GGTCAGCCCGTAAGCCTCATC
PgDFR-F	AGCTAAGGGACTTGGGGCTCG
PgDFR-R	TGACTTGTTCTTTCTGCTTCTTCTCA
PgANS-F	CTCGTGGGCGGTGTTCTGTG
PgANS-R	AGGTGCGGGAAGGGAACTGG
PgUFGT-F	GCCTGGTGAGAAGCCTGGGTATG
PgUFGT-R	GCTTGTTGAAGTTGCCAGTGGAGC
PgActin-F	GATTGATTCTGGTGATGGTG
PgActin-R	ACTAGTGATTGACAATTTCC

3 结果与分析

3.1 ‘突尼斯软籽’石榴自交一代植株的不同颜色类型

‘突尼斯软籽’石榴早春新叶为红色，通过两年的表型观察发现‘突尼斯软籽’石榴自交一代植株叶片、花瓣、花萼和果实颜色呈现稳定的颜色性状分离，其中表现红色和绿色性状的植株比近似 3∶1，而红色的深浅表现为数量遗传。肉眼观察新叶呈现明显的深红色、浅红色、绿色三种类型，并且随着生长发育，红色叶片会由近叶柄处自下而上逐渐转变为绿色，大致分为三个阶段：转色前(红色时期)、转色期(退红时期)和转色后(绿色时期)(图1)。深红色自交一代植株的花瓣、花萼、果实颜色同样表现深红色，浅红色自交一代植株的花瓣、花萼、果实颜色表现为红色；而绿色株系的花萼、果实颜色为绿色花瓣为黄绿色(图2)。接着，我们结合色差仪和花青素含量的分析结果验证了这三种具有明显差异的三种颜色类型，深红色株系的早春叶片颜色较深，为近似枣红色，其色差值为 a=1.0~3.5，花青苷含量为 1.0000~1.4754mg/g；浅红色株系的早春叶片颜色较浅，为近似橘红色，其色差值为 a=-2.0~0.9，花青苷含量为 0.7063~0.9388mg/g。色差 a 值越大表明红色程度越深，并与花青苷含量成正比。

3.2 ‘突尼斯软籽’石榴自交一代植株颜色差异的生理基础

叶绿素、类胡萝卜素和酚类物质的含量及比例决定了植物组织器官的颜色，本研究通过测定不同颜色类型植株中花青苷、胡萝卜素和叶绿素含量来分析‘突尼斯软籽’石榴自交一代植株颜色差异的生理基础。

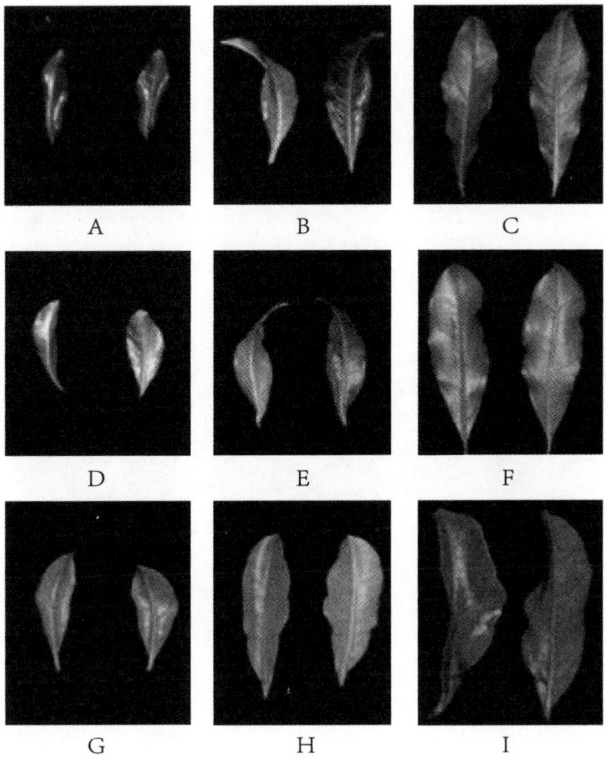

图1 ‘突尼斯软籽’石榴自交一代深红色、浅红色、绿色三种类型植株叶片表型

A-C. 分别为深红色类型植株叶片在转色前、转色期和转色后的表现；

D-F. 分别为浅红色类型植株叶片在转色前、转色期和转色后的表现；

G-I. 分别为绿色类型植株叶片在转色前、转色期和转色后的表现

Fig. 1 Three kinds of leaf colors in generation individuals from ‘Tunisiruanzi’ pomegranate self crossing

A-C. leaves of deep red color plants before, in and after coloring, respectively;

D-F. leaves of light red color plants before, in and after coloring, respectively;

G-I. leaves of green color plants before, in and after coloring, respectively

对于深红色、浅红色类型‘突尼斯软籽’石榴自交一代植株，转色期前叶片中的花青苷含量最高，随着发育进程，其花青苷含量逐渐降低至几乎为零；盛花期花瓣的花青苷含量显著高于花萼；果皮中的花青苷的合成积累和叶片中趋势相反，从幼果期至成熟期，果实红色加深，果皮花青苷含量逐渐增高。然而深红色类型和浅红色类型的自交一代植株的花青苷含量只有转色后叶片、花萼和成熟期果实果皮中差异不显著。另外，绿色株系的各个组织中均无花青苷的生成(图3A)。

对于‘突尼斯软籽’石榴自交一代的三种颜色类型的植株来说，不论是叶片、花瓣、花萼还是果实果皮，类胡萝卜素含量并不高；含量最高的是转色期前的叶片，含量也不足0.06mg/g(FW)，同时期，绿色类型植株叶片中类胡萝卜素含量最低，不足0.02mg/g(FW)。其他时期的不同颜色类型植株的不同器官组织中类胡萝卜素含量都未超过0.02mg/g(FW)(图3B)。由转色前到转色后，‘突尼斯软籽’石榴自交一代植株叶片中的叶绿素含量显著升高，并且无论在转色前还是转色后深红色类型植株中的叶绿素均显著

图 2 ‘突尼斯软籽’石榴自交一代深红色、浅红色、绿色三种类型植株花朵和果实表型

A-D. 分别为深红色类型植株盛花期花朵和果实发育幼果期、中期和成熟期的表现；

E-H. 分别为浅红色类型植株盛花期花朵和果实发育幼果期、中期和成熟期的表现；

I-L. 分别为绿色类型植株盛花期花朵和果实发育幼果期、中期和成熟期的表现

Fig. 2 Three kinds of flower and fruit colors in generation individuals from ‘Tunisiruanzi’ pomegranate self-crossing

A-D: colors of flowers in the full bloom stage and fruits in young, medium and ripening stages of deep red color plants, respectively; E-H: colors of flowers in the full bloom stage and fruits in young, medium and ripening stages of light red color plants respectively; I-L: colors of flowers in the full bloom stage and fruits in young, medium and ripening stages of green color plants, respectively

高于浅红色类型植株，而含量最低的叶片属于绿色类型的植株。这可能也和高含量的花色苷降解利于叶绿素合成有关。叶片是主要的光合作用器官，花器官和果实果皮中叶绿素含量确实极显著低于叶片中的，并且随着生长变化不大。但是，这三种颜色类型的自交一代植株的果实果皮之间的叶绿素含量存在显著差异，以绿色类型植株中含量最高(图 3C)。

3.3 ‘突尼斯软籽’石榴自交一代植株颜色差异的分子基础

根据上述对影响着色主要成分分析结果表明，花青苷含量的变化特征和‘突尼斯软籽’石榴自交一代植株颜色类型差异表现是一致的，即随着生长发育，红色叶片变绿和绿色果皮变红的情况分别与各器官组织中花青苷含量成反比和成正比，在花萼和花瓣中类似；同时红色越深的组织花青苷含量越多，反之越少。因此，本研究接着以‘突尼斯软籽’石榴自交一代不同颜色类型植株不同时期叶片、花朵、花萼、果皮为材料，通过实时荧光定量分析不同颜色类型自交一代植株中与花青苷合成相关重要基因 *PgF3H*、*PgF3′H*、*PgDFR*、*PgANS* 和 *PgUFGT* 的表达情况(图 4)。

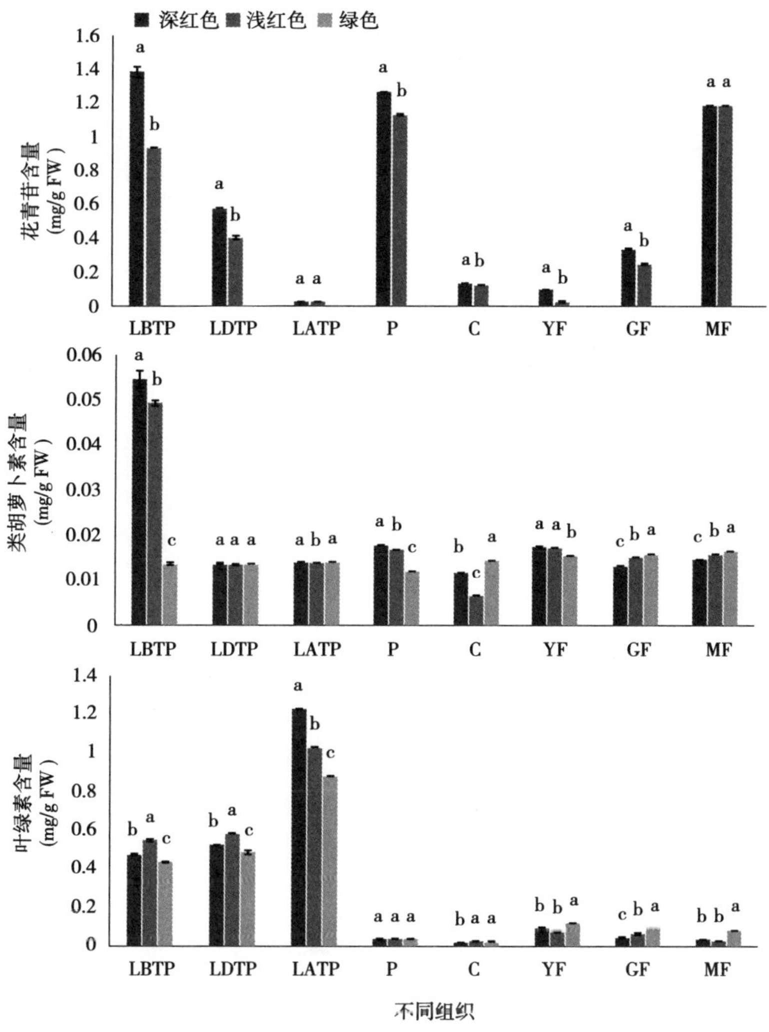

图 3　‘突尼斯软籽’石榴自交一代深红色、浅红色、绿色三种类型植株不同组织器官中花青苷含量、类胡萝卜素含量和叶绿素含量

LBTP-转色前叶片，LDTP-转色期叶片，LATP-转色后叶片，P-花瓣，C-花萼，YF-幼果，GF-中果，MF-成熟果；同一组柱形图上字母不同表示经新复极差检验法检验差异达到显著水平($P<0.05$)

Fig. 3　Contents of anthocyanins, carotenoids and chlorophylls in different organs and tissues from three kinds of deep red plants, light red plants and green plants in self-crossed individuals from ‘Tunisiruanzi’ pomegranate.

LBTP, LDTP and LATP: leaves before coloring, coloring and after coloring; P: petals, C: calyxes; YF: young fruits, GF: green fruits in the medium stage in fruit development; MF: mature fruits. Different letters on column diagrams of the same groups means the significance levels by SSR test ($P<0.05$)

在‘突尼斯软籽’石榴自交一代植株的叶片和果实果皮中，深红色和浅红色类型的叶片中 *PgF3H*、*PgF3'H*、*PgDFR*、*PgUFGT* 和 *PgANS* 基因表达量大都显著高于绿色类型的叶片，综合花青苷含量结果，表明这 5 个基因均应该与叶片和果实果皮中花青苷的积累和其红颜色

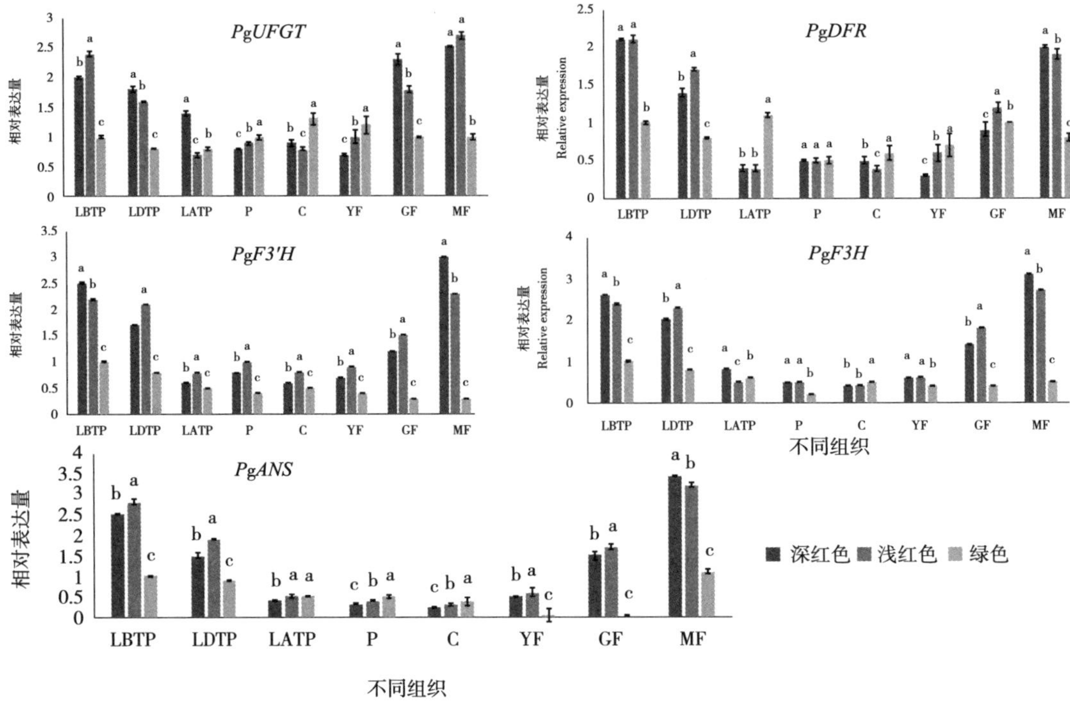

图 4 ‘突尼斯软籽’石榴自交一代深红色、浅红色、绿色三种类型植株不同器官组织中花青苷合成相关基因的表达水平

Fig. 4 Expression levels of genes associated with anthocyanin biosynthesis in different organs and tissues from three kinds of deep red plants, light red plants and green plants in self-crossed individuals from ‘Tunisiruanzi’ pomegranate. LBTP, LDTP and LATP: leaves before coloring, coloring and after coloring; P: petals, C: calyxes; YF: young fruits, GF: green fruits in the medium stage in fruit development; MF: mature fruits. Different letters on column diagrams of the same groups means the significance levels by SSR test ($P<0.05$)

表型有关。对于花瓣和花萼组织，*PgF3'H* 的表达水平和其红色表型及花青苷含量正相关，而 *PgUFGT* 基因的表达水平与之负相关。此外，*PgUFGT*、*PgANS* 和 *PgDFR* 基因反而在绿色类型植株果实果皮中表达量均显著高于深红色和浅红色植株，这种结果表明了与花青苷合成代谢通路中相关基因的组织表达特异性。

4 讨论

4.1 ‘突尼斯软籽’石榴自交一代植株颜色差异的生理基础

植物叶片、花朵、果实呈现红、蓝、紫等颜色都是花青苷积累的结果。牡丹不仅具有鲜艳的花朵，它的叶片因春季叶色的变化而也有一定的观赏价值。‘满园春光’牡丹的初春嫩叶为紫红色，之后逐渐变为半紫红色、半黄绿色，最后完全变为黄绿色，期间叶片的花青苷含量不断降低[22]。本研究中‘突尼斯软籽’石榴自交一代深红色、浅红色和绿色三种不同颜色类型的植株叶片的花青苷含量变化也与其表观红颜色变化一致。Zhao 等[14]的研究发现红色石榴品种‘红宝石’果皮的花青苷含量随生长期不断增加，而白色石榴品种‘水晶甜’中未检测出任何种类的花青苷，本研究通过测定三种不同颜色类型植株果实在幼果期至成熟期果皮花青苷含量也验证了这种果皮红色与花青苷含量成正比的规律。这说明‘突尼斯软籽’石榴自交后一代植株表现的颜色差异与花青苷的积累有直接和重要的关系。

另一方面，类胡萝卜素和叶绿素也是植物组织器官呈色的重要物质。一般认为，类胡萝卜素的存在使得植物组织呈现黄色[23-24]，‘满园春光’牡丹的叶片随着红色褪去而转为绿色，其中的叶绿素含量也逐渐升高[22]。有研究表明中华猕猴桃‘Hort16A’的果肉为绿色，其在采后1~2周逐渐由绿变黄，类胡萝卜素水平变化不显著，却和叶绿素含量的降低有关[25]。此外，张宝玺等的研究发现辣椒果色由黄变绿并非因为类胡萝卜素的减少，而是由于叶绿素的增加，即类胡萝卜素的黄色以底色形式存在，果实最后的表现型真正取决于叶绿素含量的多少，当叶绿素含量高时颜色加深，其含量低时颜色较浅[26]。本研究结果表明，‘突尼斯软籽’石榴自交后一代植株叶片中表现的红绿颜色差异，与类胡萝卜素和叶绿素含量差异也有一定关系：深红和浅红红色叶片只在转色前含有显著高于绿色叶片的类胡萝卜素，而叶绿素随着生长至转为绿色后显著增加。自交一代植株叶片由红转绿以及绿色叶片始终呈现绿色的原因极有可能也与高水平类胡萝卜素水平的下降和叶绿素含量的升高有关。而叶绿素的含量升高一部分也可能由于类胡萝卜素的降解为其合成提供了一定的物质基础。实际上，本研究还发现，这两种物质的含量在和花萼、花瓣和果实果皮中含量均比较低，因为我们认为类胡萝卜素和叶绿素含量并不是‘突尼斯软籽’石榴自交一代植株颜色发生性状分离的非常关键的因素，而花青苷含量的差异是颜色发生变异的主要原因。

4.2 ‘突尼斯软籽’石榴自交一代植株颜色差异的分子基础

植物花青苷合成代谢路径属于次级代谢本丙烷类物质代谢中类黄酮代谢的一个分支，目前已研究的相当清楚，而花青苷生物合成基因包括直接编码花青苷生物合成酶类的结构基因和调控结构基因表达的调节基因两大类[19]。现有报道已经证实 *CHS*、*F3′H*、*DFR* 和 *ANS* 在花器官中的表达与其花青苷积累呈正相关。此外，蓝莓中的 *F3′H*、*DFR* 和 *ANS* 基因在花瓣中的表达量显著低于叶片和果实，*F3H* 基因且成熟叶片中的表达量显著高于幼叶中[77]，而本研究结果表明 *PgF3′H* 基因确实与‘突尼斯软籽’石榴自交一代植株花器官的红色深浅和花青苷含量呈正相关，但 *PgUFGT* 基因的表达水平与之负相关。

牡丹[22]叶片的转录组测序结果表明结构基因 *F3H*、*F3′H*、*DFR* 和 *ANS* 在紫红色叶片中呈上调表达，同时在黄绿色叶片中下调表达，说明这些基因协同表达影响了牡丹叶片红颜色的呈现。在猕猴桃‘红阳’的基因组中筛选出13个 *UFGT* 基因，然而只有 *UFGT*3a 基因与果肉花青苷的合成高度相关，并且病毒诱导基因沉默的果实呈延迟红色、花色苷含量降和 *AcUFGT*3a 表达量降低，*AcUFGT*3a 在软枣猕猴桃和苹果中的瞬时过量表达可使其中的花青苷含量升高和颜色加深，因此表明 *UFGT*3a 是红肉猕猴桃中调节花青苷积累的关键基因[23]。Zhao 等[14]通过对比分析红皮石榴‘红宝石’和黄绿皮石榴‘水晶甜’中花青苷合成相关基因表达水平和花青苷含量，证实了 *PgANS* 基因的缺失是‘水晶甜’石榴果皮呈现黄绿的原因。本研究发现 *PgF3H*、*PgF3′H*、*PgDFR*、*PgUFGT* 和 *PgANS* 基因显著参与了‘突尼斯软籽’石榴自交一代植株颜色表型的性状分离，除了在花器官中，这5个基因的表达水平均与叶片和果实红色深浅及绿色表现成呈相关，而 *PgUFGT*、*PgANS* 和 *PgDFR* 基因反而在绿色类型植株果实果皮中表达量较高。因此，这几个基因很可能是石榴植株颜色形成的重要的分子基础，尤其 *PgF3′H* 基因很可能与‘突尼斯软籽’石榴组织器官着色有重要关联。

一般情况下，相关基因可以通过协同表达来调控植物花青苷的合成。俞波[27]研究了‘美人酥’不同器官组织时发现成熟果实中花青苷含量最高，幼叶次之，花瓣和幼茎中极少，幼果中则不含花青苷；*PpCHS*1、*PpF3H*1、*PpANS*1 和 *PpUFGT*1 的表达量均在成熟果实中最高，表明这 4 个基因的表达与花青苷含量呈正比并，与‘美人酥’果实中的花青苷积累直接相关。而在‘红宝石’石榴[14]的整个生长发育过程中，*PgF3H*、*PgDFR*、*PgANS* 和 *PgUFGT* 基因大致呈“升-降-升-降”的表达模式。结合本研究结果，这至少说明在不同物种，和不同的石榴品种中果实果皮颜色形成的分子基础并不是完全一致的，存在一定的特异性。而这种差异可能与调控这些结构基因表达的调控因子如 MYB、bHLH 和 *WD*40 等有关，到底它们和‘突尼斯软籽’石榴中花青苷合成基因存在怎样的关系，还有待更深一步的研究来揭示。

5 结论

本研究对‘突尼斯软籽’石榴自交一代植株调查发现颜色性状出现三种类型的分离，这种自交一代植株颜色变异与花青苷含量的积累有直接关系，且叶片和果皮红颜色与花青苷合成基因 *PgF3H*、*PgF3'H*、*PgDFR*、*PgUFGT* 和 *PgANS* 呈显著正相关。

参考文献

[1]曹尚银，谭洪花，刘丽，等．中国石榴栽培历史、生产与科研现状及产业化方向[C]//中国园艺学会石榴分会．中国石榴研究进展(一)．北京：中国农业出版社，2011.

[2]尹伊君，李娟．荥阳市河阴石榴产业化发展对策研究[J]．粮食科技与经济，2018，43(12)：85-88.

[3]张海峰，白杰，张英．我国石榴资源及其开发利用的研究进展[J]．饮料工业，2009，12(8)：1-3.

[4]张东，滕元文．红梨资源及其果实着色机制研究进展[J]．果树学报，2011，28(3)：485-492.

[5]魏海蓉，易锡斌，谭钺，等．超高效液相液相色谱-串联质谱法测定甜樱桃果皮中花青苷类物质[J]．色谱，2015，33(6)：577-582.

[6]YANG Y N，ZHAO G，YUE W Q，et al. Molecular cloning and gene expression differences of the anthocyanin biosynthesis-related genes in the red/green skin color mutant of pear (*Pyrus communis* L.)[J]. Tree Genetics & Genomes，2013，9(5)：1351-1360.

[7]黄鸿曼，袁利兵，彭志红，等．花青素的生物合成与环境调控研究进展[J]．湖南农业科学，2011，13：118-120.

[8]丁体玉，曹珂，方伟超，等．红肉桃两类花色素苷积累模式与相关基因表达差异[J]．中国农业科学，2017，50(13)：2553-2563.

[9]ALEXANDER R. An anti-sense chalcone synthase gene in transgenic plants inhibits flower pigmentation[J]. Nature，1988，333(6176)：866-869.

[10]LIU Y，SHEN X，ZHAO K，et al. Expression analysis of anthocyanin biosynthetic genes in different colored sweet cherries (*Prunus avium* L.) during fruit development[J]. Journal of Plant Growth Regulation，2013，32(4)：901-907.

[11]ZHANG B，HU Z，ZHANG Y，et al. A putative functional MYB transcription factor induced by low temperature regulates anthocyanin biosynthesis in purple kale (Brassica Oleraceavar. acephalaf. tricolor)[J]. Plant Cell Reports，2012，31(2)：281-289.

[12]赵志常，高爱平，黄建峰，等．芒果(*Mangifera indica*)F3'H 基因的克隆及其表达分析[J]．西南农业学报，2016(4)：903-908.

[13]JIAO Y，MA R J，SHEN Z J，et al. Gene regulation of anthocyanin biosynthesis in two blood-flesh peach

(*Prunus persica* (L.) Batsch) cultivars during fruit development [J]. Journal of Zhejiang University-Science. B, 2014, 15(9): 928.

[14]ZHAO X, YUAN Z, FENG L. Cloning and expression of anthocyanin biosynthetic genes in red and white pomegranate[J]. Journal of Plant Research, 2015, 128(4): 687-696.

[15]朱峰，苑兆和，招雪晴，等．不同石榴品种果实类黄酮物质组分和含量分析[J]．山东农业科学，2014，46(1)：40-42，46.

[16]陶吉寒，招雪晴，苑兆和，等．石榴花类黄酮3′羟化酶基因的克隆及序列分析[J]．河南农业科学，2013，42(4)：121-124.

[17]苑兆和．石榴分子生物学研究进展[J]．落叶果树，2016，48(5)：1-8.

[18]KHAKSAR G, ARZANI A, GHOBADI C, et al. Functional analysis of a pomegranate (*Punica granatum* L.) MYB transcription factor involved in the regulation of anthocyanin biosynthesis[J]. Iranian Journal of Biotechnology, 2015, 13(1): 17-25.

[19]郭西智，陈锦永，顾红，等．葡萄果实着色影响因素及改进措施[J]．中外葡萄与葡萄酒，2016，5(39)：124-127.

[20]黄春辉．中国红色砂梨着色过程及其生理变化的研究[D]．浙江大学：2012.

[21]费芳，王慧颖，唐前瑞．温度对红花檵木叶色的影响研究[J]．湖南理工学院学报(自然科学版)，2008，21(2)：88-90.

[22]LUO J R, SHI Q Q, NIU L X, et al. Transcriptomic analysis of leaf in tree peony reveals differentially expressed pigments genes[J]. Molecules, 2017, 22(2): 1-14.

[23]QI Y, LIU Y, ZHOU B, et al. Biochemical and functional characterization of AcUFGT3a, a galactosyltransferase involved in anthocyanin biosynthesis in the red-fleshed kiwifruit (*Actinidia chinensis*)[J]. Physiologia Plantarum, 2017, 162(4).

[24]陶俊，张上隆，张良诚，等．柑橘果皮颜色的形成与类胡萝卜素组分变化的关系[J]．植物生理与分子生物学学报，2003，29(2)：121-126.

[25]张计育，潘德林，贾展慧，等．中华猕猴桃品种‘Hort16A’果肉颜色形成的分子机制[J]．植物资源与环境学报，2018，27(3)：1-10.

[26]张宝玺，郭家珍，杨桂梅，等．辣椒绿熟期果色及主要色素含量的遗传[J]．园艺学报，1996(1)：94-96.

[27]俞波．红色砂梨花青苷生物合成相关基因分离及表达研究[D]．浙江大学：2012.

第五篇 石榴病虫害防治

3种杀菌剂对石榴干腐病菌和软腐病菌的室内毒力测定

曾敬[1]　王彩[2]　张国薇[2]　郑晓慧[3]*

([1]华南农业大学农学院，广州　510642；[2]凉山彝族自治州亚热带作物研究所，西昌　615201；
[3]西昌学院农业科学学院，西昌　615013)

摘要：由垫壳孢(*Coniella granati*)引起的石榴干腐病和黑曲霉(*Aspergillus niger*)引起的石榴软腐病是石榴贮藏期上的主要病害。本试验采用50%吡唑醚菌酯、50%异菌脲和70%甲基硫菌灵，探究其对石榴干腐病菌和石榴软腐病菌的抑菌效果。本试验采取菌丝生长速率法进行室内毒力测定。试验所使用的3种杀菌剂中，50%异菌脲对石榴干腐病菌的抑菌效果最好，EC_{50}为0.7359mg/L，70%甲基硫菌灵EC_{50}高达4550mg/L。50%异菌脲对石榴软腐病菌的抑菌效果最好，EC_{50}为0.1817mg/L，其次是50%吡唑醚菌酯，EC_{50}为1.7679mg/L，70%甲基硫菌灵EC_{50}为2.6396mg/L。试验结果表明：3种药剂对石榴干腐病菌和石榴软腐病菌的抑菌效果依次为：50%异菌脲EC_{50} $<$ 50%吡唑醚菌酯EC_{50} $<$ 70%甲基硫菌灵EC_{50}。

关键词：石榴干腐病；石榴软腐病；毒力测定；EC_{50}

Toxicological Test of Three Fungicides to Dry Rot and Soft Rot of Pomegranate

ZENG Jing[1], WANG Cai[2], ZHANG Guowei[2], ZHENG Xiaohui[3]*

([1]*College of Agriculture*, *South China Agricultural University*, *Guangzhou* 510642, *Guangdong*; [2]*Subtropical crop research institute of Liangshan Yi Autonomous Prefecture*, *Xichang* 615201, *Sichuan*, *China*; [3]*College of Agricultural Science*, *Xichang University*, *Xichang* 615013, *Sichuan*, *China*)

Abstract: Pomegranate dry rot caused by *C. granati* and pomegranate soft rot caused by *A. niger* are the main diseases in the pomegranate storage. In this experiment, 50% pyra-

基金项目：国家自然基金项目(31860036)；西昌学院“两高”人才计划项目(LGLZ201905)。

作者简介：曾敬，男，硕士，研究方向分子植物病理学。电话：18892892130，邮箱：1046260445@qq. com。

*通讯作者 Author for correspondence. 电话：18981536708，邮箱：491698683@qq. com。

clostrobin, 50% iprodione and 70% thiophanate-methyl were used to explore the antifungal effects on pomegranate dry rot fungus and pomegranate soft rot fungus. The method of hyphal growth rate was used to determine the toxicity of hyphal in laboratory. Among the three fungicides used in the test, the antifungal effect of 50% iprodione on the dry rot of pomegranate was the best, and the EC_{50} was 0.7359mg/L, the EC_{50} of 70% thiophanate-methyl was up to 4550mg/L. The results showed that 50% iprodione had the best antifungal effect on pomegranate soft rot fungus, EC_{50} was 0.1817 mg/ L. The second was 50% pyraclostrobin, EC_{50} was 1.7679 mg/ L, and 70% thiophanate-methyl the EC_{50} was 2.6396 mg/ L. The results showed that the antifungal effects of the three fungicides on pomegranate dry rot fungus and pomegranate soft rot fungus were as follows: 50% iprodione EC_{50} < 50% pyraclostrobin EC_{50} < 70% thiophanate-methyl EC_{50}.

Key words: Pomegranate dry rot; Pomegranate soft rot; Toxicity test; EC_{50}

石榴(*Punica granatum* L.)为石榴科(Punicaceae)石榴属(*Punica* L.)植物，原产伊朗、阿富汗等西亚地区，其果实有“水晶珠玉”的美称，营养丰富，口感美味，有着良好广阔的发展前景[1-3]。

随着人们消费水平的提高，石榴的栽培面积和产量日趋增大，石榴贮藏量也逐渐增多，贮藏期间发生病害也呈现上升趋势。如2014年，四川凉山会理县拥有各型冷库22家，共125座，总贮藏量26600t。2015年，新建冷库3家计9座，改建扩建冷库5家计11座，新增贮藏量3450t。至2018年年底，会理县冷库有260座，冷藏石榴贮藏量达100000t。在石榴贮藏过程中，果实腐烂发生严重，冻库病果率一般达17%~60%，发病重的冻库病果率甚至超过90%，严重影响贮藏果的商品性，而贮藏期病害是造成石榴贮藏期烂果的最主要原因。

石榴干腐病和软腐病是石榴贮藏期间的主要病害。已有的研究表明，石榴干腐病不仅发生在石榴生长期间叶片、花和果实上，而且还会侵染贮藏果实；石榴软腐病在贮藏期果实上发病迅速，病斑处常伴随有大量黑褐色小点，轻轻挤压果实会溢出黄色汁液[4-7]。

由于试验所需杀菌剂是作用于石榴贮藏期间，必须考虑其安全性，国家对使用到果实的药剂有着严格的管理规定，应遵循高效、低毒、低残留的原则对药剂进行筛选。50%吡唑醚菌酯是甲氧基丙烯酸酯类杀菌剂，绿色环保低毒，具有治疗和保护的作用。50%异菌脲二甲酰亚胺类低毒杀菌剂，具有保护性和治疗性。70%甲基硫菌灵属于取代苯基类广谱性低毒杀菌剂，具有内吸、预防和治疗作用。本试验采用以上3种药剂对引起凉山石榴贮藏期病害的石榴干腐病菌和石榴软腐病菌进行室内毒力测定，以期对有效防止石榴干腐病和石榴软腐病提供理论依据。

1 材料与方法

1.1 试验材料

1.1.1 供试菌株

供试菌株来源于西昌学院植物病理学实验室，获得的菌株置入斜面培养基中，在低温下培养，保存备用。病果来源于四川凉山州会理县，在实验室中对病果症状进行观察。

1.1.2 试验药剂

50%吡唑醚菌酯(海利尔药业集团股份有限公司)，剂型为水分散粒剂 WG。70%甲基硫菌灵(宁波三江益农作物保护有限公司)，剂型为水分散粒剂 WG。50%异菌脲(山西奇星农药有限公司)，剂型为可湿性粉剂 WP。

1.1.3 试验仪器

双人单面垂直送风净化工作台(SW-CJ-2F)、光学显微镜(OLYMPUS BX53)、数码显微摄像系统(MOTIC BA300)、国华生化培养箱(LSH-250-S)、手提式不锈钢压力蒸气灭菌锅(DSX-280B)、格兰仕微波炉(WP750)、TCL家用电冰箱(BCD-288KR50)、电子天平(ESJ210-4B)、打孔器(5mm)、注射器(10ml)、游标卡尺、锥形瓶、培养皿、移液枪等。

1.2 试验方法

本试验所需材料灭菌处理参照方中达的方法进行[8]。

本试验采取菌丝生长速率法进行室内毒力的测定[9]，将 *C. granati* 和 *A. niger* 在 PDA 平板培养基中进行 26℃恒温培养。

将50%吡唑醚菌酯、50%异菌脲和70%甲基硫菌灵三种试验药剂配置成4个浓度梯度，分别为1000mg/L、100mg/L、10mg/L 和 1mg/L，每种浓度制取100ml。含药平板由杀菌剂与 PDA 培养基按 1∶9 的比例配置而成。取10ml药剂，再加入90ml已冷却至50℃的 PDA 培养基，在150ml的锥形瓶中振荡混匀，取15ml混匀后的含药培养基，加入已灭菌的培养皿中。各处理设置三组重复，一组对照，对照组用等量的无菌水替代。用灭菌冷却后的5mm打孔器在菌落边缘打取菌饼，挑取菌饼，菌面向下接种到含药平板的中央，每个培养皿中放置一个菌饼[9-13]。将平板在26℃下进行培养，6d后用游标卡尺测量菌落直径，三组重复的平均数代表菌落的最终大小，进行方差分析，通过公式计算出相对抑菌率，用生物统计机率值换算表把相对抑菌率换算成抑菌几率值，进行毒力分析，求出50%吡唑醚菌酯、50%异菌脲和70%甲基硫菌灵对 *C. granati* 和 *A. niger* 的 EC_{50}，通过 EC_{50} 的大小来比较不同药剂间对其抑菌效果差异[14-15]。

$$\text{菌落净生长量} = \text{菌落直径} - \text{菌饼直径}$$

$$\text{相对抑菌率}(\%) = \frac{\text{对照菌落净生长量} - \text{处理菌落净生长量}}{\text{对照菌落生长量}} \times 100$$

2 结果与分析

2.1 病果感病症状

石榴果实贮藏期病害可将其症状分为干腐病和软腐病两类(图1)。干腐病发病迅速，前期病斑呈黄色或黄褐色，到中期时病斑逐渐变成深褐色，果实开始出现失水的现象，后期果实因过度失水形成僵果，表面附着大量的分生孢子器。由黑曲霉(*A. niger*)导致的石榴软腐病前期会在果实表面形成黄褐色或黑褐色的斑点，当空气中足够潮湿时，病斑中心会出现白色的菌丝体，后期轻轻挤压果实，会浸出黄褐色的汁液。

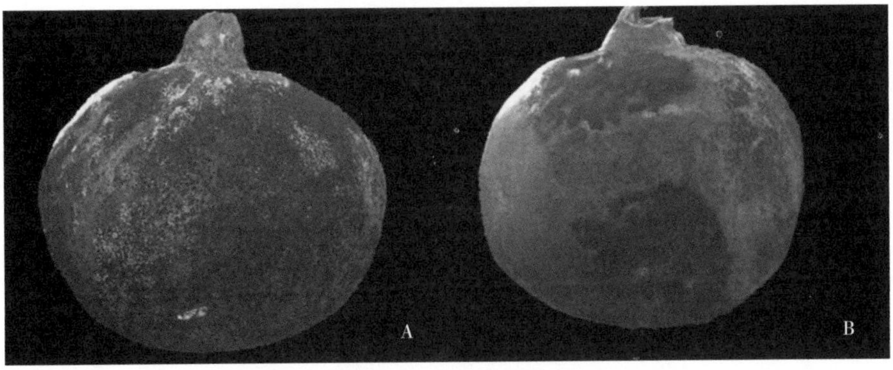

图 1　石榴果实贮藏期病害的病状

A. 石榴干腐病；B. 石榴软腐病

Fig. 1　Pomegranate fruit storage disease symptoms

A. Pomegranate Dry Rot Symptoms；B. Pomegranate Soft Rot Symptoms.

2.2　不同药剂对石榴干腐病病原菌的室内毒力测定

2.2.1　不同药剂处理对石榴干腐病病原菌菌丝生长情况

石榴干腐病病原菌培养两天后，菌饼周围长出大量白色菌丝，无杂菌感染，菌落形状规则，呈圆形或圆椭形。培养 4d 后，对照组生长明显，菌落内部菌丝变黄，边缘生长旺盛处菌丝依然呈现白色，中间区域能看到明显的分割段。培养 6d 后，对照组几乎长满整个培养皿，并且在第 7d 时长满培养皿。在加入 50%吡唑醚菌酯的 PDA 培养基的试验组中，最低浓度处理组生长迅速，与其他处理组相比差异明显，最高浓度处理组只生长出少量白色菌丝(图 2)。在加入 50%异菌脲的 PDA 培养基的试验组中，最高浓度处理组菌丝几乎没有生长，抑菌效果明显(图 3)。在加入 70%甲基硫菌灵的 PDA 培养基的试验组中，各个浓度的处理组的菌落均有生长，菌落生长差异不大，菌落直径明显大于其他药剂处理的对照组(图 4)。

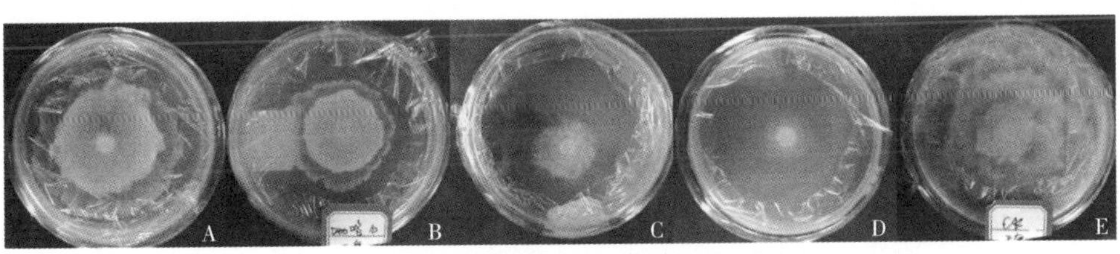

图 2　加入 50%吡唑醚菌酯的 PDA 培养基

A. 0.1mg/L 的含药培养基；B. 1mg/L 的含药培养基；C. 10mg/L 的含药培养基；

D. 100mg/L 的含药培养基；E. 对照

Fig. 2　PDA medium with 50%pyraclostrobin

A. Drug-containing medium of 0.1mg/L；B. Drug-containing medium of 1mg/L；

C. Drug-containing medium of 10mg/L；

D. Drug-containing medium of 100mg/L；E. Control

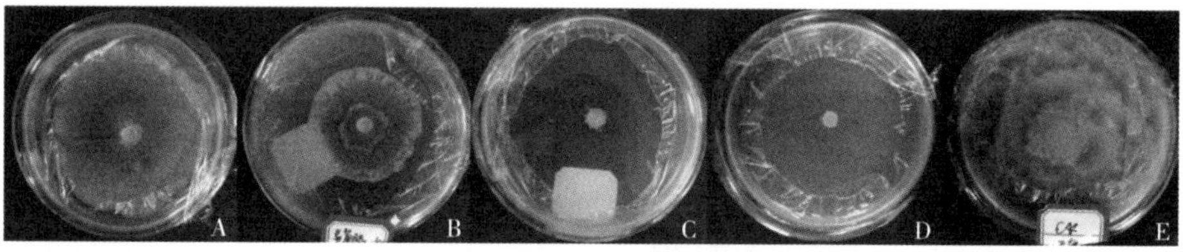

图 3　加入 50%异菌脲的 PDA 培养基

A. 0.1mg/L 的含药培养基；B. 1mg/L 的含药培养基；C. 10mg/L 的含药培养基；

D. 100mg/L 的含药培养基；E. 对照

Fig. 3　PDA medium with 50%iprodione

A. Drug-containing medium of 0.1mg/L；B. Drug-containing medium of 1mg/L；

C. Drug-containing medium of 10mg/L；

D. Drug-containing medium of 100mg/L；E. Control

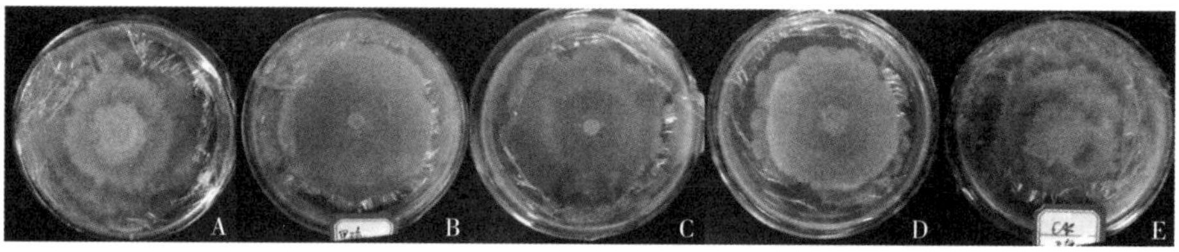

图 4　加入 70%甲基硫菌灵的 PDA 培养基

A. 0.1mg/L 的含药培养基；B. 1mg/L 的含药培养基；C. 10mg/L 的含药培养基；

D. 100mg/L 的含药培养基；E. 对照

Fig. 4　PDA medium with70% thiophanate-methyl

A. Drug-containing medium of 0.1mg/L；B. Drug-containing medium of 1mg/L；

C. Drug-containing medium of 10mg/L；

D. Drug-containing medium of 100mg/L；E. Control

2.2.2　不同药剂石榴干腐病病原菌的毒力分析

在试验所使用的 3 种药剂中，50%异菌脲对石榴干腐病菌的抑菌效果最好，EC_{50} 仅为 0.7359mg/L。其次是 50%吡唑醚菌酯，EC_{50} 为 2.2066mg/L。70%甲基硫菌灵对石榴干腐病菌的抑菌效果最差，EC_{50} 高达 4550mg/L，与其他杀菌剂相比差异较大(表 1 和表 2)。

表 1　不同药剂对石榴干腐病病原菌的抑菌效果

Table **1**　Fungicide effects of different agents on pomegranate dry rot

药剂名称	浓度(mg/L)	菌落直径(mm)	相对抑菌率(%)	抑菌几率值
50%吡唑醚菌酯	0.1	63.16 a A	26.70	4.3781
	1	47.31 b B	46.67	4.9172
	10	33.76 c C	63.75	5.3505
	100	26.39 d D	73.04	5.6128

（续）

药剂名称	浓度(mg/L)	菌落直径(mm)	相对抑菌率(%)	抑菌几率值
50%异菌脲	0.1	74.52 a A	13.21	3.8830
	1	44.65 b B	50.03	5.0000
	10	8.74 c C	95.29	6.6747
	100	5.00 d C	100	—
70%甲基硫菌灵	0.1	79.02 a A	6.71	3.5015
	1	72.20 b AB	15.30	3.9763
	10	68.39 b B	20.10	4.1619
	100	60.77 c C	29.71	4.4670
CK	—	84.34	—	—

注：大、小写字母分别表示 0.01 和 0.05 水平上的差异显著性。

Note: Uppercase and lowercase letters indicate significant differences at 0.01 and 0.05 levels, respectively.

表 2 不同药剂对石榴干腐病病原菌的毒力分析

Table 2 Analysis of the toxicity of Different Agentson pomegranate dry rot

药剂名称	毒力回归方程	相关系数	EC_{50}(mg/L)
50%吡唑醚菌酯	$y=0.4137x+4.8578$	$R^2=0.9779$	2.2066
50%异菌脲	$y=1.3959x+5.1859$	$R^2=0.9869$	0.7359
70%甲基硫菌灵	$y=0.3082x+3.8726$	$R^2=0.9683$	4550

2.3 不同药剂对石榴软腐病病原菌的室内毒力测定

2.3.1 不同药剂处理对石榴软腐病病原菌菌丝生长情况

石榴软腐病病原菌培养两天后，菌饼周围长出大量白色菌丝，菌丝边缘光滑，靠近菌饼周围出现许多黑褐色小点，无杂菌感染，菌落形状规则，呈圆形或椭圆形。培养四天后，靠近菌饼的菌丝开始变黑，附着有大量黑褐色小点，边缘菌丝依然为白色。培养六天后，黑褐色小点几乎布满除边缘生长旺盛区外的整个菌落。在加入 50%吡唑醚菌酯的 PDA 培养基的试验组中，各个浓度处理组间差异较大，浓度越高抑菌效果越明显，各个浓度处理组抑菌效果差异明显，最高浓度处理组菌饼周围也有一定的白色菌丝生长(图 5)。在加入 50%异菌脲的 PDA 培养基的试验组中，10mg/L 和 100mg/L 浓度的处理组只出现了极少量白色菌丝，生长不明显，与其他浓度处理组差异较大(图 6)。在加入 70%甲基硫菌灵的 PDA 培养基的试验组中，各个浓度的处理组均有不同程度的生长，但相互间差异不明显(图 7)。

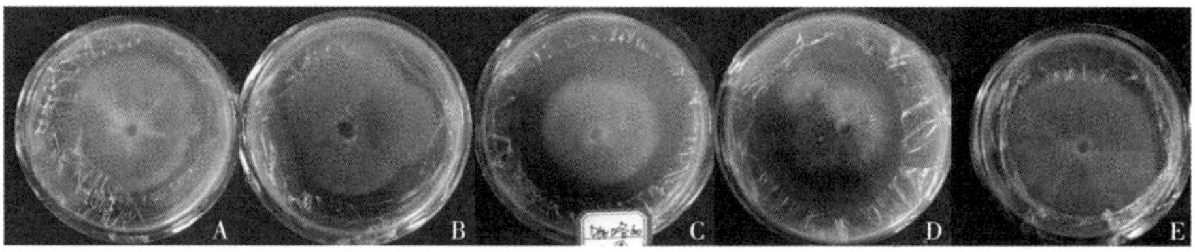

图 5　加入 50%吡唑醚菌酯的 PDA 培养基

A. 0. 1mg/L 的含药培养基；B. 1mg/L 的含药培养基；

C. 10mg/L 的含药培养基；D. 100mg/L 的含药培养基；E. 对照

Fig. 5　PDA medium with 50% pyraclostrobin

A. Drug-containing medium of 0. 1mg/ L；B. Drug-containing medium of 1mg/ L；

C. Drug-containing medium of 10mg/ L；D. Drug-containing medium of 100mg/ L；E. Control

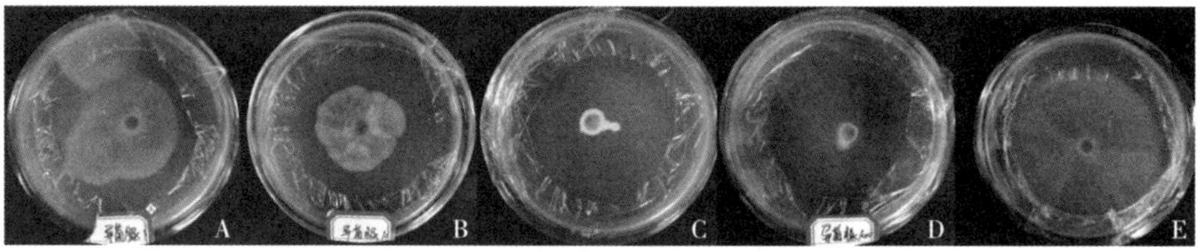

图 6　加入 50%异菌脲的 PDA 培养基

A. 0. 1mg/L 的含药培养基；B. 1mg/L 的含药培养基；

C. 10mg/L 的含药培养基；D. 100mg/L 的含药培养基；E. 对照

Fig. 6　PDA medium with 50%iprodione

A. Drug-containing medium of 0. 1mg/ L；B. Drug-containing medium of 1mg/ L；

C. Drug-containing medium of 10mg/ L；D. Drug-containing medium of 100mg/ L；E. Control

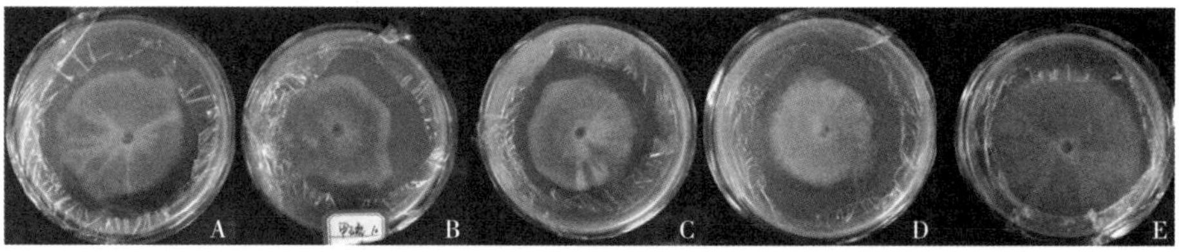

图 7　加入 70%甲基硫菌灵的 PDA 培养基

A. 0. 1mg/L 的含药培养基；B. 1mg/L 的含药培养基；

C. 10mg/L 的含药培养基；D. 100mg/L 的含药培养基；E. 对照

Fig. 7　PDA medium with70% thiophanate-methyl

A. Drug-containing medium of 0. 1mg/ L；B. Drug-containing medium of 1mg/ L；

C. Drug-containing medium of 10mg/ L；D. Drug-containing medium of 100mg/ L；E. Control

2. 3. 2　不同药剂石榴软腐病病原菌的毒力分析

在试验所使用的 3 种药剂中，50%异菌脲对石榴软腐病菌的抑菌效果最好，EC_{50}仅为 0. 1817mg/L。其次是 50%吡唑醚菌酯，EC_{50}为 1. 7679mg/L。70%甲基硫菌灵对石榴软腐病菌的抑菌效果也比较明显，EC_{50}为 2. 6396mg/L(表 3 和表 4)。

表 3 不同药剂对石榴软腐病病原菌的抑菌效果

Table 3 Fungicide effects of different agents on pomegranate soft rot

药剂名称	浓度(mg/L)	菌落直径(mm)	相对抑菌率(%)	抑菌几率值
50%吡唑醚菌酯	0.1	66.73 a A	11.24	3.7840
	1	62.44 a A	17.41	4.0615
	10	43.01 b B	45.35	4.8819
	100	39.72 b B	50.08	5.0025
50%异菌脲	0.1	41.84 a A	47.03	4.9247
	1	34.51 b B	57.57	5.1917
	10	9.95 c C	92.88	6.4684
	100	8.02 c C	95.66	6.7169
70%甲基硫菌灵	0.1	61.21 a A	19.18	4.1295
	1	52.67 b B	31.46	4.5183
	10	46.52 c B	40.30	4.7544
	100	46.25 c B	40.71	4.7647
CK	—	74.55	—	—

注：大、小写字母分别表示 0.01 和 0.05 水平上的差异显著性。

表 4 不同药剂对石榴软腐病病原菌的毒力分析

Table 4 Analysis of the toxicity of Different Agentson pomegranate soft rot

药剂名称	毒力回归方程	相关系数	EC_{50}(mg/L)
50%吡唑醚菌酯	$y=0.4476x+4.2087$	$R^2=0.9232$	1.7679
50%异菌脲	$y=0.6653x+5.4928$	$R^2=0.9142$	0.1817
70%甲基硫菌灵	$y=0.2142x+4.4346$	$R^2=0.8641$	2.6396

3 结论

本试验采用50%吡唑醚菌酯、50%异菌脲和70%甲基硫菌灵这3种杀菌剂对石榴干腐病菌和石榴软腐病菌进行室内毒力测定，试验结果表明：3种杀菌剂对石榴干腐病菌和石榴软腐病菌抑菌效果依次为：50%异菌脲 EC_{50}<50%吡唑醚菌酯 EC_{50}<70%甲基硫菌灵 EC_{50}。

4 讨论

70%甲基硫菌灵对石榴干腐病菌抑菌效果不佳，造成此种情况的原因可能为石榴干腐病菌对70%甲基硫菌灵产生了抗药性。考虑药剂作用于贮藏期的安全性，芬兰于1976年在全国范围内禁用甲基硫菌灵，欧盟对甲基硫菌灵的使用也有严格的限制，而异菌脲和吡唑醚菌酯并未受到限制。因此，对于用于出口或者有机标准的石榴，在贮藏期间应避免使用甲基硫菌灵。

参考文献

[1]周银丽，胡先奇，王卫疆，等.5种植物提取液对石榴枯萎病菌不同生长期的室内毒力[J].江苏农业科学，2010(5)：177-178.

[2]高元媛，王小琴，何平，等.石榴褐斑病菌生物学特性研究及其室内毒力测定[J].中国南方果树，2014；43(6)：9-13.

[3]张文颖，管乐，贾海峰，等.石榴的营养保健功能及其加工品[J].果树学报，2017，34(增刊)：12-18.

[4]孙劲，何子文，郑晓慧.凉山州石榴贮藏期病害病原菌的鉴定[J].果树学报，2017，34(增刊)161-167.

[5]周又生，陆进，朱天贵，等.石榴干腐病病生物生态学及发生流行规律的治理研究[J].西南农业大学学报.1999，21(6)：551-555.

[6]戴芳澜.中国真菌总汇[M].北京：科学出版社，1979.

[7]付娟妮.石榴腐烂病害综合防治技术研究及病原菌的分离鉴定[D].杨凌：西北林业大学，2015：1-71.

[8]方中达.植病研究方法(第三版)[M].北京：中国农业出版社，1998：54-61.

[9]姚昕，秦文.苯醚甲环唑与异菌脲复配对石榴干腐病菌的联合毒力及贮藏期控制作用[J].果树学报，2017，34(8)：1033-1042.

[10]杨雪，张爱芳，郭遵守，等.嘧菌酯对石榴干腐病菌的生物学活性[J].植物保护学报，2017，44(1)：152-158.

[11]鲁海菊，李河，史淑蓑，等.云南省石榴干腐病病菌生物学特性及其防治药剂筛选[J].江苏农业科学，2017，45(1)：99-102.

[12]袁阳，刘旭川，胡先奇.石榴枯萎病防治药剂筛选和复配作用的初步研究[J].农药，2018，57(1)：71-74.

[13]劳有德.番石榴褐斑病病菌的分离及室内毒力测定[J].中国南方果树，2017，46(5)：42-44.

[14]宋培玲，燕孟娇，张键，等.不同杀菌剂对油菜黑胫病菌分生孢子萌发及菌丝生长的抑菌作用[J].北京农业学报，2018，46(3)：70-75.

[15]陈年春.农药生物测定技术[M].北京：中国农业大学出版社，1990：95-105.

四川攀西地区石榴主要病虫害绿色防控技术规程*

何平[1] 余爽[1] 刘大章[1] 郑晓慧[2] 张玲[3]
曾朝华[4] 陈建雄[1] 王友富[1] 巫登峰[1] 郑崇兰[1]
([1] 凉山州亚热带作物研究所 西昌 615000；[2] 西昌学院，西昌 615000；
[3]会理县农业农村局，会理 615100；[4] 攀枝花仁和区农业农村局，攀枝花 617000)

摘要：历经多年试验研究，系统掌握了四川攀西地区石榴主要病虫害的种类、生活习性、为害特点和发病规律，研究集成植物检疫、生态调控、物理防控、生物防治、科学用药等绿色防控技术措施并编制了《四川攀西地区石榴主要病虫害防控技术规程》(DB5134/T 4-2019)。该规程主要阐述了范围、规范性引用文件、术语和定义、生产基地条件、防治技术原则、病虫害种类和发生特点和绿色防控技术等内容，具有较强的科学性、先进性、可靠性和易操作性，为四川攀西地区石榴的绿色、安全、高质量发展提供技术支撑，具有重要的指导意义。

关键词：攀西地区；石榴病虫；绿色防控；技术规程

Technical Regulations for Green Control of Main Pests and Diseases of Pomegranate in Panxi Region, Sichuan

HE Ping[1], YU Shuang[1], LIU Dazhang[1], ZHENG Xiaohui[2], ZHANG Ling[3], ZENG Chaohua[4],
CHEN Jianxiong[1], WANG Youfu[1], WU Dengfeng[1], ZHENG Chonglan[1]
([1]*Liangshan Institute of Subtropical Crops*, *Xichang*, *Sichuan* 615000; [2]*Xichang University*, *Xichang*, *Sichuan* 615000; [3]*Bureau of Agriculture and Rural Affairs in Huili*, *Huili*, *Sichuan* 615100; [4]*Bureau of Agriculture and Rural Affairs in Renhe District of Panzhihua*, *Panzhihua*, *Sichuan* 617000)

Abstract: After years of research, We have mastered the main diseases and pests of pomegranate, living habits and damage characteristics and the law of incidence systematically. Then, we put the plant quarantine, Ecological regulation, physical control, biological control, scientific use of antibiotics and other green control technology measures in Technical Regulations

*：基金项目：国家现代农业产业技术体系四川创新团队项目基金(四川省)。

第一作者简介：何平，男，所长，高级农艺师，国家现代农业产业技术体系四川南亚热作创新团队石榴病虫害防控岗位专家，电话：18981563466，通信地址：四川省西昌市龙眼井 237 号，E-mail：heping1973@126.com。

for Green Control of Main Pests and Diseases of Pomegranate in Panxi Region, Sichuan province(DB5134/T 4-2019). This technical regulation mainly elaborated Scope, Normative references, Terms and definitions, Production base conditions, Technical principles of prevention and control, the pest species and the occurrence characteristic and the green control technology and so on. The technical regulation has the characteristics of scientific nature, reliability and easy operation, and It provides technical support for the green, safe and high quality development of pomegranate in Panxi regionof Sichuan province.

Key words: Panxi region; Pests and diseases of pomegranate; Green control; Technical regulations

前　言

四川攀西地区是全国八大石榴产区之一，目前石榴发展面积已经达到 3 万 hm^2，产量突破 65 万 t，产值达到 20 亿元，已经成为我国最大的石榴产区之一，其中凉山州会理县于 2002 年被誉为“中国石榴之乡”。近年来，随着极端气候频发，石榴病虫害此消彼长，部分病虫害已在部分产区大面积蔓延和危害。自 2009 年以来，我们通过大量的田间调查和试验示范，不仅掌握了主要病虫害(虫害 29 种，侵染性病害 14 种，生理性病害 4 种)的生活习性、为害症状和发病规律，并研究集成植物检疫、生态调控、物理防控、生物防治、科学用药等高效安全生态的绿色防控技术措施，通过在生产中推广应用，有效控制石榴病虫害的大面积危害，确保果品质量、产业健康发展和生态安全，取得显著的经济效益、社会效益和生态效益。

本研究团队通过多年的试验示范，研究制定《四川攀西地区石榴主要病虫害防控技术规程》(标准号：DB5134/T 4-2019)已于 2019 年 4 月 16 日由四川省市场监督管理局批准发布。该规程坚持了“通俗性、实用性、先进性、普遍性和科学性”原则，汲取了国内外同类标准先进生产技术及编制的先进经验与方法，具有较强的科学性、先进性、可靠性和易操作性，对四川攀西地区石榴主要病虫害的绿色防控具有普遍的指导意义。

1　范围

本标准规定了四川攀西地区石榴主要病虫害种类，发生特点及绿色防控的术语和定义，规定了生态调控、生物防治、物理防治和科学用药相结合的石榴绿色防控技术措施及农药的科学合理使用原则。

本标准适用于四川攀西地区石榴生产中主要病虫害的防治。

2　规范性引用文件

下列文件对于本文件的应用是必不可少的。凡是注日期的引用文件，仅所注日期的版本适用于本文件。凡是不注日期的引用文件，其最新版本(包括所有的修改单)适用于本文件。

GB/T8321.6-2000　农药合理使用准则(六)

GB2763-2016　食品安全国家标准食品中农药最大残留限量

NY/T 391-2013　绿色食品产地环境质量
NY/T 844-2017　绿色食品温带水果
NY/T 1276-2007　农药安全使用规范总则
DB5134/T87-2014　地理标志保护产品青皮软籽石榴种植技术规范
《中国植保导刊》2015 年第 9 期

3　术语和定义

3.1　绿色食品

绿色食品，是指产自优良生态环境、按照绿色食品标准生产、实行全程质量控制并获得绿色食品标志使用权的安全、优质食用农产品及相关产品。

3.2　绿色防控

是指采用生态调控、生物防治、物理防治和科学用药等环境友好型措施控制农作物病虫害的植物保护措施。目的是确保农作物生产安全，农产品质量安全和农业生态环境安全。

4　生产基地条件

应选择生态环境良好、无污染的地区，远离工矿区和公路铁路干线，避开污染源。并在常规生产区域之间设置有效的缓冲带或物理屏障，建立生物栖息地，保护基因多样性、物种多样性和生态系统多样性，以维持生态平衡，应保证基地具有可持续生产能力，不对环境或周边其他生物产生污染。空气质量，水质，土壤质量符合 NY/T 391-2013 的规定。

5　防治技术原则

以"预防为主，综合防治"为原则，实施生态调控、生物防治、物理防控、科学用药等技术措施防治石榴病虫害，严格遵守农药安全间隔期，保障石榴果品农残符合 NY/T 844-2017 和 GB2763-2016 的要求。

6　病虫害的种类及发生特点

6.1　病虫害种类

通过田间调查和室内鉴定，四川石榴病虫害共有 47 种，其中虫害 29 种，侵染性病害 14 种，生理性病害 4 种，见表 1、表 2。

表 1　石榴主要害虫

Table **1**　Pomegranate main pest

害虫名称	危害程度
1. 桃蛀螟(*Conogethes punctiferalis*)	++
2. 棉蚜(*Aphis gossypii*)	+
3. 黄蓟马(*Thrips flavus*)	+
4. 西花蓟马(*Frankliniella occidentalis*)	+
5. 石榴绒蚧(*Eriococcus lagerostroemiae*)	+
6. 康氏粉蚧(*Pseudococcus comstocki*)	++

(续)

害虫名称	危害程度
7. 日本龟蜡蚧(*Ceroplastes japonica*)	++
8. 扁平球坚蚧(*Parthenolecanium corno*)	++
9. 茶并盾蚧(*Pinnaspis theae*)	+
10. 长白盾蚧(*Lopholeucaspis japonica*)	++
11. 蛎盾蚧(*Lepidosaphes* sp.)	+
12. 褐软蜡蚧(*Coccus hesperidum*)	+
13. 草履蚧(*Drosicha corpulenta*)	+
14. 咖啡木蠹蛾(*Zeuzera coffeae*)	++
15. 黄刺蛾(*Cnidocampa flavescens*)	+
16. 龟形小刺蛾(*Narosa nigrisigna*)	+
17. 棉铃虫(*Heliothis armgera*)	++
18. 茶袋蛾(*Clania minuscula*)	+
19. 大袋蛾(*Cloania variegata*)	+
20. 桉树大毛虫(*Suana divisav*)	+
21. 日本黄脊蝗(*Patanga japonica*)	+
22. 柑桔小实蝇(*Bactrocera porsalis*)	++
23. 瘤缘蝽(*Acanthocoris scaber*)	+
24. 石榴巾夜蛾(*Parallelia stuposa*)	+
25. 铜绿丽金龟(*Anomala carpulenta*)	++
26. 苹毒蛾(*Dasychira pudibunda*)	+
27. 棉古毒蛾(*Orgyia postica*)	+
28. 卵形短须螨(*Brevipalpus obovatus*)	+
29. 石榴瘤瘿螨(*Aceria granati*)	+

表 2　石榴主要病害

Table 2　Main diseases of pomegranate

病害名称	严重程度
1. 石榴枯萎病(*Ceratocystis fimbriata*)	+++
2. 麻皮病(*Sphaceloma Punicae*)	++
3. 干腐病(*Coniella granati*)	++
4. 褐斑病(*Pseudocercospora punicae*)	++
5. "太阳果"病(*Alternaria alternata*)	++
6. 叶霉病(*Cladosporiun tenuissimum*)	+
7. 石榴根结线虫病(*Meloidogyne incognita*)	++

（续）

病害名称	严重程度
8. 枯枝病（*Phomopsis punicicola*）	++
9. 木腐病（*Trametes versicolor*）	+
10. 地衣寄生（真菌病害）	+
11. 膏药病（*Septobasidium sichuanense*）	+
12. 煤烟病（*Fumago vagans*）	+
13. 根腐病（*Pythium* sp.）	++
14. 青霉病（*Penicillium purpurogenum*）	+
15. 裂果病（生理性病害）	++
16. 药害（生理性病害）	+
17. 二氧化硫毒害（生理性病害）	+
18. 冻害（生理性病害）	+

注："+"表示发生程度轻，"++"表示发生程度中，"+++"发生程度重。

6.2 病虫害发生特点

因攀西地区地理、气候条件和植被等因素差异，石榴病虫害的发生具有区域性、季节性和波动性的特点。石榴休眠期（11月至翌年1月）蛎盾蚧、康氏粉蚧、长白盾蚧和膏药病发生较普遍；抽梢期棉蚜发生较重；花期棉蚜、西花蓟马、棉铃虫、根腐病、枯萎病及介壳虫发生较普遍；幼果期桃蛀螟、铜绿丽金龟、枯萎病及蚧壳虫发生较重；中大果期（6~8月）遇高温高湿条件，介壳虫、"太阳果"病、褐斑病和裂果发生重；石榴金龟子在西昌产区发生重；根腐病在黏十果园发生重；膏药病、蛎盾蚧、长白盾蚧在管理粗放的果园发生重，毗邻松林的果园咖啡木蠹蛾发生重；而西花蓟马、介壳虫和褐斑病是整个石榴产区的普发性病虫害，石榴全生育期枯萎病零星发生，但危害重，传染强。

7 绿色防控主要技术

7.1 植物检疫

需对通过枝条、嫁接、修剪工具、昆虫、雨水等方式传播的石榴枯萎病等危险性病害提高认识，加强宣传，并划定保护区，禁止到病害发生区域引进苗木或枝条，同时修剪工具也要及时彻底消毒，控制其扩展蔓延。

7.2 病虫害预测预报

建立石榴病虫害观测点，开展预测预报工作，掌握病虫发生状况、为害特点，为防控提供依据。

7.3 生态调控技术

7.3.1 冬季管理

在石榴采果落叶后（11~12月），应及时清除烧毁果园内的僵果、落果、病残枝、落叶和果园周围的杂草野花，深翻果园土壤30~40cm，刨开树盘、露出树颈，刮除树干上的粗皮、翘皮，树干涂布石灰浆（生石灰：水=1：5~10）或"五合剂"（生石灰10份，细硫黄粉1份，食盐1份，动（植）物油0.1份，水20份充分混合调制而成），喷施国光松尔膜每25kg

兑水 2~3kg 或喷施 1~2 次波美 3~5 度石硫合剂或 20%松酯酸钠 100 倍液，减少麻皮病、褐斑病、干腐病、太阳果病等病害的初侵染源，同时消灭蓟马、蚧壳虫等虫害的越冬虫源，有效降低越冬病虫基数。

7.3.2 平衡施肥

在不同的石榴产区，根据不同的土壤肥力、植株营养需求，合理确定氮磷钾肥和微肥的施用量，施用有机肥，增加土壤有机质。果实采收后施用基肥要足，花前、花后和果实膨大期的追肥要及时，可以配合使用生物菌肥，改善土壤微生物，减少土传病害发生。

7.3.3 节水灌溉

攀西石榴产区干湿季分明，降水严重分布不均，蓟马、褐斑病，裂果等发生严重，对石榴的生产影响较大。应在果园中建立滴灌、微灌、喷灌节水设施，集成水肥药一体化新技术。

7.3.4 果园生草

主要采取“树盘覆膜(草)、行间种草”的栽培模式，种植黑麦草、美国菊苣、紫花苜蓿、光叶紫花苕、三叶草等草种，采用人工或机械割鲜草饲养牲畜，腐熟后施用在果园中，增加土壤有机质。建议发展“草+畜+沼+果”循环农业种养结合模式。

7.4 物理防控技术

物理防控技术是石榴害虫绿色防控的关键技术之一，主要包括灯光诱杀、性信息素诱杀、色板诱杀、糖醋酒液诱杀等技术。

7.4.1 灯光诱杀

每 2~3hm^2 果园安装 1 台太阳能双光波(波长 320~680nm)杀虫灯，3~8 月能有效诱杀桃蛀螟、咖啡木蠹蛾、金龟子、棉铃虫等鳞翅目、鞘翅目害虫；同时根据不同害虫对不同波长光源的趋性，在成虫高峰期采用专用波长的光源，增加靶标害虫的诱杀效果，保护天敌。生产上建议采用 400~500nm 的光源诱杀西花蓟马，配合其他防控措施控制其危害。

7.4.2 色板诱杀

石榴开花期和幼果期(3~5 月)，针对西花蓟马和棉蚜的危害，在果园石榴树 1.5m 高处挂置蓝色和黄色粘板(比例为 3∶1 或 4∶1)进行诱杀，每 1hm^2 挂置 500~600 张；同时在蓝色粘板上配合使用西花蓟马性信息素增加诱杀量。

7.4.3 性信息素诱杀

针对石榴桃蛀螟、西花蓟马和橘小实蝇的危害，在石榴开花期(3~5 月)，应用西花蓟马性信息素诱芯挂置在蓝板上诱杀西花蓟马；在 5~8 月，每 1hm^2 安装 70~100 个桃蛀螟性信息素诱捕器、桔小食蝇诱捕器分别诱杀桃蛀螟和桔小实蝇的成虫。也可采用黄板加性信息素诱杀橘小食蝇，每 1hm^2 挂置黄板 500 张左右。

7.4.4 食物诱剂诱杀

每年 4~8 月，采用澳宝丽食物诱剂(夜蛾利它素饵剂+10%灭多威)诱杀桃蛀螟、咖啡木蠹蛾等鳞翅目害虫，每 1hm^2 挂置 70~100 个诱捕器，每 15d 更换一次诱剂。

7.4.5 糖醋酒液诱杀

糖醋酒液诱杀是一种简单易行的物理防控方法，可以诱捕金龟子、桃蛀螟、咖啡木蠹蛾等鳞翅目、鞘翅目、双翅目的成虫。糖醋酒液的配制比例为糖∶醋∶酒∶水=6∶3∶1∶10，用 1250ml 饮料瓶制作诱捕器，每 500ml 液体滴 20%氰戊菊酯乳油或敌百虫 1ml；每 1hm^2 挂置200~300个诱捕器，15d后更换一次药液。

7.4.6 物理阻隔

根据石榴康氏粉蚧、草履蚧在土壤中越冬的习性，每年2月中旬和11月中旬在石榴树干基部离地面30cm处环绕树干缠粘虫胶带或刷粘虫胶，可以有效阻隔康氏粉蚧、草履蚧上树危害和下树越冬，便于集中防治。

7.4.7 果实套袋

在5月中下旬和6月初，采用白色单层纸袋或双层复合袋套果，不仅能改善果实外观色泽，提高优质果率和商品果率；同时能减少蓟马、桃蛀螟、介壳虫、太阳果、裂果的发生危害，节约农药施用，降低果实农残，提高果品质量和安全水平。

7.5 生物防控技术

7.5.1 以虫治虫

目前在生产上主要采取“以虫治虫”方式在田间释放东方钝绥螨等天敌捕食螨防治石榴叶螨、西花蓟马；保护和释放瓢虫、蚜茧蜂、小花蝽等天敌昆虫，控制石榴蚜虫、蓟马和介壳虫的发生危害。

7.5.2 以菌治虫

应用Bt乳剂、球孢白僵菌、金龟子绿僵菌等微生物制剂喷雾和灌根防治桃蛀螟、黄刺蛾、棉铃虫、日本黄脊蝗、铜绿丽金龟等鳞翅目和鞘翅目害虫；应用淡紫拟青霉菌剂灌根防治石榴根结线虫。

7.5.3 以菌治菌

应用枯草芽孢杆菌、地衣芽孢杆菌、荧光假单胞杆菌、哈茨木霉菌、寡雄腐霉等有益微生物制剂喷雾和灌根，在石榴叶际和根际产生抗生素，抑制致病菌的生长繁殖，减轻石榴枯萎病、根腐病、褐斑病等病害的发生。

7.6 科学用药技术

科学用药是防治石榴病虫害的关键技术之一。生产中建议优先选用生物农药，推广应用高效、低毒、低残、环境友好型农药，禁止使用高毒高残留农药，符合GB/T8321.6 2000的要求。优化集成农药的交替使用、精准、安全使用技术。

7.6.1 优选生物农药

在石榴生产中根据不同病虫害种类，建议选用阿维菌素、多杀菌素、球孢白僵菌、金龟子绿僵菌、苏云金杆菌等微生物源农药；除虫菊素、鱼藤酮、烟碱、苦参碱、印楝素等植物源农药；石硫合剂、波尔多液等矿物源农药，防治石榴害虫。选用多抗霉素、枯草芽孢杆菌、木霉素等防治石榴病害。

7.6.2 高效精准防治

根据石榴病虫害发生规律结合石榴生长发育期进行高效精准防治。休眠至发芽前期(11月至翌年1月)，全园喷施3~5波美度的石硫合剂，树干涂白，有效控制越冬病虫源。石榴开花至果实生长期(3~8月)，选用2.5%多杀霉素悬浮剂1500~2000倍液、60g/L乙基多杀菌素4000倍液、0.5%苦参碱1500倍液、0.5%的烟碱·苦参碱水剂1500倍液、3%甲维盐微乳剂2000倍液、0.3%印楝素乳油2000倍液、10%烟碱水剂1500倍液、0.5%藜芦碱可溶液剂2000倍液等药剂防治蓟马、蚜虫、介壳虫等虫害；选用“多利维生·寡雄腐霉”7500倍液、2%氨基寡糖素水剂1500倍液、3000亿个/g荧光假单胞菌1000~1500倍液、5%多抗霉素水剂1500倍液等生物农药和43%戊唑醇悬浮剂1500~2000倍液、50%甲基硫菌灵悬浮剂1500倍液、25%苯醚甲环唑乳油1500倍液、250g/L嘧菌酯1500倍液、70%代森锰锌1000~1500倍液等药剂防治石榴褐斑病、石榴麻皮病、石榴干腐病、石榴根腐病等病害。

7.6.3 减量控害增效技术

农药增效助剂与农药混用，可减少农药使用量，明显降低农药在作物和土壤中的残留。在石榴病虫害药剂防治中，推荐使用“激健”、有机硅等农药增效助剂。

参考文献

[1]何平，王友富，刘大章，等．石榴花期蓟马的防治试验初报[J]．现代农业科技，2013，4(14)．

[2]何平，余爽，陈建雄，等．四川攀西地区石榴的主要病虫害及绿色防控技术措施[J]．中国热带农业，2015，(3)：46-49．

[3]江国良，周白娟，周蓁，等．绿色食品石榴生产技术规程．四川省地方标准．

豫西地区石榴树木腐病的发生规律与防治对策

沈晓燕[1,2]　揭波[1,2]　刘一博[1,2]　王幸[2]　李文杰[2]　冯玉增[3]

（[1]河南省软籽石榴工程技术研究中心，荥阳　450100；[2]河南中农华盛农业科技有限公司，荥阳　450100；[3]河南省开封市农林科学研究院，开封　475004）

摘要： 木腐病是危害石榴树枝干的主要病害，在河南西部石榴产区，受栽培管理方式和自然条件的影响，同时随着石榴树树龄的增长，木腐病的危害日趋严重。由于对木腐病的病因、发生规律等了解不足，“轻防重治”，已造成较大损失。本文通过对河南西部石榴主要产区的荥阳、巩义、新安等地石榴树木腐病的调查，分析了发生原因，并根据生产实践，提出了防治对策。旨在有针对性地指导石榴生产，为当地石榴产业健康可持续发展提供可靠的理论依据和技术保障。

关键词： 石榴树木腐病；发生规律；防治对策

Occurrence Rule and Control Countermeasure of Wood Rot of Pomegranate Tree in Western Henan

SHEN Xiaoyan[1,2], JIE Bo[1,2], LIU Yibo[1,2], WANG Xing[2], Li Wenjie[2], FENG Yuzeng[3]

([1]*Henan Soft-seed Pomegranate Engineering and Technology Research Center*, *Xingyang*, *Henan* 45100; [2]*China Whashine (Henan) Agriculture Science and Technology Co.*, *Ltd*, *Xingyang*, *Henan* 450100; [3]*Kaifeng Academy of Agriculture and Forestry*, *Kaifeng*, *Henan* 475004)

Abstract: The wood rot is the main disease that damages the branches of pomegranate trees. In the pomegranate producing areas in western Henan province, with the influence of cultivation and management methods, natural conditions and the growth of pomegranate tree age, wood rot of pomegranate tree is becoming more and more serious. Due to the lack of understanding of the etiology and occurrence rules of wood rot, the idea of “light prevention and heavy control” has caused a large loss. This paper analyzes the causes of pomegranate tree decay in Xingyang, Gongyi, Xin'an and other areas of the main pomegranate producing areas in western Henan province, and puts forward the prevention and control measures according to the production practice. The aim is to guide the production of pomegranate and provide reliable theoretical basis

---

作者简介：沈晓燕(1982-)，女，河南荥阳人，助理农艺师，硕士。现从事石榴实用技术研究及推广工作。电话：18737167082，邮箱：306176068@qq.com。

and technical guarantee for the healthy and sustainable development of local pomegranate industry.

Key words: Wood rot of pomegranate tree; Occurrence rule; Prevention and control countermeasures.

河南省西部的黄土丘陵地区，栽植石榴历史悠久，是我国石榴的传播中心和主要种植区，既有现代农业公司的规模化种植，又多以农户为主的家庭种植，因其独特的地理环境和自然条件，生产的石榴果品品质极佳，近年来发展迅速，面积已超过3000公顷，已成为全省农业标准化示范区、扶贫产业示范区。随着栽培管理方式、自然条件的影响和石榴树树龄的增长，石榴枝干病害呈逐渐上升趋势，尤其是木腐病危害严重，如不及时采取应对措施，轻则削弱树势，减产减收，并引发病害的传播蔓延，重则导致石榴树枯死，造成严重的经济损失。因此，如何进行有效防控是生产中亟待解决的关键问题。

近年来，有关石榴病虫害的研究报道虽然较多，但相对集中在对少数几种常见病虫害的综合防治方面[1-4]，病害的研究报道多以石榴干腐病为研究对象[5-6]。目前关于果树木腐病在桑树[7]、油桃[8]、桃树[9]和核桃[10]上研究较多，针对石榴木腐病，在豫西石榴产区还缺乏较系统的研究报道。鉴于此，笔者深入豫西石榴主要种植区的荥阳、巩义等地，通过观察和调研分析，掌握了木腐病的发病症状、发病规律和发病原因，总结出了有效的防治对策。

1 石榴树木腐病

石榴树木腐病主要危害石榴树的枝干和心材，引起心材腐朽，因此又称心腐病。

1.1 症状

染病树受害处树皮开裂脱落，木质部裸露，变白疏松，质软且脆，腐朽易碎。病原菌子实体寄生病部，呈覆瓦状叠生，革质、无柄、平伏、贝壳状，有细长绒毛，有灰褐色、灰黑色的同心环带，或全部灰白色，边缘薄，簇生、单生等，在枝干上可分布成长带或绕枝干。树体受害后树势逐渐衰弱，枝条生长变缓，叶色变黄或过早脱落，最后因主干木腐枯朽，导致全株枯死。

1.2 发病部位

多由过大的剪口或锯口长出，少数从伤口或虫口长出，以枝干基部、老树、弱树发病较重。

1.3 发生规律

病原菌以菌丝体或子实体在受害枝干病部越冬。条件适宜时产生大量担孢子，借风雨传播，经剪锯口或其他伤口侵入，在木质部内扩展危害，引起木质部腐朽。6~9月雨季发生严重。修剪等造成的大伤口、虫伤、冻伤、其他机械损伤或生长不良的树干均有利于发病。枝枯病、干腐病和豹纹木蠹蛾等病虫害在枝干上造成的伤口是木腐病病菌侵染的重要途径。木腐病的发生和流行还与树龄、环境条件和栽培管理有关。树龄大、环境温、湿度大、管理粗放、树势衰弱发病重。

2 病因分析

2.1 修剪时间不适宜，且修剪后伤口疏于处理

在生长季节对大的干枝进行修剪，特别是7~8月雨季时的重度修剪，又恰值雨前，经雨水浸洗，又未对修剪或其他机械造成的大的伤口及时处理，致使伤口难以愈合，病菌侵染，从而引发木腐病。

2.2 冻害引发干腐病，继而引发木腐病

当地不同年份、不同的立地条件、不同树龄或嫁接苗的砧木易发生冻害，而冻害多发生在主干60cm以下部位，其冻害部位树干表皮、韧皮部和形成层发生褐变，之后引发干腐病，树皮干裂，出现翘皮并脱落，木质部裸露，对伤口未进行及时有效防护处理，为木腐病菌的侵染创造了条件，极易引发木腐病。

2.3 刺吸式口器害虫和蛀干害虫间接为害

石榴园中常见的刺吸式口器害虫如蚜虫、介壳虫和绿盲蝽等，除直接危害造成树体伤害外，还通过口器的刺吸间接传播木腐病菌。蛀干害虫茎窗蛾、豹纹木蠹蛾幼虫钻蛀为害后形成的蛀孔，易被木腐病菌侵染。

2.4 染病树处理不及时

前期对树体疫情重视不够，导致树体染病后未能及时处理，病菌进一步传播侵染，覆盖面积扩大，侵染程度加重，引发了更为严重的木腐病。

3 防治对策

3.1 增强树势，提高抗病能力

加强土肥水综合科学管理，合理施肥，以有机肥为主、无机肥为辅，提倡配方施肥技术，培肥地力；适时灌排水，防治田间渍害；科学修剪、合理负载、适时采收；培养壮树，增强树势，提高树体综合抗病虫能力。

3.2 加强全年的清园和消毒工作

石榴树休眠季节，及时清除园内干僵果，剪除病死枯枝；刮除老翘皮和病菌子实体，然后用5波美度的石硫合剂加入适量的生石灰对全园树干和主枝涂白，刮除的老翘皮和病菌子实体以及剪除的病死枯枝，带出园区，集中掩埋或烧毁，减少病菌的侵染来源；病死树要及时刨除，并清理出园区集中处理；新补栽树要避开原树坑位置，以免根系被交叉感染。11月下旬至12月中旬以及2月下旬全树冠各喷洒1次3~5波美度石硫合剂或甲基硫菌灵、多菌灵、代森锌等杀菌剂。生长期及时检查枝干，发现病菌子实体，轻者用刀刮除病斑，重者剪掉或锯除病枝，伤口用45%晶体石硫合剂30倍液消毒，或用硫酸铜100倍液涂抹伤口。剪除的病枝和刮除的病菌子实体，要带出园外深埋或烧毁。

3.3 科学修剪，伤口处理要及时、到位

疏除大的干枝尽量安排在休眠期进行，生长季节只进行除萌蘖和抹芽、以及轻剪，生长季节的修剪，要尽量避开阴雨天气，以避免形成的剪锯伤口遇雨难以愈合。对修剪及各种机械损伤形成的大的伤口及时涂抹伤口愈合剂，促进伤口愈合，防止水分散失，避免伤口受病菌侵染。

3.4　重点做好树体的防冻

越冬前，采取各种措施作好树体防冻工作，如提前喷施防冻液、树干保护、根茎部培土和灌封冻水等防寒保护措施，避免树体冻伤，是防止发生干腐病和木腐病的有效措施。

3.5　做好病虫害的综合防治工作

采用农业、物理、生物和化学防治等综合防治措施，科学防控病虫害，尽量减少树体的各种机械创伤，促进树体健壮生长，提高树体抗病虫能力。

参考文献

[1]何珍．突尼斯软籽石榴病虫害发生症状及综合防治技术[J]．现代农业科技，2014(14)：120.

[2]宁景涛．石榴病虫害的综合防治技术[J]．北京农业，2015(19)：48-49.

[3]马永兴．河阴石榴的生产管理及病虫害防治[J]．乡村科技，2016(5)：4-5.

[4]孙德文．石榴病虫害绿色防控技术[J]．现代农业科技，2016(5)：153+155.

[5]张迎军，马青．石榴干腐病发生和关键防控技术[J]．陕西农业科学，2019，65(1)：103-104.

[6]王静．石榴干腐病的发生与防治[J]．现代园艺，2016(9)：155.

[7]张月季，游汝恒，郑慧清．桑树木腐病的初步研究[J]．科技通报，2006(5)：648-650.

[8]张敏．油桃木腐病的防治[J]．西北园艺(果树)，2008(4)：54.

[9]张金华，罗建军，唐永伟，等．桃树木腐病与干枯病的发生及防治[J]．现代农村科技，2011(8)：32-33.

[10]郭红艳，梁丙前．核桃木腐病的发生与防治[J]．西北园艺(果树)，2012(1)：54.

建水石榴主要害虫发生规律及综合防治研究

王雪蓉　赵勇
（云南省建水县园艺站，建水　654399）

摘要：建水石榴为地方传统名特果种，栽培历史悠久，在全国具有独特性，其果大、色艳、汁多、味浓、酸甜爽口，可食率高，籽粒饱满、晶莹剔透、似玛瑙、赛珍珠，享誉省内外，果品已远销到昆明、贵阳、西昌、会理、武汉、哈尔滨、上海、北京等大中城市，部分果品已出口泰国、越南、迪拜等国家。但近年来，建水石榴随着面积的扩大，几种主要害虫对石榴的危害也越来越严重，因此，作者根据多年的生产实践经验，查阅相关资料，观察、了解危害建水石榴的几种主要害虫的形态特征、生活史和习性以及其危害特点，在建水石榴产区有针对性地制定防治方案并付诸实践，收到了较好的效果，害虫危害有所降低，产量及品质得到提高，对助农增收起到了积极作用。

关键词：建水；石榴；害虫；发生规律；综合防治

Study on Occurrence Regularity and Integrated Control of Major Pests of Jianshui Pomegranate

WANG Xuerong, ZHAO Yong
(Yunnan Province Jianshui County Horticultural Station, Jianshui 654399, China)

Abstract: Jianshui pomegranate is afamous and special fruit in the local tradition, it has a long history of cultivation and unigue , characteristics in the whole country, its fruit is large, colorful, juicy, richin taste, sweet and sour and tasty, and its edible rate is high, Full-grained, glittering and translucent, agate-like and Pearls, Buck are well-Known both inside and outsidethe province, Fruits have been exported to Kunming, Guiyang, Xichang, Huili, Wuhan, Harbin, Shanghai, Beijing and other large and medium-sized cities, some of which have been exported to Thailand, Vietnam, Dubai and other countries. But in recent years, with the expansion of Jianshui pomegranate area, the harm of several main pests to pomegranate

第一作者：王雪蓉，女，高级农艺师；联系电话：13988076762；E-mail：jswxr@163.com。
通信作者：赵勇；地址：云南省建水县临安镇清远路园艺巷2号（建水县园艺站）；联系电话：13887349129；邮箱：zy9129@126.com。

is becoming more and more serious. Therefore, based on years of production experience and related data, the author observes and understands the morphological characteristics, life history, habits and harmful characteristics of several main pests of pomegranate harming Jianshui, in Jianshui Pomegranate Production Area, the prevention andcontrl plan has been formulated and put into practice, and good results have been achieved. The harm of pests has been reduced, and the yield and quality have been improved, which has played a positive role in helping farmers to increase their income.

Key words: Jianshui; Pomegranate; Pest; Occurrence law; Integrated control

1 柑橘小实蝇

1.1 形态特征

柑橘小实蝇(*Strumeta ferruginea dorsalis* Hend)属双翅目实蝇科，成虫体长7~8mm，虫体深黑色和黄色相间。胸部背面大部分黄色，但黄色的"U"字形斑纹十分明显。腹部黄色，第1、2节背面各有一条黄色横带，从第3节开始中央有一条黑色的纵带直抵腹端，构成一个明显的"T"字形斑纹。雌虫产卵管发达，由3节组成。卵梭形，长约1mm，宽约0.1mm，乳白色。幼虫蛆形，老熟时体长约10mm，黄白色。蛹为围蛹，长约5mm，黄褐色。

1.2 生活史和习性

建水地区每年发生3~5代，无明显的越冬现象，田间发生世代重叠，各虫态常同时存在。成虫羽化后需要经历较长时间的补充营养才能交配产卵，卵产于近成熟的果皮内，每处5~10粒不等。每头雌虫产卵量200~400粒。卵孵化后幼虫即在果内取食危害，导致被害果实变黄脱落；即使不脱落，其果肉也腐烂不堪食用，对果实产量和质量贻害极大。幼虫期夏秋季需7~12d，冬季13~20d，老熟幼虫脱果入土化蛹，深度3~7cm。蛹期夏秋季8~14d，冬季15~20d。

1.3 危害特点

柑橘小实蝇危害石榴主要是以成虫产卵和幼虫取食造成危害。成虫用产卵器刺破果实表皮，将卵产在果实内，使果汁外溢，造成伤口引发病菌感染，导致落果。卵孵化后幼虫在果实内取食，造成果实腐烂。受害果实收获后，在贮运过程中由于幼虫的危害导致石榴变质腐烂。

1.4 防治方法

1.4.1 加强植物检疫，严防幼虫随果实或蛹随园土传播

1.4.2 果实套袋，在幼果期(果实乒乓球大小)或成虫交配产卵前进行果实套袋，防止成虫将卵产在果实内造成感染导致落果及卵孵化后幼虫在果实内取食，造成果实腐烂。

1.4.3 人工防治 及时检除虫害落果，摘除树上的虫害果一并烧毁或投入粪池沤浸。切勿浅埋，免幼虫羽化。

1.4.4 诱杀成虫

1.4.4.1 糖酒醋液诱杀 用糖：酒：醋：水=50：100：35：500的糖酒醋液置于盆或桶悬挂于石榴园内，每亩挂3个，可诱杀雌雄成虫。

1.4.4.2　性诱剂甲基丁香酚诱杀　将浸泡过甲基丁香酚加敌百虫的棉球置于诱捕器内，每亩挂3个，在成虫盛发期连续使用，可减少小实蝇雄量90%以上。

1.4.4.3　悬挂信息素黄板诱杀　利用柑橘小实蝇对黄色具有趋性的原理，在果园悬挂信息素黄板进行诱杀，每亩悬挂15~20个。

1.4.5　化学防治

地面施药于小实蝇幼虫入土化蛹或成虫羽化的始盛期用乐斯本乳油或40%辛硫磷乳油1000~1500倍液喷洒果园地面，每隔7d防治1次，连续2~3次。

2　井上蛀果斑螟

2.1　形态特征

井上蛀果斑螟(*Assara inouei* Ynamanakan)属鳞翅目，螟蛾科斑螟亚科，云南省新纪录虫种。成虫体长9~12mm，前翅长度8~10mm，长三角形，翅面灰黑色，翅前缘有一白色条斑，从翅基部直达外缘。

2.2　生活史和习性

建水3~4月是石榴开花期，此时越冬虫源大量羽化交配、产卵于果皮上，出现第一次成虫高峰期。5~7月为果实生长期，孵化的幼虫蛀入果实内取食危害造成落果。8~10月为果实成熟期，出现第二次成虫高峰期，孵化的幼虫蛀入果实内取食并在果实内化蛹，大多以老熟幼虫和蛹在脱落果实内越冬。成虫对糖酒醋液有较强的趋性。

2.3　危害特点

成虫产卵于石榴果皮上，卵孵化后幼虫蛀入果实内取食危害，受害果实内充满虫粪，极易感染病菌引起裂果和腐烂。

2.4　防治方法

2.4.1　人工防治

石榴采收后，及时清园，将落地的果实捡出，用小网眼纱网覆盖，待天敌飞出后，集中烧毁，这即有利于减少越冬虫源，又有利于天敌寻找新的寄主。

2.4.2　生物防治

于成虫发生高峰期，每亩用糖酒醋液(糖：酒：醋：水=50：100：35：500)置于盆或桶悬挂于石榴园内，每亩挂3个，可有效诱杀成虫，降低虫口基数。

2.4.3　化学防治

在成虫交尾产卵前选用5%锐劲特悬浮剂2500倍液、10%除尽乳油2000倍液、25%爱卡士乳油800~1000倍液、10%赛波凯乳油2000倍液进行喷雾，可有效杀死部分成虫。

3　石榴绒蚧

3.1　形态特征

石榴绒蚧(*Eriococcus lagerstroemiac* Kuwana)又名紫薇绒蚧、石榴毡蚧、紫薇绒粉蚧、袋蚧等。属同翅目绒蚧科。成虫雌成虫扁平，椭圆形、深紫红色。外覆白色毡状蜡层，呈袋状介壳。长2~3mm。卵卵圆形，淡紫红色。若虫初孵时淡黄色。蛹只有雄蛹，长椭圆形，紫褐色，包被于袋状蜡层中，长1.0~1.5mm。

3.2 生活史和习性

石榴绒蚧在建水每年发生 2~4 代。越冬虫态有卵、2 龄若虫和成虫，在枝干缝隙内越冬。产卵期，第一代为 3 月上旬，第二代为月 4 下旬，第三代为 5 月中下旬；若虫孵化期分别为 3 月中下旬，5 月下旬至 6 月上旬，8 月上旬。若虫孵化后沿寄主枝条爬行，在缝隙中定居刺吸危害。雌虫产卵时均产于绒蚧状蜡质蚧壳(卵巢)下面母体后方，每头雌成虫产卵 115 粒左右。

3.3 危害特点

以若虫和雌成虫危害石榴茎干、枝条、腋芽，吸食汁液，受害严重的植株不仅难以开花，还滋生严重的烟煤病，造成树势衰弱，严重时枝叶变黑、叶片早落，甚至全株枯死。

3.4 防治方法

3.4.1 农业防治

结合冬季养护，及时修剪有产枝条，消灭越冬虫源。

3.4.2 人工防治

注意平时养护观察，一有发现即用毛刷去。

3.4.3 化学防治

春季萌发抽芽前喷洒 3~5 波美度石硫合剂，消灭越冬若虫；若虫孵化期选用 40%速朴杀乳油 1000~1500 倍液(花期至成熟期禁用)、10%高效氯氰菊酯 2000 倍液、0.9%爱福丁 4000~4500 倍液进行喷雾，均有良好效果。

4 咖啡木蠹蛾

4.1 形态特征

咖啡木蠹蛾(*Zeuzera coffeae* Nietner)，又名豹纹木蠹蛾，属鳞翅目木蠹蛾科。成虫体长 11~26mm，翅展 30~50mm，雄较雌小，体灰白色。幼虫体长 20~25mm，红色，头黄褐色或浅赤褐色。

4.2 生活史和习性

咖啡木蠹蛾在建水县一年发生一代，以老熟幼虫在树干内越冬。5 月下旬至 7 月下旬，当气温变暖、石榴萌芽后，卵孵化，幼虫吐丝结网取食卵壳，12d 后向嫩梢、幼芽扩散，后从新梢不远处蛀入枝条内危害。幼虫蛀入枝条后，在皮层与木质部间先咬一蛀环，后深入木质部，沿髓部向上取食，隔一段距离向外咬一蛀孔，蛀入孔圆形，常有木屑和粪便从其排出。幼虫多数是向上筑道，蛀道不规则。被害枝干不久枯萎，枝干枯死后幼虫移出，转枝和沿本枝干下方继续危害。幼虫经多次转移危害后虫体增大，隧道加粗，蛀孔道的距离越来越远，被害枝条也越来越显著。幼虫于翌年 4 月上旬至 6 月中旬化蛹，并于 5 月上旬开始羽化。成虫对光及糖酒醋液具有趋性，白天潜伏于阴凉、隐蔽的草丛中，夜间取食，交配后开始产卵，卵单产或聚产于嫩梢尖、树皮缝隙以及树干伤口内。

4.3 危害特点

幼虫蛀入枝条嫩梢，在韧皮部与木质部之间绕枝条蛀食一圈，破坏输导组织，致蛀孔以上的枝干萎蔫遇风折断。

4.4 防治方法

4.4.1 物理防治

结合果园抚管和巡园，发现嫩梢、幼枝上粘有新鲜粪便或萎蔫、枯枝干时，应从排粪孔口的下方10~15cm处剪除，剪除的枝干集中烧毁。被危害枝干较粗者可用细钢丝从排粪孔口穿进，向枝干上方捅死蛀道中的幼虫或蛹，可减少果园中的虫源基数。

4.4.2 灯光诱杀

根据该虫具趋光、趋糖醋液习性，在成虫羽化期间有电源条件的果园，结合诱杀其他害虫，每间隔100~150m处设置一盏黑光灯，灯下设置一糖酒醋毒液盆或糖酒醋毒液盆单独间隔设置，可诱杀大量成虫。

4.4.3 生物防治

果园内保护和引进自然天敌昆虫，如小茧蜂、蚂蚁类等可起一定的抑制作用。用小棉花球或火柴头制作小棉花球蘸取球孢白僵菌菌悬液，从排粪孔口处塞入蛀道内，使虫体感染病菌而致僵、死亡，防治效果较好。

4.4.4 化学防治

掌握在成虫产卵期，卵孵化期，幼虫刚孵出还尚未蛀入枝干木质部之前，用BT乳剂+氯氰菊酯20ml/亩，功夫1500~2000倍液、40%速扑杀1000~1500倍液任选其中一种树冠喷雾，可杀死部分幼虫。在幼虫已蛀进枝干后，可用火柴头制作小棉花球蘸取药液从排粪孔口塞进蛀道内或将药液滴、注入孔口内，再在孔口处涂上粘泥，可杀死蛀道中的幼虫，防治效果较好。

5 烟蓟马

5.1 形态特征

烟蓟马(*Thrips tabaci* Lindeman)，又名棉蓟马、葱蓟马，属缨翅目蓟马科。成虫体长1.2~1.4mm，淡褐色。触角7节。翅狭长，翅脉稀少，翅的周缘长缨毛。卵0.29mm，初期肾形，乳白色，后期卵圆形，黄白色，可见红色眼点。若虫共4龄，各龄体长0.3~0.6mm、0.6~0.8mm、1.2~1.4mm、1.2~1.6mm。

5.2 生活史和习性

在25~28℃下，卵期5~7d，幼虫期(1~2龄)6~7d，前蛹期2d，“蛹期”3~5d，成虫寿命8~10d。雌虫可行孤雌生殖，每头雌虫平均产卵约50粒，卵产于叶片组织中。2龄若虫后期，常转向地下，在表土中经历“前蛹”及“蛹”期。以成虫越冬为主，也有若虫在葱、蒜叶鞘内侧、土块下、土缝内或枯枝落叶中越冬，还有少数以“蛹”在土中越冬。成虫极活跃，善飞，怕阳光，早、晚或阴天取食强。初孵幼虫集中在叶基部为害，稍大即分散。在25℃和相对湿度60%以下时，有利于烟蓟马发生，高温高湿则不利于发生，暴风雨可降低发生数量。一年中以4~5月为害最重。

5.3 危害特点

幼虫在叶背吸食汁液，使叶面出现灰白色细密斑点或局部枯死，影响石榴生长发育。

5.4 防治方法

5.4.1 生物防治

利用烟蓟马对蓝色具有趋性的原理，在石榴园内悬挂信息素蓝板进行诱杀，每亩悬挂

15~20个，可收到较好效果。

5.4.2 化学防治

可选用44%速凯乳油1500倍液、10%吡虫啉可湿性粉剂2000倍液、2.5%保得乳油2000倍液、1.8%阿维菌素乳剂3000倍液、1.8%爱福丁乳油3000倍液进行喷雾，农药应交替使用。

6 石榴棉蚜

6.1 形态特征

石榴棉蚜(*Aphis gossypii* Glover)，又名瓜蚜，俗称腻虫，属同翅目蚜科。成蚜有翅孤雌蚜，体长1.2~1.9mm，黄色、绿色或绿色至蓝黑色，夏季以黄色形居多，体表覆以薄蜡粉。若蚜体黄绿色或黄色，也有蓝灰色。有翅若蚜于第一次蜕皮出现翅蚜，蜕皮4次变成成虫。卵椭圆形，长0.49~0.59mm，宽0.23~0.36mm，初产时橙黄色，后变漆黑色，有光泽。

6.2 生活史和习性

建水一年四季都可生长繁殖。棉蚜的繁殖能力很强，平均气温稳定在12℃以上就开始繁殖，在夏季一个世代只需4~5d，每龄只需1d。一头雌蚜一生可产若蚜60~70头，多者100头。

6.3 危害特点

成虫、若虫均以口针刺吸汁液，大多栖息花蕾、幼嫩叶及生长点为害，造成叶片卷缩，生长停滞、发育延迟、花朵数量减少或变小，严重者全株萎蔫死亡。易诱发多种石榴病害的发生。

6.4 防治方法

6.4.1 农业防治

石榴收获后及时清理果园残枝败叶，铲除杂草。

6.4.2 生物防治

利用蚜虫对黄色有较强趋性的原理，在果园悬挂信息素黄板进行诱杀，每亩悬挂15~20个。

6.4.3 化学防治

可选用3%啶虫脒乳油1500倍液、10%吡虫啉可湿性粉剂1500~2000倍液、50%抗蚜威2000倍液、50%溴氰菊酯3000倍液进行喷雾，农药应交替使用。防治蚜虫宜及早用药，将其控制在点片发生阶段。

7 大蓑蛾

7.1 形态特征

大蓑蛾(*Cryptothelea variegata* Snellen)，又名大袋蛾，属鳞翅目蓑蛾科。成虫，雌雄异型。雌成虫无翅，蛆状，体长25mm，头部黄褐色，胸、腹部黄白色多绒毛，腹末节有一褐色围。雄虫有翅，体长15~17mm，黑褐色，触角双栉齿状，前翅有4~5个透明斑。老熟幼虫体长25~40mm，头部赤褐色或黄褐色，中央有白色“人”字纹；胸部各节背面黄褐色，上有黑褐色斑纹。卵椭圆形，直径0.8~1.0mm，淡黄色，有光泽。幼虫雄虫体长18~25mm，黄褐色，蓑囊长50~60mm；雌虫体长28~38mm，棕褐色。

7.2 生活史和习性

建水一年发生 1 代，多以老熟幼虫在蓑囊里越冬。5 月中下旬羽化为成虫，由雄虫飞到雌虫蓑囊后端与之交尾。受精雌虫产卵于蓑囊内，卵孵化后，初孵幼虫自蓑囊后端成串吐丝下垂，随风飘到其他枝叶上，边啃食为害，边形成蓑囊，蓑囊随虫体长大而增大。初龄幼虫有群居习性，幼虫在 3~4 龄开始转移，分散为害，老熟时蓑囊上端封口附着在树枝上，10 月下旬在囊内越冬。雄蛾有趋光性。

7.3 危害特点

幼虫吐丝缀叶成囊，隐藏其中，头伸出囊外取食叶片及嫩梢，啃食叶肉留下表皮，造成叶片成孔洞或缺刻，严重时将叶片吃光，只残存叶脉，影响被害植株的生长发育。

7.4 防治方法

7.4.1 人工防治

秋、冬季摘除树枝上越冬虫囊并销毁。

7.4.2 化学防治

在幼虫孵化危害初期喷药防治，可选用 90%敌百虫晶体 1000 倍液、80%敌敌畏乳油 800 倍液、50%杀螟松乳油 800 倍液进行喷雾。农药应交替使用，喷药时间以傍晚为好，因幼虫活动多在傍晚，接触药剂机会多，效果好。

参考文献

[1]曹尚银，李好先．中国石榴研究进展(二)[C]．北京：中国林业出版社，2015.

[2]赵勇．石榴豹纹木蠹蛾发生规律及综合防治研究[J]．云南农业科技，2007(02).

[3]白玲玲、李正跃，等．云南石榴树上的一种新害虫——井上蛀果斑螟[J]．植物保护，2006.

[4]陈志林．害虫综合防治[M]．北京：农业出版社出版，1991.

[5]花保祯，周尧，方德齐，等．中国木蠹蛾志[M]．香港：天则出版社，1990.

石榴干腐病的认知和防控思路

张迎军　张曼
(陕西省西安市临潼区园艺工作站，西安　710600)

摘要：石榴干腐病是以临潼石榴为代表的陕西石榴产区的重要病害。长期以来，将脓包、干枝两种症状均称为石榴干腐病，也认为是同一种病原菌危害，防治上具有很大的盲目性。本文利用近些年对临潼石榴产区的“脓包”“干枝”病理研究成果，参阅国内其他专家研究资料，理顺了思路，并结合生产实际，提出了综合防控方案。

关键词：石榴干腐病；发病规律；综合防控

Cognition and prevention of pomegranate dry rot

ZHANG Yingjun, ZHANG Man
(*Horticultural Workstation of Xi'an lintong District*, *Xi'an*, *Shaanxi Province*, 710600)

Abstract: Pomegranate dry rot is an important disease harming pomegranate production in Shaanxi, represented by Linyi pomegranate. For a long time, pomegranate dry rot was remarked with pustule and deadwood, which is also considered to be damaged by the same pathogen, and it has great blindness in prevention and treatment of pomegranate dry rot. In this review, a comprehensive prevention and control plan based on the actual production was presented by referring to the results of pathological research on the "pustule" and "deadwood" in Linyi pomegranate production areas and other domestic experts' research data in recent years.

Key words: Pomegranate dry rot; Occurrence regulatorily; Comprehensive prevention and control

石榴干腐病[1]是以临潼石榴为代表的陕西石榴生产中的重要病害，可给果农造成较大的损失。受对该病了解程度的限制，长期以来，认为“石榴干腐病危害石榴蕾、花、果实和果枝”[1]将脓包、干枝两种症状均称为石榴干腐病，也认为是同一种病原菌危害，防治上具有很大的盲目性。

近些年，农业科技工作者对该病关注度逐步增加，相继在有关刊物发表了系列研究成果，对石榴枝干病害[2][5]，石榴脓包病害[3][4][8]，石榴干疤病[6][8]等有了新的认识。虽然对发生在石榴枝干、果实上的病害专家还有不同的观点，但这些研究给我们在生产实践中的防治提供了新的思路。作为一名基层果业技术推广者，笔者一直关注干腐病发生规律，从2014年开始和西北农林科技大学植保学院合作进行了系统的试验研究和综合防控实践[7]，在生产中取得了一定的效果。

1 石榴干腐病鉴别及发病规律

1.1 石榴干腐病(俗称石榴脓包果)

1.1.1 症状

石榴果实干腐病在蕾期、花期、幼果期、成果期均可以发病。花期受害，花冠变褐(褐变)，花萼产生黑褐色椭圆形凹陷病斑。果实发病最初多发生在萼筒内、萼筒下方和果面受伤处。萼筒内壁发病，首先产生大小不规则浅褐色病斑，逐渐扩展为中间深褐，边缘浅褐的凹陷病斑，后穿透萼筒壁，形成褐色病斑；萼筒下方发病，先产生小型不规则浅褐色病斑，后逐渐扩展为凹陷病斑，并深入果内。在虫害、伤口或其他机械创伤的情况下，病菌直接侵染引起发病。潮湿情况下，病斑迅速扩展造成果实变褐腐烂(脓包果)，病部产生许多黑褐色小点，即病原菌的分生孢子器如图1。幼果发病后期如遇高温干旱，则病部干缩，后期形成裂果。石榴在花期和幼果期受害后，严重时可造成早期落花落果；果实膨大期至初熟期受害，则较少脱落，最后干缩成僵果悬挂于枝梢上。

图1 石榴干腐病症状

Fig. 1 Symptoms of pomegranate dry rot

1.1.2 病原菌为石榴垫壳孢菌 *Coniellagranat*[4]

相同症状在有些资料命名为“石榴蒂腐病”[8]，描述病原菌为石榴拟茎点霉菌，由于没有查阅到相关出处，同时病害命名和发病部位相互矛盾，有待进一步探讨。

1.1.3 发病规律

病菌生长适温为24~28℃，最高温为35℃、最低温12.5℃。研究发现，该病有伤无伤均可发病[4]，在花期和幼果期即可侵染，并具有潜伏侵染的特点，在临潼石榴产区主要有两个发病高峰，一个是6月下旬到7月上旬的幼果期，另一个套袋后成熟前的9月上旬。病菌主要以开败的花和花丝作为跳板从萼筒处侵染发病，在果实外部多发生在萼筒和果面受伤处(绿盲蝽等危害)，萼筒内如果有蓟马危害形成伤口则开始发病，初为浅褐色小病斑，后逐渐扩大(图2)；潮湿情况下，病斑扩展迅速，造成果实腐烂(脓包果)，后扩大蔓延造成果实腐烂。病菌通过风雨传播，以僵果越冬。当年疏果时散落在果园的果实上的病菌为病害的再侵染提供大量菌源，我们在直径小至1.75cm的疏果上分离出大量石榴干腐病菌，并且可以发病产孢，成为当年再侵染源，在套袋后继续发病，形成落袋脓包果。

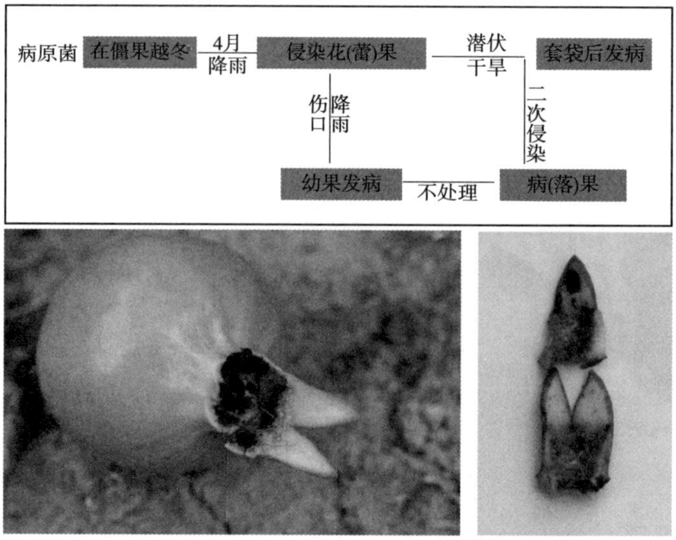

图 2　石榴干腐病发病规律

Fig. 2　Law of pomegranate dry rot

1.2　石榴枝干干腐病

1.2.1　症状

主要危害两年生以上枝条的茎刺与分杈处。发病初期，病斑呈浅褐色，圆形或椭圆形，枝条皮层易产生马鞍状病斑，2~5 年生枝条上病斑产孢最多；后期病部失水凹陷、干缩硬化，灰褐色或黑褐色；在病菌危害仅在韧皮部时，病健交界处开裂翘起易脱落，当危害深达木质部时，病部组织腐烂，形成不可愈合的病斑，天气潮湿时，病部表面产生许多黑色小粒点，即病原菌的分生孢子器(图 3)。

图 3　石榴干腐病枝干发病症状

Fig. 3　Symptoms of pomegranate dry rot in branches

1.2.2　病原菌

结合形态和分子生物学鉴定，石榴枝干干腐病病原菌为葡萄座腔菌(*Botryosphaeria dothidea*)，属子囊菌门真菌[2]。

因此，可以认为石榴果实和枝干的干腐病是由不同病原菌引起的两种病害，而我们原来一直错误地认为石榴果实脓包果和枝干干腐病同是一个病原菌。

该病原菌的鉴定也和刘会香等对石榴疮痂病病原菌生理学特性研究所鉴定结果有很大的

相似[5]。

1.2.3　发病规律

石榴枝干干腐病主要从两年生以上枝条的茎刺与分杈处以及伤口处侵染，逐渐进行扩展至韧皮部，危害严重的可深达至木质部，并且在病部表面产生许多黑色小粒点，通过风雨传播，病菌在石榴枝干上越冬。树体衰弱、冻害或创伤是该病初侵染的重要条件。

2　石榴干腐病的综合防控

鉴于在生产中很难就一种病害进行单独系统的防治，果农大多按照一种作物的发病规律规划综合防治方案，应采取预防为主、综合防治的原则，控制石榴干腐病的危害。

2.1　加强全年清园工作

3月中下旬全园喷施5波美度石硫合剂；剪除感病枝，带出园外深埋。每年11月采果后至翌年3月及时清除园内干僵果，带出园外深埋。

2.2　果树减负

一是控制产量，根据树体大小及健康状况，将亩产量降低至1500~2000kg以下；二是减少套袋，按照实际情况，不要全树套袋，建议每树套袋率70%左右，留一部分不套袋。这在减轻树体负担的同时，还可分批早上市；三是晚套袋、早采果。建议塑膜套袋选在每年8月上旬开始套袋，纸袋可适当提前，采收期不能晚于10月底。

2.3　科学施肥

一是增施有机肥；二是按期施肥。一年分三次施入，包括采收后的秋冬季施肥(又称月子肥)，发芽前的春季施肥，和定果后夏季施肥；三是重视根外追肥，重点补充中微量元素为主的高效叶面肥。

2.4　合理整形修剪

大量实践证明，健康旺枝上的石榴枝干干腐病发病率较低，生产中除按照正常石榴树整形修剪，改善果园通风透光条件，创造不利于发病的条件，减少病害发生几率外，更要重视枝组的更新，让更多健康枝结果。

2.5　预防冻害

一是加强后期肥水管理。在生长后期，减少氮肥施用量，提高磷钾肥施用比重，同时控制灌水量，减少秋季枝条长势。二是叶面追肥。落叶前连续喷施2~3次0.3%的磷酸二氢钾，每7~10d喷1次，能进一步增加树体营养，提高枝条充实度，并能提高枝条和花芽的抗寒能力。三是喷施果树防冻剂。于入冬前每隔10d喷施植物防冻剂150倍液2~3次，增强植株抗冻能力。四是培土防寒，1~2年幼树需根部培土防寒，3年生以上大树主杆采取包裹秸秆加塑料膜外培土三合一的办法。

2.6　生长季节疏花疏果，要带出园外

疏果成为生长期重要的菌源，必须清除；研究发现，在直径小至2cm的疏果上，可以产生大量石榴干腐病菌，为病害的再侵染提供大量菌源，不容忽视。要做到树下无病果、村边和路边等不能倾倒疏果和病果。另外，果农晒石榴皮上也有大量菌源，需要注意隔离。

2.7　加强生长期的化学防治

一是花期重点防治，开花前全园喷施3000倍30%吡唑醚菌酯加1000倍70%甲基硫菌灵

1次；开花期每隔7~10d交替喷3000倍25%吡唑醚菌酯及25%苯醚甲环唑3000倍液2次；二是套袋前的化学防治，坐果后的7~8月进入临潼高温干旱期，病原菌较少侵染发病，可喷施800倍80%代森锰锌加43%戊唑醇3000倍液或40%氟硅唑3000倍液2次，间隔时间15~20d。

对于枝干干腐病的防治，生长期使用80%波尔多液可湿性粉剂800倍液或其他有机铜制剂，与70%甲基硫菌灵或43%戊唑醇等交替使用，病菌不易产生抗药性。防治时最好加入矿物油、害立平等助剂，以提高药剂的黏着性。

2.8 加强防虫

由于该病易从伤口进行侵染，应加强蚜虫、介壳虫和绿盲椿，特别是蓟马的防治。

2.9 在定果后及时掏除萼筒内的花丝

石榴干腐病的危害大多从萼筒初开始，这些在萼筒的危害都是因石榴颚筒内的雄蕊和雌蕊形成病虫(如蓟马)隐蔽场所导致，所以在完成授粉受精后的幼果期去除雄蕊雌蕊，捣毁病虫害滋生危害场所，是解决石榴干腐病非常有效的手段，同时也可以对桃蛀螟、蓟马进行有效防治。

3 讨论

经和西北农林科技大学合作，仅对发生在临潼石榴产区的“脓包”“干枝”进行了系统的病理研究，对于果面干疤病(图4)研究正在进行中。经查阅相关资料，发生在临潼的石榴“干疤”和麻皮病[6]有很大的区别，但和有关书籍中石榴炭疽病[8]极为相似，2017-2018年连续两年实验室均未分离出炭疽病病原菌，还需进一步研究。当然生产实践中只要对石榴枝干病害，石榴脓包病害进行有效防控，石榴干疤病也很少发生。

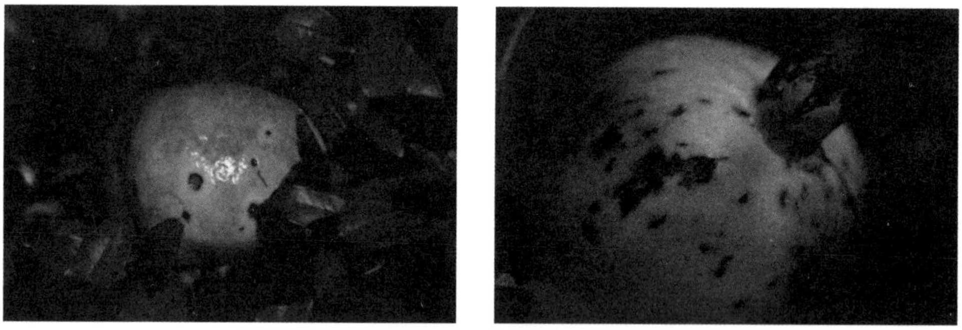

图4 石榴果面干疤病

Fig. 4 Pomegranate fruit dry scar

参考文献

[1]张军．石榴[M]．西安：陕西科学技术出版社，1989.

[2]王含，王娟，张迎军，等．陕西石榴枝条干腐病的病原鉴定[J]．植物病理学报，2017，47：401-408.

[3]刘会香，梁军，赵嘉平，等．石榴溃疡病害病原学研究[J]．林业科学，2007，43：57-58.

[4]宋晓贺，孙德茂，王明刚，等．陕西石榴干腐病发生及病原菌鉴定[J]．植物保护学报，2011，38：93-94.
[5]刘会香，费鲜云，靳勇，等．石榴疮痂病病原菌生理学特性研究[J]．中国森林病虫，2005，24(1).
[6]郑晓慧，易言郁，徐彪，等．石榴“麻皮”病病原研究[J]．云南农业大学学报。2004，19(4).
[7]张迎军，马青．石榴干腐病发生和关键防控技术[J]．陕西农业科学，2019，65(01)：103-104.
[8]苑兆和，曲健禄．中国石榴病虫害综合管理[M]．北京：中国林业出版社，2018：144-145.

枣庄地区石榴园病虫害周年防治历*

赵丽娜[①] 罗华 毕润霞 王庆军 李体松 郝兆祥*

(枣庄市石榴研究中心/枣庄市峄城区果树中心，山东枣庄 277300)

摘要：简要概述了山东枣庄地区常见石榴病虫害的种类，提出了防治基本原则和基本方法，并针对枣庄地区石榴的生长发育规律和石榴病虫害发生规律，以周年防治月历的形式，集成了一套高效安全的石榴病虫害综合防控技术，以便为石榴科技工作者和生产者借鉴参考。

关键词：石榴；病虫害；防治历

Annual Control Calendar of Pests and Diseases in Zaozhuang Pomegranate Orchards

ZHAO Lina[①], LUO Hua, BI Runxia, WANG Qingjun, LI Tisong, HAO Zhaoxiang[②]

(Zaozhuang Pomegranate Research Center/Yicheng District Fruit Tree Center in Zaozhuang , Zaozhuang, 277300)

Abstract: Common species of pests and diseases were briefly summarized in Zaozhuang pomegranate orchards. Basic principles and methods of control pests and diseases were put forward. Further more, according to rules of pomegranate growth and diseases development, an annual calendar of control pests and diseases was integrated for technical workers and farmers reference.

Key words: Pomegranate; Diseases and pests; Control calendar

山东省枣庄市是中国石榴主产区之一[1]，其辖区内的峄城区是著名的"中国石榴之乡"，石榴栽培历史悠久，古树众多，建有枣庄市石榴国家林木种质资源库、中国石榴博物馆、峄

资助项目：枣庄石榴设施栽培技术集成研究与示范(鲁发改重大办〔2018〕978 号)，中央财政林业科技推广示范资金项目(鲁(2017)TG06 号)。

第一作者：赵丽娜，女，工程师，硕士研究生，电话：15763215366，邮箱：zhaolina_ rena@ 163. com。

通讯作者：郝兆祥，地址：山东省枣庄市峄城区科达中路 1 号，邮编：277300，电话：18866326761，邮箱：6776168@ 163. com。

城区石榴盆景园和国家AAAA级“冠世榴园”风景名胜区。主栽品种为‘大青皮甜’‘青皮马牙甜’‘大红皮甜’‘三白甜’‘岗榴’‘秋艳’等[1-2]。近年来，石榴病虫害发生种类有增多趋势，部分石榴园防治不当危害加重，为石榴生产的可持续发展带来不利影响[3]。为更科学的指导石榴病虫害防治工作开展，笔者简要概述了枣庄地区石榴病虫害的种类、防治基本原则和防治方法，并以防治月历的形式，集成了一套石榴高效安全防控技术，以供石榴科技工作者和石榴生产者借鉴参考。

1 枣庄石榴主要病虫害种类

主要病害有干腐病、褐斑病、麻皮病、煤烟病、根结线虫病、太阳果病等；主要生理性病害有冻害、果实“灰籽”病等；主要虫害有棉蚜、桃蛀螟、蓟马、石榴绒蚧、龟蜡蚧、绿盲蝽、豹纹木蠹蛾、石榴茎窗蛾等[3-5]。2018年9月首次发现柑橘小实蝇危害石榴生产。

2 防治基本原则和防治方法

2.1 防治基本原则

坚决贯彻“预防为主、综合防治”的植保方针[6-7]，以改善石榴园生态环境，加强栽培管理为基础，综合应用各种防治措施，优先采用农业措施、生物防治和物理防治，配合使用高效、低毒、低残留化学农药，禁用高毒高残留的化学农药，并改进用药技术，降低农药用量。

2.2 防治方法

石榴病虫害的防治方法主要有农业防治、物理防治、生物防治和化学防治[4-5]。

2.2.1 农业防治

加强检疫，选用无病苗木[5]；选育抗病品种；采用种植防护林带、蜜源植物、行间间作或生草等措施，创造有利于果树生长、天敌生存而不利于病虫生长的生态系统，保持生物多样化和生态平衡；采取冷棚设施栽培模式，防寒避雨，避免低温冻害和减轻病虫危害；冬季彻底清园，消灭越冬虫害和传染源，减少病虫基数[4]；中耕、翻地晒土，杀死地下害虫；合理修剪，改善通风透光条件；科学施肥、合理排灌水等增强树势，减少果园病虫数量，控制病虫害的发生。该方法通过改善生态环境，营造不利于病害发生的环境，达到控制病虫害危害，获得优质、安全果品的目的。

2.2.2 物理防治

主要包括安装频振式杀虫灯、黑光灯，悬挂性诱器，悬挂粘虫黄板、蓝板，绑缚黏虫胶带，糖醋液诱杀[4-5]，果实套袋，人工捕捉等方法诱杀害虫或保护果实。该方法能有效避免化学防治对环境产生的污染、降低果品的药物残留。操作方法简便易行、效果好，可大规模推广。

2.2.3 生物防治

优先选用微生物源、植物源生物农药，如印楝素、阿维菌素等；收集、引进、繁殖、释放主要害虫天敌，如赤眼蜂、瓢虫、草蛉等。生物防治的优点是不污染环境，无农药残留，但在病害大规模发生时，防治效果不明显。

2.2.4 化学防治

利用化学农药防治石榴病虫害的方法。由于其作用快、效果好、使用方便、经济效益高等优点，是目前石榴病虫害防治的最主要方法。化学药剂的使用不可使用“国家禁用和限用农药名单”里的农药。不可盲目加大农药浓度和使药次数，不同机理的农药要交替使用。采收前 20d 停止用药，减少石榴鲜果里的农药残留，使农残不超标。

3 病虫害周年防治历

通过试验、调查、总结枣庄地区石榴的生长发育规律、病虫害周年发生规律和防治方法，特制定枣庄石榴园病虫害防治周年历(表 1)，方便石榴科技工作者和生产者借鉴参考。

4 加强石榴病虫害防治的建议

4.1 加强培训、指导和早期防治

因病虫害种类的多样性、生产者知识面窄等原因，生产者对病虫害认识不清，也不知如何有效防治，存在滥用药、用错药的情况，造成防效不佳或药害的情况[3]。因此，建议有关部门应加强对生产者的培训和指导，印发石榴病虫害图谱，供生产者查阅比对。另外，生产中不注重病虫害的早期防治，在大规模发病虫时，才进行治疗，不仅加大了农药的使用量，而且效果不佳。因此，要加强病害的早期防治，做好“治早、治小”[7]。一是要注重冬季清园，减少病虫的越冬基数。二是要抓住病虫害防治的最佳时期防治，如蚧壳虫类要在其蜡质层还未形成前及时用药防治，桃小食心虫、草履蚧要在其上树前及时诱集捕杀。三是要加强病虫害的联防联控，对于移动性强的害虫，单个石榴园进行防控效果并不好，应加强联防联控、群防群治。

4.2 提倡绿色综合防控，生产优质石榴鲜果

随着人们生活水平的提高和环保意识的增强，人们对石榴鲜果品质有了更高的要求，因此，生产者更应该注重使用农业、物理、生物等方法，进行绿色综合防治，满足人们对优质石榴鲜果的市场需求。如保护瓢虫、草蛉等害虫的天敌，以频振式杀虫灯、糖醋液、挂粘虫板等物理方法防治害虫[4]，使用有机肥、生物菌肥[8-9]，改善根系生长环境，增强树体抗性等方法进行综合防治。

表 1 枣庄石榴园病虫害周年防治历

Table 1 Annual control calendar of pests and diseases in Zaozhuang pomegranate orchards

防治时期	防治对象	防治措施
11 月至翌年 3 月(休眠期)	蚜虫、桃蛀螟、龟蜡蚧、绒蚧、木蠹蛾、茎窗蛾、草履蚧，干腐病、褐斑病等越冬病虫害	1. 清除落叶杂草和杂灌木，用硬毛刷刷除枝条上的越冬介壳虫，刮除枝干老翘树皮，剪除病虫枝，摘虫茧、虫袋，摘拾树上地下僵果、病果，集中烧毁，减少果园越冬病虫数量 2. 秋末冬初，树干涂白(生石灰 10 份、硫黄 1 份、食盐 0.6 份、水 30 份、植物油少量) 3. 落叶后至封冻前，全园淋洗式喷 3~5 波美度石硫合剂，减少有害生物越冬源 4. 2 月中旬至 3 月中旬，在树干绑缚 30cm 宽的光滑塑料膜(涂废机油内加适量甲氰菊酯乳油)或缠杀虫胶带，阻止草履蚧上树 5. 萌芽前(3 月上中旬)，对全园喷 3~5 波美度的石硫合剂，铲除越冬病害，降低病虫害发生基数

（续）

防治时期	防治对象	防治措施
4月（春梢旺盛生长期）	蚜虫、绿盲蝽、蓟马、桃小食心虫、茎窗蛾、咖啡木蠹蛾、桃蛀螟、根结线虫等	1. 70%吡虫啉5000~7000倍液或50%吡蚜酮水分散剂1500倍液防治蚜虫、绿盲蝽；也可在树冠中上部张挂黄色粘虫板诱杀蚜虫；叶片成形后，可喷施50%噻虫嗪·异丙威可湿性粉剂1500倍液+22.4%螺虫乙酯悬浮剂4000倍液防治蚜虫和其他刺吸式口器害虫 2. 采用2.5%高效氯氟氰菊酯乳油1000~2000倍液、1.8%阿维菌素乳油1500~2000倍液喷洒树盘后浅锄，使药剂进入土壤，杀死桃小食心虫、根结线虫病等在土壤表层的虫源 3. 剪除没有萌发的枝条并销毁，防治茎窗蛾和咖啡木蠹蛾
5月（盛花期）	蚜虫、蓟马、绒蚧、康氏粉蚧、咖啡木蠹蛾，干腐病、褐斑病等	1. 蚜虫：70%吡虫啉水分散剂5000~7000倍液或50%吡蚜酮水分散剂1500倍液或40%啶虫脒可溶性粉剂2500~3000倍液或25%噻虫嗪5000~10000倍液等高效、低毒、低残留农药进行喷杀，同时注意交替用药，以延缓蚜虫抗药性的产生 2. 介壳虫：5月中下旬是介壳虫若虫孵化期，体表蜡粉较少是防治的关键时期，可用15%的阿维·螺虫悬浮剂2000倍液树冠喷雾防治 3. 防病：树冠喷布1∶1∶200波尔多液，或40%多菌灵可湿性粉剂500~800倍液，或80%的大生M-45可湿性粉剂600~800倍液，或50%甲基托布津可湿性粉剂500~800倍液防治真菌病害 4. 生物防治：利用频振式杀虫灯、黑光灯、糖醋液、诱捕器或黄色粘虫板等诱杀蚜虫、桃蛀螟、蓟马（蓝色粘虫板）等害虫的成虫
6月（落花至幼果期）	桃蛀螟、桃小食心虫、龟蜡蚧、茎窗蛾、咖啡木蠹蛾、巾夜蛾、黄刺蛾，干腐病、褐斑病等	1. 害虫：喷施4.5%高效氯氰菊酯（功夫）1000~1500倍液，或2.5%高效氯氟氰菊酯乳油1000~2000倍液+25%灭幼脲悬浮剂2000倍液等防治桃蛀螟、桃小食心虫、巾夜蛾、黄刺蛾等鳞翅目害虫 2. 病害：用甲基托布津、苯醚甲环唑（世高）、多菌灵、嘧菌酯等防治干腐病、褐斑病等真菌性病害。注意，喷施嘧菌酯时不可加入助剂或增效剂 3. 叶面肥：喷施总浓度不超过0.3%的尿素、磷酸二氢钾、硼砂等补充树体营养 4. 套袋：6月下旬，第一茬花坐果后，及时套袋，套袋前要适时喷施杜邦福星、百泰等杀菌剂和绿色功夫、螺虫乙酯等杀虫剂 5. 经常检查，并及时剪除受害枯梢，并烧毁，防治咖啡木蠹蛾等枝干害虫

(续)

防治时期	防治对象	防治措施
7~8 月(果实膨大期)	干腐病、褐斑病、麻皮病、煤烟病、根腐病、太阳果病,桃蛀螟、桃小食心虫、柑橘小实蝇等	1. 套袋:继续套袋。套袋前喷一次杀虫、杀菌剂 2. 病害:10%苯醚甲环唑(世高)1500~2000 倍液、60%百泰 1000~2000 倍液、70%甲基托布津 700 倍液、50%多菌灵 500~800 倍液、25%戊唑醇 1500 倍液等交替使用,每隔 15d 左右喷一次 3. 桃蛀螟等害虫:用 40%速扑杀乳油 1000 倍液,或 20%杀灭菊酯乳油 2000 倍液+25%灭幼脲悬浮剂 2000~800 倍液,防治桃蛀螟、蓟马、介壳虫、桃小食心虫、柑橘小实蝇等 4. 根结线虫病:7、8 月份是石榴根结线虫病的高发期。可利用甲壳素+阿维菌素、噻唑膦、氟吡菌酰胺(路富达)或微生物药剂淡紫拟青霉(入眼产生不可逆伤害)、线虫必克(厚薄轮枝菌)等结合壮果肥一同使用,用药后及时使用促进根系生长的肥料 5. 在果园悬挂柑橘小实蝇性诱剂(甲基丁香酚+敌百虫)诱杀雄成虫,起到预警和减少虫口密度的作用
9~10 月(果实成熟至落叶期)	橘小实蝇、桃蛀螟、蚜虫、蓟马,干腐病、褐斑病、麻皮病等	1. 害虫:用 1.8%阿维菌素乳油 800~1000 倍液,或 2.4%阿维·高效氟氯氰菊酯可湿性粉剂 800~1500 倍液进行喷雾,防治柑橘小实蝇、蓟马等害虫;及时更换诱杀柑橘小实蝇的诱捕器中的诱芯,减少橘小实蝇对成熟果实的危害 2. 病害:10%苯醚甲环唑(世高)1500~2000 倍液、60%百泰 1000~2000 倍液、70%甲基托布津 700 倍液、50%多菌灵 500~800 倍液、25%戊唑醇 1500 液等药剂交替使用,每隔 10 左右天喷一次。采收前 20d 停止用药

参考文献

[1]郝兆祥,程作华,侯乐峰,等．山东枣庄石榴产业发展现状、存在问题及对策[J]．果树学报,2017,34(增刊):26-32.

[2]曹尚银,李好先,郝兆祥．中国石榴地方品种图志[M]．北京:中国林业出版社,2018.

[3]曲健禄,范昆,付丽,等．山东省石榴病虫害发生种类调查及防治现状[J]．中国果树,2019(02):105-107.

[4]苑兆和,曲健禄．中国石榴病虫害综合管理[M]．北京:中国林业出版社,2018.

[5]郑晓慧,何平．石榴病虫害原色图志[M]．北京:科学出版社,2013.

[6]毛加梅,付小猛,王自然,等．我国柑橘园病虫害有机防控现状和展望[J]．中国果树,2018(02):44-47.

[7]王锦峰．无公害石榴病虫害防治技术规程[J]．现代农业科技,2014(15):154-155.

[8]ALI Olyaie Torshiz, SEYED Hossein Goldansaz, BABAK Motesharezadeh, et al. Effect of organic and biological fertilizers on pomegranate trees: yield, cracking, sunburning and infestation to pomegranate fruit moth Ectomyelois ceratoniae (Lepidoptera: Pyralidae)[J]. Journal of Crop Protection, 2017, 6 (3): 327-340.

[9]王洋娟．微生物菌肥对苹果树体生长及病害防控的研究[D]．西北农林科技大学,2014.

第六篇 石榴贮藏与加工

不同贮藏温度对石榴采后生理及果实品质的影响

张润光[1]　梁琪琪[1]　郭晓成[2*]
([1] 陕西师范大学食品工程与营养科学学院，西安　710119；
[2]西安市果业技术推广中心，西安　710061)

摘要：研究不同贮藏温度对陕西临潼‘净皮甜’石榴采后生理和果实品质的影响，结果表明：石榴采用厚度0.01mm聚乙烯薄膜包装，在温度4℃条件下贮藏，能有效保持果实可溶性固形物含量、可滴定酸含量和V_C含量，抑制果实呼吸作用，减缓果皮相对电导率和褐变指数升高速率，降低果实失重率和腐烂率，贮藏120d果实外观色泽鲜艳，籽粒感官品质良好，保鲜效果理想。

关键词：石榴；贮藏温度；采后生理；果实品质

Effects of Different Storage Temperature on Postharvest Physiology and Fruit Quality of Pomegranate

ZHANG Run-guang[1], LIANG Qi-qi[1], GUO Xiao-cheng[2*]
([1]*College of Food Engineering and Nutritional Science*, *Shaanxi Normal University*, *Shaanxi Xi' an* 710119; [2]*Xi'an Fruit Industry Technology Diffusion Center*, *Shaanxi Xi' an* 710061)

Abstract: Effects of different storage temperature on postharvest physiology and fruit quality of "Jingpitian" pomegranate from Shaanxi Lintong were studied. The results showed that pomegranate fruit stored at 4℃ with the 0.01 mm thick polyethylene film wrapping could maintain the soluble solids content, titratable acidity and vitamin C content, inhibit the fruit respiration, slow down the rise of the relative conductance rate and browning index of skin, reduce the fruit weight loss rate and rotten rate effectively. After 120 days of storage, pomegranate fruit had a good appear-

收稿日期：2019-07-

基金项目：陕西省农业科技创新驱动项目(NYKJ-2018-XA05)；西安市农业科技创新工程项目(201806114YF02NC10(6))。

作者简介：张润光(1980-)，男，黑龙江牡丹江人，博士、高级工程师、硕士生导师，研究方向为农产品贮藏工程。

*通讯作者：郭晓成(1966-)，男，陕西西安人，推广研究员，硕士生导师，研究方向为植物种质资源开发利用。

ance, its sensory quality was favorable and the effect of fresh-keeping was optimum.

Key words: pomegranate; storage temperature; postharvest physiology; fruit quality

分类号: TS255.3　**文献标识码**: A **文章编号**:

石榴(*Punica granatum* L.)果形奇特，籽粒艳丽，营养丰富，味美可口，深受广大消费者青睐[1]。石榴采后萼筒对其呼吸和蒸腾作用影响较大，贮藏期间容易出现失水干缩、果皮褐变、籽粒花青素降解和果实软化腐烂等问题。国内果农常采用缸藏、窖藏、堆藏、沟藏等传统方法贮藏石榴，贮藏期短，贮后果实质量差，商品价值低，难以满足市场需要[2]。近年来，国内已有石榴贮藏保鲜的相关报道，但技术尚不成熟，未能在生产实践中大量推广应用。赵迎丽等[3]选用'泰山红''蒙阳红'和'新疆大籽'3个品种石榴进行保鲜试验，果实分选包装后分别贮藏于(8±0.5)℃恒温冷库中，贮期20周，贮后好果率分别为71.21%、78.56%和74.74%。殷瑞贞等[4]用400mg/L 2，4-D钠盐加800倍多菌灵浸果，处理后用塑料袋包装放于3~5℃冷库中，石榴可贮藏3个月，失重率为7%~8%，果面完好，商品价值基本不受影响。付娟妮等[5]发现石榴采前用70%甲基托布津可湿性粉剂2000倍液处理，防腐效果显著，处理后贮藏温度(5±1)℃，贮藏90d时腐烂指数仅为0.02。国外有关石榴的研究报道相对较多，但主要集中在石榴的营养保健和药用功效等方面，对其采后生理特性与贮藏品质的研究较少。据相关文献报道[6-7]，适宜的贮藏温度可抑制石榴采后果皮褐变，降低果实腐烂率，保持果实原有风味和品质，但这些报道各述其论，技术参数很不统一，实际生产中难以应用。本文以陕西临潼地区'净皮甜'石榴为材料，研究了不同贮藏温度对石榴采后贮藏过程中生理变化和果实品质的影响，以期为石榴的贮藏保鲜提供参考。

1　材料与方法

1.1　材料、试剂与仪器

石榴，品种"净皮甜"，采摘自西安市临潼区代王镇石榴果园。果实完全成熟，充分着色，籽粒饱满，汁液可溶性固形物含量大于15%，无病虫害和机械损伤，形状大小均匀，单果重量约300g。采收后立即运回本校实验冷库，在5℃下预冷3d以备处理。

氢氧化钠、邻苯二甲酸氢钾、2，6-二氯靛酚、抗坏血酸、草酸、氯化钡、无水乙醇、正丁醇、酚酞等均为分析纯，实验用水均为蒸馏水。

MASTER-50H手持折光仪　日本ATAGO公司；GS-ⅢB型大气采样器　上海宏宇环保应用研究所；DDS-11AT型电导率仪　上海雷磁仪器厂；JA2003N型电子天平　上海精密科学仪器有限公司。HWS-250型恒温恒湿培养箱　宁波江南仪器厂。

1.2　方法

石榴预冷后，用聚乙烯(PE)食品保鲜膜(厚度0.01mm)单果覆膜包装，分别置于0℃、4℃和8℃、相对湿度90%~95%的冷库中贮藏。以相同包装于常温条件(20℃)下贮藏的石榴作对照。每处理重复3次，每重复30.0kg。贮藏期间每隔30d随机取样测定相关指标，并作感官评定。

1.3　指标测定

可溶性固形物含量用手持折光仪测定；可滴定酸含量采用标准NaOH滴定法[8]测定；

V_C 含量采用2，6-二氯靛酚钠滴定法[9]测定；果实呼吸速率采用气流法[10]测定；果皮相对电导率用电导率仪测定；按公式果皮褐变指数=Σ(各褐变级别分值×各级褐变面积百分数)/(褐变最高级别分值×100%)计算褐变指数，式中各级褐变面积用透明厘米方格纸测定，褐变级别分值按果皮褐变颜色深度评判，评分标准为：0级，果皮没有褐变，光洁如初，0分；1级，果皮轻微褐变，表面光滑，25分；2级，果皮明显褐变，表面粗糙，50分；3级，果皮严重褐变，表面凹陷，75分；4级，果皮完全变黑，呈硬壳状，100分；按公式果实失重率(%)=(石榴初始质量-取样时质量)/石榴初始质量×100计算失重率；按公式果实腐烂率(%)=无商品价值的腐烂果数/检查果总数×100计算腐烂率；石榴籽粒感官评定：由5名专业人员对不同处理的石榴籽粒从口感、色泽、气味3个方面进行感官评判，评分标准见表1。

表1　石榴籽粒感官评分标准

Table 1　Criteria of sensory evaluation for pomegranate seeds

评价项目	评价标准	分值
口感（50分）	酸甜可口，风味突出	41~50
	酸甜适中，风味淡化	31~40
	口感不佳，风味寡淡	21~30
	稍有异味，风味较差	11~20
	异味浓烈，风味极差	0~10
色泽（40分）	色泽红艳，晶莹剔透	31~40
	颜色暗红，光泽暗淡	21~30
	粒色褐变，失去光泽	11~20
	颜色黑褐，毫无光泽	0~10
气味（10分）	没有异味，气味清新	6~10
	产生异味，难以接受	0~5

1.4　数据处理

实验数据采用DPS软件进行方差分析，多重比较采用Duncan新复极差检验[11]，显著水平取 $P<0.05$ 差异显著或 $P<0.01$ 差异极显著。本实验所有数值均从石榴预冷3d后处理之日计起。

2　结果与分析

2.1　不同温度对石榴采后可溶性固形物、可滴定酸和 V_C 含量的影响

由表2可以看出，不同处理石榴的可溶性固形物含量经历了先升后降的过程。贮藏前30d，可溶性固形物含量略有增加，这可能是贮藏初期果实中的果胶、淀粉、纤维素等物质转化为可溶性物质的结果。贮藏30d以后由于呼吸作用及其他生理活动消耗养分，导致可溶性固形物含量逐渐下降。贮藏到120d时各处理之间可溶性固形物含量差异显著($P<0.05$)，以4℃下贮藏的石榴可溶性固形物含量最高。可滴定酸是影响石榴果实风味的重要因素。本

实验发现石榴在贮藏过程中可滴定酸含量呈下降趋势，其中常温下贮藏果实代谢较快，有机酸消耗过多，可滴定酸含量下降最多；而4℃下贮藏的石榴可滴定酸含量下降较少，由最初的0.53%降至0.32%，是所有处理中保存最好的。各处理贮藏120d时经检验，0℃、8℃和常温3个处理之间可滴定酸含量差异不显著($P>0.05$)，但它们与4℃处理之间差异显著($P<0.05$)，因此认为4℃下贮藏石榴有利于保持果实良好的风味。不同温度下贮藏的石榴V_C含量总体表现出下降趋势，这是由于呼吸作用消耗使得有机物逐渐减少，合成V_C的底物不足，以及V_C自身不稳定容易分解，导致果实中V_C含量在贮藏期间逐步下降，其降低程度由大到小依次为：常温>8℃>0℃>4℃。贮藏120d时，0℃和4℃处理之间石榴V_C含量差异不显著($P>0.05$)，而它们与8℃、常温处理之间差异显著($P<0.05$)。分析显示，4℃低温下贮藏的石榴，其V_C含量保存效果较好。

表2　不同温度处理石榴可溶性固形物、可滴定酸和V_C含量的变化

Table 2　Change in soluble solids content, titratable acidity and Vc content of pomegranate under different temperature treatments

贮藏时间(d)	可溶性固形物含量(%)				可滴定酸含量(%)				V_C含量(mg/100g)			
	0℃	4℃	8℃	常温	0℃	4℃	8℃	常温	0℃	4℃	8℃	常温
0	16.5^a	16.5^a	16.5^a	16.5^a	0.53^a	0.53^a	0.53^a	0.53^a	6.87^a	6.87^a	6.87^a	6.87^a
30	16.6^a	16.7^a	16.7^a	16.8^a	0.49^a	0.48^a	0.50^a	0.49^a	6.35^a	6.24^b	6.13^c	6.19^b
60	15.8^a	16.0^a	15.4^b	15.1^c	0.43^a	0.44^a	0.43^a	0.41^a	5.47^a	5.36^b	5.04^c	4.89^d
90	14.5^b	15.1^a	14.2^b	13.7^c	0.38^b	0.41^a	0.39^b	0.36^c	4.46^b	4.57^a	4.12^c	3.65^d
120	13.8^b	14.2^a	13.3^c	12.8^d	0.27^b	0.32^a	0.26^b	0.25^b	3.88^a	3.90^a	3.26^b	2.45^c

注：同行具有不同小写字母的处理表示在0.05水平上差异显著。下同。

2.2　不同温度对石榴采后呼吸速率、相对电导率和褐变指数的影响

如表3所示，温度对石榴采后质量的影响主要表现在对其呼吸速率的影响。呼吸速率是衡量果实呼吸作用强弱的一个指标，呼吸速率越大，果实内部营养物质消耗越多，品质下降越快。采后石榴贮藏期间，果实呼吸速率呈下降趋势，且随温度的降低而下降。整个贮藏过程中没有呼吸高峰出现，表明石榴属于非呼吸跃变型果实。贮藏到120d时经差异显著性检验，0℃和4℃处理之间果实呼吸速率差异不显著($P>0.05$)，而它们与另外两个处理之间差异显著($P<0.05$)。石榴在贮藏过程中，随着果实衰老，细胞膜系统受到破坏，离子泄露增加，导致相对电导率逐渐上升，且贮藏时间越长，相对电导率越高。常温和0℃处理相对电导率变化很大，贮藏结束时分别增加了46.9%和43.2%。4℃和8℃两个处理变化相对缓慢。经差异显著性检验，贮藏到120d时4℃和8℃处理与0℃和常温处理之间相对电导率差异显著($P<0.05$)。试验表明4℃处理对延缓石榴果实衰老效果较好。石榴在0℃下贮藏果皮褐变指数急剧上升，90d时高达1.0，这是由于温度过低引起冷害，导致果皮严重褐变；8℃和常温下贮藏温度偏高，呼吸作用增强，褐变指数升高较快；4℃下贮藏效果好，120d时果皮褐变指数仅为0.32。各处理贮藏到120d经差异显著性检验，其果皮褐变指数均表现差异显著($P<0.05$)。分析得出，石榴在4℃下贮藏能有效防止果皮褐变，保持果皮色泽鲜艳。

表3 不同温度处理石榴呼吸速率、相对电导率和褐变指数的变化

Table 3 Change in respiration intensity, relative conductance rate and browning index of pomegranate under different temperature treatments

贮藏时间 (d)	呼吸速率[mg/(kg·h)]				相对电导率(%)				褐变指数			
	0℃	4℃	8℃	常温	0℃	4℃	8℃	常温	0℃	4℃	8℃	常温
0	58.7^{a}	58.7^{a}	58.7^{a}	58.7^{a}	33.2^{a}	33.2^{a}	33.2^{a}	33.2^{a}	0^{a}	0^{a}	0^{a}	0^{a}
30	32.4^{d}	33.5^{c}	36.4^{b}	44.8^{a}	38.5^{c}	39.4^{b}	40.0^{b}	41.6^{a}	0.22^{a}	0^{d}	0.08^{c}	0.14^{b}
60	23.2^{d}	25.6^{c}	29.7^{b}	38.5^{a}	47.6^{d}	49.8^{c}	52.1^{b}	55.7^{a}	0.79^{a}	0.07^{d}	0.15^{c}	0.43^{b}
90	17.8^{c}	18.2^{c}	23.6^{b}	32.2^{a}	60.5^{b}	56.5^{d}	58.4^{c}	67.2^{a}	1.00^{a}	0.16^{d}	0.37^{c}	0.63^{b}
120	11.6^{c}	12.1^{c}	19.3^{b}	30.3^{a}	78.9^{a}	64.5^{b}	64.3^{b}	79.1^{a}	1.00^{a}	0.32^{d}	0.62^{c}	0.81^{b}

2.3 不同温度对石榴采后失重率、腐烂率和籽粒感官品质的影响

从表4可知，石榴在贮藏过程中由于机体的呼吸作用和蒸腾作用，使得自身水分损失，果实组织原有的饱和状态消失，呈现萎蔫、疲软的形态，且失去光泽，商品价值降低。整个贮藏期间，石榴的失重率从入贮开始到贮藏结束总体上是逐渐上升的，但变化幅度不大。贮藏120d时，0℃和4℃处理之间的失重率差异较小($P>0.05$)，两者均低于8℃和常温处理($P<0.05$)。石榴贮藏后期果实抗病性降低，易受病菌感染，发生腐烂变质。不同温度下石榴贮藏期间果实腐烂率差异很大，常温和8℃下的石榴可能因温度过高，呼吸旺盛，物质消耗过快，引起果实腐烂，120d时腐烂率分别达到77.5%和62.1%；0℃下贮藏会发生冷害，果实腐烂程度也很高，120d时腐烂率达到45.6%；4℃下贮藏的石榴保鲜效果较好，120d时腐烂率仅为4.6%，表明该贮藏温度有利于防止果实腐烂，延长贮藏期限。贮藏120d时经测定，各处理之间果实腐烂率均存在差异显著性($P<0.05$)。石榴籽粒感官评定是衡量石榴果实贮藏品质的重要指标。0℃处理的石榴籽粒感官评分最低，原因可能是在该温度下贮藏石榴会发生冷害，表面形成硬壳，导致果实透气性变差，影响正常的呼吸作用，引起生理代谢紊乱，长期贮藏后果实内部积累了乙醇、乙醛等有害物质，籽粒品质严重下降，因此石榴贮藏温度不宜过低。贮藏120d时，4℃处理的籽粒感官评分为85，是所有处理中最高的，其口感、色泽、气味等方面均表现很好。各处理贮藏到120d时经检验，它们之间的感官评分差异显著($P<0.05$)。综合分析，4℃处理对维持石榴籽粒感官品质有良好作用。

表4 不同温度处理石榴失重率、腐烂率和籽粒感官品质的变化

Table 4 Change in weight loss rate, rotten rate and seed sensory evaluation of pomegranate under different temperature treatments

贮藏时间 (d)	失重率(%)				腐烂率(%)				籽粒感官评分			
	0℃	4℃	8℃	常温	0℃	4℃	8℃	常温	0℃	4℃	8℃	常温
0	0^{a}	0^{a}	0^{a}	0^{a}	0^{a}	0^{a}	0^{a}	0^{a}	100^{a}	100^{a}	100^{a}	100^{a}
30	0.65^{d}	0.79^{c}	0.84^{b}	1.31^{a}	0^{b}	0^{b}	0^{b}	1.8^{a}	93^{b}	98^{a}	94^{b}	92^{b}
60	1.48^{d}	1.57^{c}	1.72^{b}	2.03^{a}	2.7^{c}	0^{d}	6.3^{b}	10.2^{a}	82^{b}	93^{a}	81^{b}	74^{c}
90	2.33^{c}	2.14^{d}	2.54^{b}	3.89^{a}	13.4^{c}	1.9^{d}	22.5^{b}	36.9^{a}	58^{d}	90^{a}	75^{b}	61^{c}
120	3.67^{c}	3.70^{c}	3.85^{b}	4.56^{a}	45.6^{c}	4.6^{d}	62.1^{b}	77.5^{a}	20^{d}	85^{a}	63^{b}	42^{c}

3 讨论与结论

温度是石榴采后质量控制的关键因素，温度过高，石榴的呼吸作用增强，后熟衰老加快，水分和养分损耗加速。温度偏低，即使是在冰点以上，石榴也会出现冷害，其症状主要表现为：①果皮凹陷或出现水浸状区域；②果皮和内部组织脱色或褐变，出现棕色、褐色、黑色斑点或条纹；③正常生理代谢受阻，果实变软，出现异味；④果实耐贮性和抗病性降低，加速腐烂变质。温度在冰点以下时，石榴会发生冻害，组织内细胞间隙形成冰晶体，组织细胞会发生不可逆转的破坏。而在适宜的低温下，石榴的呼吸作用下降，水分散失减慢，组织衰老延缓，病菌感染减少，营养风味可以得到保持，贮藏期限大大延长。

有学者认为，石榴贮藏的安全温度差异受品种及产地等因素的影响。根据石榴品种的不同，其贮藏温度可在0~10℃之间变化，贮藏期可达2周至7个月[12]。Elyatem等[13]发现石榴在低于5℃的温度下贮藏会发生冷害，且冷害症状随时间的延长和温度的下降而加重，贮后果实移至20℃下放置3d，冷害症状明显可见，即果皮褐变，表面凹陷，内部籽粒颜色变暗，白色分隔腔变黑。本实验中0℃下贮藏石榴时亦出现这种现象。Aquinoa等[14]研究认为，石榴在-3~3℃条件下贮藏1个月就会发生冷害，贮藏2个月的安全温度是5℃，长期贮藏温度应为10℃，但在此条件下，腐烂和失重情况比较严重。Artes等[15]认为有效控制贮藏温度和湿度可以降低果实失重率，抑制微生物繁殖，减少果实腐烂，石榴贮藏的最适温度为5℃左右，湿度为90%~95%，这与本实验的研究结果相似。

本实验研究表明，0℃下贮藏石榴有冷害发生，引起生理代谢异常，果皮褐变严重，籽粒风味劣化。8℃和常温下贮藏，石榴生理代谢加快，物质消耗增多，果实腐烂严重，籽粒品质下降。石榴在4℃下贮藏，有利于维持石榴可溶性固形物含量、可滴定酸含量和V_C含量，抑制果实呼吸作用，延缓组织衰老，防止果皮褐变，减少水分散失，降低腐烂率，保持籽粒良好风味和品质，保鲜效果理想。这说明石榴贮藏温度为4℃时，既降低了呼吸消耗，又在一定程度上缓解了冷害的发生，贮藏效果较好。有关贮藏温度与冷害之间的具体关系以及石榴采后冷害发生的机理尚不清楚，有待进一步研究。

参考文献

[1]任平，阮祥稳，秦涛，等．石榴资源的开发利用[J]．食品研究与开发，2005，26(3)：118-120.

[2]张润光．我国石榴贮藏保鲜技术研究进展[J]．陕西农业科学，2007(1)：83-85.

[3]赵迎丽，李建华，施俊凤，等．不同品种石榴果实采后生理及果皮褐变机理的研究[J]．食品科技，2010，35(4)：62-65.

[4]殷瑞贞，崔璞玉．优质鲜石榴贮藏试验[J]．河北果树，2004(1)：13.

[5]付娟妮，刘兴华，蔡福带，等．石榴贮藏期腐烂病害药剂防治试验[J]．中国果树，2005，(4)：28-30.

[6]张玉萍，安永红．影响石榴保鲜效果的因素及贮藏技术[J]．山西果树，2005(1)：22-23.

[7]张桂，李敏．石榴保鲜技术的研究[J]．食品科技，2007(6)：233-235.

[8]侯曼玲．食品分析[M]．北京：化学工业出版社，2004：39-40.

[9]曹建康，姜微波，赵玉梅．果蔬采后生理生化实验指导[M]．北京：中国轻工业出版社，2007：34-37.

[10]张邦劳．食品科学实验基础[M]．西安：陕西人民出版社，2006：267-269.

[11]刘魁英，王有年，李永利，等．食品研究与数据分析[M]．2版．北京：中国轻工业出版社，2005：106-110.

[12]赵迎丽，李建华，王春生．石榴果实采后生理变化与贮藏保鲜研究进展[J]．保鲜与加工，2008，8(5)：11-14.

[13]ELYATEM S M，KADER A A. Post-harvest physiology and storage behaviour of pomegranate fruits[J]. Scientia Horticulturae，1984，24：287-298.

[14]AQUINOA S D，PALMAA A，Schirraa M，et al. Influence of film wrapping and fludioxonil application on quality of pomegranate fruit[J]. Postharvest Biology and Technology，2010，55：121-128.

[15]ARTES F，TUDELA J A，Villaescusa R. Thermal postharvest treatments for improving pomegranate quality and shelf life[J]. Postharvest Biology and Technology，2000，18：245-251.

鲜切‘突尼斯软籽’石榴籽粒保鲜研究

胡青霞[1] 司晓丽[1,2] 周鹏[1,3] 冯梦晨[1,4] 史江莉[1] 万然[1] 陈延惠[1]

([1] 河南农业大学 园艺学院，郑州 450002；[2] 新东方教育科技集团，杭州 310000；
[3]河南农业职业学院园艺园林学院，郑州 451450；[4] 河南省鹤壁市淇县实验中学，鹤壁 456750)

摘要：本文以郑州荥阳主栽石榴品种‘突尼斯软籽’为试验材料，研究热处理、真空包装和充气包装对鲜切石榴籽粒耐藏性的影响。本试验热空气处理在40℃、45℃和50℃三个温度条件下进行，处理时间均为1h；真空包装处理外抽式真空(充气)包装机设置三种不同真空度；充气包装设置25%CO_2+75%N_2混合气体、纯CO_2和纯N_2三种气体条件。处理后置于(5±0.5)℃条件下，定期观察各处理石榴籽粒的品质变化，并对其籽粒感官品质进行评价，测定相对电导率、失重率以及可溶性固形物含量、可滴定酸含量、花色苷含量、色泽等指标。研究认为：40℃热空气虽能够抑制‘突尼斯软籽’相对电导率和pH的上升，并能有效的保持SSC、可滴定酸和花色苷含量，但热空气处理大大缩短了其贮藏寿命，‘突尼斯软籽’石榴各热空气处理后的贮藏寿命分别为：3d、0d和0d，而CK可达12 d，因此，热空气处理不建议用于‘突尼斯软籽’石榴籽粒的采后处理。一定的真空度处理能够抑制‘突尼斯软籽’石榴籽粒相对电导率的上升，并能更好地维持花色苷、可滴定酸的含量，贮藏寿命(18d)较CK(12d)延长了6d。纯氮气体包装能抑制石榴籽粒pH和电导率的上升，并能保持可滴定酸含量，贮藏寿命(15d)较CK(12d)相比延长了3d。

关键词：石榴；籽粒；贮藏保鲜；热处理；包装方式

The Aril Storage Quality of ‘Tunisiruanzi’ Fresh-Cut Pomegranate

HU Qingxia[1], SI Xiaoli[1,2], ZHOU Peng[1,3], FENG Mengchen[1,4], SHI Jiangli[1], WAN Ran[1], CHEN Yanhui[1]

([1]*College of Horticulture, Henan Agricultural university, Zhengzhou in Henan*, 450002;
[2]*New Oriental Education and Technology Group, Hangzhou in Zhenjiang*, 310000;
[3]*Henan Vocational College of Agricuture, College of Horticulture and Landscape Architecture, Zhengzhou in Henan*, 451450;[4]*Qi county experimental middle school, Hebi in Henan*, 456750)

Abstract: In this paper, the arils of ‘Tunisiruanzi’ pomegranate were treated with different postharvest method to study their effects on the aril quality during storage. The heat treatments (hot air treatment) were designed three levels as 40℃、45℃ and 50℃ for one hour, respectively. Vacuum packaging treatments were completed by DZQ series pumping vacuum packaging machine at 1.5, 2 and 2.5 three different degrees of the machine, respectively. Aerating packaging treatment was carried out by pumped into mixed gas (25% CO_2+75% N_2), pure CO_2 and pure N_2. After treatments, the arils were stored at (5±0.5)℃. The sensory quality were observed regularly, and the relative electrolytic conductivity, weight loss, soluble solids content, pH, titratable acid content, anthocyanin content and it's color value were evaluated to study the treatments effects on aril quality to find an effective treatment to extend the pomegranate arils storage life and maintain its fresh quality. The results showed that although the 40℃ hot air treatment can inhibit the rise of relative conductivity and pH, and maintain the SSC, TA, and the content of anthocyanin, but it shortens the storage life greatly. After the hot air treatments, the storage time are 3d, 0d and 0d, respectively, while CK is up to 12d. So, the hot air treatment is not recommended for the pomegranate aril postharvest treatment. Appropriate vacuum packaging treatment can inhibit the rise of relative electrolytic conductivity, and can maintain the anthocyanin content and TA, more importantly, the storage time (18d) prolongs 6d than ck(12d). Pure N_2 package can not only inhibit the rise of pH and relative electrolytic conductivity, but also maintain the TA, for the storage time, it can prolong the time 3d than CK(12d).

Key words: Pomegranate; Arils; Storage; Heat treatment; Package

我国有悠久的石榴栽培历史，但长期以来发展缓慢，分布零散和管理粗放均是生产中存在的问题。新中国成立以后，石榴产业得到重视，至20世纪80年代以后，进入快速发展时期。尤其是近年来，石榴已经成为一种高收益树种，结合其抗旱耐贫瘠的特点，石榴成为退耕还林树种的不二之选。国家出台有关退耕还林的政策后，河南、山东、陕西、四川、云南等地区在原有的基础上石榴栽培面积有所增加，相关的配套设施及技术也在加速跟进，国家以及优势产区均出台了相关的标准，推动了石榴产业的进一步发展。科学的管理、大力度的宣传和深刻的品牌意识，造就了多个石榴主产区，现以四川、安徽、陕西、河南、云南、山东、江苏等地种植面积较大。至2013年，我国石榴栽培面积约12万 hm^2，年产量达120万t，除在国内市场占领一席之地，还远销新加坡、美国、俄罗斯、英国等国际市场，取得了显著的经济效益、社会效益和生态效益[4]。

目前，石榴是经济效益较好的小水果之一，也是我国重点发展的水果之一，虽然近些年产业发展势头强劲，但依然存在着一些问题阻碍了其稳步发展。一、石榴的裂果问题石榴在整个发育期都存在裂果现象，尤以果实采收前10~15d较为严重，轻者皮开裂影响外观，重者自萼筒以下炸开，籽粒外露。一般发生裂果的果实很难作为商品化鲜果进行销售或者根本无法销售，给果农造成了严重的经济损失；二、石榴表皮难剥离的问题跟其他水果相比(苹果、橘子等)，石榴结构较为复杂，剥起来有一定的难度，在一些场合下食用起来不方便，而且极易造成手指的染色等不雅现象，这也影响了石榴的销量，也是限制石榴产业发展的一个因素；三、石榴的表皮不光洁问题石榴在发育过程中日灼、擦伤或病虫害都会使石榴表面出现斑点，也会影响果实出售，造成一定的经济损失。四、石榴果皮的褐变问题石榴果皮多酚类物质含量高，极易褐变，影响商品外观。石榴除了鲜果应季销售外，其他都要经过一定时期的贮藏，在经过贮藏后，石榴表皮极易出现裂纹和褐变，此时的石榴尽管内部籽粒依然完好，但仍然很难销售或者是价格低廉。

同时，随着经济的快速发展，人们的生活节奏加快，生活质量也不断提高，因此，适应新型快节奏生活的鲜切果蔬就应运而生了。新鲜果蔬在经过分级、整理、清洗、修整(去皮等)、切分、消毒、包装等工序处理后，制成鲜切产品供给餐厅和超市，消费者无需做任何处理可直接食用，简化了食用程序，消费者食用起来更方便快捷，因此鲜切水果近年来发展十分迅速，未来也有很大发展前景。鉴于以上种种，笔者认为，如果将石榴籽粒剥离，并包装成商品投入市场，就可以降低石榴裂果、果皮褐变及斑点带来的经济损失，同时还方便消费者食用，还能在一定程度上扩大石榴的消费市场，推动石榴产业的发展，使其效益最大化。

目前关于鲜切石榴保鲜技术的研究，所采用的方法主要有低温贮藏、热水处理、热空气处理、自发气调贮藏(MAP)、气调贮藏(CA)以及 UV-C 等，研究的品种有'大青皮''净皮甜''泰山三白甜'等以及国外的个别品种。研究发现[1-2]，适宜的低温(4℃左右)对籽粒的保鲜具有明显的效果。申琳等以'大青皮'石榴为材料、王敏等以'净皮甜'石榴为试验材料进行鲜切保鲜研究，均支持这个观点。有关热处理的研究结果不一。王琼等以'净皮甜'石榴为材料将其籽粒进行 40℃热水 4min 处理后研究认为，适度的热处理可以延长其贮藏期限；Mahshad Maghoumi 等以'Malese-Saveh'石榴为试验材料，对新鲜采摘的石榴进行鲜切处理，之后对鲜切籽粒进行热空气处理后研究认为 40℃1h 热处理的石榴籽粒，能更好的减少抗氧化能力和酚类物质的降低，呈现更好的外观，保持良好风味，并且无不良气味产生[3]；但其以'Mollar de Elche'石榴为试验材料，将鲜切石榴籽粒进行 40℃30s 的热水处理，然后置于相对湿度 90%的 5℃条件下贮藏 14d，研究认为 40℃30s 的热水处理虽然能抑制 PPO 的活性，却增加了 POD 的活性，不建议用该种处理方式来延长石榴籽粒的货架期[4]。

有关气调贮藏研究方面，目前研究多集中在超高氧气调包装对石榴籽粒的影响上，且研究表明，超高氧气调包装对石榴籽粒的品质有很好的保持作用。Mahshad Maghoumi 等以'Malese-Saveh'和'Mollar de Elche'石榴为试验材料，均得出超高氧气调包装(80% O_2，20% N_2)贮藏效果最佳，优于高二氧化碳、自发气调包装；Ayhan 等的研究也证实，高 O_2条件下石榴籽粒在第 18d 仍保持较好的品质和较低的微生物水平[5]。此外，有关 UV-C 处理对石榴籽粒保鲜特性的影响也有相关的研究，但因为背景条件不同，因此所得的研究结果不一。王敏等将'净皮甜'石榴鲜切处理后，用紫外线照射发现 UV-C 处理会提高石榴籽粒酶的活性；同时对细胞膜造成一定损伤，导致丙二醛积累增加；对石榴籽粒的 SSC、pH、颜色及感官品质无明显影响，且杀菌效果亦不显著，因此得出 UV-C 照射不适应用于石榴籽粒贮藏保鲜[6]。而杨雪梅等以'泰山三白甜'石榴为试验材料，认为紫外处理可降低失水率、腐烂率和相对电导率，延长贮藏期，保持良好品质[7]。Mahshad Maghoumi 等的结果证明，经 UV-C 处理后的石榴籽粒，在贮藏结束时，含菌量最低且抗氧化活性和总酚含量最高，能保持较好的品质和风味[3]。

本研究以河南荥阳特色中熟石榴品种'突尼斯软籽'为试验材料，采用不同程度的高温热处理、真空包装处理以及不同气体充气包装处理后，置于(5±0.5)℃环境中贮藏，观察评价石榴籽粒品质、测定贮藏期间籽粒色泽、籽粒相对电导率以及花色苷含量等的变化，并对各项指标进行统计分析，试图找到一种合理的采后处理方式，减少石榴生产中的损失，为现有的鲜切石榴籽粒贮藏保鲜技术提供一种参考，旨在为'突尼斯软籽'石榴产业的可持续发展提供参考。

1 材料与方法

1.1 试验材料与处理方法

本试验以'突尼斯软籽'石榴为试验材料，分别于2016年10月5日、2016年10月19日采收。挑选无病虫害、无机械损伤、果形端正、成熟度一致、果个大小均匀的果实作为试验材料。

将所选的'突尼斯软籽'石榴手工剥出籽粒，分别进行热处理试验、充气包装处理和真空包装处理试验。具体处理方法如下：

热处理：试验设置3个温度梯度，分别为40℃、45℃和50℃，分别记作T_h1、T_h2和T_h3，处理时间均为1h。将待处理石榴籽粒平铺于不锈钢托盘中，放置于鼓风干燥箱中，并在箱内放置水盘，设置热处理温度，待温度达到设定值时即将装有籽粒的托盘放入箱中进行热处理；处理时间到后及时取出晾凉，装入300ml大小PE塑料盒中，每盒100g左右石榴籽粒，后装入聚乙烯平口袋(长400mm、宽300mm、厚0.05mm)中，封口后置于(5±0.5)℃贮藏环境中贮藏。不做热处理的为对照。每处理和CK均重复3次。

真空处理：根据真空包装机的真空档位情况将处理设置为1.5档、2档和2.5档，抽真空时间分别为15s、20s和25s，三种处理分别记作T_v1、T_v2和T_v3。将待处理的石榴籽粒装入PE塑料盒中(同上)，置于聚乙烯薄膜袋内，将包装机调至所要求档位，用包装机进行包装，同时完成抽真空、密封等过程。不抽真空，用塑料薄膜包装的为对照。贮藏条件同上。

充气包装处理：包装内气体成分设置为3种：25%CO_2+75%N_2混合气体、纯CO_2和纯N_2，分别记为T_g1、T_g2和T_g3。将装有25%CO_2+75%N_2混合气体的气瓶与外抽式真空包装机连接(根据预备试验情况，将包装机各项参数事先进行调试)。将待处理的石榴籽粒置于聚乙烯薄膜袋内，用包装机进行包装，同时完成抽真空、注入气体及密封等过程。包装完成后置于(5±0.5)℃贮藏环境中进行贮藏。纯CO_2、纯N_2充气包装处理的操作同上。仅用塑料薄膜包装，不外充气体的为对照。

1.2 测定指标方法

在石榴籽粒贮藏期间每3d取样测定不同指标，所取样品须能代表整个处理的状态。

1.2.1 籽粒感官评价

感官评价由6位经培训的评定员从外观品质、不良风味和偏好性三方面进行打分。评分标准如下[8-10]。

(1)外观品质评价

9分　品质完好，籽粒新鲜有光泽，无褐变腐烂

7分　品质较好，光泽轻微黯淡，无褐变腐烂

5分　品质一般，暗淡无光，有轻微褐变，无腐烂

3分　品质较差，失去光泽，褐变明显，稍有腐烂

1分　腐烂变质

(2)不良风味评价

4分　有严重异味

3分　异味较浓

2分　异味明显

1分　有轻微异味

0分　无异味

(3)偏好性分析

9分　特别喜欢

7分　中等喜欢

5分　既不喜欢也不讨厌

3分　中等不喜欢

1分　特别不喜欢

1.2.2　相对电导率的测定

以相对电导率表示，参照徐新娟等[11]的方法。称取5.0g左右(m)石榴籽粒，加入盛有50mL蒸馏水的小烧杯中，静置30min后，用电导率仪测定提取液电导率(L_1)；然后将样品置于-20℃冰柜冷冻24h，取出室温解冻后测电导率值(L_2)。以相对电导率值表示组织透性的大小，相对电导率(Le)为：$Le=\frac{L_1}{L_2}/m\times5\times100\%$

1.2.3　失重率的测定

试验采用称重法测定失重率。

$$失重率=\frac{贮前鲜重-贮后鲜重}{贮前鲜重}\times100\%$$

1.2.4　可溶性固形物含量(SSC)的测定

石榴榨汁后，用手持式糖量计进行测定。

1.2.5　pH的测定

石榴榨汁后用酸度计进行测定。

1.2.6　可滴定酸含量(TA)的测定

可滴定酸含量的测定参照曹建康等[12]方法，以柠檬酸含量计算。

1.2.7　花色苷含量的测定

pH示差法。参照郭松年等[13]的方法。

1.2.8　籽粒色泽的测定

使用HP-C210精密色差仪测定。

1.3　试验设备

精密鼓风干燥机：BPG-9106A型电热鼓风干燥箱(上海—恒科学仪器有限公司)

真空包装机：DZQ系列外抽式真空(充气)包装机(上海余特包装机械有限公司)

温湿度记录仪：华图HE173型温湿度记录仪(深圳市华图测控系统有限公司)

色差仪：HP-C210精密色差仪(深圳市汉普检测仪器有限公司)

电子天平：JY502(上海浦春计量仪器有限公司)

酸度计：pHB-5型便携式pH计(上海伟业仪器厂)

手持式糖度计：ATAGO digital hand-held pocket

电导率仪：DDSJ-308A型电导率仪(上海精密科学仪器有限公司)

紫外分光光度计：A560 紫外可见分光光度计[翱艺仪器(上海)有限公司]

1.4　数据分析

用 Microsoft Excel 对数据进行整理，用 SPSS 17.0 软件进行方差分析以及相关性分析。用 Microsoft Excel 进行制图。

2　结果与分析

2.1　热处理对石榴籽粒贮藏品质的影响

2.1.1　热处理对石榴籽粒贮藏期间感官品质的影响

从表 1 中可以看出，‘突尼斯软籽’石榴 CK 组在整个贮藏期间，外观品质和偏好性得分均高于各处理组，不良风味得分较低且出现的时间也最晚，其保持其感官品质的寿命为 12d（此时外观品质和偏好性为 7，且无不良风味产生），热处理 T_h1 为 3d，而 T_h2 和 T_h3 处理组则均在第 3d 时已不具良好品质(外观品质得分低于 7)。说明本试验所采用的热处理方法降低了‘突尼斯软籽’石榴籽粒的感官品质，而且随着热处理温度的增加，其寿命也迅速缩短。可见，本试验对石榴籽粒进行热处理未能起到应有的效果。

表 1　热处理对‘突尼斯软籽’石榴籽粒贮藏期间感官品质的影响

Table **1**　Effects of heat treatments on the sensory quality of aril during the storage of ‘Tunisiruanzi’ pomegranate

感官品质	处理	贮藏天数(d)						
		0	3	6	9	12	15	18
外观品质	T_h1	9	7	5	5	5	3	—
	T_h2	9	5	3	—	—	—	—
	T_h3	9	3	—	—	—	—	—
	CK	9	9	9	7	7	5	5
偏好性	T_h1	10	5	5	5	5	3	—
	T_h2	10	5	3	—	—	—	—
	T_h3	10	3	—	—	—	—	—
	CK	10	9	7	7	7	5	5
不良风味	T_h1	0	0	0	0	1	2	—
	T_h2	0	0	0	—	—	—	—
	T_h3	0	0	—	—	—	—	—
	CK	0	0	0	0	0	1	2

2.1.2　热处理对石榴籽粒贮藏期间相对电导率的影响

从图 1 可以看出，石榴籽粒进行热处理后相对电导率均较 CK 急剧上升，且随热处理温度的上升，相对电导率值越大；T_h1 处理电导率高出 CK2.5 倍，T_h3 处理的可高达 4.1

倍。不同的是，电导率除T_h3处理的为缓慢上升外，T_h1和T_h2均呈缓慢下降趋势，尤其是T_h1处理的，在贮藏至9d后，其相对电导率低于对照(图1)。可见，三个温度梯度的热处理相比，T_h1组与CK组相比在贮藏后期能明显抑制'突尼斯软籽'石榴籽粒相对电导率的升高。

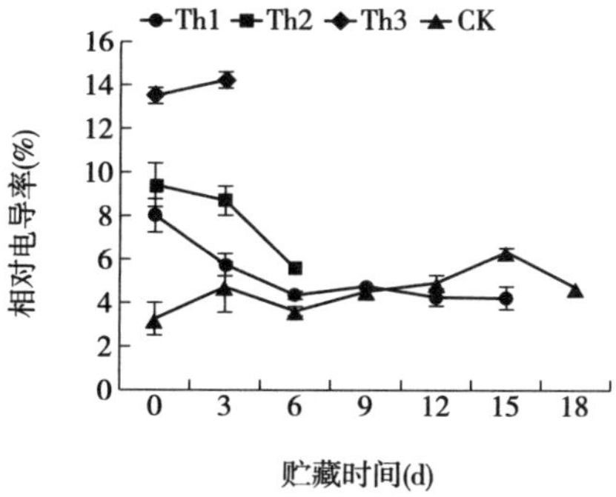

图1 热处理对石榴籽粒贮藏期间相对电导率的影响

Fig. 1 Effects of heat treatments on relative conductivity during the aril storage of pomegranate

2.1.3 热处理对石榴籽粒贮藏期间失重率的影响

从图2可以看出，石榴籽粒热处理后失重率急剧上升，到第3d时，其失重率均是CK的3倍以上；此后的贮藏期间呈缓慢上升趋势。不同热处理的籽粒其失重率相比，温度越高，其失重率相对也越高。

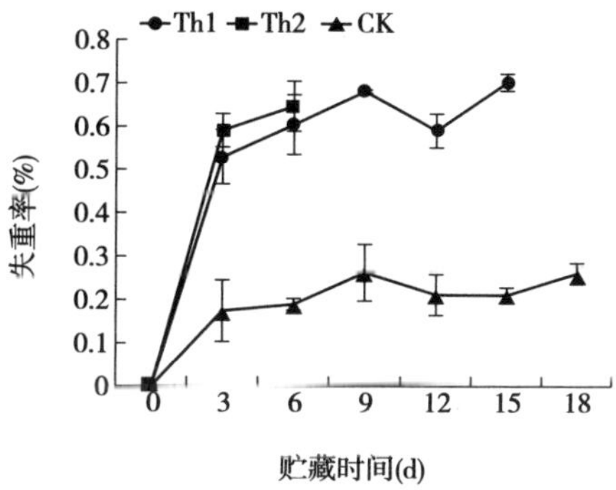

图2 热处理对石榴籽粒贮藏期间失重率的影响

Fig. 2 Effect of heat treatment on aril weight loss rate during the storage of pomegranate

2.1.4 热处理对石榴籽粒贮藏期间可溶性固形物(SSC)、花色苷含量的影响

从图3A可以看出，热处理后可使SSC有不同程度的上升，其中T_h2上升幅度最大，提高了7.1%，但其下降幅度较CK和其他处理的要高，贮藏6d时，T_h2处理的SSC下降幅度为4.2%，分别比同时期的CK(下降幅度为1.3%)和T_h1(上升了1.2%)高出223.1%和450%；总体上看，T_h1对石榴籽粒SSC的保持还是有效的。

从图3B可以看出，热处理后，籽粒花色苷含量发生了变化，呈现$T_h1<CK<T_h2<T_h3$的情况。在整个贮藏期间，'突尼斯软籽'石榴籽粒花色苷含量总体呈下降趋势。T_h1处理组至贮藏15d时，花色苷含量由初始的82.88mg/L下降至67.24mg/L，下降幅度约6.81%，日均下降0.45%；T_h2处理组在贮藏6d时，花色苷下降幅度为10.5%，日均下降达到1.75%；

T_h3 组贮藏 3d 时，花色苷含量下降幅度为 5.56%，日均下降幅度为 1.85%；CK 组贮藏 15d 时，花色苷含量由 106.43mg/L 下降至 97.43mg/L，下降幅度约 8.46%，日均下降幅度为 0.56%。整体来讲，花色苷含量日下降幅度 T_h1<CK<T_h2<T_h3，其中 T_h1 的下降幅度远远低于 T_h2 和 T_h3，比 CK 低 19.5%。可见，T_h1 处理可延缓‘突尼斯软籽’石榴籽粒贮藏期间花色苷含量下降的作用。

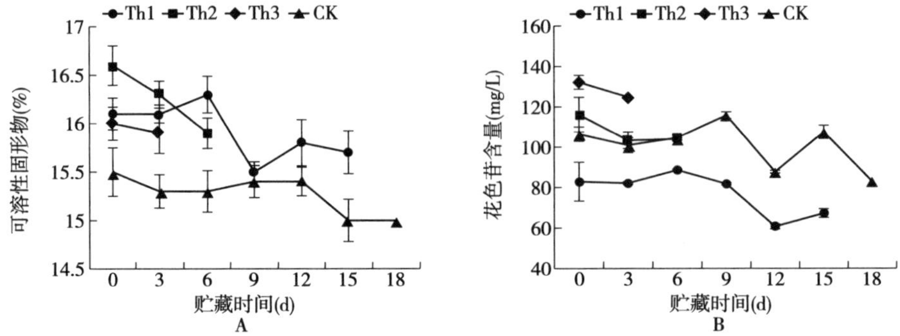

图 3　热处理对石榴籽粒贮藏期间 SSC 和花色苷含量的影响

Fig. 3　Effect of heat treatment on aril SSC and anthocyanin during the storage of pomegranate

2.1.5　热处理对石榴籽粒贮藏期间 TA 和 pH 的影响

从图 4A 可以看出，热处理后，TA 含量均有所上升。整个贮藏期间的 TA 含量呈下降趋势。T_h1 处理组在贮藏的 15d 内，下降幅度约 21.88%；而 T_h2 和 T_h3 贮藏期限仅维持了 6d 和 3d，在这有限的时间内，其 TA 下降相对初始值分别达到 15.6%和 10.0%，日均下降要远远高出 T_h1；CK 处理组在贮藏 15d 时，TA 值由 0.28%下降至 0.23%，下降幅度约 17.9%。因此，与 CK 相比，试验所用的热处理均使籽粒在贮藏期间 TA 含量下降趋势加大(日均下降幅度为 CK<T_h1<T_h2<T_h3)。可见，所采取的热处理温度不适宜的情况下，不仅影响其细胞的完整性，对其内在 TA 的代谢强度也产生了负面影响。

从图 4B 可以看出，‘突尼斯软籽’石榴籽粒经热处理后 pH 呈现不同程度的减少。在贮藏期间，T_h1 和 CK 组的 pH 大体呈上升趋势。T_h1 贮藏结束时(15d)增加幅度为 8.57%，CK 组贮藏结束时(18d)增加幅度为 2.7%。T_h2 和 T_h3 贮藏期限较短，而在其有限的贮藏期限内 pH 稍有下降(T_h2 下降 2.7%)或无变化(T_h3)。综上所述，热处理不能抑制石榴籽粒 pH 的上升。

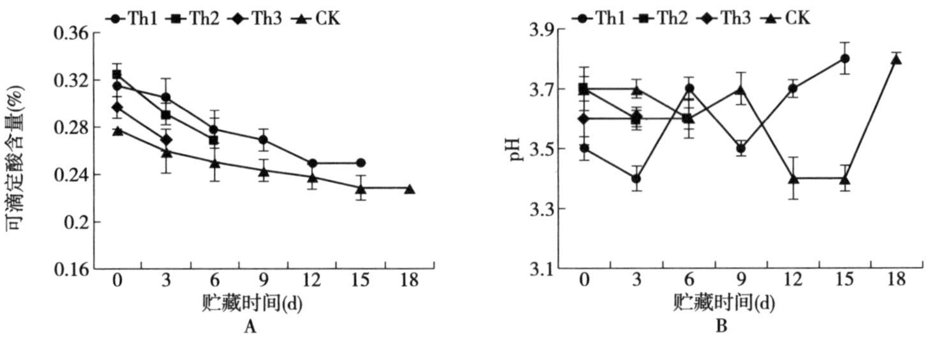

图 4　热处理对石榴籽粒贮藏期间 TA 和 pH 含量的影响

Fig. 4　Effect of heat treatment on aril TA content during the storage of pomegranate

2.1.6　热处理对石榴籽粒贮藏期间色泽的影响

从表2可以看出，热处理后当天其L＊值、b＊值均显著下降，而对a＊值的影响则有上升的趋势，随着热处理温度的升高，增加幅度也越大，Th3对其影响达到显著水平。可见，热处理后‘突尼斯软籽’石榴的亮度显著下降，并显著色泽偏蓝。贮藏至15d时，Th1处理组的L＊值、a＊值和b＊值均较初始值有所上升，且L＊值、a＊值均高于CK组。可见，Th1处理使‘突尼斯软子’石榴籽粒贮藏期间亮度提高，并使籽粒色泽有偏红和偏黄的趋势。

表2　热处理对‘突尼斯软籽’石榴籽粒贮藏期间色泽的影响

Table 2　Effect of heat treatment on the color of ‘Tunisiruanzi’ pomegranate aril during the storage

色泽	处理	贮藏天数(d)						
		0	3	6	9	12	15	18
L＊	T_h1	31.89±0.95b	37.25±1.44a	29.41±2.39a	39.12±1.88a	41.06±1.33a	34.77±1.53a	—
	T_h2	30.21±1.01b	40.47±1.83a	29.34±1.55a	—	—	—	—
	T_h3	28.83±1.12b	35.92±3.73a	—	—	—	—	—
	CK	35.54±1.25a	37.96±2.91a	30.68±1.33a	38.83±2.42a	34.01±0.73b	33.90±1.87a	42.73±3.08a
a＊	T_h1	27.66±0.84b	27.68±3.86a	36.10±3.31ab	27.75±3.19b	38.93±1.62a	35.90±1.50a	—
	T_h2	31.68±1.82ab	26.54±3.19a	33.12±1.12a	—	—	—	—
	T_h3	33.32±1.80a	30.68±4.61a	—	—	—	—	—
	CK	27.55±0.71b	30.70±4.41a	37.55±1.62ab	36.81±2.23a	39.41±2.98a	30.84±2.75a	27.79±3.54a
b＊	T_h1	1.11±0.53b	6.17±2.92a	6.97±0.67b	8.23±0.66a	3.85±1.29b	4.31±1.71a	—
	T_h2	1.83±0.63b	6.83±3.17a	4.48±1.05b	—	—	—	—
	T_h3	1.80±0.38b	5.54±4.95a	—	—	—	—	—
	CK	6.20±0.70a	4.84±3.49a	8.79±0.73a	6.50±1.60a	9.71±1.10a	4.47±0.57a	4.69±1.34a

注：不同字母表示经Duncan新复极差法比较后差异达5%显著水平(下同)。

2.2　不同真空度对石榴籽粒贮藏品质的影响

2.2.1　不同真空度对石榴籽粒贮藏期间感官品质的影响

从表3中可以看出，‘突尼斯软籽’石榴T_v1处理组在整个贮藏期间，外观品质和偏好性得分均高于各处理组，至贮藏结束时(18d)，仍能保持其较高感官品质且无不良风味产生；T_v2和CK组能保持其感官品质的天数均为12d(此时外观品质和偏好性为7，且无不良风味产生)；而T_v3却仅能保持6d。对于‘冬艳’来说(表6)，至贮藏结束时，各组均无不良风味产生，T_v1和T_v2能保持感官品质的时间(21d和18d)均长于CK组(15d)，Tv3则与CK组相同。可见，T_v1处理能使两个品种的石榴籽粒保持较高感官品质的时间延长，T_v2处理也可使‘冬艳’石榴贮藏期限延长3d。

表3 不同真空度对'突尼斯软籽'石榴籽粒贮藏期间感官品质的影响

Table 3 Effect of the degree of vacuum treatment on the sensory quality of aril during the storage of 'Tunisiruanzi' pomegranate

感官品质	处理	贮藏天数(d)						
		0	3	6	9	12	15	18
外观品质	T_v1	9	9	9	9	7	7	7
	T_v2	9	9	7	7	7	5	5
	T_v3	9	9	7	5	5	5	3
	CK	9	9	9	7	7	5	5
偏好性	T_v1	10	9	9	9	7	5	5
	T_v2	10	9	7	7	7	5	5
	T_v3	10	9	7	7	5	5	3
	CK	10	9	7	7	7	5	5
不良风味	T_v1	0	0	0	0	0	0	0
	T_v2	0	0	0	0	0	0	1
	T_v3	0	0	0	0	0	0	1
	CK	0	0	0	0	0	1	2

2.2.2 不同真空度对石榴籽粒贮藏期间相对电导率的影响

从图5中可以看出，石榴籽粒贮藏期间相对电导率整体呈上升趋势。T_v1 和 T_v2 处理对两个品种的影响一致，不同的是，T_v1 处理在15d之前均有抑制电导率上升的作用，而 T_v2、T_v3 处理组电导率均高于CK组，且存在显著性差异($P<0.05$)。可见，只有 T_v1 处理能够抑制石榴籽粒电导率的上升。

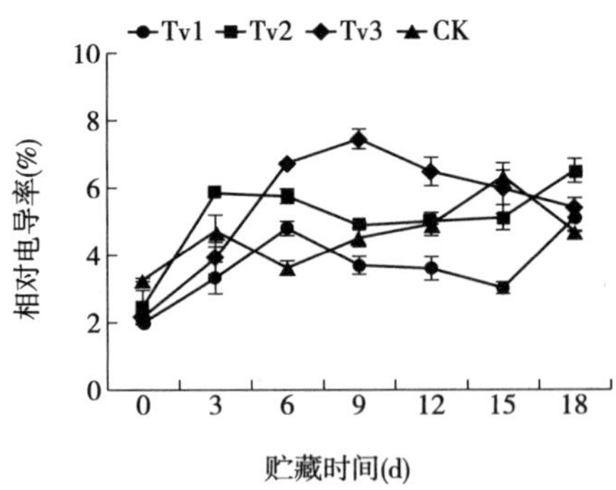

图5 不同真空度对石榴籽粒贮藏期间相对电导率的影响

Fig. 5 Effect of the degree of vacuum treatment on aril relative conductivity during the storage of pomegranate

2.2.3 不同真空度对石榴籽粒贮藏期间失重率的影响

从图6中可以看出，随贮藏时间的延长，石榴籽粒失重率呈上升趋势。T_v2 和 T_v3 处理组贮藏期间均略高于CK组；T_v1 处理组失重率15d之前均低于CK组，最低时为CK组的50%。

由此可知，T_v1 处理与 CK 组相比能抑制‘突尼斯软籽’石榴籽粒贮藏期间失重率的上升。

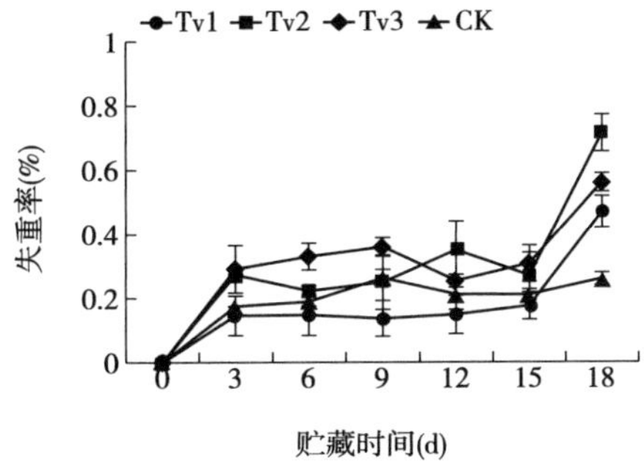

图 6　不同真空度对石榴籽粒贮藏期间失重率的影响

Fig. 6　Effect of the degree of vacuum treatment on aril weight loss rate during the storage of pomegranate

2.2.4　不同真空度对石榴籽粒贮藏期间可溶性固形物(SSC)和花色苷含量的影响

从图 7A 可以看出，贮藏过程中石榴籽粒 SSC 整体呈缓慢下降趋势。三个处理组石榴籽粒的 SSC 下降幅度均大于 CK 组(T_v1 处理组下降了 3.25%，T_v2 处理组下降了 5.92%，T_v3 处理组下降了 3.80%，CK 组下降了 1.96%。可见，真空包装处理对石榴籽粒 SSC 的保持是无效的。

从图 7B 中可以看出，‘突尼斯软籽’石榴籽粒贮藏期间花色苷含量呈不规则波动，贮藏期间花色苷含量整体呈现先上升后下降的趋势。贮藏结束时(18d)，T_v1、T_v2 和 T_v3 处理组下降幅度(7.84%、11.82%和 9.89%)均低于 CK 组(22.17%)。由此可得，不同真空度处理均能抑制‘突尼斯软子’石榴籽粒贮藏期间花色苷含量的下降，其中 T_v1 处理效果最佳。

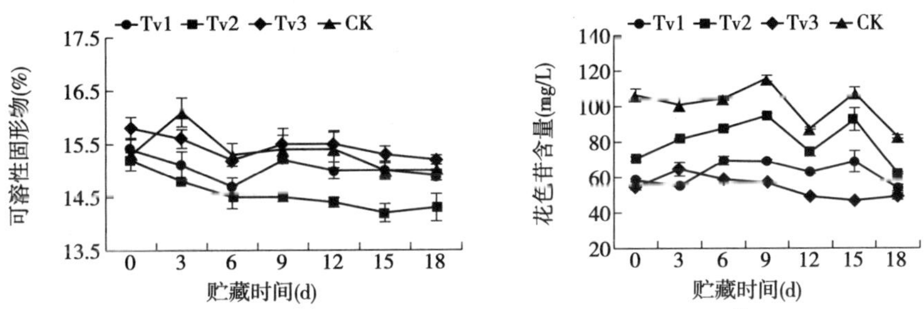

图 7　不同真空度对石榴籽粒贮藏期间 SSC 和花色苷含量的影响

Fig. 7　Effect of the degree of vacuum treatment on aril SSC and anthocyanin during the storage of pomegranate

2.2.5　不同真空度对石榴籽粒贮藏期间 TA 和 pH 的影响

从图 8A 可以看出，在整个贮藏期间，‘突尼斯软籽’石榴籽粒可滴定酸含量呈下降趋势。贮藏结束时(18d)，T_v3 处理组下降幅度(16%)低于 CK 组(17.86%)，而 T_v1 和 T_v2 下降幅度(21.43%和 28.57%)均高于 CK 组。可见，T_v3 处理能更好地保持可滴定酸含量。

从图 8B 可以看出，‘突尼斯软籽’石榴籽粒在贮藏前期(9d)pH 无明显变化，之后先下降后上升，至贮藏结束时，各组均较初始值有所上升，T_v1、T_v2 和 T_v3 处理组上升幅度(8.57%、11.76%和 8.33%)均高于 CK 组(2.7%)。可见，真空包装处理对‘突尼斯软籽’和

‘冬艳’贮藏期间 pH 影响同，对前者，三种处理均不能抑制 pH 的上升；对后者，T_v2 和 T_v3 处理均能有效抑制 pH 的上升。

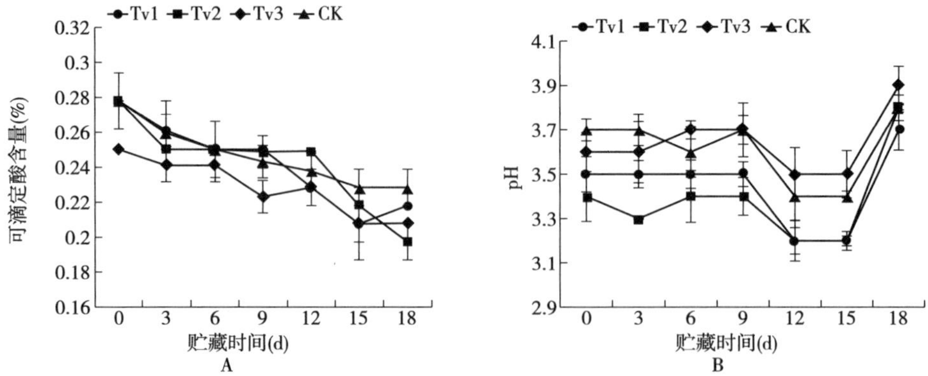

图 8　不同真空度对石榴籽粒贮藏期间 TA 和 pH 的影响

Fig. 8　Effect of the degree of vacuum treatment on aril TA content during the storage of pomegranate

2.2.6　不同真空度对石榴籽粒贮藏期间色泽的影响

从表 4 可以看出，贮藏过程中‘突尼斯软籽’石榴籽粒的 L＊值不断波动，但整体呈上升趋势，其中 T_v3 处理组上升幅度较大，并在 6d 显著高于 CK 组。整个贮藏过程中，a＊值呈不规则变化，无明显规律。整个贮藏过程中，b＊值整体呈上升趋势，贮藏期间，各组 b＊值均有所上升，其中 T_v3 处理组上升幅度较大，并在 9d 是显著高于 CK 组。可见，不同真空度包装处理对色泽的三个值的影响不同，T_v3 处理能提高‘突尼斯软籽’石榴籽粒的亮度，同时使色泽偏黄；而对于 a＊值则三种处理均无明显影响。

表 4　不同真空度对‘突尼斯软籽’石榴籽粒贮藏期间色泽的影响

Table 4　Effect of the degree of vacuum treatment on the color of ‘Tunisiruanzi’ pomegranate aril during the storage

色泽	处理	贮藏天数(d)						
		0	3	6	9	12	15	18
L＊	T_v1	29. 41±1. 17b	41. 81±2. 62a	30. 46±1. 72b	42. 34±1. 96a	38. 48±2. 43a	37. 40±2. 67ab	39. 16±1. 64a
	T_v2	31. 65±0. 84b	32. 73±2. 66b	33. 05±1. 01ab	36. 44±5. 46a	31. 04±1. 51b	31. 35±1. 69b	40. 53±3. 03a
	T_v3	30. 10±1. 41b	33. 58±1. 98b	36. 15±1. 41a	37. 71±1. 93a	33. 46±1. 44ab	43. 26±4. 51a	41. 12±2. 26a
	CK	35. 54±1. 25a	37. 96±2. 91ab	30. 68±1. 33b	38. 83±2. 42a	34. 01±0. 73ab	33. 90±1. 87b	39. 81±1. 85a
a＊	T_v1	38. 19±1. 80a	23. 04±4. 66b	34. 94±1. 34a	30. 72±2. 12a	34. 65±1. 49b	43. 27±3. 08a	27. 90±4. 63ab
	T_v2	36. 88±0. 83a	42. 70±5. 82a	36. 79±0. 42a	33. 48±7. 18a	43. 39±2. 39a	43. 17±2. 52a	30. 74±1. 35a
	T_v3	37. 51±2. 13a	30. 71±3. 03ab	37. 97±2. 96a	26. 99±2. 64a	40. 51±1. 89ab	25. 76±4. 24b	19. 95±1. 50b
	CK	27. 55±0. 71b	30. 70±4. 41ab	37. 55±1. 62a	36. 81±2. 23a	39. 41±2. 98ab	30. 84±2. 75b	27. 58±1. 36ab
b＊	T_v1	2. 82±0. 85b	8. 90±2. 82a	7. 62±1. 62a	9. 56±1. 95ab	5. 83±1. 44b	5. 26±1. 26a	8. 04±1. 53a
	T_v2	3. 41±0. 66b	4. 48±1. 70a	2. 80±1. 55b	9. 68±2. 20ab	12. 21±1. 55a	3. 08±1. 46a	6. 10±1. 39a
	T_v3	3. 10±0. 83b	4. 02±1. 78a	7. 29±1. 32a	12. 46±1. 08a	9. 63±1. 60ab	7. 39±3. 21a	8. 24±1. 80a
	CK	6. 20±0. 70a	4. 84±1. 55a	8. 79±0. 73a	6. 50±1. 60b	9. 71±1. 10ab	4. 47±0. 57a	7. 66±1. 01a

2.3 不同充气包装对石榴籽粒贮藏品质的影响

2.3.1 不同充气包装对石榴籽粒贮藏期间感官品质的影响

从表5可以看出，T_g3 处理组能更好的保持石榴籽粒的感官品质(对'突尼斯软籽'贮藏至15d时仍能较好地保持石榴籽粒贮藏期间的感官品质，CK组可保持至12d；T_g1 和 T_g2 处理组能保持较好的外观品质('突尼斯软籽'均为12d)，但第3d开始出现轻微异味。

表5 不同充气包装对'突尼斯软籽'石榴籽粒贮藏期间感官品质的影响

Table **5** Effect of different inflatable packaging treatment on the sensory quality of aril during the storage of 'Tunisiruanzi' pomegranate

感官品质	处理	贮藏天数(d)						
		0	3	6	9	12	15	18
外观品质	T_g1	9	9	9	9	7	5	5
	T_g2	9	9	9	9	7	5	5
	T_g3	9	9	9	9	7	7	5
	CK	9	9	9	7	7	5	5
偏好性	T_g1	10	9	7	7	5	3	3
	T_g2	10	9	5	5	5	3	3
	T_g3	10	9	7	7	7	7	5
	CK	10	9	7	7	7	5	5
不良风味	T_g1	0	1	1	1	1	2	2
	T_g2	0	1	1	1	1	2	3
	T_g3	0	0	0	0	0	0	0
	CK	0	0	0	0	0	1	2

2.3.2 不同充气包装对石榴籽粒贮藏期间相对电导率的影响

从图9可以看出，对'突尼斯软籽'来说，T_g1 处理可抑制前者电导率的上升；T_g2 相对电导率高于CK组；T_g3 处理则无明显影响。

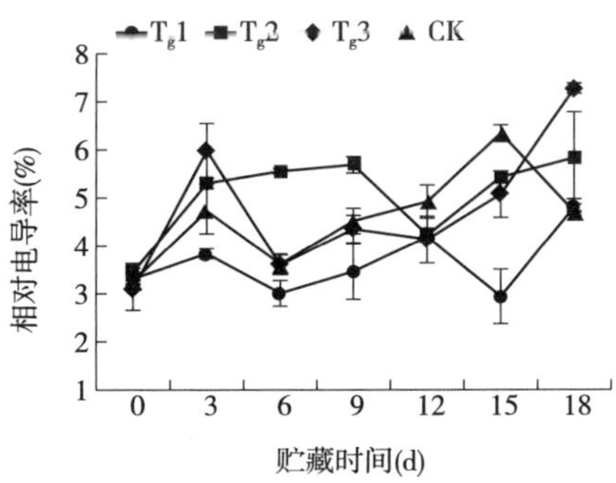

图9 不同充气包装对石榴籽粒贮藏期间相对电导率的影响

Fig. 9 Effect of different inflatable packaging treatment on aril relative conductivity during the storage of pomegranate

2.3.3 不同充气包装对石榴籽粒贮藏期间失重率的影响

从图10可以看出，石榴籽粒贮藏期间失重率均呈上升趋势。T_g1 处理在贮藏3d后与CK组失重率均急剧上升，T_g1 处理高达CK组的2.4倍，之后缓慢上升；T_g2 处理对‘突尼斯软籽’无明显影响；T_g3 处理可抑制‘突尼斯软籽’石榴籽粒贮藏期间失重率的上升。

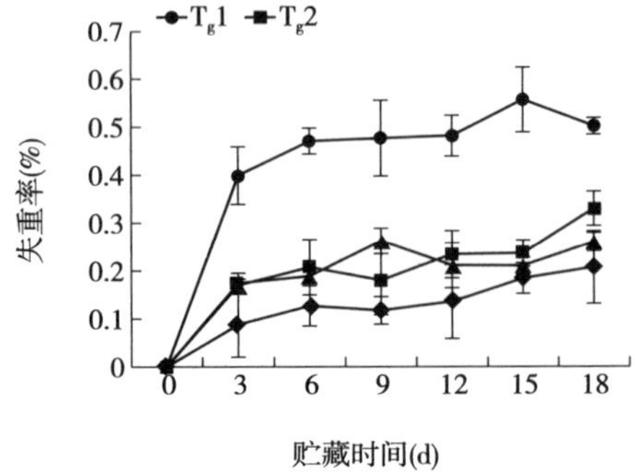

图10 不同充气包装对石榴籽粒贮藏期间失重率的影响

Fig. 10 Effect of different inflatable packaging treatment on aril weight loss rate during the storage of pomegranate

2.3.4 不同充气包装对石榴籽粒贮藏期间可溶性固形物含量(SSC)和花色苷含量的影响

从图11A可以看出，石榴籽粒贮藏期间SSC整体呈下降趋势。对于‘突尼斯软籽’来说，贮藏结束时，T_g2 和 T_g3 处理组的下降幅度(1.86%和1.82%)均略低于CK组(1.96%)，T_g1 处理组(2.67%)略高于CK组。T_g3 处理能更好地保持SSC含量。

从图11B可见，‘突尼斯软籽’石榴籽粒的花色苷含量呈先上升后降低的趋势。贮藏结束时，T_g1 下降幅度(10.84%)低于CK组(22.17%)，而 T_g2 和 T_g3 下降幅度(23.01%和30.36%)均高于CK组。而对‘冬艳’来说(18-b)，T_g2 下降幅度(5.22%)略低于CK组(7.92%)，而 T_g1 和 T_g3 下降幅度(21%和36.61%)远高于CK组。可见，三种充气包装处理对上述两个品种石榴籽粒花色苷含量影响不同，对‘突尼斯软籽’来说，T_g1 处理能更好地保持花色苷含量。

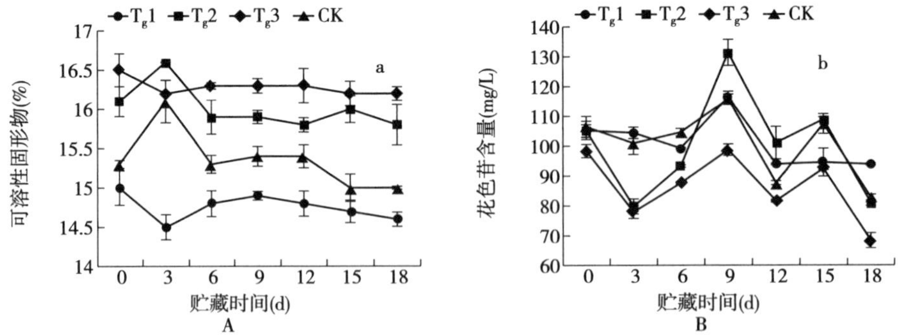

图11 不同充气包装对石榴籽粒贮藏期间SSC和花色苷含量的影响

Fig. 11 Effect of different inflatable packaging treatment on aril SSC and anthocyanin during the storage of pomegranate

2.3.5 不同充气包装对石榴籽粒贮藏期间可滴定酸含量(TA)和pH的影响

从图12A可见，石榴籽粒的可滴定酸含量逐渐下降。三种充气包装处理与CK组相比均

是 T_g3 处理下降幅度最低(T_g3 处理和 CK 下降幅度分别为 17.24%和 17.86%；T_g1 和 T_g2 下降幅度均较 CK 高(T_g1 和 T_g2 分别为 24.14%和 31.03%)。可见，T_g3 处理能更好保持石榴籽粒可滴定酸含量。

从图 12B 可以看出，石榴籽粒贮藏期间 pH 整体呈上升趋势，且三个处理组上升幅度均小于 CK 组(Tg1、Tg2、Tg3 和 CK 组上升幅度分别为 16.13%、16.13%、13.33%和 25%)，且效果最佳为 Tg3 处理组。可见，Tg3 处理能更好的抑制‘突尼斯软籽’石榴籽粒 pH 的上升。

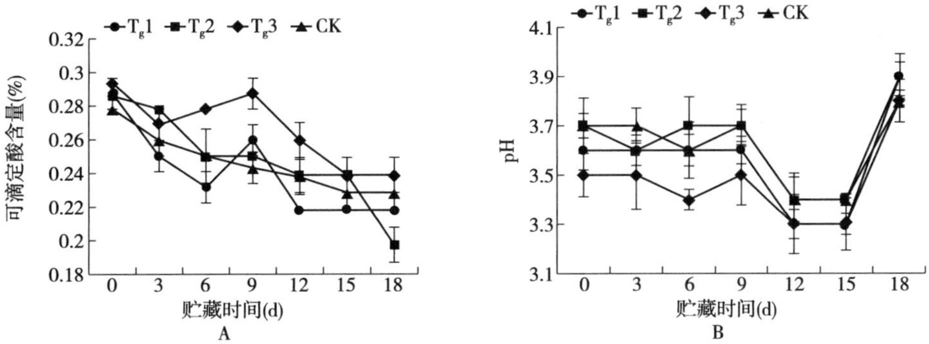

图 12　不同充气包装对石榴籽粒贮藏期间 TA 的影响

Fig. 12　Effect of different inflatable packaging treatment on aril TA content during the storage of pomegranate

2.3.6　不同充气包装对石榴籽粒贮藏期间色泽的影响

从表 6 可以看出，‘突尼斯软籽’石榴籽粒在贮藏期间 L＊值上下波动，贮藏结束时较初始值略有升高，T_g2 处理组贮藏期间略高于 CK 组，但无显著性差异，其余处理组无明显规律。a＊值在贮藏过程中呈先上升后下降的趋势，贮藏结束时三个处理组均略有下降，CK 组较初始值无变化。b＊值在贮藏过程中数值波动较大，T_g3 处理组仅在 3d 和 12d 时高于 CK 组($P<0.05$)，但贮藏结束时低于 CK 组，但且组之间无显著性差异。由此可知，不同充气包装对‘突尼斯软籽’石榴籽粒贮藏期间色泽无明显影响。

表 6　不同充气包装对‘突尼斯软籽’石榴籽粒贮藏期间色泽的影响

Table **6**　Effect of different inflatable packaging treatment on the color of ‘Tunisiruanzi’ pomegranate aril during the storage

色泽	处理	贮藏天数(d)						
		0	3	6	9	12	15	18
L＊	T_g1	38.47±1.81a	37.30±2.06b	32.88±2.39a	36.69±1.24a	35.38±1.77a	33.91±1.39a	38.51±2.79a
	T_g2	34.24±0.56a	36.65±2.64b	33.59±1.92a	39.28±1.18a	35.37±1.67a	34.77±1.41a	40.66±1.86a
	T_g3	35.69±1.39a	45.41±2.54a	34.25±0.61a	37.30±1.84a	35.21±2.11a	36.18±2.02a	35.21±1.34a
	CK	35.54±1.25a	37.96±2.91ab	30.68±1.33a	38.83±2.42a	34.01±0.73a	33.90±1.88a	39.81±1.84a
a＊	T_g1	28.73±1.03ab	25.94±4.72a	41.81±1.45a	41.96±2.34a	38.62±3.28a	37.49±3.70a	22.20±1.84a
	T_g2	30.50±0.64a	34.70±5.73a	43.23±2.23a	28.40±2.25b	40.11±2.31a	32.09±1.82a	23.11±2.84a
	T_g3	30.96±0.89a	28.70±5.16a	43.13±2.42a	40.16±1.56a	40.56±2.52a	39.11±1.46a	27.90±2.26a
	CK	27.55±0.71ab	30.70±4.41a	37.55±1.62a	36.81±2.23a	39.41±2.98a	30.84±2.75a	27.58±1.36a

(续)

色泽	处理	贮藏天数(d)						
		0	3	6	9	12	15	18
b*	T_g1	5.50±1.46a	6.12±1.56a	7.62±1.62a	6.34±1.43a	7.85±1.89a	4.02±1.36a	4.84±1.44ab
	T_g2	3.55±0.35a	4.98±2.28a	2.80±1.55b	8.51±0.92a	8.55±1.84a	3.16±0.87a	8.58±1.71b
	T_g3	5.52±1.02a	8.69±1.94a	7.29±1.32a	6.30±0.86a	11.01±1.43a	4.25±1.61a	2.86±0.63a
	CK	6.20±0.70a	4.84±1.56a	8.79±0.73a	6.50±1.60a	9.71±1.10a	4.47±0.57a	7.66±1.01b

3 结论与讨论

3.1 结论

(1)‘突尼斯软籽’石榴籽粒进行45℃和50℃热空气处理1h后均明显缩短了贮藏期限(贮藏期均缩短至0d)，40℃热空气处理1h后贮藏期限缩短为3d(对照组为12d)。40℃处理能抑制相对电导率的上升和花色苷的下降，能使石榴籽粒贮藏期间亮度提高，并使籽粒色泽有偏红和偏黄的趋势，能有效保持SSC含量。虽然40℃在贮藏期间对个别生理生化指标有积极影响，但是热处理缩短了石榴籽粒的贮藏时间，降低了石榴籽粒的感官品质，降低其商品价值，因此，不建议将热处理措施用于石榴籽粒的采后处理。

(2)T_v1处理的贮藏时间(18d)较CK(12d)延长了6d。T_v1处理能抑制其贮藏期间失重率的上升，并能很好地保持花色苷的含量，但三种处理对pH均无影响；T_v1处理可抑制相对电导率的上升，且能保持较高的感官品质；三种真空处理对SSC均无明显影响。因此，适宜的真空度处理能保持石榴籽粒较高的感官品质，延缓籽粒的衰老进程。

(3)充纯氮包装(T_g3)处理的贮藏时间(15d)较CK(12d)延长3d。T_g3处理能更好地抑制两个品种石榴籽粒pH的上升，并能更好保持石榴籽粒可滴定酸含量，但三种充气包装对石榴籽粒色泽无显著影响。T_g3处理可抑制贮藏期间失重率的上升，并能保持SSC含量，但对相对电导率和花色苷无积极影响。因此，充纯氮包装处理在贮藏中能更好地保持石榴籽粒感官品质，并在pH、失重率、相对电导率、可滴定酸、花色苷等指标上有积极影响。因此，适宜气体的充气包装能保持石榴籽粒较高的感官品质，还可保护籽粒免受机械伤害。

3.2 讨论

3.2.1 热处理对石榴籽粒贮藏的影响

本试验结果表明，T_h1热处理能有效保持‘突尼斯软籽’石榴籽粒SSC含量，这与范林林等在鲜切苹果[14]、肖立志在鲜切荸荠[15]、王琼在鲜切‘净皮甜’石榴上的研究结果一致[16]。本试验结果表明，热处理对石榴籽粒TA含量无明显影响，这与曹明明等40℃、45℃、50℃热水处理6min鲜切葡萄上研究结果一致[17]，与范林林等在鲜切苹果上的研究结果一致[14]。热处理会导致‘突尼斯软籽’石榴籽粒失重率升高，与前人研究结果不同。T_h1处理过的‘突尼斯软籽’石榴籽粒的相对电导率在贮藏后期低于对照组，这与王琼和范林林在分别在鲜切石榴和鲜切苹果上得到的结果一致[14,16]。本试验研究发现(5±0.5)℃下贮藏时，热处理能一定程度上减缓‘突尼斯软籽’的花色苷含量下降，但作用不明显，这一结果与王敏研究结果不同[84]。综上所述，虽然本试验热处理方面研究结果在有些指标上有较好的表现，但整体感官指标评价较低，不建议在‘突尼斯软籽’石榴籽粒保鲜上使用，这与上述文献中所得热处理能保持果蔬较好感官品质的研究结果不同，可能与热处理方式有关，需要通过更系统的研究获得与石榴籽粒相匹配的热处理方式及相关参数的数据。

3.2.2 真空包装对石榴籽粒贮藏的影响

真空包装保鲜实质上是减压贮藏保鲜。本试验研究发现，T_v1 处理组在贮藏前期能抑制‘突尼斯软籽’石榴籽粒失重率的上升。这与许晓春、牟其云、陈美龄等对鲜切香芋、鲜切西兰花和蓝莓方面进行的真空保鲜研究的结果相似[18-20]。本试验研究发现，T_v1 处理对‘突尼斯软籽’石榴籽粒贮藏期间相对电导率的上升有抑制作用，这与范新光等在鲜切西兰花上的研究结果一致[21]。本试验研究发现，真空包装对石榴籽粒 SSC 含量均无明显影响，这与陈美龄在鲜切西兰花上的研究结果一致[20]。本试验研究发现，T_v1 处理对石榴籽粒花色苷含量的下降均有抑制作用，这与陈美龄在蓝莓上的研究结果一致[20]。T_v1 处理与对照相比能使石榴籽粒保持良好感官品质。总之，适宜程度(T_v1)的真空包装能延长‘突尼斯软籽’和‘冬艳’石榴籽粒的贮藏时间，并使其保持较高的感官品质，这一结果与上述前人研究结果一致。

3.2.3 充气包装对石榴籽粒贮藏的影响

本试验研究发现，T_g3 处理可抑制‘突尼斯软籽’石榴籽粒在贮藏期间失重率的上升，能抑制 pH 的上升以及可滴定酸含量和 SSC 含量的下降。对‘突尼斯软籽’石榴籽粒花色苷的含量，却无影响。与对照组相比能保持两个品种贮藏期间较高的感官品质，这与穆翠娥在鲜切猕猴桃上的研究结果一致[22]。李江明用 N_2 对鲜切菠萝蜜进行短期厌氧处理也得到可以减缓其品质劣变延长其贮藏时间的结论[23]。T_g1 和 T_g2 两种高 CO_2 气调包装，虽在 SSC、可滴定酸、花色苷等指标上有较好表现，但在(5±0.5)℃和室温贮藏期间仅 3d 就有异味产生，影响其商品价值。这与张引成等在鲜切结球莴苣上的研究结果不一致[24]，可能是材料的不同，鲜切石榴籽粒对高 CO_2 较敏感而造成了气体伤害，导致品质下降。

参考文献

[1]申琳，王茜，陈海荣，等．低温贮藏对鲜切石榴籽粒品质及活性氧代谢的影响[J]．中国农业科学，2008(12)：4336-4340.

[2]王敏，寇莉萍．贮藏温度对鲜食石榴籽粒贮藏品质及抗氧化能力的影响[J]．食品科学，2013(06)：271-275.

[3]MAHSHAD Maghoumi. Influence of hot-air treatment，superatmospheric O_2 and elevated CO_2 on bioactive compounds and storage properties of fresh-cut pomegranate arils[J]．International Journal of Food Science and Technology，2014，49，153-159.

[4]]MAHSHAD Maghoumi. Combined effect of heat treatment，UV-C and superatmospheric oxygen packing on phenolics and browning related enzymes of fresh-cut pomegranate arils[J]．LWT - Food Science and Technology，2013(54)：389-396.

[5] AYHAN Z，ESTURK O. Overall Quality and shelf Life of minimally processed and modified atmosphere packaged ‘Ready-to-Eat’ pomegranate arils[J]．Food Chemistry，2009(79)：399-405.

[6] 王敏．鲜食石榴籽粒贮藏特性及保鲜技术研究[D]．陕西：西北农林科技大学，2013.

[7]杨雪梅，冯立娟，尹燕雷，等．紫外及微波处理对鲜切石榴籽粒保鲜品质的影响[J]．食品科学，2016，(08)：260-265.

[8]富新华．臭氧水处理对鲜切芹菜表面微生物及感官品质的影响[J]．北方园艺，2011(15)：207-208.

[9]MANZOCCO L，QUARTA B，DRI A. Poly phenoloxidase inactivation by light exposure in model systems and apple derivatives[J]．Innovative Food Science and Emerging Technologies，2009，10：506-511.

[10]LóPEZ-RUBIRA V，CCNESA A，Allende A ，et al. Shelf life and overall quality of minimally processed pomegranate arils modified atmosphere packaged and treated with UV-C[J]．Postharvest Biol Technol，2005，37(2)：174-185.

[11]徐新娟，李勇超.2种植物相对电导率测定方法比较[J]．江苏农业科学，2014，42(7)：311-312.

[12] 曹建康，姜微波，赵玉梅．果蔬采后生理生化实验指导[M]．北京：中国轻工业出版社，2007.

[13] 郭松年，董周永，孙海燕，等．石榴汁花色苷热稳定性及其降解动力学研究[J]．农业工程学报，2008，24(3)：256-257.

[14]范林林，李萌萌，冯叙桥，等．热处理对鲜切苹果的保鲜效果[J]．食品与发酵工业，2014(02)：207-212.

[15]肖立志．保鲜液结合热处理对鲜切荸荠冷藏品质的影响[J]．粮食科技与经济，2016(06)：69-72.

[16]王琼，初丽君，王敏，等．热水处理对鲜切石榴籽粒贮藏品质、抗氧化能力及微生物变化的影响[J]．北方园艺，2016(01)：106-110.

[17]曹明明，阎瑞香，冯叙桥，等．热处理对鲜切玫瑰香葡萄抗氧化活性及生理生化品质的影响[J]．食品科学，2012(08)：279-284.

[18]许晓春，林朝朋，简艳桃．去皮鲜切香芋真空包装低温保鲜研究[J]．广东农业科学，2006(08)：70-71.

[19]牟其云，李文香，寇兴凯，等．微真空贮藏条件对鲜切西兰花保鲜效果的影响[J]．现代食品科技，2013(10)：2469-2473+2565.

[20]陈美龄．蓝莓和鲜切西兰花减压保鲜研究[D]．南京师范大学，2015.

[21]范新光，肖璐，张振富，等．减压冷藏和气调冷藏对鲜切西兰花保鲜效果的比较分析[J]．食品科学，2014(02)：277-281.

[22]穆翠娥．猕猴桃鲜切工艺及充 N_2包装研究[D]．西北农林科技大学，2007.

[23]李江明，章超华，秦小明，等．短期厌氧处理对鲜切菠萝蜜在冷藏期间品质的影响[J]．安徽农业科学，2014(08)：2460-2463.

[24]张引成，雷云，王志英，等．二氧化碳气调包装对鲜切结球莴苣贮藏品质和生理的影响[J]．食品科学，2012(08)：318-322.

超声波辅助提取石榴果皮单宁的工艺优化

齐笑笑[1,&]　张雪平[2,3&]　刘春燕[3,4]　黎积誉[3,4]　秦改花[3,4*]

([1]安徽广播电视大学农业与医疗卫生学院，合肥　230022；[2]安徽科技学院农学院，凤阳　233100；
[3]安徽省农业科学院园艺研究所/园艺作物种质创制与生理生态安徽省重点实验室，合肥　230001；
[4]果树果实发育与品质生物学安徽省农业科学院重点实验室，合肥　230001)

摘要：为提高石榴果皮中单宁的提取率，促进石榴的综合利用，本研究在比较静置、振荡以及超声波辅助提取方式对石榴果皮单宁提取效果及提取物还原能力研究的基础上，通过单因素试验及正交试验优化了石榴果皮中单宁的提取工艺。结果表明，超声波辅助提取法提取含量高，耗时少，且提取物有较强的还原能力。最优工艺条件为：乙醇体积分数为60%、超声温度30℃、提取时间35min、料液比为1：50，超声波功率为50W，在此条件下的提取量为172.24mg/g。

关键词：超声波；石榴果皮；提取；单宁

Optimization of Theultrasonic-assisted Extraction Procedure of Tannins from Pomegranate Peel

QI Xiao-xiao[1,3&], ZHANG Xue-ping[2,3&], LIU Chun-yan[3,4], LI Ji-yu[3,4], QIN Gai-hua[3,4*]

([1]*College of Agriculture, Medicine and Health, Anhui Radio and Television University, Hefei* 230022, *China*;
[2]*College of Agriculture, Anhui Science and Technology University, Fengyang* 233100, *China*;
[3]*Horticultural Research Institute, Key Laboratory of Genetic Improvement and Ecophysiology of Horticultural Crop, Anhui Provinece, Anhui Academy of Agricultural Sciences, Hefei* 230001, *China*;
[4]*Key Laboratory of Fruit Development and Quality Biology, Anhui Academy of Agricultural Sciences, Hefei* 230001, *China*)

Abstract: To improve the yield of tannins extraction from pomegranate peel and promote its comprehensive utilization, extraction procedures of tannins was optimized by using single factor and orthogonal tests, basing on the extraction efficiency and reducing capacity of extractive of standing extraction, shaking extraction and ultrasonic assisted ex-

[&]共同第一作者。[*]通信作者：秦改花，副研究员，研究方向为果实品质生物学。Email：qghahstu@163.com。资助项目：本研究得到了果树果实发育与品质生物学安徽省农业科学院重点实验室和国家开放大学优秀青年教师培养计划资助。

traction. Results showed that the ultrasonic-assisted extraction of tannins got high yield with less time consuming and having high reducing capacity. The optimum extraction procedure was as follows: ethanol concentration 60%, material to solvent ratio 1:50 (mL/g), extraction temperature 30℃ and ultrasonic power 50W. The maximum yield of tannins was 172.24 mg. g^{-1}.

Key words: Ultrasonic extraction; Pomegranate peel; Tannins

单宁也称为单宁酸，是一种存在于植物中具有多酚羟基结构的水溶性物质，具有较强生理活性和天然抗氧化性[1-3]。单宁具有清除体内自由基、抗凝血、抗癌抗肿瘤等多种功能[4,5]；单宁是一种药理性很强的天然产物，具有抗菌、抗病毒活性[6-8]；单宁还可以与金属离子络合以及和蛋白质相结合，影响微生物对营养物质的吸收从而作为食品工业中天然的防腐剂[9]；此外，单宁广泛应用于制革、石油开采等行业[10]。因此，单宁在医药、食品、化工等领域具有较高的应用价值[11]。

关于单宁提取，已有从荔枝果壳[12]、柿叶[13]、香蕉皮[14]和葡萄籽[15]中提取的报道。单宁提取的方法主要有水浴加热、溶剂提取法、超临界流体萃取法、微波提取法等，这些方法不同程度上存在着提取效率低、溶剂和能源消耗大、单宁易氧化、纯度与活性易受影响等问题[16,17]。近年来发展起来的超声波辅助提取技术具有空化、机械振动和热效应，在低温下使植物细胞变形、破壁，加速细胞内物质释放、溶解和浸出[18-20]。超声波辅助提取植物中多酚类化合物具有能耗低、效率高、可控性强、对成分破坏小等特点，因此在工业提取方面有着独特的优势[21-22]。

石榴(*Punica granatum*)为千屈菜科(Lythraceae)石榴属(*Punica* L.)多年生落叶灌木或小乔木，是人类最早栽培的果树之一，在我国已经有2000多年的栽培历史[23]。我国石榴资源相当丰富，栽培面积位居世界首位。石榴果实不仅营养丰富，而且多个部位都具有较为广泛的应用价值，是一种重要的功能性水果[24-25]。相关研究表明，单宁类化合物是石榴果皮的主要成分之一[26]，约占石榴果皮的25%~30%[27]。从石榴果皮中提取单宁，可以实现石榴产品原料的加工增值，提高经济效益。为充分开发和利用石榴资源，本研究以石榴果皮为材料，以乙醇作为浸提剂，采用三种不同提取方式提取石榴果皮单宁并对其抗氧化活性进行了研究，以确定最佳提取方式。在单因素实验的基础上通过正交试验，以期找到石榴果皮单宁超声波辅助提取的最佳工艺参数，结果可为石榴果皮单宁的产业化利用奠定重要基础。

1 材料与方法

1.1 材料、试剂与仪器

石榴果皮样品于2015年9月采自怀远县涂山石榴合作社的‘白花玉石籽’。

无水乙醇、单宁标准品、磷酸、无水碳酸钠、鞣酸、钨酸钠、磷钼酸均为市售分析纯。

754型紫外分光光度计，上海光谱仪器有限公司；KQ—100DE型数控超声波清洗器，昆山市超声仪器有限公司；数显HH-4恒温水浴锅，国华电器有限公司；JYL-0012型粉碎机，上海高桥粉碎机厂。

1.2 单宁的提取

1.2.1 样品处理

将石榴果皮放入鼓风干燥箱中于105℃条件下杀青处理15min，然后在65℃条件下恒温烘干至恒重，然后把干燥的石榴果皮放入粉碎机中粉碎，过60目筛，收集粉末密封备用。准确称取1.0g预处理好的石榴果皮粉末置于锥形瓶中，按一定比例加入提取剂，采用静置/振荡/超声波进行辅助提取，离心取上清液，待测。

1.2.2 标准曲线的绘制

准确配制0.1mg/ml的单宁酸，分别吸取0、1.0、2.0、3.0、4.0、5.0、6.0、7.0、8.0、9.0、10.0ml标准溶液于容量瓶中，加蒸馏水定容至100ml。取定容后的标准溶液1ml于注入装有25ml蒸馏水的50ml容量瓶中，加入2.5ml F-D试剂，之后30 s~8min后加入15ml饱和Na_2CO_3溶液，摇匀定容，放置30min后显色。以0管为空白，在765nm下测定溶液的吸光度，以吸光值(A)为纵坐标，不同的单宁浓度(C mg/mL)为横坐标，制作单宁的标准曲线。

1.2.3 提取液中单宁含量的测定

称取试样1.0g(平行3份)，放入100ml容量瓶中，加入溶剂，按试验设计进行提取，冷却后定容至刻度，摇匀，过滤。精确吸取滤液1ml于50ml锥形瓶中，摇匀，加入水25ml，然后加入2.5mlF-D试剂，15ml饱和Na_2CO_3溶液，摇匀，溶液即显蓝。放置30min，用分光光度计于765nm处测定其吸光值，根据回归方程计算提取液单宁的浓度，按下式计算出石榴果皮单宁的提取含量：

$$\text{单宁提取量}(mg/g)=\frac{C\times V\times k}{m}$$

式中：C为待测样品溶液的浓度(mg/ml)；V为待测样品溶液的体积(ml)；m为样品的质量(g)；k为稀释倍数。

1.3 单因素试验设计

1.3.1 乙醇体积分数对石榴果皮单宁提取效果的影响

准确称取6份1.0g预处理好的石榴果皮粉末，按料液比1∶40(m∶V)，提取温度为30℃，提取时间40min，设置乙醇体积分数分别为0，20%，40%，60%，80%，100%，研究乙醇体积分数对石榴果皮单宁提取率的影响。

1.3.2 不同提取方法对石榴果皮单宁的提取效果比较

准确称取1.0g预处理好的石榴果皮粉末，在提取温度为30℃，料液比为1∶40(m∶V)的条件下，分别采用静置提取、振荡提取、超声波辅助提取三种方式进行提取，时间设置为30min、40min、50min、60min，比较不同提取方式对石榴果皮单宁提取效果的影响。

1.3.3 超声波辅助提取法提取石榴果皮单宁的实验

准确称取1.0g预处理好的石榴果皮粉，分别考察料液比(1∶10、1∶20、1∶40、1∶60(g/ml)、提取温度(20℃、30℃、40℃、50℃、60℃)和超声功率(50W、60W、70W、80W、90W)3个因素对超声波辅助法提取石榴果皮单宁效果的影响，为正交试验参数范围选择提供依据。

1.4 超声波辅助提取单宁正交实验

单因素实验的基础上，固定乙醇体积分数为60%，选取料液比、提取时间、提取温度和超声功率4个因素，以石榴果皮单宁提取率为考察指标，进行L9(3^4)正交实验，对石榴果皮单宁提取工艺进行优化，因素水平见表 1。

表 1　超声辅助提取正交试验因素水平表

Table 1　Factors and levels of the orthogonal test for ultrasonic extraction

水平	A/料液比 (g/mL)	B/提取时间 (min)	C/提取温度 (℃)	D/超声功率 (W)
1	1∶30	35	30	50
2	1∶40	40	35	60
3	1∶50	45	40	70

1.5　总还原能力的测定

量取提取物 1.0ml 于试管中，依次加入 1.0ml 磷酸盐缓冲液(0.2mol/L，pH6.6)和 1.0mL1%$K_3Fe(CN)_6$溶液，混匀，50℃水浴 20min，取出后迅速冷却，加入 1.0ml10%三氯乙酸混匀后，再加入 0.2ml0.1%$FeCl_3$溶液，混匀，10min 后，2000r/min 离心 10min，取上清液 1ml 于 10ml 容量瓶中，用蒸馏水定容至 10ml。测定 700nm 吸光值，三次重复，以水代替 $FeCl_3$溶液做空白对照。以吸光值(A_1-A_2)表示样品的还原力。A_1——样品管吸光值，A_2——样品空白管吸光值[28]。

1.6　数据分析处理

所有试验重复 3 次，数据为 3 次结果的平均值，利用 SPSS17.0 进行数据处理。采用 Microsoft Office Excel 2003 处理软件对数据进行处理。

2　结果与分析

2.1　单宁的标准曲线

由单宁浓度(C mg/ml)和吸光度(A)，得到单宁的标准曲线(图 1)，拟合得到 $A=3.5576C+0.0193$，$R^2=0.9972$，表明单宁质量浓度在 0.01~0.1mg/ml 时具有良好的线性关系，可用于样品单宁含量的测定。

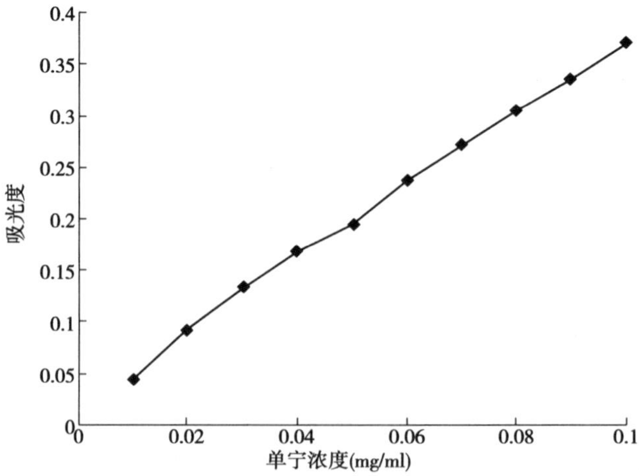

图 1　不同浓度单宁吸光度值的标准曲线

Fig. 1　Standard curves of different concentration of tannin absorbance value

2.2 乙醇体积分数对石榴果皮单宁提取效果的影响

由图2可知，随着乙醇体积分数增大，单宁提取量也随之增加，在乙醇体积分数为60%时，单宁提取量最大($P<0.05$)，随后开始降低。原因是当乙醇体积分数增大时，乙醇溶液能够溶解的单宁的量也随之增大；而当乙醇体积分数增大到一定程度时，其他醇溶性杂质大量溶出，抑制了单宁的溶解。本试验结果表明60%的乙醇溶液对石榴果皮单宁的溶解力最强。

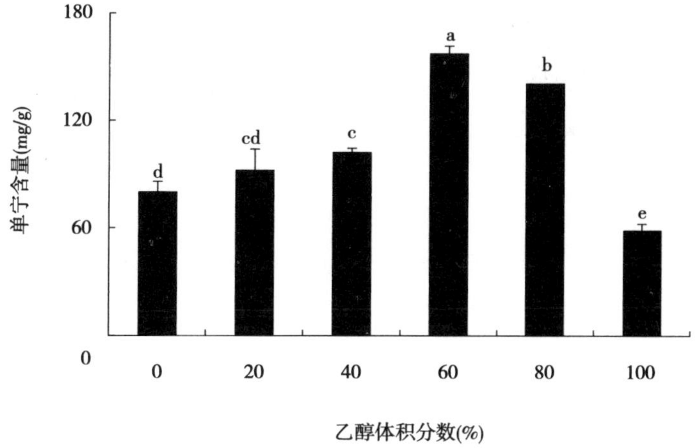

图2　乙醇体积分数对石榴果皮单宁提取含量的影响

Fig. 2　Effects of volume fraction of ethanol on the extraction content of tannin

2.3 不同提取方式提取石榴果皮单宁效果的比较

表2　不同提取方式、提取时间提取石榴果皮单宁含量(mg/g)的比较

Table 2　Comparison of extraction content of tannin with different treatments

提取方式	30min	40min	50min	60min
静置提取	66.25±4.6 e	76.18±5.47 e	93.89±3.02 d	99.28±6.31 d
振荡提取	142.70±7.38 d	157.55±4.25 bc	159.33±2.59 bc	155.96±1.83 bc
超声波辅助提取	158.77±1.46 bc	154.32±5.36 bc	165.61±1.60 ab	176.43±3.52 a

从表2看出，振荡提取及超声波辅助提取的效果明显好于静置提取($P<0.05$)。其中超声波辅助提取的提取时间为60min时，提取效果最佳；提取时间为30、40、50min时单宁提取量无显著差异($P>0.05$)。振荡波提取方式中，提取时间为50min的单宁提取含量最高，与提取40min、60min的提取量无显著差异($P>0.05$)。比较可以看出，不同提取方式中，超声波辅助提取可以在较短的时间内就能达到较高的提取量。

根据不同提取方式提取单宁含量的结果，选择提取含量最大或提取量相近且用时较少的提取方式进行提取用以评价总还原能力，即称取1.0g石榴果皮分别选择静置提取60min、振荡提取50min以及超声波辅助提取30min、60min后测定总还原能力，结果见图3。从图中

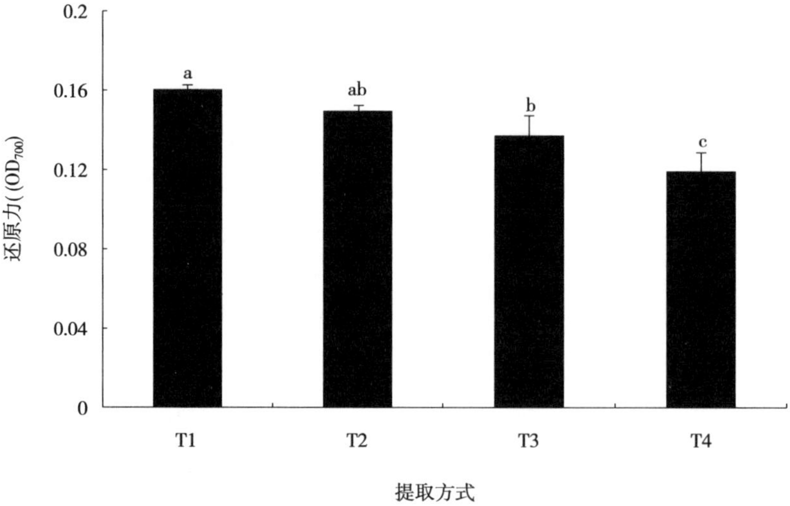

图3　石榴果皮单宁不同提取方式总还原能力的比较

T1：静置提取 60min；T2：超声波辅助提取 30min；T3：超声波辅助提取 60min；T4：振荡提取 50min。

Fig. 3　Comparison of reducing ability of tannin with different extracting methods

T1：standing extraction 60 min；T2：ultrasonic assisted extraction 30 min；

T3：ultrasonic assisted extraction 60min；T4：shaking extraction 50 min

可以看出，不同提取方式提取单宁的总还原能力大小依次为：静置提取 60min>超声波辅助提取 30min>超声辅助提取 60min>振荡提取 50min。根据不同提取方式单宁提取含量及提取物质还原力的综合比较，可以看出超声波辅助提取优于静置与振荡提取。

2.4　超声辅助提取石榴果皮单宁工艺条件的优化

2.4.1　单因素试验

根据提取液浓度、提取方式及其提取时间对单宁提取效率的影响结果，选择体积分数为60%的乙醇作为溶剂，处理时间为 30min 以超声波为辅助手段进一步研究了料液比、提取温度和超声波功率对提取效果的影响，进行了单因子试验。

料液比对单宁提取率的影响见图 4A，料液比对单宁提取含量有显著影响($P<0.05$)。随着料液比的增大，石榴果皮中单宁提取含量逐渐增大，原因可能是溶剂体积增大，与石榴果皮接触面积增大，使其中的单宁与溶剂充分接触，从而提取量增大。在料液比达到 1：60时，单宁的提取含量最高，但与料液比为 1∶40 无显著差异。液料配比大有利于提取率的提高，但是液料配比过大，消耗过多的提取剂，加重溶剂回收的生产负荷，耗费能源，增加成本。因此，较优的料液比范围为 1∶30～1∶50(m∶V)。

石榴果皮中单宁的提取含量随着温度增加至 30℃提取含量最高($P<0.05$)，当温度增加至 40～50℃时，提取量则不断降低(图 4B)。原因是当温度上升时，单宁等酚类物质活性提高，溶解度也会升高；当温度升高到一定程度，单宁结构不稳定而导致氧化分解，提取量有所降低。因此，较优的提取温度为 30～40℃。

由图 4C 可以看出，超声波功率由 50W 逐渐增加至 80W 时，单宁提取含量逐渐降低，超声波功率为 80W 时，单宁提取含量最低($P<0.05$)。可能是因为随着超声波功率的增加，使溶剂温度快速升高，加速单宁氧化分解，同时强烈的超声波空化效应会破坏单宁分子的结构，使提取含量降低。因此，较低的超声波功率对提取效果更好。

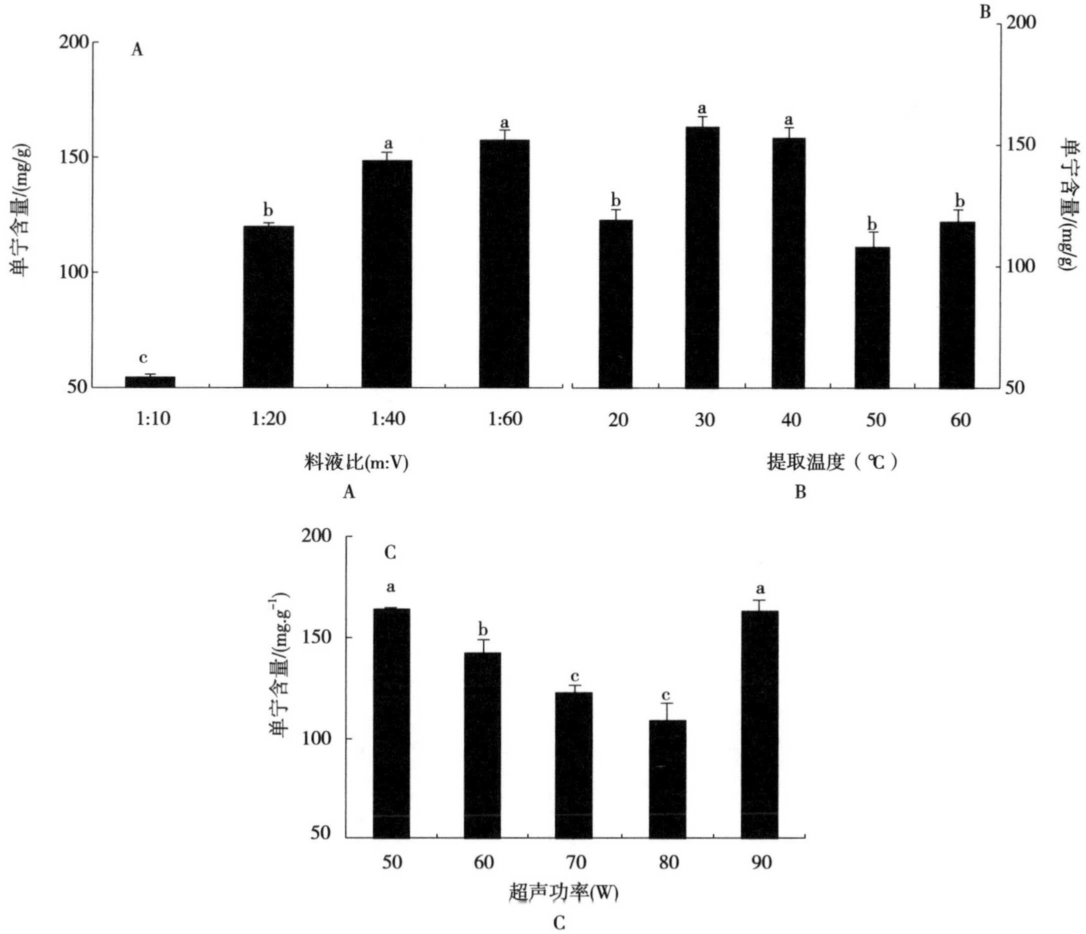

图 4　料液比、提取温度和超声功率对石榴果皮单宁提取效果的影响

Fig. 4　Effects of ratio of material of liquid, extraction temperature and ultrasonic power on tannin extraction content

2.4.2　正交试验优化提取工艺

表 3　正交试验结果

Table **3**　Results of orthogonal experiment

序号	因素				宁提取含量（mg/g）
	A	B	C	D	
1	1	1	1	1	148.70
2	1	2	2	2	139.42
3	1	3	3	3	122.70
4	2	1	2	3	148.56
5	2	2	3	1	150.10

(续)

序号	因素				宁提取含量(mg/g)
	A	B	C	D	
6	2	3	1	2	161.02
7	3	1	3	2	172.24
8	3	2	1	3	171.75
9	3	3	2	1	
K_1	3.043	3.658	3.634	3.571	
K_2	3.585	3.538	3.572	3.527	
K_3	3.946	3.378	3.368	3.475	
K_1	1.014	1.219	1.211	1.190	
K_2	1.195	1.179	1.191	1.176	
K_3	1.315	1.126	1.123	1.158	
R	0.903	0.280	0.265	0.096	

为综合考虑单宁提取各影响因素对石榴果皮单宁提取效率的影响，在上述最佳提取因子中，通过正交设计，来验证各因子综合作用下石榴果皮的单宁提取效果。从表3的极差R值可以看出，料液比极差最大，其次为提取时间和提取温度，超声波功率极差相差最小，说明对石榴果皮单宁而言，各因素对提取效果影响的大小顺序为料液比(A)>提取时间(B)>提取温度(C)>超声波功率(D)。各因素的最佳组合为 $A_3B_1C_1D_1$，即料液比为1：50，提取液为60%的乙醇，30℃超声温度提取35min，超声波功率为50W时提取效果最好，提取含量最高，达到了172.24mg/g。

3 结论

以石榴果皮为原料用超声波辅助提取单宁的最优工艺为，乙醇体积分数60%、超声温度30℃、超声时间35min、料液比为1：50，超声波功率为50W。最优条件下提取量为172.24mg/g。本工艺具有操作简单、省时节能、提取率高等优点。该工艺的建立为石榴果皮的综合开发利用提供了重要参考。

参考文献

[1]李珍，苏有勇，曹茂灵，等．超声波辅助提取紫茎泽兰中单宁的工艺优化[J]．化学与生物工程，2015，32(12)：47-50.

[2]钟雨坤，王历琼，韩小丹，等．正交试验优化超声波辅助同时提取桑叶总黄酮、单宁工艺[J]．食品科学，2015，36(12)：44-47.

[3]罗强，杨雪果，施宝珠，等．栓皮栎橡子壳色素理化性质和抗氧化活性[J]．食品科学，2017，38(11)：128-134.

[4]KOLECKAR V, KUBIKOVA K, RRHAKOVA Z, et al. Condensed and hydrolysable tannins as antioxidants influencing the health [J]. Mini reviews in medicinal chemistry, 2008, 8: 436 - 47. DOI: 10. 2174/138955708784223486.

[5] HEBER D. Multitargeted therapy of cancer by ellagitannins[J]. Cancer Lett, 2008, 269: 262-268. doi: 10. 1016/j. canlet. 2008. 03. 043.

[6]SCHMITTA C, RAVAZZOLO AP, POSER G L V. Investigation of some Hypericum species native to Southern of Brazil for antiviral activity[J]. Journal of Ethnopharmacology , 2001, 77(2): 239-245.

[7]李倩云, 张双灵, 周国燕. 超声波辅助提取五倍子中单宁的工艺优化[J]. 食品与机械, 2015(1): 171-174.

[8] PANIZI L, CAPOMI C, CATALANO S , et al. In vitro antimicrobial activity of extracts and isolated constituents of Rubus ulmifolius [J]. Journal of Ethnopharmacology , 2002 , 79 (2): 165 - 168 . DOI: 10. 1016/s0378-8741(01)00363-4.

[9]王玲芝. 单宁改性及其吸附重金属离子的应用研究[D]. 长沙: 中南林业科技大学, 2016: 1-2.

[10]王川, 李光辉. 葡萄籽中单宁的提取研究[J]. 食品研究与开发, 2006, 27(10): 25-27.

[11]昝志惠, 高艳梅, 孙墨珑, 等. 核桃楸单宁提取及其抗氧化性[J]. 植物研究, 2015, 35(3): 431-435.

[12]李雪雁, 王羽翔, 吴子谦, 等. 黑叶荔枝果壳中单宁提取研究[J]. 食品科技, 2011, 36(10): 187-190.

[13]李亮, 顾熟琴, 卢大新, 等. 响应面分析法优化超高压提取柿叶单宁的研究[J]. 食品工业科技, 2012, 33(13): 273-276.

[14]王虹玲, 武婷茹, 姜诗文, 等. 香蕉皮单宁的提取及其提取物的抑菌抗氧化活性[J]. 食品与发酵工业, 2014, 40(11): 253-259.

[15] FIGUER-ESPINOZA M C, ZAFIMAHOVA A, ALVARADO P G, et al. Grape seed and apple tannins: Emulsifying and antioxidant properties [J]. Food chemistry, 2015, 17: 38 - 44. DOI: 10. 1016/j. foodchem. 2015. 01. 056.

[16]余先纯, 李湘苏, 龚铮午. 石榴皮单宁的超声波-半仿生法提取及抗氧化活性分析[J]. 化学研究与应用, 2013, 25(5): 636-641.

[17]孟明佳, 凌敏, 张金闯, 等. 柿渣中不溶性单宁分析及其抗氧化活性[J]. 食品科技, 2017, 42(1): 100-106.

[18]CHEMAT F, ZILL E H, KHAN M K. Applications of ultrasound in food technology: Processing preservation and extraction[J]. Ultrasonics Sonochemistry, 2011, 18(4): 813-815.

[19] MASON T J, CHEMAT F, VINATORU M. The extraction of natural products using ultrasound or microwaves [J]. Current Organic Chemistry, 2011, 15(2): 237-247.

[20]李哲. 超声波辅助提取香蕉皮多酚及其抗氧化性的研究[D]. 杨凌: 西北农林科技大学, 2012: 8-9.

[21]蒋彦婕, 吴纪中, 张巧凤, 等. 紫小麦麸皮花色苷提取工艺及其结构[J]. 江苏农业学报, 2012, 28(5): 1146-1151.

[22]CEFERINO C, ANA R R. MIGUEL P. Ultrasound assisted extraction of phenolic compounds from grapes[J]. Analytica Chimica Acta, 2012, 723(30): 100-104.

[23] 夏如兵, 徐渲淇. 中国石榴栽培历史考述[J]. 南京林业大学学报(人文社会科学版), 2014, (2): 85-97.

[24]韩玲玲, 苑兆如, 冯立娟, 等. 不同石榴果实成熟期酚类物质组分与含量分析[J]. 果树学报, 2013, 30(1): 99-104.

[25]冯立娟, 尹燕雷, 焦其庆, 等. 不同石榴品种果实酚类物质及抗氧化活性研究[J]. 核农学报, 2016,

30(4)：710-718.

[26] SEERAM N，LEE R，HARDY M，et al. Rapid large scale purification of ellagitannins from pomegranate husk，a by-product of the commercial juice industry[J]. Sep Puri Technol，2005，41：49-55. DOI：10. 1016/j. seppur. 2004. 04. 003.

[27]海力帕木．吾麦尔．微波辅助提取石榴皮单宁工艺条件的研究[J]. 北京农业，2015(2)：1-3.

[28] LEEK H，KIM A J，CHOI E M. Antioxidant and antiinflammatory activity of pine pollen extract in vitro[J]. Phytotherapy research[J]. 2009，23(1)：41-48. DOI：10. 1002/ptr. 2525.

石榴贮藏保鲜技术规范

郭晓成[1] 张润光[2] 杨莉[1] 陈春晓[3] 苗小龙[1] 白佳[1] 侯隽[1]

([1]陕西省西安市果业技术推广中心，西安 710061；[2]陕西师范大学，西安 710100；

[3]陕西省西安市周至县园艺站，西安 710400)

1 范围

本标准规定了石榴贮藏保鲜的术语和定义、要求、预冷、贮藏管理、出库。

本标准适用于西安地区石榴的贮藏保鲜。

2 规范性引用文件

下列文件对于本文件的应用是必不可少的。凡是注日期的引用文件，仅所注日期的版本适用于本文件。凡是不注日期的引用文件，其最新版本(包括所有的修改单)适用于本文件。

GB 50072 冷库设计规范

GB/T 8559 苹果冷藏技术

NY/T 658 绿色食品 包装通用准则

NY/T 1394 浆果贮运技术条件

LY/T 2135 石榴质量等级

NY/T 3026 鲜食浆果类水果采后预冷保鲜技术规程

3 术语和定义

下列术语和定义适用于本标准。

3.1 田间热(Field heat)

采收的石榴从田间带入贮藏库内的热量。

3.2 预冷终止温度(final temperature of pre-cooling)

预冷终止时，石榴果心的温度。

4 要求

4.1 冷库

4.1.1 条件

应满足 GB 50072 和 NY/T 3026 的要求，且交通方便、远离污染源、周围环境清洁卫生。

4.1.2 入库前准备

4.1.2.1 预冷或贮藏前对制冷设备检修并调试正常。

4.1.2.2 选择食品安全法规定允许使用的消毒剂对库房、包装容器、工具等进行消毒灭菌，并进行通风换气。

4.1.2.3 入库前1d应进行空库降温，将库温降至适宜温度。

4.2 果实

4.2.1 采前管理

4.2.1.1 采前20d内不能使用氮肥，采前15d内不能浇水，雨后3d内不能采收。

4.2.1.2 采前3d去掉石榴果实的套袋，在果实表面喷洒50%多菌灵1000倍液或45%噻菌灵悬浮剂800倍液，杀菌消毒。

4.2.2 采收

充分成熟立即采收，不得早采或晚采。石榴果实成熟指标应符合表1要求。

表1 石榴果实成熟指标

Table **1** Index of pomegranate fruit ripening

项目	指标
果形	果形端正饱满，果棱显现，具有本品种固有的形状和特征。
果面色泽	达到本品种固有的着色特性，果皮光亮、色泽饱满均匀。
籽粒	籽粒大小形状达到本品种固有，且饱满、多汁、风味浓甜。 红色品种果实的籽粒鲜红或深红色，白籽石榴的籽粒晶亮透明。 籽粒近核处针芒状物充分显现。
可溶性固形物	≥15%

4.2.2.1 采收应在早晨露水干后或下午气温凉爽时进行，不宜在雾天、雨天、烈日暴晒下采收。

4.2.2.2 要求人工采收。采前剪指甲、戴手套。采收过程中要做到轻拿轻放，尽量避免碰伤果实。采果篮内要有轻软的衬垫物。一般采用圆头型采果剪将果柄沿基部剪掉，并保持果实有完整的萼筒。

4.2.2.3 去除机械伤果、病虫果、落地果、残次果、腐烂果、污损果。

4.2.2.4 套纸袋的果实采前7d可撕开果袋底部，促进果实着色，采前除去果袋。套塑料薄膜袋的果实，先清除袋内积水，连同果袋一起采收。

4.2.2.5 采后果实装入周转箱，置于阴凉处，避免阳光直射。

4.2.2.6 采收时根据成熟度要求分期、分批进行采收。

4.2.3 分级

果实采收、修整后，按大小、质量进行分级，相同等级集中堆放。

4.2.4 包装、装箱、运输

采收后的果实，裸果用发泡网套好；加薄膜袋果连同薄膜袋套好发泡网，轻放于贮藏箱内。果实的萼筒和果柄要顺着箱内果实的空间，不能挤压，防止损坏或扎伤果面，箱内果实摆放不超过3层，且最顶层要低于运输箱面2~3cm。装车运输时，要轻装、轻运、轻卸，减少振动、避免颠簸。

5 预冷

5.1 预冷方法

按照 NY/T 3026-2016 有关规定执行。

5.2 预冷方式

5.2.1 田间预冷

将采摘的石榴运至田间或冷库分选场，自然放置过夜。

5.2.2 冷库预冷

将田间预冷后的石榴入库，在冷库内置于预冷温度下预冷。

5.3 预冷条件

石榴预冷指标要求见表 2。

表 2 石榴预冷指标要求

Table **2** Requirements of pomegranate pre-cooling indicator

指标	温度(℃)	风速(m/s)	相对湿度(%)	时间(d)	果心温度(℃)
要求	4~5	0.5	85~90	3~5	4~5

6 贮藏管理

6.1 入库堆码

6.1.1 按产地、品种分库分垛、分等级堆码。垛位不宜过大，以 100~150kg/m^{3}的密度堆码。箱间距 2~3cm，码间距 10~15cm，距库顶 50~60cm，距侧墙 30~40cm，留开风道。

6.1.2 在冷库不同部位摆放 1~2 箱观察果，以便随时观察箱内变化。

6.1.3 入库后应及时填写货位标签和平面货位图。

6.1.4 果箱堆码按照 GB/T 8559 中相关规定执行。

6.2 保鲜技术

6.2.1 指标要求

石榴贮藏保鲜指标要求见表 3。

表 3 石榴贮藏保鲜条件

Table **3** Conditions of pomegranate storage and preservation

温度(℃)	相对湿度(%)	推荐贮藏时间(d)	适宜贮藏气体条件		贮后商品果率%
			O_2(%)	CO_2(%)	
3~5	90~95	90~120	5~8	3~5	≥90

6.2.2 温度管理

入满库房后要求 24h 内库温达到贮藏温度。贮藏期间应尽量避免库温波动，如有波动，波动范围不超过±0.5℃，严防结露。库内要悬挂玻璃水银温度计，并与机组自控温度显示器联合校对应用，以防读数误差。

6.2.3　湿度管理

贮藏过程中应防止外界热空气进入而造成库内相对湿度较大变化，当库内相对湿度低于贮藏石榴的适宜相对湿度下限时，应采用加湿器或挂湿草帘、地面洒水等方式加湿。

6.2.4　通风换气

每隔7d冷库换气1次，在夜间或清晨低温时对冷库进行通风换气，排除有害气体。但要严防库内温度和相对湿度波动过大，并避免发生冷害。

6.2.5　保鲜防腐处理

6.2.5.1　石榴贮藏期间，根据其贮藏特性，选择适宜的果实保鲜处理方式和处理工艺，并严格遵守食品安全的相关规定。

6.2.5.2　将保鲜剂处理过的果实用0.02~0.03mm厚的聚乙烯塑料袋单果套袋包装，将果实横放在塑料袋内，压住袋口，袋口要留有缝隙，以便通气，防止CO_2中毒。装袋后的果实再放入塑料筐内，横向摆放整齐，防止萼筒碰伤。

6.3　库内管理

6.3.1　每天库内检查3次，观察贮藏温度、相对湿度，并填写冷库管理记录。如出现停电、机械故障等事故，要及时处理，并详细记录。入贮2个月后，设观察点对筐内果实每15d观察一次，入贮3个月后每10d观察一次，每次观察情况详细记录。如有烂果现象，应将其及时剔除，并尽快出库。

6.3.2　贮藏过程中主要病害的防治措施参照NY/T 1394执行。

7　出库

7.1　升温处理

按市场需要分批出库销售，并根据不同的目的地、运输方式和运输时间，将其置于高于冷藏温度3~5℃或低于运输温度下，放置12h，再装车出货。

7.2　包装运输

按照NY/T 1394-2007相关条款执行。